U0315906

国家出版基金资助项目
Projects Supported by the National Publishing Fund

国家出版基金项目
NATIONAL PUBLICATION FOUNDATION

钢铁工业协同创新关键共性技术丛书

主编　王国栋

热连轧板带钢新一代
控轧控冷技术

New Generation TMCP Technology
for Hot Rolled Strip

袁　国　李振垒　康　健　著

（彩图资源）

北　京

冶　金　工　业　出　版　社

2021

内 容 提 要

本书介绍了以超快速冷却技术为核心的新一代控轧控冷（NG-TMCP）工艺原理、超快速冷却技术的最新研究进展及其工业应用。本书涵盖了热连轧板带钢新一代控轧控冷技术工艺原理、成套装备与关键技术、自动化控制系统、产品工艺技术以及典型产品工业化应用实践等内容。

本书可供从事材料加工工程专业研究与热连轧带钢品种开发等领域的科研人员及工程技术人员学习与参考。

图书在版编目（CIP）数据

热连轧板带钢新一代控轧控冷技术/袁国，李振垒，康健著．—北京：冶金工业出版社，2021.5

（钢铁工业协同创新关键共性技术丛书）

ISBN 978-7-5024-8986-1

Ⅰ．①热…　Ⅱ．①袁…　②李…　③康…　Ⅲ．①带钢—热轧—生产工艺　Ⅳ．①TG335.5

中国版本图书馆 CIP 数据核字（2021）第 235842 号

热连轧板带钢新一代控轧控冷技术

出版发行	冶金工业出版社	电　话	(010)64027926
地　址	北京市东城区嵩祝院北巷 39 号	邮　编	100009
网　址	www.mip1953.com	电子信箱	service@mip1953.com

责任编辑　卢　敏　美术编辑　彭子赫　版式设计　禹　蕊
责任校对　郑　娟　责任印制　禹　蕊
北京捷迅佳彩印刷有限公司印刷
2021 年 5 月第 1 版，2021 年 5 月第 1 次印刷
710mm×1000mm　1/16；27 印张；527 千字；416 页
定价 126.00 元

投稿电话　(010)64027932　投稿信箱　tougao@cnmip.com.cn
营销中心电话　(010)64044283
冶金工业出版社天猫旗舰店　yjgycbs.tmall.com
（本书如有印装质量问题，本社营销中心负责退换）

《钢铁工业协同创新关键共性技术丛书》
总　　序

钢铁工业作为重要的原材料工业，担任着"供给侧"的重要任务。钢铁工业努力以最低的资源、能源消耗，以最低的环境、生态负荷，以最高的效率和劳动生产率向社会提供足够数量且质量优良的高性能钢铁产品，满足社会发展、国家安全、人民生活的需求。

改革开放初期，我国钢铁工业处于跟跑阶段，主要依赖于从国外引进产线和技术。经过 40 多年的改革、创新与发展，我国已经具有 10 多亿吨的产钢能力，产量超过世界钢产量的一半，钢铁工业发展迅速。我国钢铁工业技术水平不断提高，在激烈的国际竞争中，目前处于"跟跑、并跑、领跑"三跑并行的局面。但是，我国钢铁工业技术发展当前仍然面临以下四大问题。一是钢铁生产资源、能源消耗巨大，污染物排放严重，环境不堪重负，迫切需要实现工艺绿色化。二是生产装备的稳定性、均匀性、一致性差，生产效率低。实现装备智能化，达到信息深度感知、协调精准控制、智能优化决策、自主学习提升，是钢铁行业迫在眉睫的任务。三是产品质量不够高，产品结构失衡，高性能产品、自主创新产品供给能力不足，产品优质化需求强烈。四是我国钢铁行业供给侧发展质量不够高，服务不到位。必须以提高发展质量和效益为中心，以支撑供给侧结构性改革为主线，把提高供给体系质量作为主攻方向，建设服务型钢铁行业，实现供给服务化。

我国钢铁工业在经历了快速发展后，近年来，进入了调整结构、转型发展的阶段。钢铁企业必须转变发展方式、优化经济结构、转换增长动力，坚持质量第一、效益优先，以供给侧结构性改革为主线，推动经济发展质量变革、效率变革、动力变革，提高全要素生产率，使中国钢铁工业成为"工艺绿色化、装备智能化、产品高质化、供给服务化"的全球领跑者，将中国钢铁建设成世界领先的钢铁工业集群。

2014年10月，以东北大学和北京科技大学两所冶金特色高校为核心，联合企业、研究院所、其他高等院校共同组建的钢铁共性技术协同创新中心通过教育部、财政部认定，正式开始运行。

自2014年10月通过国家认定至2018年年底，钢铁共性技术协同创新中心运行4年。工艺与装备研发平台围绕钢铁行业关键共性工艺与装备技术，根据平台顶层设计总体发展思路，以及各研究方向拟定的任务和指标，通过产学研深度融合和协同创新，在采矿与选矿、冶炼、热轧、短流程、冷轧、信息化智能化等六个研究方向上，开发出了新一代钢包底喷粉精炼工艺与装备技术、高品质连铸坯生产工艺与装备技术、炼铸轧一体化组织性能控制、极限规格热轧板带钢产品热处理工艺与装备、薄板坯无头/半无头轧制+无酸洗涂镀工艺技术、薄带连铸制备高性能硅钢的成套工艺技术与装备、高精度板形平直度与边部减薄控制技术与装备、先进退火和涂镀技术与装备、复杂难选铁矿预富集-悬浮焙烧-磁选（PSRM）新技术、超级铁精矿与洁净钢基料短流程绿色制备、长型材智能制造、扁平材智能制造等钢铁行业急需的关键共性技术。这些关键共性技术中的绝大部分属于我国科技工作者的原创技术，有落实的企业和产线，并已经在我国的钢铁企业得到了成功的推广和应用，促进了我国钢铁行业的绿色转型发展，多数技术整体达到了国际领先水平，为我国钢铁行业从"跟跑"到"领跑"的角色转换，实现"工艺绿色化、装备智能化、产品高质化、供给服务化"的奋斗目标，做出了重要贡献。

习近平总书记在2014年两院院士大会上的讲话中指出，"要加强统筹协调，大力开展协同创新，集中力量办大事，形成推进自主创新的强大合力"。回顾2年多的凝炼、申报和4年多艰苦奋战的研究、开发历程，我们正是在这一思想的指导下开展的工作。钢铁企业领导、工人对我国原创技术的期盼，冲击着我们的心灵，激励我们把协同创新的成果整理出来，推广出去，让它们成为广大钢铁企业技术人员手中攻坚克难、夺取新胜利的锐利武器。于是，我们萌生了撰写一部系列丛书的愿望。这套系列丛书将基于钢铁共性技术协同创新中心系列创新成果，以全流程、绿色化工艺、装备与工程化、产业化为主线，结合钢铁工业生产线上实际运行的工程项目和生产的优质钢材实例，系统汇集产学研协同创新基础与应用基础研究进展和关键共性技术、前沿引领技术、现代工程技术创新，为企业技术改造、转型升级、高质量发展、规划未来发展蓝图提供参考。这一想法得到了企业广大同仁的积极响应，全力支持及密切配合。冶金工业出版社的领导和编辑同志特地来到学校，热心指导，提出建议，商量出版等具体事宜。

国家的需求和钢铁工业的期望牵动我们的心，鼓舞我们努力前行；行业同仁、出版社领导和编辑的支持与指导给了我们强大的信心。协同创新中心的各位首席和学术骨干及我们在企业和科研单位里的亲密战友立即行动起来，挥毫泼墨，大展宏图。我们相信，通过产学研各方和出版社同志的共同努力，我们会向钢铁界的同仁们、正在成长的学生们奉献出一套有表、有里、有分量、有影响的系列丛书，作为我们向广大企业同仁鼎力支持的回报。同时，在新中国成立70周年之际，向我们伟大祖国70岁生日献上用辛勤、汗水、创新、赤子之心铸就的一份礼物。

中国工程院院士

2019 年 7 月

前　言

　　超快速冷却技术作为控轧控冷工艺领域近年来重要的技术突破及研发成果，在我国钢铁行业企业的大力支持下，其热轧钢铁材料组织调控理念、高温板材高强度均匀化冷却机理基础研究、超快速冷却关键技术创新以及热连轧板带钢产品工艺应用等方面均取得了显著进展。针对热连轧生产线，通过超快速冷却的合理配置，基于其高冷却均匀性、冷却强度、冷却速率范围无级可调等特点，实现热轧板带钢轧制-冷却一体化组织调控，充分利用细晶强化、析出强化及相变强化等综合强韧化机制，挖掘钢铁材料潜能，对于钢铁行业节约资源能源，开发生产高品质热轧钢铁材料，推动我国钢铁行业产品转型升级和绿色制造具有重要实用价值和意义。

　　本书作者及团队成员在理论与实验研究基础上，结合技术创新与应用实践，持续开展热连轧带钢超快速冷却技术及工艺的开发应用工作。在阐明有压倾斜射流冲击换热高效率、高均匀性冷却机理机制的基础上，结合产线特色化产品工艺开发需求，研制出多功能超快速冷却系统，不断拓展工艺应用，开发形成了集中间坯粗轧控温-轧后超快速冷却为一体的大型热连轧板带钢超快速冷却成套装备技术。相关研究成果已应用至国内十余条大中型热连轧生产线，为开发系列化、特色化、高品质热连轧带钢产品做出了重要贡献，也为我国钢铁行业热连轧主产线关键工艺技术装备自主创新做出了贡献。

　　感谢华菱连钢、首钢迁钢、首钢京唐、包头钢铁、江苏沙钢、山钢日照精品基地、攀钢西昌、河钢乐亭、广西盛隆、日照钢铁、天津荣程等钢铁企业对自主创新的热轧带钢超快速冷却技术的大力支持，也特别感谢上述企业各级领导及广大技术人员为我国热轧带钢新一代

TMCP 装备及工艺技术开发与应用做出的突出贡献。同时，感谢科研团队王超、李云杰、李旭东、江连运、石建辉、陈冬、利成宁、赵金华、王学强、王晓晖等在超快冷技术研发与应用中的辛苦付出，并感谢为本书撰写提供了优秀科研成果，特此表示真挚的谢意！

全书由多位作者通力合作共同完成，在编写过程中又几易其稿，书中不妥之处，欢迎读者批评指正。

袁 国

2021 年 3 月

目　　录

1 绪 论

1.1 引言

TMCP（Thermo-Mechanical Controlled Processing），即控制轧制和控制冷却技术，是 20 世纪钢铁业最伟大的成就之一[1~5]，也是热轧钢铁材料领域应用最为普遍的关键工艺技术之一，对材料的组织性能调控起到了最为重要的作用。正是因为有了 TMCP 技术，钢铁工业才能源源不断地向社会提供越来越优质的钢铁材料，支撑着人类社会的发展和进步。从 1980 年日本 NKK 福山制铁所首次为厚板生产线配置并使用了 OLAC（On Line Accelerated Cooling）[6]，推动实现控轧控冷技术工业化应用以来，以层流冷却为代表的控冷技术推动了传统控轧控冷技术近 30 年的发展[7,8]；近十余年来以湍流射流冷却为代表的新一代控制冷却技术，以高冷却强度、高冷却均匀性为特征，全面突破层流冷却存在的冷却强度低、冷却均匀性不好等机理性难题局限，使得热轧板带钢能够在保证良好板形的条件下，实现真正的在线直接淬火工艺，同时，也为基于各类目标组织的在线组织性能调控工艺提供了全新理念和手段。2007 年，以王国栋院士为代表的东北大学轧制技术及连轧自动化国家重点实验室科技工作者系统提出了以超快速冷却技术为核心的新一代 TMCP 技术[9~13]，并开发出成熟完善的超快速冷却技术、成套装备及产品工艺技术，实现我国热轧板带钢控制冷却领域超快速冷却技术的成功突破与推广应用。

1.2 控轧控冷工艺概念及原理简介

控轧控冷可分为两个部分，即控制轧制和控制冷却。控制轧制在热轧钢铁材料领域很早就已根据经验予以实施，其核心思想[9~12]是对奥氏体硬化状态的控制，即通过变形在奥氏体中积累大量的能量，力图在轧制过程中获得处于硬化状态的奥氏体，为后续的相变过程中实现晶粒细化做准备。控制轧制工序可分为三个阶段，即 γ 再结晶区轧制、γ 未再结晶区轧制和（γ+α）两相区轧制，每个工序都有独特的作用，可视具体钢种来选择合适的控制轧制方法。γ 再结晶区轧制是在材料的再结晶温度以上反复轧制，累积足够的变形量，通过在变形过程中或者变形道次间的动态/静态再结晶的方式，来细化由于高温加热粗化的奥氏体晶粒，为后续轧制及相变提供细化的初始组织，属于控制轧制的准备阶段。但是，由于 γ 再结晶区轧制不能无限细化 γ 晶粒，因此需要配合 γ 未再结晶区轧制和（γ+α）两相区轧制。γ 未再结晶区轧制一般在 950℃ 以下（不同钢种区别较大），在低温状态下 γ 的再结晶行为被抑制，因此在轧制过程中随着变形量的增加，γ 晶粒沿着轧制方向呈现拉长的状态，其晶粒内部产生较多变形带，可为后续的 α 相变提供更多形核位置，有利于细化 α 晶粒。（γ+α）两相区轧制即在 Ar_3 温度以下进行，该温度区间部分 γ 已经相变为 α，相变的 α 内部产生一些亚结构，而未相变的 γ 晶粒则进一步拉长，在后续冷却过程中发生更加细小的 α 相变。一般而言，γ 未再结晶区轧制和（γ+α）两相区轧制能显著地提升材料的强度，但是也可能造成材料的各向异性，因此需合理使用各种控制轧制手段。

为了突破控制轧制的限制，同时也是为了进一步强化钢材的性能，在控制轧制的基础上，又开发了控制冷却技术。控制冷却的核心思想是对处于硬化状态奥氏体相变过程进行控制，以进一步细化铁素体晶粒，甚至通过相变强化得到贝氏体等强化相，相变组织比单纯控制轧制更加细微化，促使钢材获得更高的强度，同时又不降低其韧性，从而进一步改善材料的性能。1980 年，日本 NKK 福山制铁所首次为厚板生产线配置并使用了 OLAC 系统[6]。此后基于对提高厚板性能及钢种开发的需要，重点发展了厚板的在线快速冷却技术，并相继开发出一系列快速冷却装置，投入厚板的开发生产及应用中。控制冷却设备的普遍应用有力地推动了高强度板带材的开发和在提高材质性能方面技术的进步。后来，人们将结合控制轧制和控制冷却的技术称为控轧控冷技术 TMCP。

热轧钢铁材料 TMCP 的基本冶金学原理是[9~11]：在再结晶温度以下进行大压下量变形促进微合金元素的应变诱导析出并实现奥氏体晶粒的细化和加工硬化；轧后采用加速冷却，实现对处于加工硬化状态的奥氏体相变进程的控制，获得晶粒细小的最终组织。为了提高再结晶温度，利于保持奥氏体的硬化状态，同时也为了对硬化状态下奥氏体的相变过程进行控制，控制轧制和控制冷却始终紧密联系在一起。控制轧制的基本手段是"低温大压下"和添加微合金元素。所谓"低温"是尽可能在接近相变点的温度进行变形，由于变形温度低，可以抑制奥氏体的再结晶，保持其硬化状态。"大压下"是指施加超出常规的大压下量，这样可以增加奥氏体内部储存的变形能，提高硬化奥氏体程度。微合金化，增加微合金元素，例如铌等微合金元素的加入，是为了提高奥氏体的再结晶温度，使奥氏体在比较高的温度即处于未再结晶区，因而可以增大奥氏体在未再结晶区的变形量，实现奥氏体的硬化。控制冷却的理念可以归纳为"水是最廉价的合金元素"这样一句话。通过冷却参数的控制与优化实现对热轧后钢板相变过程的控制，配合控制轧制工艺过程得到所需的组织和性能。

1.3 传统层流冷却技术

1.3.1 层流冷却技术的国内外发展概况

20 世纪 60 年代，以层流冷却为特征的轧后控制冷却系统应用于英国布林斯奥思 432mm 窄带钢产线[14]，控制冷却技术充分发挥钢材晶粒细化和组织强化的效果，使人们深刻认识到"水是最廉价的合金元素"，其后几乎所有热连轧生产线都配置了不同形式的冷却装置。直到 20 世纪 80 年代，为解决当时冷却能力不足等缺陷，日本部分企业相继对冷却技术进行研究，通过增加冷却水、安装高位水箱、增加冷却集管根数等增强设备冷却能力；开发平衡带钢上下表面冷却水等相关技术对轧后冷却设备进行改造，使得带钢全长均匀性大幅度提高，卷取温度控制精度能够满足工艺要求。与此同时，在欧美等国各地也逐渐对冷却设备、技术及生产管理等做了大量的科研及现场实践工作，改善了层流冷却卷取温度的控制，大大提高了钢板横纵向性能均匀性[15,16]。

国内热轧带钢控制冷却技术的应用始于 20 世纪 70 年代。自武钢 1700mm 从日本引进的柱状层流冷却系统成功应用于生产后，国内宝钢 2050mm 和 1580mm 也相继引入柱状层流冷却，该设备运行稳定且控制精度良好。21 世纪初期，国内许多热轧带钢厂积极开展冷却系统改造及层流冷却配套设备的完善，引进更高精度的控制模型及控制策略，这对我国热轧带钢轧后冷却技术水平的提高及应用起到了积极推动作用[17~19]。

带钢轧后冷却装备在发展过程中，先后经历了层流冷却、水幕冷却、水-气冷却、喷射冷却等多种冷却形式，以上冷却方式的冷却机理和实测冷却能力不尽相同，可根据不同现场工艺布置要求确定所应采用的冷却方式。其中，层流冷却由于具有处理产品范围宽、冷却较均匀、冷却水回收率高、设备维护量小等优点，应用最为广泛，成为热轧带钢生产线的必选设备之一。

层流冷却技术是采用层流形态的水流对热轧带钢进行在线冷却，其安装在精轧机输出辊道的上方，通过设置多组冷却集管组成一条冷却带，对经过的热轧钢板进行在线控制冷却工艺。目前，在热轧带钢领域应用较多的为管层流冷却。管层流冷却是采用管式流形态的水流对热轧钢板或带钢进行冷却的轧后在线控制冷却工艺。其基本原理是将数个 U 型管安装在精轧机输出辊道的上方，下方安装一定数量的直喷管，上下集管组成一条冷却带，在钢板通过冷却带的过程中对其进行加速冷却（见图 1-1）。由高位水箱给 U 型管提供压力、温度稳定的冷却水，使轧线上各集管冷却水均能根据要求连续地流向在线运行的钢板，并覆盖在带钢表面上柱状的层流水虽然速度不快，但质量较大，所以具有较大的动量，可以在冲击区实现较高效率的热交换。层流冷却 U 型管数量较多，排列比较紧密，可使带钢表面上的水层进行实时更新。同时在轧线冷却区两侧安装一定数量的侧喷，用于及时除去带钢表面残余水，保证层流冷却效果达到最佳。管层流冷却因其水流量具有较强可控性、冷却能力较高、带钢横纵向冷却相对比较均匀，因此在国内外热轧产线应用较为广泛。

在管层流冷却的应用实践过程中，为了增强冷却能力，常采用加强型层流冷

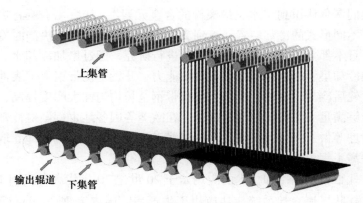

图 1-1　传统层流冷却集管

却的方式，加强型层流冷却每组集管通过加密集管数量，水流量是常规冷却每组集管水量的 1.5~2 倍，用于提高冷却能力。图 1-2 所示为某热轧带钢现场层流冷却布置，沿轧线方向，依次布置常规冷却段、加强冷却段、精调冷却段。此种工艺布置，可根据钢种开发需求，实现冷却路径控制，如分段冷却、冷却速度控制等，满足生产工艺需求。

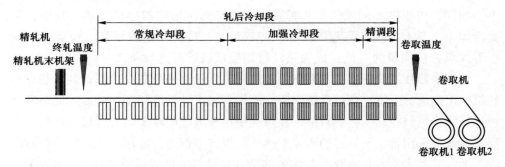

图 1-2　层流冷却布置

1.3.2　层流冷却技术换热过程分析

以层流冷却为代表的传统控制冷却技术，在热轧钢材组织性能调控中发挥了重要作用。但随着板带钢产品对轧后冷却强度、冷却均匀性的要求进一步提高，层流冷却愈发难以满足多样化的冷却工艺需求。一方面受其主要换热机制——膜态沸腾换热所限，冷却速率不高；另一方面，残留在带钢上表面的冷却水无序流动，以及由此形成的过度沸腾换热导致换热不均，加之层流冷却设备集管水流分布不均匀等问题，均导致层流冷却后钢板温度均匀性差，严重的还会导致浪形瓢曲等板形缺陷。

层流冷却强度偏低和冷却不均主要受限于其膜态沸腾换热为主的冷却机理。层流冷却水在自重作用下流落至运动钢板表面，形成连续水流，从而实现钢板的冷却过程。如图1-3所示，冷却水落到钢板表面以后，在水流下方和几倍水流宽度的扩展区域内，形成具有层流流动特性的单相强制对流区域（区域Ⅰ），也称为射流冲击区域。该区域内由于流体直接冲击换热表面，因此换热强度很高。随着冷却水的径向流动，流体逐渐由层流到湍流过渡，流动边界层和热边界层厚度增加，同时接近平板的冷却水由于被加热开始出现沸腾，形成范围较窄的核状沸腾和过渡沸腾区域（区域Ⅱ）。随着加热面上稳定蒸汽膜层的形成，带钢表面出现薄膜沸腾强制对流区（区域Ⅲ），该区域内由于热量传递必须穿过热阻较大的汽膜导热，因此其换热强度远小于水与钢板之间的换热强度。在膜态沸腾区域外，残存带钢上表面的冷却水形成不连续小液态换热区Ⅳ，残留水无序流动最终汽化或沿带钢边部流下。

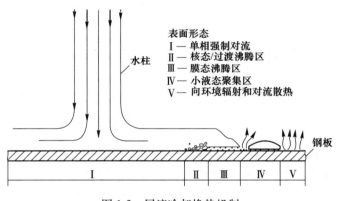

表面形态
Ⅰ — 单相强制对流
Ⅱ — 核态/过渡沸腾区
Ⅲ — 膜态沸腾区
Ⅳ — 小液态聚集区
Ⅴ — 向环境辐射和对流散热

水柱

钢板

图1-3 层流冷却换热机制

由于普通层流冷却设备纵向集管间距较大，与钢板表面整体的冷却面积相比，层流射流冲击区面积所占的比例非常小，造成膜态沸腾换热区（区域Ⅲ）远大于射流冲击换热区（区域Ⅰ）。综合考虑整个冷却过程，普通层流冷却过程中射流冲击换热约占总换热量的30%，膜态沸腾换热为50%左右，造成层流冷却系统综合冷却能力较低，平均对流换热系数相对较低，为$1000 \sim 2800 \text{W}/(\text{m}^2 \cdot \text{K})$。

层流集管冷却水在自重作用下流落至钢板表面后，受钢板运动惯性作用在较短时间内沿落点径向及钢板运行方向存在一定的有序流动，但随后即表现在残留水的无序流动。随着钢板沿轧线运行，更多的集管冷却水落至钢板表面，而此时前段集管流落至钢板表面冷却水已受高温钢板影响水温升高。在后段集管新水与前段集管具有一定温升的残水交互作用影响下，钢板表面即会产生一定程度的冷却不均。随着冷却过程的进行，钢板表面冷却不均将进一步恶化，严重的会导致板形瓢曲等问题。

目前，管层流冷却装备均采用在集管一端进水方式。该结构特点如下：带钢冷却过程中，带钢宽度方向冷却水分布存在的差异，导致带钢宽度方向存在冷却不均的问题。采用有限元模拟方法，对某企业的层流冷却上下集管出口水流速度进行模拟，模拟结果显示（见图1-4），从集管进水端到末端，水流速度逐渐增加，进水端与集管末端的水流速度相差1.0m/s以上，宽向水流分布不均从而造成宽向温度偏差，随着冷却过程的进行，带钢宽向冷却不均逐渐加剧。

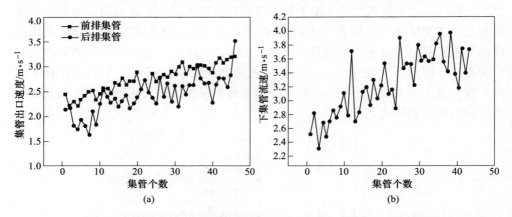

图1-4 层流冷却集管宽向出口速度分布（0~50为进水端到末端的喷管）
(a) 上集管；(b) 下集管

尽管业界针对层流冷却设备存在的冷却强度较低及冷却不均匀性等问题做了大量的研究与优化工作，如提高集管冷却水流量、加密集管数量以期大幅度提高冷却强度，但受其换热机理所限，冷却强度提升幅度有限[20]；增加阻尼板改善层流集管沿板宽方向的流量均匀性分布，以期提高冷却均匀性，但落至运动带钢表面的冷却水无序流动难以消除，仍难以实现最终的板带钢冷却均匀性。

1.4 传统控轧控冷工艺特征与局限性

TMCP技术的核心在于控制轧制与控制冷却的匹配控制，如图1-5所示，首先通过控制轧制工艺对奥氏体硬化状态进行控制，即通过轧制变形在奥氏体中积累大量的能量，在轧制过程中获得内部存在大量变形带、位错、孪晶等"缺陷"的硬化状态奥氏体，为后续的相变过程中实现晶粒细化奠定基础。随后通过控制冷却工艺对硬化奥氏体的相变过程进行控制，以进一步细化铁素体晶粒以及通过相变强化得到贝氏体等强化相，改善材料的综合性能。由于硬化的奥氏体内存在的"缺陷"是相变时铁素体形核的核心，因此"缺陷"越多则铁素体的形核率越高，得到的铁素体晶粒越细小。

传统控制冷却技术受层流冷却机理以及当时的开发认知水平等限制，冷却强

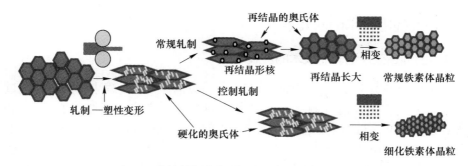

图 1-5 传统控制轧制和控制冷却工艺核心思想

度相对较低。在传统控制冷却相对较低的冷却强度条件下，为了获得充分的硬化奥氏体，采取的基本手段是"低温大压下"和添加微合金元素。"低温"是为了抑制奥氏体的再结晶，保持其硬化状态；"大压下"则是为了增加硬化奥氏体所储存的变形能。采取增加微合金元素如 Nb、Ti 等，可以提高奥氏体的再结晶温度，使奥氏体在比较高的温度处于未再结晶区，便于利用常规的轧制制度实现奥氏体的硬化状态。传统 TMCP 工艺技术采用"低温大压下"工艺，与人们长久以来形成的"趁热打铁"观念背道而驰，另外还存在以下不足：

（1）低温大压下必然需要进一步提高轧机能力，轧制过程能耗高，且易于造成轧制过程的不稳定，同时现代化轧机能力已接近极限，已无法进一步提高。另外，采用低温大压下易导致热轧钢板表面形成过多的红色氧化铁皮，对表面质量造成破坏，会增加后续加工过程中的生产成本，甚至损伤钢板的表面。再者，传统 TMCP 在提高热轧钢板强韧性的同时，会因低温轧制产生的残余应力进而带来板形不良和剪裁瓢曲等问题。

（2）通过采用低温大压下和微合金化的技术路线，Nb、Ti 等微合金元素的加入可显著提高钢材的再结晶温度，扩大未再结晶区，大大强化了轧制奥氏体的硬化状态，还会以碳氮化物的形式析出，对材料实现沉淀强化，从而对材料强度的提高做出贡献。但是，微合金和合金元素加入，会提高材料的碳当量，这会恶化材料的焊接性能，同时还会造成钢材成本的提升和合金资源的消耗。

（3）传统控制冷却技术较低的冷却速率，对于厚规格的热轧板带钢，往往存在冷却不足的问题。热轧板带钢综合性能不良或不合格通常是由于板材心部组织性能不能满足要求造成的。一般情况下，对于厚规格产品，需要添加较多的 Mo、Cr 等合金元素，来改善或弥补因冷却能力不足造成的心部组织问题。微合金元素的加入，同样会导致材料碳当量的提高，恶化材料焊接等使用性能。

1.5　控轧控冷技术的新发展

1.5.1　国外高效控温轧制技术的发展

此前国内外关于控温轧制的报道较少，一般钢种生产过程中中间坯都通过空冷待温的方式实现控制轧制[21~24]。比如，热连轧生产高钢级厚规格管线钢时，为保证低的精轧入口温度，粗轧轧制后的中间坯在中间辊道进行空冷待温，如图1-6（a）所示。粗轧空冷待温工艺制约了热连轧高钢级厚规格管线钢的产能发挥。通过对中间坯进行强制冷却，可省略轧制待温过程，实现高效轧制。图1-6（b）所示为中厚板中间坯冷却工艺布置图。研究结果表明，通过开发中厚板中间坯冷却装置和工艺，在保证组织性能的情况下，可以实现中厚板的高效生产。近几年来，粗轧控温轧制工艺在中厚板产线热连轧卷板生产线上，均已实现中间坯冷却装备的开发及应用。

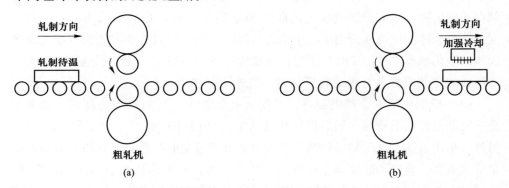

图 1-6　粗轧待温及中厚板中间坯冷却布置示意图
（a）粗轧待温；（b）中厚板中间坯冷却

热连轧高钢级厚规格管线钢采用粗轧空冷待温摆钢工艺生产，制约了产能发挥，影响了轧制效率。通过开发热连轧管线钢粗轧控温轧制设备和工艺，可减少粗轧空冷待温时间，也为厚规格管线钢减少粗轧轧制道次提供可行性，进一步提高热连轧厚规格管线钢的轧制效率。同时，通过粗轧控温设备和工艺的开发，可实现粗轧出口和精轧入口温度的精准控制，也可减少采样点温度波动对模型计算的影响。

1.5.2　国外轧后控制冷却技术的发展

经过近几十年的发展，控制冷却技术已成为现代轧制生产中不可缺少的工艺技术。随着先进钢铁材料开发的需要，对轧后冷却强度、冷却均匀性的要求进一步提高，层流冷却愈发难以满足多样化的冷却工艺需求。

Hoogovens-UGB 厂最初应用超快冷技术，开发的超快速冷却实验设备使1.5mm 厚热轧带钢在实现高冷却速率的同时，还具有良好的横向和纵向板形。该实验装置是在 1.4m 的冷却区上安装 3 组集管，水流量为 1000m³/h。但因冷却段太短，温降能力有限，仅有 150~200℃，难以大幅度改善产品性能。随后又开发了 7 组集管的超快速冷却原型装置，冷却区长度扩大至 3m，对于厚度为 2.0mm 的 C-Mn 钢和钒钢，相对于常规冷却可以提高抗拉强度和屈服强度 100MPa 以上[25~27]。

此后，比利时 CRM 厂对超快速冷却技术及其在提高材质性能和高附加值产品开发方面的研究得到广泛关注，其基于水枕冷却的超快速装置结构紧凑，冷却区长度较短（7~12m），在工业试验中，厚度为 4mm 带钢的最大冷却速率为300℃/s 以上，水流密度为 1000m²/h。比利时 CRM 厂超快速冷却装置在轧制线上的位置分前置式（布置在精轧机和层冷之间）和后置式（布置在层冷和卷取机之间）两种方式，如图 1-7 所示[28,29]。

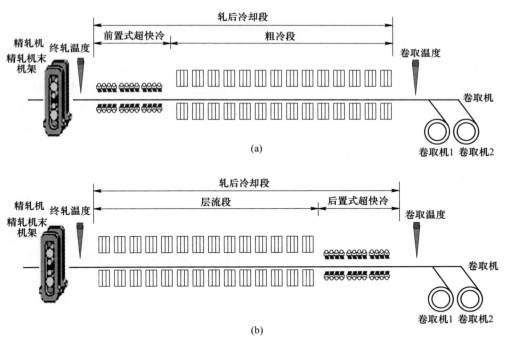

图 1-7　超快冷装置在热轧带钢生产线上工艺布置方式
（a）前置式超快速冷却系统；（b）后置式超快速冷却系统

工业化实践表明，前置式超快冷的技术优势在于生产以适度细晶强化机制为主的板带钢产品，后置式超快冷则用于以相变强化机制为主的双相或多相高强度钢的生产。与常规层流冷却工艺相比，超快速冷却可显著提高钢的强度，明显改善其综合性能[28,30]。此外，超快速冷却装置具有的超常快速冷却能力，在多相高强度钢、相变诱导塑性钢及双相钢等高附加值新产品开发生产过程中也具有很好的应用前景。

日本 JFE 钢铁公司福山厂开发的 Super-OLACH（Super On-Line Accelerated Cooing for Hot Strip Mill）系统，可以对厚度为 3mm 的热轧带钢实现近 700℃/s 的超快速冷却[31,32]。该公司开发的 NANOHITEN 热轧板带钢是超快速冷却技术应用的典型代表，该产品组织为单相铁素体上分布着大量 1~5nm 尺寸的 TiC 粒子，其强度高达 1180MPa，同时具有良好的塑性[33~35]。此外，韩国浦项钢铁公司在超快速冷却技术方面的开发与应用也取得了显著进展，根据 2010 年韩国浦项钢铁公司介绍，其已在热连轧生产线上开发应用具有自身特色的超快速冷却技术，并称之为 HDC（High Density Cooling）。

1.5.3 国内控轧控冷技术的发展动态

一直以来，我国钢铁企业轧线技术技改的重点是对轧机设备进行改造，提升轧制能力，以保证传统 TMCP 工艺的实施。对轧后冷却技术未给予过多关注，国内众多热连轧生产线仍采用传统层流冷却技术。

东北大学轧制技术及连轧自动化国家重点实验室（以下简称 RAL）是国内热轧板带钢轧后超快速冷却技术以及基于超快速冷却技术为核心的新一代 TMCP 工艺技术的提出者、倡导者，同时也是科研实践的先行者。东北大学 RAL 作为国内钢铁行业热轧板带钢轧后超快速冷却技术最主要的研究开发单位，目前已历经实验、中试等超快速冷却技术开发过程，开发了相关的原型实验装置、工业化中试设备以及工业化推广应用成套技术装备，形成了涵盖机械装备、自动化控制系统、减量化产品工艺技术在内的系统完整的成套技术、专利和专有技术。目前，在我国钢铁行业企业的大力支持下，经过不懈努力，在热轧板带钢领域，我国以超快速冷却为代表的新一代控制冷却技术，已达到国际领先水平，实现了先进冷却技术的成熟和普遍应用。

2004 年，RAL 已利用自主研发的实验研究平台，开发出实验室超快速冷却原型实验装置。同时，针对普通 C-Mn 钢、HSLA 钢等进行了系列热力模拟实验、热轧实验研究，为进一步的工业产线规模的装备技术开发及工艺实验开展有了较为充分的技术储备。依托包钢短流程（CSP）热轧生产线，合作开发出超快速冷却技术的工业实验装置，安装于包钢 CSP 生产线层流冷却和卷取机之间。并结合原有层流冷却系统，以 C-Mn 钢为原料，开发生产出 540MPa、590MPa 级的低成本热轧双相钢[13]。

2008 年，攀钢与东大合作，在其 1450mm 热轧线上安装前置式超快冷装置，

2008年，依托湖南华菱涟源钢铁有限公司产品质量提升技改工程——轧钢项目轧后冷却系统工程，合作开发出国内首套2250mm热轧板带钢超快速冷却工业化装备，该设备采用前置式布置方式，即安装在精轧机和层流冷却设备之间。2009年，涟钢CSP生产线新增超快速冷却系统，同样采用前置式布置方式。

2009年建成投产的本钢2300mm生产线，采用引进的后置式超快速冷却技术方案，设备长度约12m，布置在层流冷却和卷取机之间，并称之为密集型冷却系统（Compact Cooling System）。

2012年起，装备于首钢迁钢2160mm首钢京唐2250mm热轧生产线的超快速冷却装备形成了模块化、系统化。其后相继推广至沙钢1700mm、山钢日照2050mm、河钢乐亭2050mm、日照钢铁2150mm、广西盛隆1780&2250mm等多家国内大型钢铁企业。在东北大学RAL科研工作者的大力倡导下，国内各钢铁公司及相关研究单位已意识到热轧钢材轧后超快速冷却技术的重要性，并在技术理念、设备配置、产品应用等方面的认识得到进一步提高，在实际生产应用方面取得了显著成效。

1.6　新一代控轧控冷技术概况

我国超快速冷却工艺技术开发应用十余年来，经过不断完善与工艺拓展，在热连轧产线，已由轧后冷却应用拓展至集粗轧中间坯控温冷却、轧后超快速冷却为一体的大型超快速冷却系统，其典型的工艺配置如图1-8所示。超快速冷却技术具有的高强度冷却能力，为热轧板带钢轧制过程的温度高效控制提供了条件。多工序的轧制过程控温，为实现轧制-冷却一体化的控制工艺及组织调控提供工艺手段。根据工艺需要，在热轧板带钢生产线上，超快速冷却技术的工艺应用有四种布置方式，即粗轧机前、后及精轧机架前冷却两种轧制控温工艺，以及轧后前置式超快速冷却及轧后后置式超快速冷却两种轧后冷却工艺。

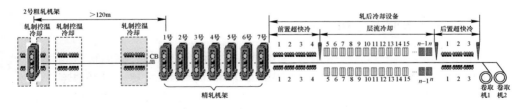

图1-8　超快速冷却工艺应用布置示意图

中间坯控温冷却系统根据工艺需求有三种工艺布置形式。一是可布置在粗轧机上，其目的在于实现在粗轧道次间即时冷却，通过冷却与轧制道次的有效结合，实现粗轧过程的即时控温，为轧制-冷却的一体化控制工艺提供支撑；二是可布置在粗轧机后，其目的在于对粗轧后的中间坯进行冷却，减少典型钢种的摆钢待温时间，且能利用进精轧机前的时间进行有效返红，确保中间坯心表温度均匀性；三是可布置在精轧机前，经过中间坯冷却系统后，中间坯进精轧机前，返温时间较短，表层返温不充分，板坯厚度方向温度存在一定梯度，以实现精轧差温轧制工艺，促进中间坯心部变形，改善板带钢心部组织。

　　根据板带钢组织性能调控及工艺应用需求，轧后超快速冷却系统有前置式和后置式两种布置形式，如图 1-9 所示。前置式超快冷装备位于精轧机后，层流冷却前段，可单独采用前置式超快速冷却系统，也可与常规层流冷却匹配，实现如图 1-9（a）所示的工艺路径控制，即在精轧后对钢板立即进行高强度冷却至工艺需求温度点，满足产品组织性能需要。后置式超快冷位于层流冷却与卷取机之间，其主要特点在于结合前置式超快冷或常规层流冷却，实现灵活的两阶段冷却控制，开发如双相钢等典型产品，其工艺路径控制如图 1-9（b）所示。

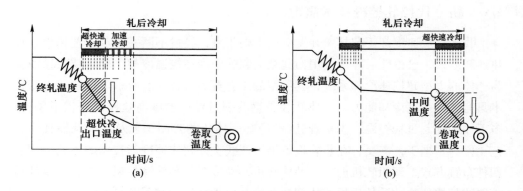

图 1-9　基于前置超快冷的轧后冷却路径控制（a）和基于后置超快冷的轧后冷却路径控制（b）

1.7　本书的主要内容和特色

　　本书重点介绍了热轧板带钢新一代 TMCP 技术工艺原理、高温板材超快速冷却机理、成套装备与关键技术、自动化控制系统、产品工艺技术以及典型产品工业化应用实践等内容。在产品开发方面，根据最新的研究进展介绍了超快冷工艺在系列细晶钢、高钢级管线钢、热轧双相钢、低残余应力热轧板带钢及热轧淬火-配分钢等特色化产品领域的工艺开发及应用情况。

　　本书可供从事材料加工工程专业研究与热轧钢铁材料品种开发等领域的科研人员及工程技术人员学习与参考。

参 考 文 献

[1] Herman J C. Impact of new rolling and cooling technologies on thermomechanically processed steels [J]. Ironmaking & Steelmaking, 2001, 28 (2): 159~163.

[2] Cornet X, Herman J C. Method of making a multiphase hot-rolled steel strip: United States, [P]. US006821364 B2, 2004.

[3] Endo S, Nakata N. Development of Thermo-Mechanical Control Process (TMCP) and high-performance steel in JFE Steel [J]. JFE Technical Report, 2015.

[4] Houyoux C, Herman J C, Simon P, DeBeek M O, Riche P. Metallurgical aspects of ultra fast cooling on a hot strip mill [J]. Revue de Metallurgie, Cahiers d'Informations Techniques (France), 1997, 97: 58~59.

[5] 徐匡迪. 20 世纪——钢铁冶金从技艺走向工程科学 [J]. 上海金属, 2002, 24 (1): 1~10.

[6] Omat K, Yoshimura H, Yamamoto S. Leading high performance steel plates with advanced manufacturing technologies [J]. NKK Technical Review, 2003.

[7] Hiroshi K. Production and technology of iron and steel in Japan during 2005 [J]. ISIJ International, 2006, 46 (7): 939~958.

[8] 雷鹏, 谢利群. 控制冷却技术的发展和应用 [J]. 冶金丛刊, 2001 (6): 34~36.

[9] 王国栋. 以超快速冷却为核心的新一代 TMCP 技术 [J]. 上海金属, 2008, 30 (2): 1~5.

[10] 王国栋. 新一代控制轧制和控制冷却技术与创新的热轧过程 [J]. 东北大学学报 (自然科学版), 2009 (7): 913~922.

[11] 王国栋. 以超快速冷却为核心的新一代 TMCP 技术 [C] // 2008 年全国轧钢生产技术会议文集, 2008.

[12] 王国栋, 吴迪, 刘振宇, 等. 中国轧钢技术的发展现状和展望 [J]. 中国冶金, 2009, 19 (12): 1~14.

[13] 王国栋, 刘相华, 孙丽钢, 等. 包钢 CSP 超快冷系统及 590MPa 级 C-Mn 低成本热轧双相钢开发 [J]. 钢铁, 2008 (3): 49~52.

[14] 刘恩洋. 热轧带钢层流冷却控制系统的开发与应用 [D]. 沈阳: 东北大学.

[15] 李伏桃, 陈岿. 控制轧制控制冷却——改善材质的轧制技术发展 [M]: 北京: 冶金工业出版社, 2002.

[16] 王笑波, 王仲初, 柴天佑. 中厚板轧后控制冷却技术的发展及现状 [J]. 轧钢, 2000, 17 (3): 44~47.

[17] 管吉春. 热轧带钢卷取温度控制模型解析工具开发和模型优化 [D]. 沈阳: 东北大学, 2000.

[18] 余海. 热轧带钢轧后冷却技术的发展和应用 [J]. 钢铁技术, 2006 (2): 26~29, 40.

[19] 秦国庆, 韩静涛. 水幕冷却系统浅析 [J]. 钢铁研究, 1999, 108 (3): 20~23.

[20] 江连运, 袁国, 吴迪, 等. 热轧带钢轧后高强度冷却过程的换热系数分析 [J]. 东北大学学报 (自然科学版), 2014 (35): 676~680.

[21] 霍文丰. 中厚板轧制中间冷却过程控制模型研究与应用 [D]. 沈阳：东北大学，2009.

[22] 余伟，何天仁，张立杰，等. 中厚板控制轧制用中间坯冷却工艺及装置的开发与应用 [C] //中国钢铁年会论文集，2013.

[23] 霍文丰，王丙兴，胡贤磊，等. 中厚板轧制中间冷却过程研究 [J]. 轧钢，2011，28 (2)：19~21.

[24] 杨颖，侯华兴，张哲. 中间坯快冷技术对 Q345A 厚板表层组织和性能的影响 [J]. 钢铁，2012，47 (8)：48~51.

[25] Lucas A，Simon P，Bourdon G，Herman J C，Riche P，NEUTJENS J，Harlet P. Metallurgical aspects of ultra fast cooling in front of the down-coiler [J]. Steel research international，2004，75 (2)：139~146.

[26] Simon P，Riche P. Ultra fast cooling in the hot strip mill [C] //METEC Congress 94. 2nd European Continuous Casting Conference. 6th International Rolling Conference.，1994，2，179~183.

[27] 王国栋. 以超快速冷却为核心的新一代 TMCP 技术 [C] //2008 年全国轧钢生产技术会议，大连，2008：9.

[28] Buzzichelli G，Anelli E. Present status and perspectives of European research in the field of advanced structural steels [J]. ISIJ international，2002，42 (12)：1354~1363.

[29] Simon P，Fishbach J，Riche P. Ultra-fast cooling on the run-out table of the hot strip mill [J]. Revue de Metallurgie，Cahiers d'Informations Techniques，1996，93 (3)：409~415.

[30] 袁国，王昭东，王国栋，等. 控制冷却在板带材开发生产中的应用 [J]. 钢铁研究学报，2006，18 (1)：1~5.

[31] 王国栋，姚圣杰. 超快速冷却工艺及其工业化实践 [J]. 鞍钢技术，2009，6：1~5.

[32] Super-OLAC for automotive strip [J]. Ironmaking & Steelmaking，2002，29 (4)：234.

[33] Fujibayashi A，Omata K. JFE steel's advanced manufacturing technologies for high performance steel plates [J]. JFE Giho，2004 (5)：8~12.

[34] Omata K，Yoshimura H，Yamamoto S. The leading high performance steel plates with advanced manufacturing technologies [J]. NKK TECHNICAL REPORT-JAPANESE EDITION，2002：57~62.

[35] 小俣一夫，吉村洋，山本定弘. 高度な製造技術で応える高品質高性能厚鋼板 [J]. NKK Technical Review，2002，179：57.

2 新一代 TMCP 与超快速冷却技术核心机理

2.1 热连轧板带钢新一代 TMCP 理论研究进展及认识

TMCP 技术的核心在于控制轧制与控制冷却的匹配控制，首先通过控制轧制工艺对奥氏体硬化状态进行控制，即通过轧制变形在奥氏体中积累大量的能量，在轧制过程中获得内部存在大量变形带、位错、孪晶等"缺陷"的硬化状态奥氏体，为后续的相变过程中实现晶粒细化奠定基础。随后通过控制冷却工艺对硬化奥氏体的相变过程进行控制，以进一步细化铁素体晶粒以及通过相变强化得到贝氏体等强化相，进一步改善材料的综合性能。由于硬化的奥氏体内存在的"缺陷"是相变时铁素体形核的核心，因此"缺陷"越多则铁素体的形核率越高，得到的铁素体晶粒越细小。在传统控制冷却相对较低的冷却强度条件下，为了获得充分的硬化奥氏体，采取的基本手段是"低温大压下"和添加微合金元素。"低温"是为了抑制奥氏体的再结晶，保持其硬化状态；"大压下"则是为了增加硬化奥氏体所储存的变形能。采取增加微合金元素如 Nb，可以提高奥氏体的再结晶温度，使奥氏体在比较高的温度处于未再结晶区，便于利用常规的轧制制度实现奥氏体的硬化状态。应该指出，采用"低温大压下"工艺，与人们长久以来形成的"趁热打铁"观念背道而驰，同时必然受到设备能力等的限制，为了实现"低温大压下"，在传统 TMCP 条件下长期以来不得不大幅提升轧制设备能力，投入了大量资金、人力和资源。

随着控制冷却工艺的不断发展与进步，以超快冷为核心的新一代 TMCP 技术在热轧高性能钢铁材料的组织调控及生产制造方面突破了传统 TMCP 技术必须依靠"低温大压下"和较大量添加微合金元素的强化理念，针对不同的组织性能要求通过轧后冷却路径的灵活、精准控制，实现"以水代金"的绿色强化理念，在组织性能调控方面显现出强大的技术优势。与传统 TMCP 工艺技术不同（见图 2-1），其核心理念是：（1）适度提高轧制温度，在奥氏体区"趁热打铁"，在适当的温度区间内完成连续大变形的应变积累；（2）轧后进行超快速冷却，使轧件迅速通过高温区，保持其硬化状态；（3）依据组织调控的目标，在相应的动态相变点附近终止超快速冷却；（4）根据材料的组织性能需要，进行后续的冷却路径控制。

以超快冷为核心的新一代 TMCP 技术在组织性能调控方面具有广阔的应用前

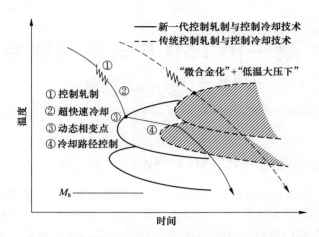

图 2-1　新一代控制轧制与控制冷却技术路线与传统控制轧制与控制冷却技术路线的区别

景，主要特征体现在：（1）更加有利于综合运用细晶强化、析出强化、相变强化等强化机制，降低了靠合金元素提高强度的依赖，进而降低了钢材的冶炼成本，实现了减量化、集约化的轧制生产；（2）高冷却速率可以转化为高生产效率，热轧带钢应用超快冷系统即可完成控制冷却；（3）通过对冷却装备的细分、精细调整手段的配置、高精度预控数学模型的应用等策略，可以保证钢板冷却的均匀性以及温度的精准性；（4）具备宽广的冷速控制范围，可以实现空冷与超快速冷却之间的无级调速，与层流冷却配合，可以满足多样的冷却路径控制要求，适用于广泛的钢铁品种，同时也便于利用简单的化学成分获得不同性能的钢铁材料。

2.2　热轧带钢高强度均匀化冷却机理

2.2.1　超快速冷却条件下射流冲击湍流流动分析

　　射流冲击换热技术作为一种强化传热方法已被应用在很多领域，热轧带钢的高强度冷却过程就充分利用了射流冲击换热的这一特性，展现了更强的冷却能力。热轧带钢的超快速冷却与普通层流冷却的区别主要有：射流装置除了内部结构不同外，喷嘴出水口的直径也减小了，增加了喷嘴的排布密度，有时还会增加狭缝型喷嘴射流冷却装置；环境条件的不同在于增大了水系统的压力；设备布置条件的不同为降低喷嘴出水口到带钢换热表面的距离，同时还对射流冲击的倾斜角度进行了调整。

　　热轧带钢高强度冷却过程主要为冷却介质的流动和带钢的传热，冷却介质的流动按照流动特点主要分为超快冷集管的内部流动和喷嘴出口的冲击射流；带钢的传热主要分为带钢表面的射流冲击换热和内部的热传导。根据目前的研究结果，射流冲击可分为三个明显的流动区域，如图 2-2 所示。图中

Ⅰ区为自由射流区，其流动特性与自由射流相同；Ⅱ区为射流冲击区，射流经过显著的弯曲后存在很大的压力梯度，通常所说的射流驻点就在该区域的中间位置附近，射流的最大冲击压力出现在驻点区域，同时该区域带钢表面的换热更剧烈，换热强度也最大；Ⅲ区为壁面射流区，在该区域射流的流动方向几乎平行于射流壁面。

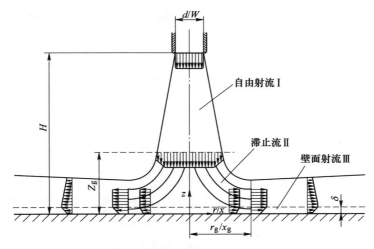

图 2-2　射流冲击流动分区

根据射流出口的断面形状，超快速冷却集管的射流类型主要有平面射流（缝隙）和圆形射流（多排柱状）。图 2-3 所示为热轧带钢超快速冷却单根集管的射流冲击试验的现场照片，其中图 2-3（a）为缝隙集管，图 2-3（b）为多排柱状集管。通过对热连轧超快冷现场使用情况及流量数据的测量，热轧带钢轧后高强度冷却集管出口冷却水的射流速度范围为 $3 \sim 20 \mathrm{m/s}$，雷诺数范围为 $6000 \sim 60000$，由于层流与湍流的临界雷诺数为 2320，因此高强度冷却条件下的冲击射流属于湍流流动。

本节将根据热轧带钢轧后高强度冷却的具体特点，对高强度冷却条件下的单股射流冲击湍流流动过程进行分析和研究，对冷却介质的流动过程进行理论计算；分析各个湍流模型的计算特点和适用范围；比较分析不同湍流模型下平面和圆形湍流冲击射流的速度分布和湍流结构特点，对相关湍流模型中的参数进行优化。

根据热轧带钢轧后高强度冷却条件下的射流冲击特点，分析和研究标准 κ-ε 模型、RNG κ-ε 模型、Realizable κ-ε 模型和雷诺应力模型 4 种湍流模型[1~7]下平面和圆形湍流射流的射流区域流速和湍动能的分布特点，确定不同冲击射流条件下的最佳匹配模型，进一步提高计算精度。

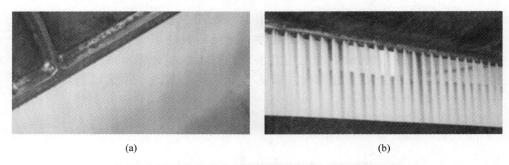

(a)　　　　　　　　　　　　　　　　　(b)

图 2-3　缝隙和多排柱状集管的冲击射流现场试验照片
(a) 缝隙集管；(b) 多排柱状集管

2.2.1.1　平面湍流射流

根据射流入口速度方向的不同，将平面冲击射流分为垂直射流和倾斜射流两种情况分别来进行比较分析。模型的具体参数为射流高度 $H = 100\text{mm}$，冷却钢板的长度为 200mm，初始速度 V_0 为 5m/s 和 10m/s，同时考虑到网格的精度及计算时间问题，射流入口的宽度 W 取为 10mm。为了保证初始条件的一致性，沿初始速度方向的理论射流驻点一直保持在冷却钢板 1/2 长度位置；在初始条件相同的情况下，通过变换不同的湍流模型来进一步研究和分析射流平面内自由射流区、冲击区和壁面射流区的水平分速度 V_x 和竖直分速度 V_y 以及湍动能 K 的分布特点。

A　垂直射流

图 2-4 (a) 所示为平面垂直射流的二维简化模型，射流入口距离冷却钢板的距离为 H，图中 x 坐标轴方向为水平方向，y 坐标轴方向为竖直方向。根据射流入口的宽度，从射流入口宽度的中心位置开始截取了 4 条垂直于冲击板的直线 L1、L2、L3 和 L4，它们的坐标位置分别为 $x = 100\text{mm}$、$x = 101\text{mm}$、$x = 102\text{mm}$ 和 $x = 103\text{mm}$；同样在平行于冲击表面的位置截取了 4 条平行于冲击板的直线 L5、L6、L7 和 L8，它们的坐标位置分别为 $y = 0.5\text{mm}$、$y = 1.0\text{mm}$、$y = 1.5\text{mm}$ 和 $y = 2.0\text{mm}$。

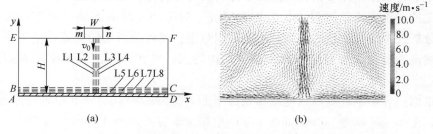

(a)　　　　　　　　　　　　　　　(b)

图 2-4　平面垂直冲击射流的简化模型 (a) 和速度向量分布图 (b)
(扫书前二维码看彩图)

图 2-4（b）所示为平面垂直冲击射流的速度向量分布图。由图可以看出自由射流冲击到带钢表面后，冷却水射流速度方向由垂直变为水平，且较平均的分成左右两侧壁面射流；在射流冲击驻点处附近出现了明显的滞止区，该区域射流速度较低。

图 2-5 和图 2-6 所示为竖直和水平截线上沿 x 方向速度分量的分布曲线。通过对图 2-5 中各个分布曲线的比较分析，发现其总体的分布趋势为在距离冲击表面 20mm 处开始出现 x 方向速度分量，之前主要是以初始速度为主，而后在距离冲击表面 5~20mm 范围内 x 方向速度分量迅速增大，在距离冲击表面 0~5mm 范围内 x 方向速度分量基本保持不变，进而形成一个平滑峰顶。同时由该图还可以发现 Standard 和 RNG 两种湍流模型下沿 x 方向速度分量的分布相差不大，计算结果基本一致，而在 Realizable 模型下靠近冲击表面的水平速度要比前两种模型的计算结果略高，但在 RSM 模型下靠近冲击表面的水平速度要比前三种模型的计算结果都略低，且随着距离射流中心距离的增大，它与前三种模型之间的差值也越明显。

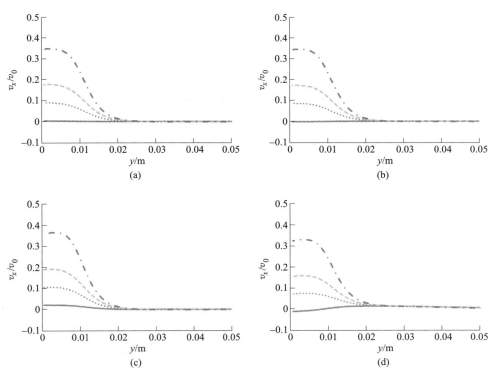

图 2-5　竖直截线的 x 向速度分量分布曲线

（a）Standard；（b）RNG；（c）Realizable；（d）RSM

——— L1　·········· L2　−−−−− L3　−·−· L4

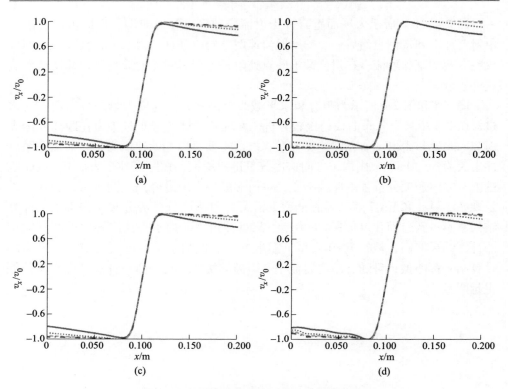

图 2-6 水平截线的 x 向速度分量分布曲线

(a) Standard;（b）RNG;（c）Realizable;（d）RSM

—— L5 ········· L6 ---- L7 —·— L8

　　而由图 2-6 可知水平截线上的 x 方向速度分量的分布特点为：以冲击驻点为分界线，初始 x 方向速度分量为零，而后向两侧迅速增大，增大到一定值后又开始缓慢地降低，同时由于冲击表面的摩擦阻力作用，离冲击表面越近，冷却水的水平流速下降得越明显。从四种模型的计算结果来看，四种模型下水平截线上的 x 方向流速分布的结果基本一致。

　　图 2-7 和图 2-8 所示为竖直和水平截线上沿 y 方向速度分量的分布曲线。由图可以发现两种截线下沿 y 方向的竖直速度分量在四种模型下的计算结果基本一致。竖直截线上的变化趋势主要是在距离冲击表面 20mm 左右开始减小，一直到距离冲击表面为 15mm 左右时，其降低的幅度较慢形成一个"平缓的山底"；但当距离冲击表面的距离小于 15mm 左右时，它的降低速度开始增大形成一个"陡峭的山坡"，当距离冲击表面为零时其值也降为零。而在水平截线上 y 方向速度分量主要集中在冲击驻点附近，形成一个"凹形区域"，有效水平范围大概为 40mm，其他区域的速度基本为零，同时随着距离冲击表面距离的提高，y 方向速度分量也逐渐增大。

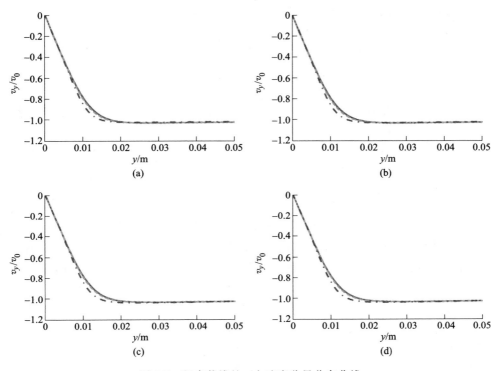

图 2-7 竖直截线的 y 向速度分量分布曲线

（a）Standard；（b）RNG；（c）Realizable；（d）RSM

——— L1　········· L2　– – – – L3　–·– L4

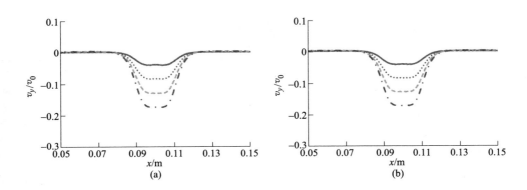

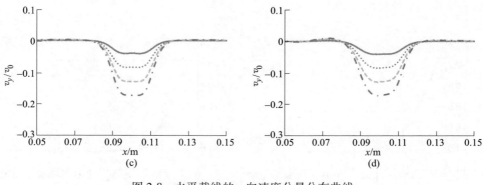

图 2-8　水平截线的 y 向速度分量分布曲线

（a）Standard；（b）RNG；（c）Realizable；（d）RSM

——— L5　········ L6　–––– L7　–·— L8

　　图 2-9 和图 2-10 所示为竖直和水平截线上湍动能的分布曲线。由图可以发现四种湍流模型下湍动能的分布要比前面 x 和 y 向速度分布的差异明显。由图 2-9 可以看出，四种模型计算下竖直截线的湍动能的变化趋势基本相同，都是在冲击

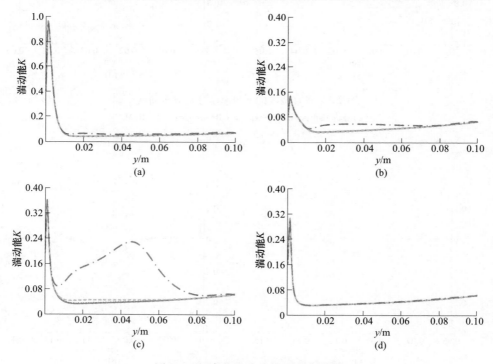

图 2-9　竖直截线湍动能的分布曲线

（a）Standard；（b）RNG；（c）Realizable；（d）RSM

——— L1　········ L2　–––– L3　–·— L4

表面处有一个较高的开始值，而后随着距冲击表面高度的增大迅速增大，在较短的距离内到达山峰后又迅速下降形成一个较尖的山峰。此处说明在冲击表面附近湍流的扩散能力较强，当到达 10mm 距离左右时又缓慢下降，而后又开始逐渐的增大直到射流入口。

由图 2-10 可以看出，水平截线上的湍动能分布趋势大致呈现"平顶山峰"的形式，且 Standard 模型下 4 个截线的变化趋势的匹配程度最好，其次为 Realizable 模型。4 种模型的差异主要体现在距离冲击表面距离最近的 L5 截线的湍动能的变化情况，其他三个截线的变化趋势基本相同，说明对于近壁区流体湍动能的计算，Standard 模型的处理基本没有变化，其他三种模型对于近壁区处理有显著效果。

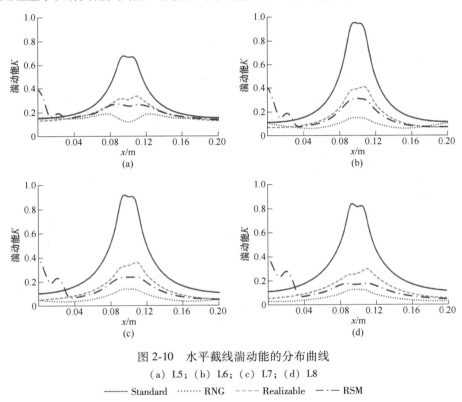

图 2-10 水平截线湍动能的分布曲线

（a）L5；（b）L6；（c）L7；（d）L8

—— Standard ……… RNG - - - - Realizable —·— RSM

从总体数值分析结果来看，不管是竖直截线还是水平截线，Standard 模型的计算结果要比其他三种模型的计算结果偏大；RNG 模型的计算结果的差异最小，Realizable 和 RSM 两个模型的计算结果较相似，差异适中；但从 4 个竖直截线的计算结果来看，Standard 和 RSM 两模型的匹配程度较好，其中 RSM 模型下 4 个竖直截线的计算结果基本没有差异，而 RNG 和 Realizable 两模型在 L4 截线的湍动能分布上都出现了不同程度的波动情况，偏离范围较其他三个截线有一定程度的增大，其中 Realizable 模型的湍动能波动较大，说明在该模型计算下整个射流的外侧扩散性较强；而对于 4 个水平截线而言，除了近壁区的 L5 外，RNG 模型的匹配程度最好，同样 Realizable 和 RSM 两个模型的计算结果的范围也较相似，但是 RSM 模型在出口位置出现了波动情况，对结果有一定的影响。

综上所述，在平面的垂直射流的分析过程中若对近壁区流体的计算要求不高，RNG 和 Realizable 模型已可以满足要求，但计算时间要比 Standard 长，而 Standard 模型虽然在湍流强度的数值上有所偏大，但它在流速的预测上与其他模型基本符合且其在计算结果的稳定性上是最好的，花费的时间也要比其他三种模型要少，因此对于平面垂直射流模拟建议使用 Standard 或 RNG 两种模型。

B　倾斜射流

图 2-11（a）所示为平面倾斜冲击射流的二维简化模型。从射流入口宽度的中心位置开始截取了 4 条平行于初始速度方向的直线 L1、L2、L3 和 L4，其中 L1 的坐标位置为（73，100）（100，0），它们相互之间的距离为 1mm；同样在平行于冲击表面的位置截取了 4 条平行于冲击板的直线 L5、L6、L7 和 L8，它们的坐标位置分别为 $y=0.5mm$、$y=1.0mm$、$y=1.5mm$ 和 $y=2.0mm$。

图 2-11（b）所示为平面倾斜冲击射流的速度向量分布图。由图可以看出倾斜射流冲击到带钢表面后形成了流量不均的左右两侧壁面射流区，其中顺流区壁面射流的较高流速的厚度要大于逆流区；同样在射流冲击驻点处附近也出现了明显的滞止区。

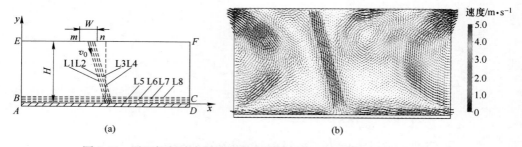

图 2-11　平面倾斜冲击射流的简化模型（a）和速度向量分布图（b）
（扫书前二维码看彩图）

图 2-12 为倾斜截线上沿 x 方向速度分量的分布曲线，通过和图 2-6 的对比，倾斜射流的水平截线的 x 方向速度分量的分布较垂直射流 4 种模型的变化不大，且 4 种模型相互之间的计算结果差异仍不明显，因此省略了水平截线上的沿 x 方向速度分量的分布曲线。由图可以看出，射流中心线上的 x 方向速度分量与其他三个截线不同，它的变化趋势是先减小后又逐渐增大而后到达一个平稳值；而其他三个截线是由一开始就逐渐减小，直至减小到平稳值。同时通过对图 2-12 中各个分布曲线的分布情况可以得出 4 种模型下倾斜截线上的 x 方向速度分量仍差

异不大，变化趋势基本保持一致。

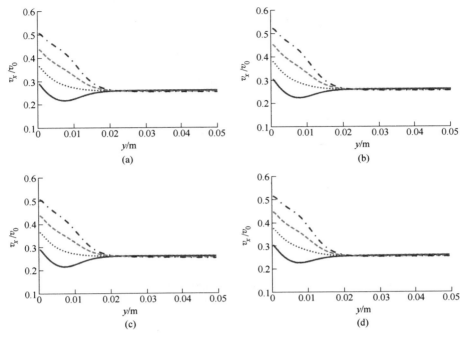

图 2-12　倾斜截线的 x 向速度分量分布曲线

(a) Standard；(b) RNG；(c) Realizable；(d) RSM

—— L1　…… L2　---- L3　-·- L4

图 2-13 所示为倾斜射流的水平截线上沿 y 方向速度分量的分布变化曲线，通过和图 2-7 的对比分析，倾斜射流的倾斜截线沿 y 方向速度分量的分布与垂直射流的竖直截线时 4 种模型的变化不大（图 2-14），且 4 种模型相互之间的计算结果差异也不明显，因此省略了倾斜射流的竖直截线上的沿 y 方向速度分量的分布曲线。但由图 2-8 和图 2-13 对比分析可以看出倾斜射流水平截线沿 y 方向速度分量的变化趋势较垂直射流有所不同，y 方向速度分量的整个变化趋势由原来的"凹型"变成了不对称的偏"V型"，且最高速度的位置较垂直射流有所减小，同时最高值正方向的顺流区比最高值负方向逆流区的下降速度要慢。

由图 2-15 可以看出，水平截线上的湍动能分布趋势大致呈现"尖山峰"的形式，且 Standard 模型下 4 个截线的变化趋势差异不大，其次为 Realizable 和 RSM 模型，而 RNG 模型下 L5 截线的变化趋势较其他三种有所不同；L6、L7 和 L8 三截线的变化趋势基本相同，说明对于近壁区湍动能的计算，倾斜射流与垂直射流对于 4 种模型的适用性基本相同。因此对于平面倾斜射流情况建议使用 Standard 模型。

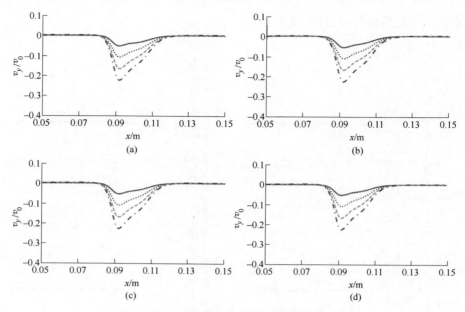

图 2-13　水平截线的 y 向速度分量分布曲线

（a）Standard；（b）RNG；（c）Realizable；（d）RSM

—— L5　······· L6　----- L7　-·- L8

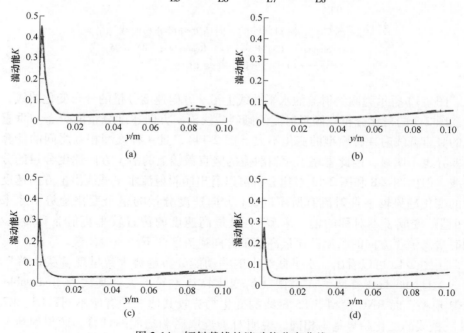

图 2-14　倾斜截线的湍动能分布曲线

（a）Standard；（b）RNG；（c）Realizable；（d）RSM

—— L1　······· L2　----- L3　-·- L4

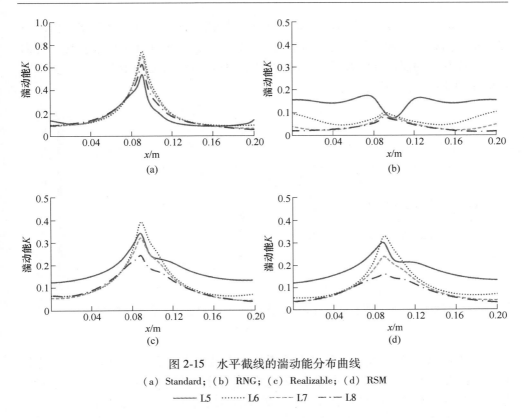

图 2-15 水平截线的湍动能分布曲线

（a）Standard；（b）RNG；（c）Realizable；（d）RSM

—— L5 ……… L6 ---- L7 —·— L8

2.2.1.2 圆形湍流射流

针对热轧带钢轧后超快冷高密喷嘴的射流特点及射流入口速度方向的不同，将圆形射流也分为圆形垂直射流和圆形倾斜射流两种情况来进行比较分析。同时考虑到模型分析的具体特点，圆形垂直射流采用二维平面的轴对称模型，而圆形倾斜射流则采用三维简化模型。模型的具体参数为射流高度 H 为 100mm，冷却钢板的直径为 200mm，射流入口初始速度 V_0 为 5m/s 和 10m/s，为了保证与平面射流初始条件的一致，射流入口的直径 D 取为 10mm，且沿初始速度方向的理论射流驻点一直保持在冷却钢板的圆心位置。

A　垂直射流

图 2-16（a）所示为圆形垂直冲击射流的二维简化模型，射流入口距离冷却钢板的距离为 H，图中 x 坐标轴方向为竖直方向，y 坐标轴方向为水平方向。根据射流入口的直径，从射流入口的中心轴线开始截取 4 条垂直于冲击板的直线 L1，L2，L3 和 L4，它们的坐标位置分别为 $y=0$mm，$y=1.0$mm，$y=2.0$mm 和 $y=3.0$mm；同样在平行于冲击表面的位置截取了 4 条平行于冲击板的直线 L5，L6，L7 和 L8，它们的坐标位置分别为 $x=99.5$mm，$x=99.0$mm，$x=98.5$mm 和

$x = 98.0\text{mm}$。图 2-16（b）所示为圆形垂直冲击射流的速度向量分布图。由图可以看出自由射流区轴心附近的冷却水流速较均匀，但与平面冲击射流相比，壁面射流区冷却水的流速要明显低于自由射流区，且随着离射流冲击的距离越远，壁面射流的流速也逐渐降低。

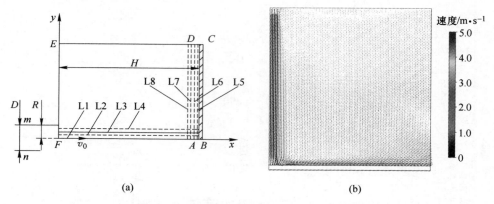

(a)　　　　　　　　　　　　　(b)

图 2-16　圆形垂直冲击射流的简化模型（a）和速度向量分布图（b）
（扫书前二维码看彩图）

图 2-17 和图 2-18 所示为圆形湍流射流水平截线上 x 和 y 方向速度分量的分布变化曲线。由于圆形射流的竖直截线上的速度分量的变化趋势与平面射流的相似，因此本小节没有对圆形射流的竖直截线的速度变化进行比较分析。

由图 2-17 可以看出圆形射流的水平截线上在半径为 $0 \sim 0.04\text{m}$ 左右的范围内存在竖直方向的分速度，与图 2-8 对比分析可知，水平截线上竖直分速度的有效范围内圆形垂直射流是平面垂直射流的 2 倍左右；同时还发现相对于平面垂直射流的"平顶"，圆形垂直射流的驻点出现了"V 型山顶"，且圆形垂直射流的竖直分速度的最大值（$v_x/v_0 = 0.5$）也高于平面垂直射流（$v_x/v_0 = 0.2$）。由图还可以发现 RSM 模型下在 $0.08 \sim 0.1$ 范围内出现了波动情况，由于射流尽头水流速很低，以及射流壁面的不断扩大，壁面射流的末端会出现水纹情况，造成一定程度的速度波动，该现象说明 RSM 对水纹波动的预测要比其他三种模型灵敏；但四种模型的整体数值仍差异不大，各个模型的特点没有突显。

由图 2-18 可以看出圆形垂直射流的水平速度的分量的总体变化趋势，从射流驻点开始先迅速增大，而后到达峰值后又缓慢降低。与图 2-6 平面垂直射流的情况相比，圆形垂直射流的水平速度分量下降的幅度要大些，大约在 40%；而平面垂直射流的远离冲击表面（L6 ~ L8）的水平分速度只有微量的减小，大约在10%，离冲击表面最近的 L5 截线降低最多但也只有 20% 左右。从 4 种模型计算结果的变化趋势而言，Standard 和 Realizable 模型的计算结果较相近，RNG 模型的计算结果普遍偏低，尤其是远离冲击表面的 L7 和 L8 截线，而 RSM 模型仍出现了类似图 2-17 中的速度波动部分，较其他三种模型还有一定的差异。

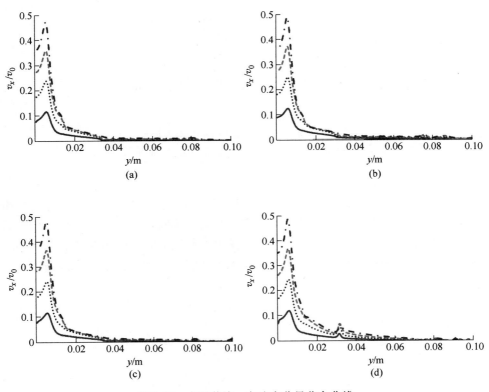

图 2-17　水平截线 x 向速度分量分布曲线

（a）Standard；（b）RNG；（c）Realizable；（d）RSM

—— L5　……… L6　—— —— L7　— · — L8

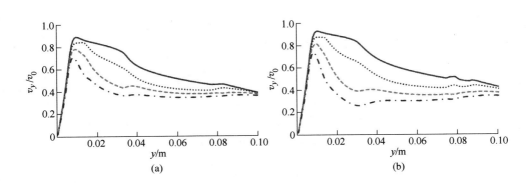

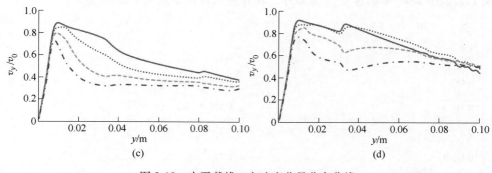

图 2-18　水平截线 y 向速度分量分布曲线

(a) Standard；(b) RNG；(c) Realizable；(d) RSM

—— L5　······ L6　－－－－ L7　－·－· L8

图 2-19 所示为圆形垂直射流水平截线上湍动能的变化曲线。由图可以看出靠近冲击表面的湍动能较小，随与冲击表面距离的不断增大，湍动能呈先增大后微量减小或不变的趋势；但与平面垂直射流水平截线上湍动能的变化曲线图 2-10 对比分析可知，圆形垂直射流水平截线上的湍动能在总体数值上要高于平面

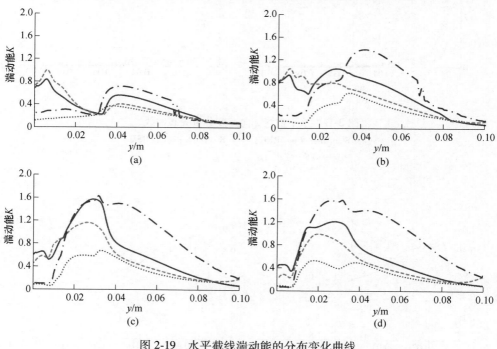

图 2-19　水平截线湍动能的分布变化曲线

(a) L5；(b) L6；(c) L7；(d) L8

—— Standard　······ RNG　－－－－ Realizable　－·－· RSM

垂直射流，且湍动能的变化曲线波动性更明显，而平面垂直射流水平截线上的湍动能的变化较平稳，说明圆形垂直射流过程中壁面射流的发散程度要比平面垂直射流更加剧烈。从 4 种湍流模型的计算结果的对比分析来看，Realizable 模型的匹配度最好，RNG 模型的次之，Standard 模型和 RSM 模型的相对较差。

图 2-20 所示为圆形垂直射流竖直截线上湍动能的变化曲线。由于截线 L5、L6 和 L7 的变化趋势基本相同，因此图中只比较了 L5 和 L8 两个截线。由图可以看出圆形垂直射流的竖直截线上的湍动能变化主要集中在冲击驻点处，且 Standard 和 Realizable 模型的计算结果相近但要高于 RNG 和 RSM 两模型，RNG 模型的计算结果仍是偏小。综上所述，对于圆形垂直射流建议使用 Realizable 模型，在计算精度要求不是较高时仍可以使用 Standard 模型。

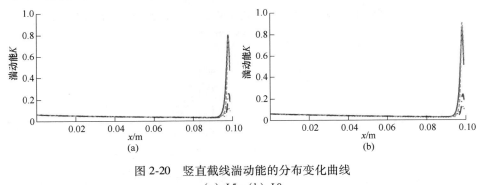

图 2-20 竖直截线湍动能的分布变化曲线

(a) L5；(b) L8

—— standard ⋯⋯ RNG − − − Realizable − · − RSM

（扫描书前二维码看彩图）

B 倾斜射流

图 2-21 （a）所示为圆形倾斜射流的三维简化模型，圆形喷嘴的射流出口距离冷却钢板表面的距离为 H，图中 x 和 z 坐标轴方向为水平方向，y 坐标轴方向为竖直方向。根据射流入口的直径 d，从射流入口的中心轴线开始截取了 4 条平行于初始射流速度的直线 L1、L2、L3 和 L4，它们的坐标分别为 $(-0.027, 0.1, 0)$、$(0, 0, 0)$，$(-0.026, 0.1, 0)$、$(0.001, 0, 0)$，$(-0.025, 0.1, 0)$、$(0.002, 0, 0)$ 和 $(-0.024, 0.1, 0)$、$(0.003, 0, 0)$，其中单位为 m；同样在平行于冲击表面的位置截取了 4 条平行于冲击板的直线 L5、L6、L7 和 L8，它们的坐标位置分别为 $y = 0.0005$，$y = 0.001$，$y = 0.0015$ 和 $y = 0.002$。图 2-21 （b）所示为圆形倾斜冲击射流的速度向量分布图。

图 2-22～图 2-24 所示为圆形倾斜射流倾斜截线上 x、y 和 z 方向的速度分量分布变化曲线，其中各图中的 （a）为截线 L1 而 （b）为截线 L4。图 2-25～图 2-27 所示为圆形倾斜射流水平截线上 x、y 和 z 方向的速度分量分布变化曲线，其中各图中的 （a）为截线 L5 而 （b）为截线 L8。

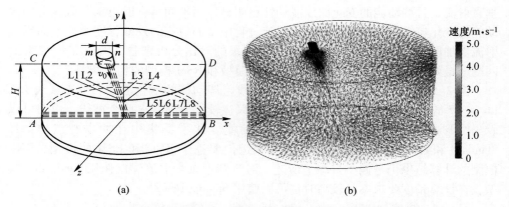

图 2-21 圆形倾斜冲击射流的三维简化模型（a）和速度向量分布图（b）
（扫书前二维码看彩图）

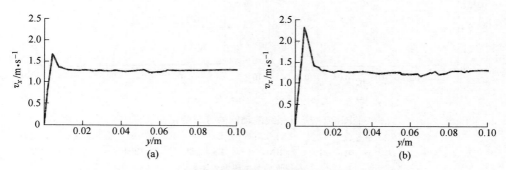

图 2-22 XY 平面内倾斜截线 x 方向速度分量分布曲线
（a）L1；（b）L4
（扫描书前二维码看彩图）

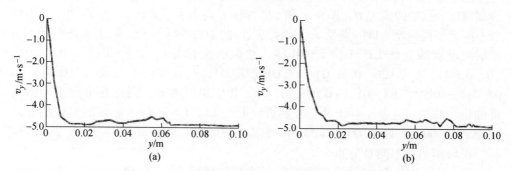

图 2-23 XY 平面内倾斜截线 y 方向速度分量分布曲线
（a）L1；（b）L4

—— Standard ······ RNG ---- Realizable —·— RSM

（扫描书前二维码看彩图）

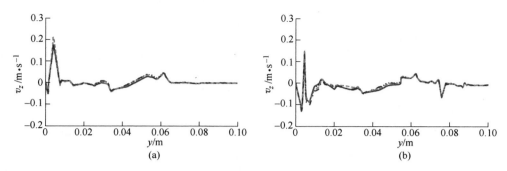

图 2-24 XY 平面内倾斜截线 z 方向速度分量分布曲线

(a) L1；(b) L4

（扫描书前二维码看彩图）

由四种模型下的计算结果来看，对于倾斜截线除了 z 方向上的速度分量有微量波动外，其他两个方向的速度分量基本一致，同时由图可以看出圆形倾斜射流的速度波动较大的区域仍在射流驻点附近。而对于水平极限而言，Realizable 模型的计算结果在逆流区较其他三种模型表现出了更加稳定的预测结果，同时还发现越远离冲击表面三个方向速度分量的浮动范围都有不同程度的增加趋势。由于逆流区的流量要比顺流区小，顺流区的流速应该比逆流区表现得更加活跃，如图 2-25 所示。

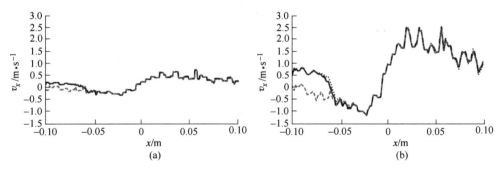

图 2-25 XY 平面内水平截线 x 方向速度分量分布曲线

(a) L5；(b) L8

—— Standard ········ RNG ----- Realizable —·— RSM

（扫描书前二维码看彩图）

图 2-28 和图 2-29 所示为圆形倾斜射流倾斜和水平截线上湍动能的分布变化曲线。由图可以看出 Realizable 模型预测的发散情况要比其他三种模型强烈，对比平面倾斜射流的结果发现，Standard 和 RNG 模型表现出了与之较大差异的预测结果，而 Realizable 模型表现出了较相似的变化趋势，体现出了其在三维模型预测方面的优越性。综上所述，在圆形倾斜射流的三维结果预测中 Realizable 模型表现更加优异。

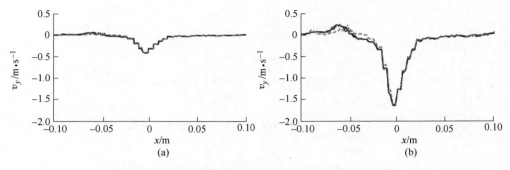

图 2-26　*XY* 平面内水平截线 *y* 方向速度分量分布曲线

(a) L5；(b) L8

—— Standard　……… RNG　– – – Realizable　– · – RSM

(扫描书前二维码看彩图)

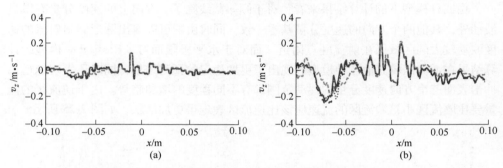

图 2-27　*XY* 平面内水平截线 *z* 方向速度分量分布曲线

(a) L5；(b) L8

—— Standard　……… RNG　– – – Realizable　– · – RSM

(扫描书前二维码看彩图)

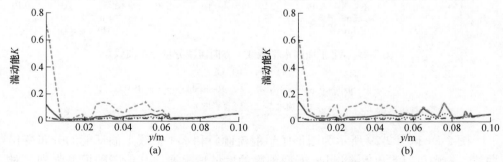

图 2-28　*XY* 平面内倾斜截线湍动能的分布曲线

(a) L5；(b) L8

—— Standard　……… RNG　– – – Realizable　– · – RSM

(扫描书前二维码看彩图)

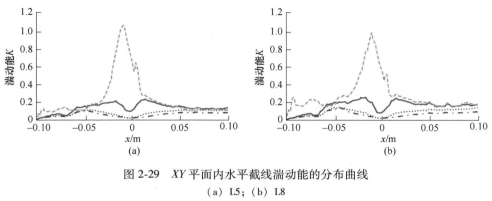

图 2-29 *XY* 平面内水平截线湍动能的分布曲线

（a）L5；（b）L8

—— Standard ······ RNG ---- Realizable —·— RSM

（扫描书前二维码看彩图）

2.2.2 热轧带钢射流冲击换热强度分析

本小节以狭缝带钢冲击换热为例，研究各因素对换热的影响。

流动的冷却介质通过与热钢材表面的接触，利用两者之间温度的不同，产生了热量的传递，这个过程称为对流换热。而换热系数是表示各种冷却条件下冷却能力的重要参数，也是体现冷却设备性能的重要指标，目前关于缝隙冲击射流的研究[8~13]较多，但相关影响因素的参数范围较有限，特别是针对具体的工程实际应用的研究较少。

本节以某厂前置超快冷设备的具体参数为依据，对热轧带钢前段高强度冷却过程中缝隙冲击射流对带钢表面换热系数的影响因素进行了针对性的模拟及分析，为进一步优化热轧带钢轧后超快速冷却系统工艺参数设计提供了一定的参考依据。

2.2.2.1 射流入口速度的影响分析

A 非淹没冲击射流

图 2-30 为不同射流入口速度下带钢表面的换热系数 h 沿带钢长度方向 x 的分布变化曲线，其中各图的参数设定分别为（a）$W = 2mm$，$\theta = 0°$，$H = 100mm$；（b）$W = 3mm$，$\theta = 0°$，$H = 100mm$；（c）$W = 3mm$，$\theta = 10°$，$H = 100mm$；（d）$W = 3mm$，$\theta = 10°$，$H = 50mm$。

由图 2-30 可以看出整个带钢表面的换热系数变化趋势呈"单尖峰"形式分布，射流冲击区的表面换热系数要明显高于壁面射流区，且随着射流入口速度的增大它们之间的差值也在不断地增大；同时随着射流入口速度的增加带钢表面各个位置的换热系数也都有明显的增大；由图 2-30（a）和图 2-30（b）可以看出随着射流入口缝隙宽度的增大，射流冲击区的山峰由陡峭变得较为平缓，说明射流冲击区的影

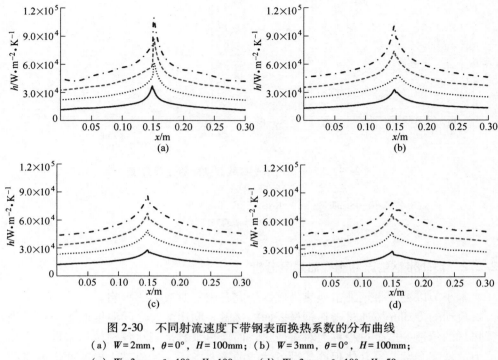

图 2-30   不同射流速度下带钢表面换热系数的分布曲线

（a）$W=2mm$，$\theta=0°$，$H=100mm$；（b）$W=3mm$，$\theta=0°$，$H=100mm$；

（c）$W=3mm$，$\theta=10°$，$H=100mm$；（d）$W=3mm$，$\theta=10°$，$H=50mm$

——— 5m/s   ········· 10m/s   ---- 15m/s   -·- 20m/s

响范围也在不断扩大，同时还发现射流冲击区带钢表面换热系数的峰值有所下降。由图 2-30（c）和图 2-30（d）可以看出射流高度的变化也会对带钢表面换热系数的分布产生一定的影响，但影响效果较射流入口速度要小很多。

图 2-31 为带钢表面距离冲击区中心的不同取值范围内带钢表面平均换热系数与射流速度的变化曲线，其中图 2-31（a）和（b）的参数设定与图2-30 的相同。由图可以看出随着射流入口速度的不断增大，带钢表面各个范围内的平均换热系数近似呈线性比例增大的变化趋势，同时随着射流入口速度的增大，冲击区的平均换热系数与壁面射流区的平均换热系数的差值也在不断地增大。

图 2-31（a）和（b）中，当射流入口缝隙的宽度由 2mm 增大到 3mm 时，冲击区±5mm 范围内的平均换热系数与其他区域的差距有了明显的缩小，但其他三个范围内的平均换热系数基本不变；由图 2-31（d）可以看出在距离冲击区中心±5mm 的范围内，当射流速度达到 15m/s 后，冲击区的平均换热系数的增大趋势出现放缓情况。增大射流入口的速度其实就是增大总的流量，该因素对带钢表面换热能力增强的效果明显，但综合考虑到资源的有效利用以及在降低生产成本的基础上充分发挥热轧带钢超快冷设备的优越性，喷嘴的射流速度也不宜过大。

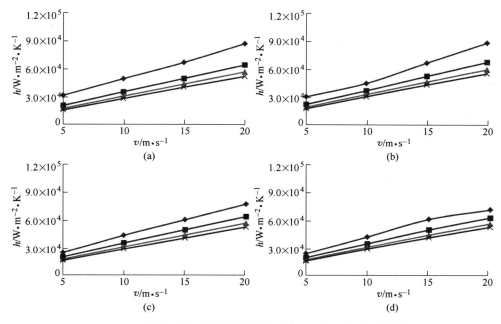

图 2-31　带钢表面平均换热系数与射流入口速度的变化曲线

（a）$W = 2mm$，$\theta = 0°$，$H = 100mm$；（b）$W = 3mm$，$\theta = 0°$，$H = 100mm$；

（c）$W = 3mm$，$\theta = 10°$，$H = 100mm$；（d）$W = 3mm$，$\theta = 10°$，$H = 50mm$

◆—— 10mm　■—— 100mm　▲—— 200mm　✕—— 300mm

B　淹没冲击射流

图 2-32 为淹没状态下不同射流入口速度时带钢表面的换热系数 h 沿带钢长度方向 x 的分布变化曲线，其中各图的参数设定分别为（a）$W = 2mm$，$\theta = 0°$，$H = 100mm$；（b）$W = 3mm$，$\theta = 0°$，$H = 100mm$；（c）$W = 3mm$，$\theta = 10°$，$H = 100mm$；（d）$W = 3mm$，$\theta = 10°$，$H = 50mm$。由图可以看出淹没状态下带钢表面的换热系数分布变化趋势与非淹没状态基本相同，仍呈"尖峰"形式分布，但在相同的射流高度下淹没状态下带钢表面的换热系数的值整体都呈下降趋势，在 $H = 100mm$ 情况下大约降低了 25%，且随着淹没层厚度的增大下降的趋势也变大。同时射流冲击区与壁面射流区换热系数之间的差值也没有非淹没状态下明显。

图 2-33 所示为淹没状态下沿 x 方向距离冲击区中心的不同位置范围内带钢表面的平均换热系数与射流入口速度的变化曲线。

由图可以看出随着射流入口速度的不断增大，带钢表面各个范围内的平均换热系数也都呈逐渐增大的趋势，同时射流冲击区的增大幅度要高于其他区域，但射流冲击区域壁面射流区的差异要比非淹没状态明显，该影响结果与前面分析中

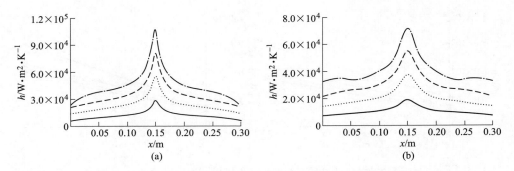

图 2-32　淹没射流时不同射流入口速度下带钢表面换热系数的分布曲线
(a) $H = 50mm$；(b) $H = 100mm$

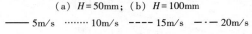

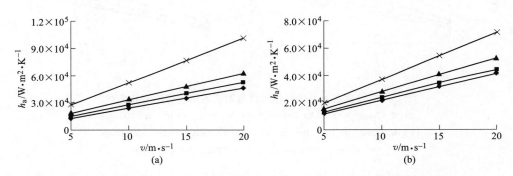

图 2-33　淹没射流时带钢表面平均换热系数与射流入口速度的变化曲线
(a) $H = 50mm$；(b) $H = 100mm$

———— 300m/s　—■— 200m/s　—▲— 100m/s　—×— 10m/s

得到的该状态下射流流体速度的衰减情况以及换热系数的分布特点较好的吻合，说明淹没层厚度对射流流体的阻力较为明显，严重降低了射流流体的流速进而影响了带钢表面的换热系数。

2.2.2.2　缝隙宽度的影响分析

A　非淹没冲击射流

图 2-34 为非淹没状态下不同射流入口宽度时带钢表面的换热系数 h 沿带钢长度方向 x 的分布变化曲线。由图可以看出，随着射流入口宽度的增加带钢表面冲击换热区域也在不断扩大；该参数设定下射流冲击区带钢表面的换热系数会随着射流入口宽度的增加呈先增大后减小的趋势，在射流入口宽度 2mm 时分布曲线的峰值最大；而壁面射流区带钢表面的换热系数则随着射流入口宽度的增加呈现先增大后又保持不变的趋势；在射流入口宽度由 1mm 增大到 2mm 时，带钢表

面的换热系数增大幅度较为明显，但当射流入口宽度继续增大时，带钢表面的换热系数只有微量的增加，特别是在较低射流入口速度下增大幅度更不明显，如图2-34（a）所示。

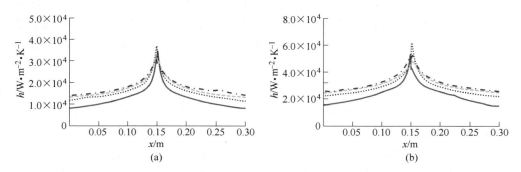

图 2-34　不同缝隙宽度下带钢表面换热系数的分布曲线

（a）$v=5\text{m/s}$；（b）$v=10\text{m/s}$

—— 1mm ……… 2mm ---- 3mm —·— 4mm

图 2-35 为 x 方向距离冲击区中心的不同范围内的带钢表面平均换热系数与射流入口宽度的关系变化曲线。由图可以看出，在距离射流冲击区中心 ±50mm、±100mm 和 ±150mm 的范围内，带钢表面的平均换热系数会随着缝隙宽度的增大而增大，且射流入口速度越大带钢表面平均换热系数与射流入口宽度的变化曲线斜率越大；但当射流入口宽度 $W \geqslant 3\text{mm}$ 时，带钢表面平均换热系数变化不再明显。而对于局部冲击区 ±5mm 范围内的平均换热系数而言，当射流入口宽度由 1mm 增大到 2mm 时表面换热系数呈现明显增大的趋势，当射流入口宽度 $W \geqslant 2\text{mm}$ 时，带钢表面的平均换热系数不再增加而是开始逐渐减小，当射流入口宽度 $W \geqslant 3\text{mm}$ 时，带钢表面的平均换热系数下降速率变小。

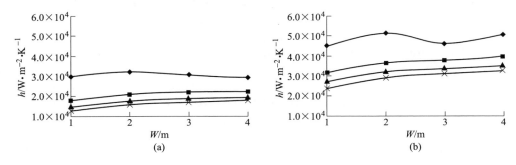

图 2-35　带钢表面平均换热系数与缝隙宽度的变化曲线

（a）$v=5\text{m/s}$；（b）$v=10\text{m/s}$

—◆— 10mm —■— 100mm —▲— 200mm —✕— 300mm

在上述条件相同的情况下增大集管的缝隙宽度其实是增大了集管的总流量，集管流量增大使得带钢表面对流换热增强；但对于冲击区的局部换热系数而言，它会随着缝隙宽度的增大出现不再增大甚至会减小的情况，因此在通过改变缝隙宽度来增大冷却设备的冷却能力时不能一味的增大缝隙宽度，应该考虑在尽量减小缝隙宽度的同时来保证缝隙集管的冷却能力，这样既节约了水资源还达到了增强冷却能力的效果。综上所述，在该参数设定下，较合理的缝隙宽度应为 2mm 或 3mm。

B　淹没冲击射流

图 2-36（a）为淹没射流时不同射流入口宽度下带钢表面的换热系数 h 沿带钢长度方向 x 的分布变化曲线。由图可以看出，淹没状态下随着射流入口宽度的增加带钢表面冲击区域在不断扩大，同时，不管是射流冲击区还是壁面射流区，带钢表面的换热系数都呈增大趋势，这一变化规律与非淹没状态时明显不同；当射流入口宽度为 1mm 时，壁面射流区的换热系数出现了波动的情况，由于淹没状态下射流速度的降低较快，所以当射流入口较小时，由于水流量减小，进而出现了射流下游的波动情况。

图 2-36（b）为淹没射流时沿 x 方向距离冲击区中心的不同范围内的带钢表面平均换热系数与射流入口宽度的关系曲线。由图可以看出，在不同的射流位置范围内，整个换热区带钢表面的平均换热系数都随着射流入口宽度的增大而增大，该变化趋势与射流入口速度的变化趋势基本一致，说明射流入口缝隙宽度的增大会是改善带钢表面残留水层降低冷却效果问题的有效措施之一。

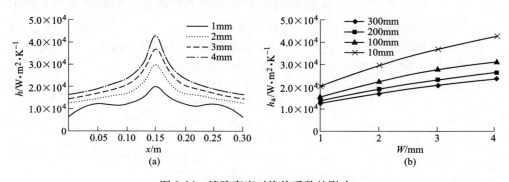

图 2-36　缝隙宽度对换热系数的影响

2.2.2.3　射流角度的影响

A　非淹没冲击射流

图 2-37 和图 2-38 所示为非淹没射流时不同射流倾斜角度下带钢表面的换热

系数 h 与带钢长度方向 x 的分布变化曲线，其中图 2-37 中的具体参数设定为：（a）$W=2$mm，$v=10$m/s，$v_x=0$m/s；（b）$W=3$mm，$v=10$m/s，$v_x=0$m/s；图 2-38 中：（a）$W=3$mm，$v=10$m/s，$v_x=2$m/s；（b）$W=3$mm，$v=20$m/s，$v_x=2$m/s。由图 2-37 和图 2-38 可以看出壁面射流逆流区和冲击驻点附近的带钢表面换热系数都随着射流倾斜角度的增加而逐渐减小，而在壁面射流顺流区的带钢表面换热系数则随着射流倾斜角度的增加基本保持不变。

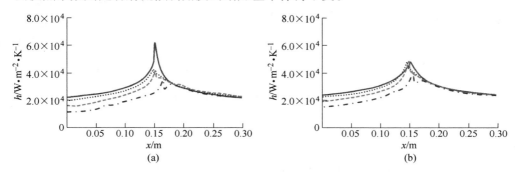

图 2-37　$v_x=0$m/s 时不同射流角度下带钢表面换热系数的分布曲线

（a）$W=2$mm；（b）$W=3$mm

———— 0°　·········· 10°　– – – 20°　–·–· 30°

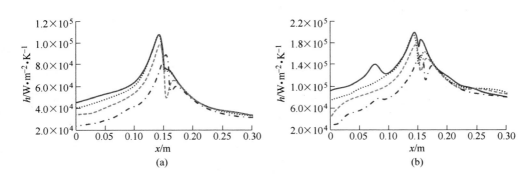

图 2-38　$v_x=2$m/s 时不同射流倾斜角度下带钢表面换热系数的分布曲线

（a）$v=10$m/s；（b）$v=20$m/s

———— 0°　·········· 10°　– – – 20°　–·–· 30°

　　图 2-39 和图 2-40 为非淹没射流时 x 方向距离带钢表面冲击区中心的不同射流范围内带钢表面的平均换热系数与射流倾斜角度的变化曲线。由图 2-39 可以看出在带钢表面距离冲击区中心 100mm、200mm 和 350mm 的范围内，随着射流倾斜角度的增加，带钢表面的平均换热系数呈逐渐降低的趋势。而在距离冲击区中心 10mm 的范围内，当缝隙宽度为 2mm 时，带钢表面的平均换热系数也呈逐渐降低的趋势；当缝隙宽度为 3mm 时，在射流倾斜角度 $\theta=0°\sim20°$ 时，带钢表面

平均换热系数基本保持不变，而当射流倾斜角度 $\theta = 30°$ 时，带钢表面平均换热系数又开始呈下降趋势。

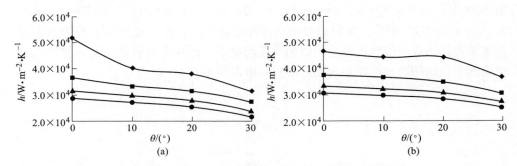

图 2-39　带钢表面平均换热系数与射流倾斜角度的变化曲线

(a) $W = 2\text{mm}$；(b) $W = 3\text{mm}$

—◆— 10mm　—■— 100mm　—▲— 200mm　—●— 300mm

　　而由图 2-40 可以看出射流入口速度的增大不会影响带钢表面的平均换热系数与射流倾斜角度的变化趋势，但它会一定程度地降低射流冲击区域壁面射流区的差值。因此射流角度的改变对冲击区的局部换热具有一定的影响作用，但对带钢表面整体范围内的平均换热情况而言，由于冷却水的总流量相同，因此对该区域的整体平均换热系数影响不大。

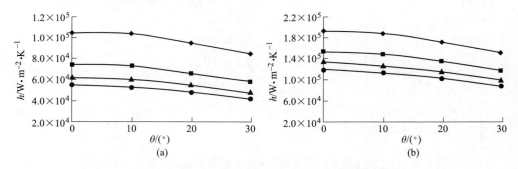

图 2-40　带钢表面平均换热系数与射流倾斜角度的变化曲线

(a) $v = 10\text{m/s}$；(b) $v = 20\text{m/s}$

—◆— 10mm　—■— 100mm　—▲— 200mm　—●— 300mm

B　淹没冲击射流

图 2-41 (a) 为不同射流角度下带钢表面的换热系数 h 与带钢长度方向 x 关系曲线。图 2-41 (b) 为 x 方向距离冲击区中心的不同范围内的带钢表面平均换热系数与射流倾斜角度的关系曲线。

由图可以看出射流角度的变化对于淹没状态下带钢表面换热系数的分布影响

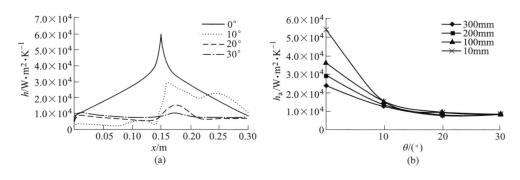

图 2-41　射流角度对换热系数的影响

较大。当射流角度由垂直变为倾斜时，射流冲击区带钢表面的换热系数出现了明显的下降趋势，由图 2-41（b）可以看出带钢表面的平均换热系数在不同射流范围内都出现了大幅度降低的趋势，且带钢表面换热系数的变化趋势也变得更加不规则；当射流倾斜角度由 10°增大达到 20°时，带钢表面的换热系数的变化趋势几乎变成一条水平线，进而导致各个射流范围内的平均换热系数较接近，且平均换热系数的下降趋势也变得平稳；当射流倾斜角度由 20°增大达到 30°时，带钢表面换热系数的变化趋势基本保持不变，平均换热系数有轻微的下降趋势。

2.2.2.4　带钢运行速度的影响

A　非淹没冲击射流

图 2-42 为非淹没射流时不同带钢运行速度下带钢表面的换热系数 h 沿带钢长度方向 x 的分布变化曲线，其中各图的参数设定分别为：（a）射流倾斜角度 $\theta=0°$，射流入口速度 $v=5\mathrm{m/s}$，（b）射流倾斜角度 $\theta=0°$，射流入口速度 $v=10\mathrm{m/s}$，（c）射流倾斜角度 $\theta=10°$，射流入口速度 $v=5\mathrm{m/s}$，（d）射流倾斜角度 $\theta=10°$，射流入口速度 $v=10\mathrm{m/s}$。

由图可以看出带钢运行速度对带钢表面换热系数的影响效果较明显，尤其是当带钢由静止变为运行时，两者之间的差异较大；但在带钢的运行速度从 $v_x=2\mathrm{m/s}$ 增加到 $6\mathrm{m/s}$ 的过程中，当射流入口速度为 $5\mathrm{m/s}$ 时，顺流区带钢表面的换热系数会逐渐降低，但趋势不明显；而逆流区带钢表面的换热系数则是先增大后减小，当带钢运行速度达到 $4\mathrm{m/s}$ 后逆流区带钢表面的换热系数出现了波动情况变得不稳定，带钢运行速度达到 $6\mathrm{m/s}$ 更加明显，如图 2-42（a）和图 2-42（c）所示；当射流入口速度为 $10\mathrm{m/s}$ 时，顺流区带钢表面的换热系数会有明显的降低，而逆流区带钢表面的换热系数则是一直减小。

图 2-43 为非淹没状态下带钢表面距离冲击区中心的不同射流范围内带钢表

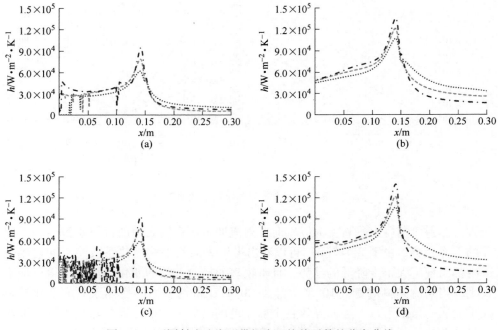

图 2-42　不同射流速度下带钢表面换热系数的分布曲线

（a）$\theta=0°$，$v=5\text{m/s}$；（b）$\theta=0°$，$v=10\text{m/s}$；

（c）$\theta=10°$，$v=5\text{m/s}$；（d）$\theta=10°$，$v=10\text{m/s}$

·········· 2m/s　---- 4m/s　-·- 6m/s

面平均换热系数与带钢运行速度的变化关系曲线。其中各图的参数设定分别为：（a）射流倾斜角度 $\theta=0°$，射流入口速度 $v=5\text{m/s}$，（b）射流倾斜角度 $\theta=0°$，射流入口速度 $v=10\text{m/s}$，（c）射流倾斜角度 $\theta=10°$，射流入口速度 $v=5\text{m/s}$，（d）射流倾斜角度 $\theta=10°$，射流入口速度 $v=10\text{m/s}$。

　　由图可以看出当带钢由静止变为运行时，带钢换热表面射流冲击区和壁面射流区的平均换热系数都有明显的增大，特别是在射流入口速度为 10m/s 时该现象更加明显，如图 2-43（b）和图 2-43（d）所示。当带钢的运行速度由 2m/s 增大到 6m/s 的过程中，射流冲击区的平均换热系数增大趋势放缓，而其他射流范围内的平均换热系数则出现了微量的下降趋势，图 2-43（c）较为明显。

　　综合以上分析，在该参数设定下较适宜的带钢运行速度为 2m/s 和 4m/s。同时在以上分析中不难发现在非淹没缝隙冲击射流状态下，较小的带钢运行速度会对带钢表面的换热起到增强的作用，但较高的带钢运行速度又会降低带钢表面的换热效率，一般在带钢运行速度小于射流流体的速度时，这种削弱效果不会太明显；但当带钢的运行速度大于射流流体的流动速度时，则应该考虑适当地增加射流速度来避免或降低由于射流速度低而造成换热效率消弱问题的出现。

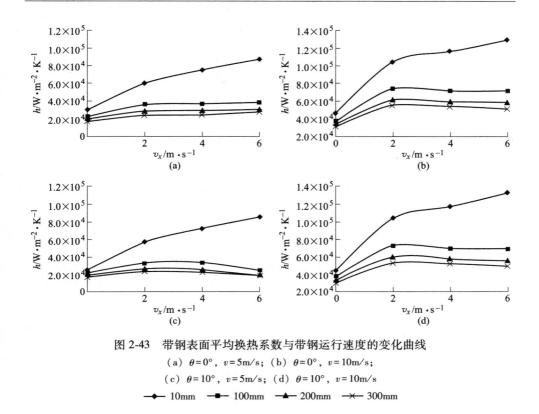

图 2-43　带钢表面平均换热系数与带钢运行速度的变化曲线

（a）$\theta=0°$，$v=5m/s$；（b）$\theta=0°$，$v=10m/s$；

（c）$\theta=10°$，$v=5m/s$；（d）$\theta=10°$，$v=10m/s$

◆ 10mm　■ 100mm　▲ 200mm　✕ 300mm

B　淹没冲击射流

图 2-44（a）为淹没状态下不同带钢运行速度下带钢表面的换热系数 h 与带钢长度方向 x 分布趋势曲线，图 2-44（b）为淹没状态下沿 x 方向距离冲击区中心的不同范围内的带钢表面平均换热系数与带钢运行速度的变化关系曲线。由图可以看出淹没状态下带钢运行速度的影响效果与非淹没状态类似，仍对逆流区的换热系数有明显的增强作用；不同之处在于，当带钢的运行速度由 2m/s 增大到 6m/s 时，带钢整个换热表面的平均换热系数并没有降低而是有微量的增加。综合考虑，该现象可能是淹没状态下由于带钢表面一直有残余冷却水，而带钢表面与冷却水的相互运动也正好促进了带钢表面与冷却水的热交换。

2.2.2.5　冷却水温度的影响分析

基本参数的设定为射流速度 $v=10m/s$，带钢的运行速度 $v_x=0$，喷嘴射流出口到带钢表面的距离 $H=100mm$，射流入口的宽度 $W=3mm$，射流倾斜角度 $\theta=25°$，冷却水温度 $T=0\sim70℃$。

图 2-45（a）为在不同冷却水水温情况下带钢表面的换热系数 h 与带钢长度

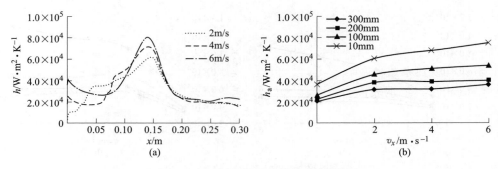

图 2-44　带钢运行速度对换热系数的影响

方向 x 关系曲线。由图可以看出，随着冷却水水温的增大带钢表面各个位置的换热系数都在不断降低，且射流冲击区的下降趋势要比壁面射流区明显。

图 2-45（b）为 x 方向距离带钢表面冲击区中心的不同射流范围内带钢表面的平均换热系数与冷却水水温的变化曲线。由图可以看出随着冷却水水温的不断增大，带钢表面各个范围内的平均换热系数都在逐渐地减小，冷却水水温与带钢表面平均换热系数近似呈线性比例关系，当冷却水温度波动较大时会对带钢表面的换热产生较明显的影响，因此在实际生产中需着重考虑冷却水水温的影响。

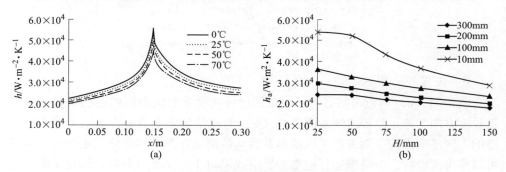

图 2-45　冷却水温度对换热系数的影响

2.2.2.6　淹没层厚度的影响分析

图 2-46（a）为不同淹没层厚度下带钢表面的换热系数 h 沿带钢长度方向 x 的分布变化曲线。由图可以发现 25mm 厚度下带钢表面换热系数的分布与其他厚度情况有明显的区别，在冲击区换热系数较高，但在壁面射流区带钢表面的换热系数呈倾斜直线分布的下降趋势，而不像其他厚度层的分布曲线那么平缓地下降，说明相同条件在较薄的淹没层厚度下射流冲击区的换热强度更大，大部分的冲击动能都在射流冲击区消耗，所以到达壁面射流段时射流能的下降速度也会较快，进而使得其壁面射流的换热强度呈直线下降趋势。

图 2-46（b）为 x 方向距离冲击区中心的不同位置范围内带钢表面平均换热系数与淹没层厚度的变化曲线。由图可以看出随着淹没层厚度的不断变大带钢表面的平均换热系数也都呈逐渐降低的趋势，但在小于 50mm 厚度范围内，带钢表面的平均换热系数降低幅度较低，其下降幅度约为 3%～9%，而当淹没层厚度大于 50mm 时，带钢表面的平均换热系数的下降幅度开始变大，其值约为 8%～23%。

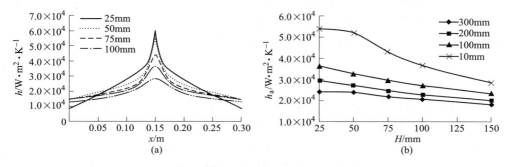

图 2-46　淹没层厚度对换热系数的影响

总之，由以上非淹没射流冲击射流的各个影响因素的分析可知，射流角度的改变对射流冲击区的局部换热具有一定的影响，而总体区域的平均换热系数基本保持不变，通过模拟分析结果可以看出射流角度在 20° 左右时带钢表面冲击区的局部平均换热能力较强；随着射流速度的不断增大带钢表面各个范围内的平均换热系数都呈逐渐增大的趋势，且对换热系数的影响比射流角度更加的明显，但考虑到生产成本，射流速度也不宜过大；随着冷却水水温的不断增大带钢表面各个范围内的平均换热系数近似呈线性比例减小的趋势；随着缝隙宽度的增加带钢表面冲击区域在不断扩大，且冲击区的带钢表面的换热系数先增大后又减小，而壁面射流区的换热系数先增大后又基本保持不变。

而对于非淹没状态，射流速度的影响规律与非淹没状态类似，但在相同射流入口速度时，淹没状态下的换热系数要比非淹没状态低，同时射流冲击区与壁面射流区换热系数的差值也没有非淹没状态下大；淹没层厚度的不断变大使得带钢表面的平均换热系数呈逐渐降低的趋势，且在小于 50mm 厚度范围内带钢表面的平均换热系数基本保持不变，但当大于 50mm 后下降速度变大；随着射流入口宽度的增加带钢表面冲击区域在不断扩大；同时整个带钢表面的换热系数都呈增大的趋势，射流角度的改变对射流冲击区的局部换热具有一定的影响，但总体区域的平均换热系数基本保持不变；当射流角度由垂直变为倾斜时，射流冲击区带钢表面的换热系数会明显下降，且带钢表面换热系数的变化趋势也变得更加的不规则。

2.2.3　双喷嘴射流冲击下钢板表面的换热强度

2.2.3.1　双联狭缝喷嘴换热强度的分析

本节对双联缝隙射流的换热强度进行了分析，研究了不同参数设定下的局部努塞尔数、平均努塞尔数以及最大努塞尔数的分布，并根据计算分析结果及数据建立了双联缝隙喷嘴的平均换热强度数学模型。具体的参数设定范围为：射流速度 $v=5\text{m/s}$，7.5m/s，10m/s；流体入口到带钢表面的无量纲距离 $H=10$，15，20，33；两缝隙之间的无量纲间距 $W=0$，15，30；冷却水的温度 $T=280\text{K}$，300K。

A　带钢表面局部 Nu 的分布规律

为了分析双联缝隙冲击射流冷却过程的换热特点，图 2-47~图 2-49 所示为不同参数设定下的带钢冲击换热表面局部努塞尔数的分布情况。带钢换热表面的长度只截取了对称部分无量纲长度 50 范围内的局部努塞尔数的分布，即实际的带钢长度为 300mm，由于在研究参数范围内分析时发现当截取长度超过 50 时，带钢表面的局部努塞尔数会保持较低的下降速度，因此在分析研究过程中只截取了无量纲长度 50 范围内的局部努塞尔数的分布。

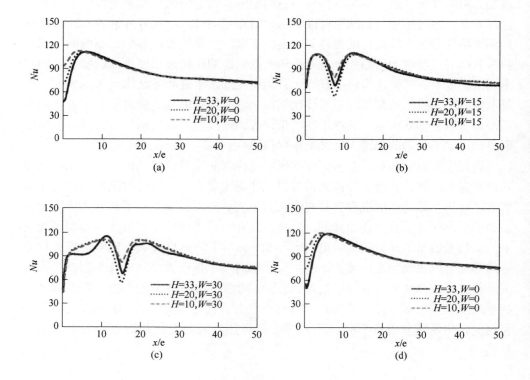

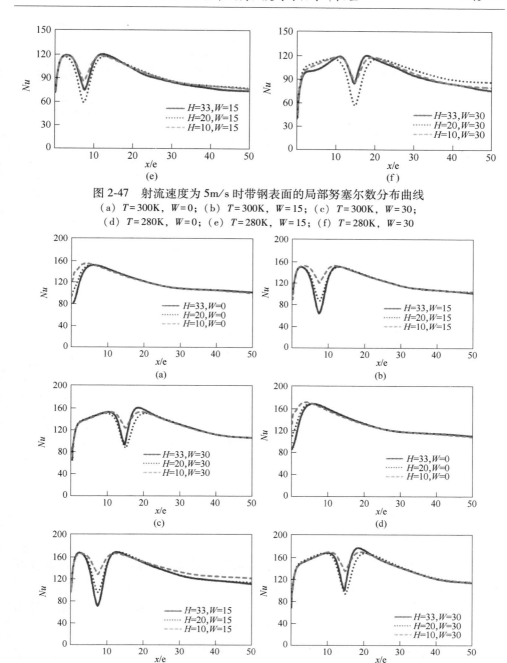

图 2-47 射流速度为 5m/s 时带钢表面的局部努塞尔数分布曲线

（a）$T=300K$，$W=0$；（b）$T=300K$，$W=15$；（c）$T=300K$，$W=30$；

（d）$T=280K$，$W=0$；（e）$T=280K$，$W=15$；（f）$T=280K$，$W=30$

图 2-48 射流速度为 7.5m/s 时带钢表面的局部努塞尔数的分布

（a）$T=300K$，$W=0$；（b）$T=300K$，$W=15$；（c）$T=300K$，$W=30$；

（d）$T=280K$，$W=0$；（e）$T=280K$，$W=15$；（f）$T=280K$，$W=30$

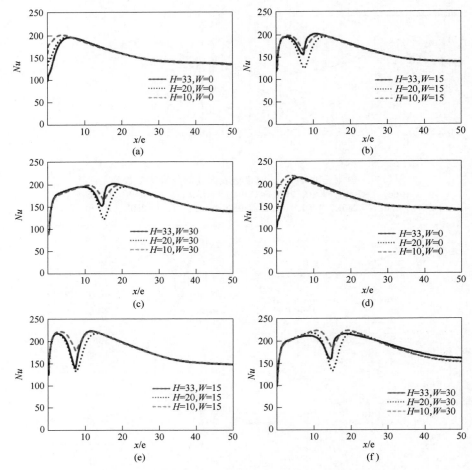

图 2-49　射流速度为 10m/s 时带钢表面的局部努塞尔数的分布

（a）$T=300K$，$W=0$；（b）$T=300K$，$W=15$；（c）$T=300K$，$W=30$；

（d）$T=280K$，$W=0$；（e）$T=280K$，$W=15$；（f）$T=280K$，$W=30$

　　由图可以看出，带钢表面的局部努塞尔数的总体分布趋势是以一个低值开始，然后逐渐地增大到第一个峰值，而后又逐渐下降到一个谷值后又增大到第二个峰值，再由第二个峰值逐渐减小直到结束。第一个谷值出现在第一个射流冲击驻点附近，第二个谷值出现在两射流的交汇驻点处。

　　随着射流入口到带钢表面距离的无量纲间距 H 的增大，位于两驻点之间的第二山峰逐渐变得平坦，而且随着射流速度的增大该趋势变得更加的明显；随着射流速度的增大，第二谷值的下降趋势也变得更加的明显；当两缝隙入口无量纲间距为 15 和 30 时，射流冲击区的努塞尔数随着两缝隙入口无量纲间距的变大呈先增大后减小的趋势；但当两缝隙入口无量纲间距为 0 时，其值是逐渐增大的。

　　同时随着射流入口速度的增大，带钢表面的整体努塞尔数都呈明显的增大趋势。这是由于射流入口速度的增大使得流体的湍动能增大的原因。另外在一定的范围内冷却水温度的改变也会对带钢表面的努塞尔数产生一定的影响，带钢表面的努塞尔数会随着冷却水温度的降低而增大。

B　带钢表面平均 Nu 的变化规律

图 2-50 所示为不同参数下带钢表面平均努塞尔数的变化曲线。由图可以看

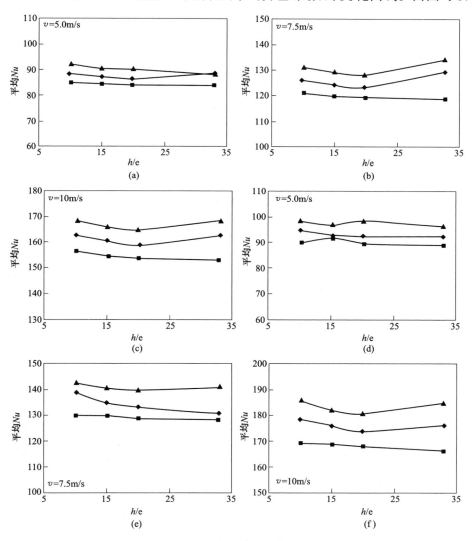

图 2-50　带钢表面平均努塞尔数的变化曲线

（a）$T=300K$，$v=5.0m/s$；（b）$T=300K$，$v=7.5m/s$；（c）$T=300K$，$v=10m/s$
（d）$T=280K$，$v=5.0m/s$；（e）$T=280K$，$v=7.5m/s$；（f）$T=280K$，$v=10m/s$
■— $W=0$　◆— $W=15$　▲— $W=30$

出缝隙出口到带钢表面的距离以及两缝隙之间的间距对带钢表面的平均换热系数的影响很小。带钢表面平均努塞尔数的总体变化趋势为随着射流间距的增大而增加 4%～9%；同时随着射流高度的增大，带钢表面平均努塞尔数的差值也变大。

在不同的射流速度与射流间距（$W=15$，30）的参数组合下，随着射流高度的增加，带钢表面的平均努塞尔数首先降低 2%～5% 而后又增大 3%～10%；而当 $W=0$ 时有轻微的减小。当射流速度由 5m/s 增加到 7.5m/s 时，带钢表面的平均努塞尔数增加 70% 左右；而当射流速度由 7.5m/s 增加到 10m/s 时，带钢表面的平均努塞尔数增加 90% 左右。当射流速度为 5m/s（7.5m/s，10m/s）时，随着冷却水温度的降低，带钢表面的平均努塞尔数增加 6.5%（8%，10%）。通过以上的分析，为了提高带钢表面的双缝隙射流冷却强度，除了增大缝隙出口的射流速度外，适当地增大两缝隙的间距也是一种有效提高冷却强度的手段。

C　带钢表面最大 Nu 的分布

在不同参数组合下，带钢表面射流冲击区努塞尔数谷值的变化曲线如图 2-51 所示。由图可以明显看出缝隙出口到带钢表面间距对带钢表面射流冲击区努塞尔数有明显的改善作用。除了 $H=33$ 的情况，带钢表面射流冲击区努塞尔数的谷值会随着缝隙出口到带钢表面间距的增大而减小 10%～15%。在射流间距 W 为 15 和 30 的情况下，当缝隙出口到带钢表面间距 H 由 20 增大到 33 时，带钢表面射流冲击区努塞尔数的谷值会增大 18%～33%。当射流速度由 5m/s 增加到 7.5m/s 时，带钢表面射流冲击区努塞尔数的谷值会增大 38%；当射流速度由 7.5m/s 增加到 10m/s 时，带钢表面射流冲击区努塞尔数的谷值会增大 30%；除了射流速度为 5m/s，其他射流速度下两缝隙之间的间距对带钢表面射流冲击区努塞尔数的谷值影响较小。从以上分析结果可以看出，当缝隙出口到带钢表面间距的距离大于 100mm 时，重力冲击射流的影响变得更加的明显。

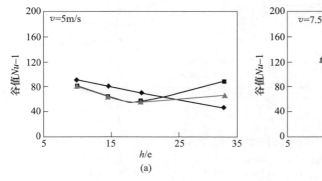
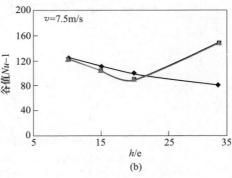

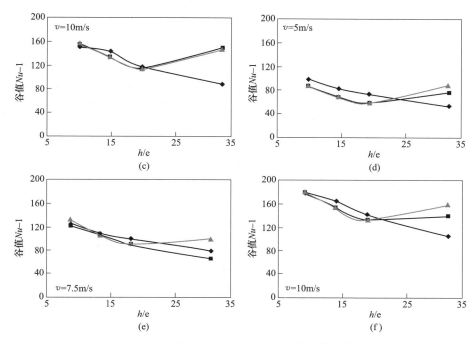

图 2-51 射流区的努塞尔数谷值的变化曲线

（a）$T=300K$，$v=5.0m/s$；（b）$T=300K$，$v=7.5m/s$；（c）$T=300K$，$v=10m/s$；
（d）$T=280K$，$v=5.0m/s$；（e）$T=280K$，$v=7.5m/s$；（f）$T=280K$，$v=10m/s$

—◆— $W=0$　—■— $W=15$　—▲— $W=30$

为了比较两射流交汇处的换热情况，不同参数设定下射流对称中心的努塞尔数第二谷值的变化曲线如图 2-52 所示。由图可以发现两缝隙之间的间距对射流对称中心的努塞尔数第二谷值的变化起到明显的作用。当两缝隙之间的间距由 15 增大到 30 时，射流对称中心的努塞尔数第二谷值会增大 19%~43%；当射流速度由 5m/s 增加到 10m/s 时，冷却水温度的降低会对射流对称中心的努塞尔数第二谷值的增大起到明显的促进作用；同时由图可以看出射流对称中心的努塞尔数第二谷值随缝隙出口到带钢表面间距的变化近似成水平曲线。

2.2.3.2 双联圆形喷嘴冲击射流换热强度的研究

由于双联圆形射流采用了三维模型模拟，因此针对带钢表面的换热情况，主要分析了具有代表性的 x 和 z 两个轴向的表面努塞尔数的分布情况，其中 x 轴向为两圆形射流的间距方向，z 轴方向为与两圆形射流间距相垂直的方向。

A 带钢表面局部 Nu 的分布规律

为了分析双联圆形冲击射流冷却过程的换热特点，图 2-53~图 2-56 所示为不同参数设定下的带钢冲击换热表面 x 轴方向和 y 轴方向的局部努塞尔数的分布趋

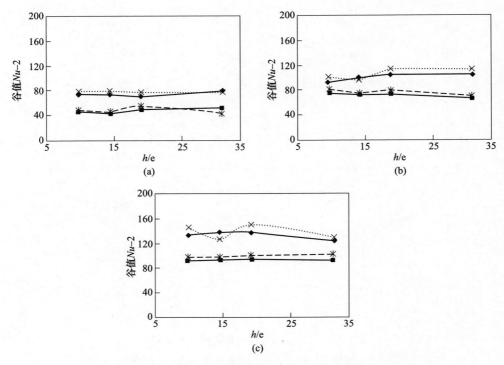

图 2-52　对称中心努塞尔数的第二谷值变化曲线

（a）$v = 5\text{m/s}$；（b）$v = 7.5\text{m/s}$；（c）$v = 10\text{m/s}$

◆ $W = 15$，$T = 300\text{K}$　■ $W = 30$，$T = 300\text{K}$　▲ $W = 15$，$T = 280\text{K}$　✕ $W = 30$，$T = 280\text{K}$

势。带钢换热表面的长度截取了 200mm 范围内的局部努塞尔数的分布变化情况。具体的参数情况为圆形射流出口到带钢表面的无量纲距离 $H = h/r = 6.7$，11.7，16.7，21.7；两圆形射流入口中心线之间的无量纲间距 $W = w/r = 10$，15，20。

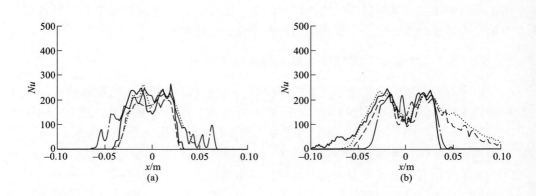

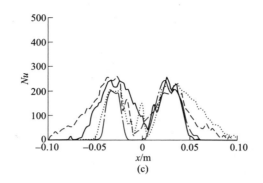

图 2-53　射流速度为 7.5m/s 时带钢表面 x 向的局部努塞尔数分布曲线

（a）$W=10$；（b）$W=15$；（c）$W=20$

——— $H=6.7$　········ $H=11.7$　----- $H=16.7$　—·— $H=21.7$

由图 2-53 和图 2-54 可以看出，带钢表面 x 向的局部努塞尔数的总体分布趋势是分别在两股主射流的冲击区驻点附近形成两个峰值，而后由峰值往两侧逐渐递减，在两股射流的中间汇流区形成一个比单股射流较高的谷值。同时还发现随

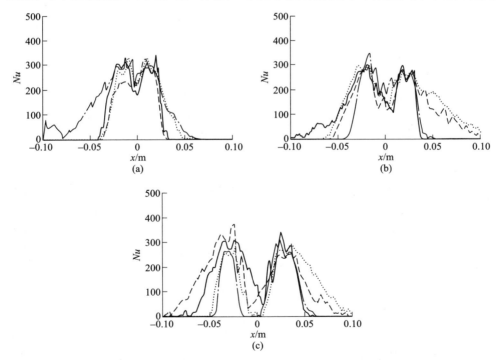

图 2-54　射流速度为 10m/s 时带钢表面 x 向的局部努塞尔数分布曲线

（a）$W=10$；（b）$W=15$；（c）$W=20$

——— $H=6.7$　········ $H=11.7$　----- $H=16.7$　—·— $H=21.7$

着两射流间距的增大，两峰值间的谷值在逐渐减小，且两山峰也由陡峭变得较为平缓，带钢表面的有效换热范围也逐渐变大。

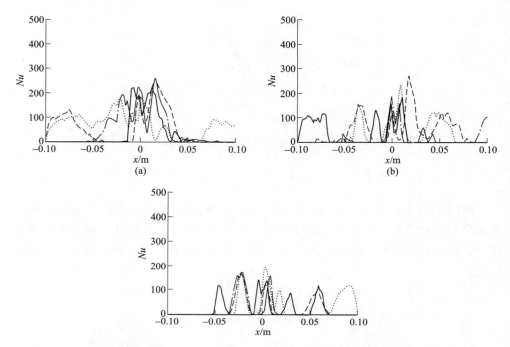

图 2-55　射流速度为 7.5m/s 时带钢表面 z 向的局部努塞尔数分布曲线

（a）$W=10$；（b）$W=15$；（c）$W=20$

———— $H=6.7$　……… $H=11.7$　---- $H=16.7$　-·- $H=21.7$

由图 2-55 和图 2-56 可以看出，带钢表面 z 向的局部努塞尔数的分布曲线会形成多个山峰，当两个射流的无量纲间距 $W=10$ 时，由于两股射流较近，在射流的中间部分形成类似 x 向的山峰形式，说明主要的换热区仍为中间部分，随着两射流的无量纲间距的不断增大，整个 z 向的努塞尔数变得更加的均匀，形成多个小山峰，但整体的努塞尔数值有所下降，说明随着射流间距的增大，垂直于两射流间距方向的带钢表面换热能力会有所降低。

B　带钢表面平均 Nu 的变化规律

图 2-57~图 2-60 所示为不同范围内带钢表面沿 x 和 z 轴方向的平均努塞尔数与圆形射流出口到带钢表面的无量纲距离 $H=h/r$ 的变化分布曲线，其中（a）图的带钢表面分析长度为 -0.05m ~ 0.05m，（b）图为 -0.1m ~ 0.1m。由图 2-57 和图 2-58 可以看出除个别情况外，随着圆形射流出口到带钢表面的无量纲距离的增大，不同无量纲间距下的带钢表面 x 轴方向的平均努塞尔数在圆形射流出口

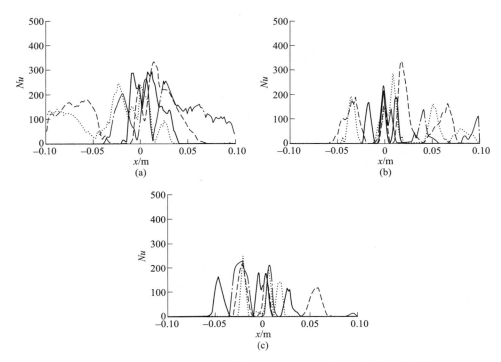

图 2-56 射流速度为 10m/s 时带钢表面 z 向的局部努塞尔数分布曲线

（a）$W=10$；（b）$W=15$；（c）$W=20$

—— $H=6.7$ ⋯⋯ $H=11.7$ ---- $H=16.7$ —·— $H=21.7$

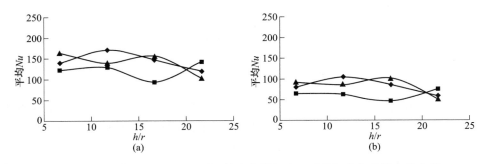

图 2-57 射流速度为 7.5m/s 时 x 轴方向带钢表面平均努塞尔数的变化曲线

（a）100mm；（b）200mm

—■— $W=10$ —◆— $W=15$ —▲— $W=20$

到带钢表面的无量纲距离 $H=6.7\sim11.7$ 时呈增大趋势，在 $-0.05m\sim0.05m$ 长度范围内，增大 6%～27%；在 $-0.1m\sim0.1m$ 长度范围内，增大 1%～33%。而后在圆形射流出口到带钢表面的无量纲距离 $H=11.7\sim21.7$ 时又呈逐渐降低的趋势，

在 -0.05m~0.05m 长度范围内，降低 13%~25%；在 -0.1m~0.1m 长度范围内，降低 17%~24%。同时还发现在两圆形射流入口中心线之间的无量纲间距为 15 时，带钢表面 x 轴方向的平均努塞尔数的整体数值较高，说明在该条件下带钢表面 x 轴方向的换热强度较高。

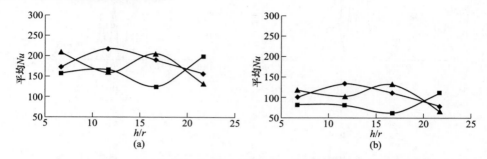

图 2-58　射流速度为 10m/s 时 x 轴方向带钢表面平均努塞尔数的变化曲线

（a）100mm；（b）200mm

■— $W=10$　◆— $W=15$　▲— $W=20$

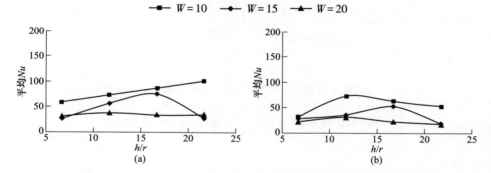

图 2-59　射流速度为 7.5m/s 时 z 轴方向带钢表面平均努塞尔数的变化曲线

（a）100mm；（b）200mm

■— $W=10$　◆— $W=15$　▲— $W=20$

由图 2-59 和图 2-60 可以看出除了两圆形射流入口中心线之间的无量纲间距为 20 的情况外，当圆形射流出口到带钢表面的无量纲距离 $H=6.7$~16.7 时，带钢表面 z 轴方向的平均努塞尔数会随着圆形射流出口到带钢表面的无量纲距离的增加呈逐渐增大的趋势，在 -0.05m~0.05m 长度范围内，增大 3%~136%；在 -0.1m~0.1m 长度范围内，增大 45%~172%。当两圆形射流入口中心线之间的无量纲距离 H 继续增大到 21.7 时，带钢表面 z 轴方向的平均努塞尔数又开始下降，在 -0.05m~0.05m 长度范围内，降低 2%~6%；在 -0.1m~0.1m 长度范围内，降低 6%~12%。而当两圆形射流入口中心线之间的无量纲间距为 20 时，带钢表面 z 轴方向的平均努塞尔数基本保持不变。说明两圆形射流入口中心线之间的间距对带钢表面 z 轴方向的换热影响较明显，在该分析设定条件下两圆形射流

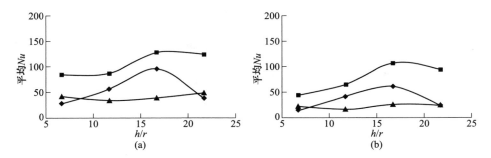

图 2-60 射流速度为 10m/s 时 z 轴方向带钢表面平均努塞尔数的变化曲线

（a）100mm；（b）200mm

—■— W=10 —◆— W=15 —▲— W=20

入口中心线之间的无量纲间距不应超过 20。

综合以上图 2-57~图 2-60 的分析结果，得到在该分析参数条件下，两圆形射流入口中心线之间的无量纲间距为 15，圆形射流出口到带钢表面的无量纲距离 $H=11.7$ 时，带钢表面的综合换热强度最好。

C 带钢表面 Nu 的极值变化规律

图 2-61 和图 2-62 所示为不同参数组合下带钢表面努塞尔数极值沿 x 轴方向的变化曲线。

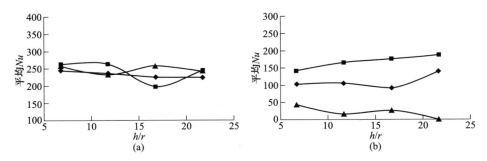

图 2-61 射流速度为 7.5m/s 时带钢表面努塞尔数极值沿 x 轴的变化曲线

（a）峰值；（b）谷值

—■— W=10 —◆— W=15 —▲— W=20

由图 2-61（a）和图 2-62（a）可以看出除了在两圆形射流入口中心线之间的无量纲间距为 20 情况下，带钢表面努塞尔数的峰值产生一定的波动外，圆形射流出口到带钢表面的无量纲距离的改变不会影响带钢表面努塞尔数的峰值变化；而当两圆形射流入口中心线之间的无量纲间距由 10 增大到 15 时，带钢表面努塞尔数的峰值会降低 9%~12%。

由图 2-61（b）和图 2-62（b）可以看出随着圆形射流出口到带钢表面的无

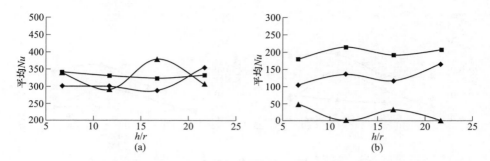

图 2-62　射流速度为 10m/s 时带钢表面努塞尔数极值沿 x 轴的变化曲线

（a）峰值；（b）谷值

■— $W=10$　　◆— $W=15$　　▲— $W=20$

量纲距离的增大会对带钢表面努塞尔数的谷值产生微量的变化，而两圆形射流入口中心线之间的无量纲间距对带钢表面努塞尔数的谷值影响较明显，当两圆形射流入口中心线之间的无量纲间距由 10 增大到 15 时，带钢表面努塞尔数的谷值会降低 37%~41%；当两圆形射流入口中心线之间的无量纲间距由 15 增大到 20 时，带钢表面努塞尔数的谷值会降低 54%~98%。说明随着两圆形射流入口中心线之间的无量纲间距的增大，两股射流在汇流冲击区的影响效果在不断地减弱，因此合理的射流间距会对汇流区的换热强度起到一定的增强作用。

2.2.4　带钢上下换热表面冷却均匀性的研究

本节以热轧带钢高强度冷却过程中带钢上下表面的射流冷却为研究对象，并针对带钢上下表面的冷却对称性问题，对不同情况下带钢上下表面努塞尔数的分布和变化特点进行了深入的分析和研究，为热轧带钢冷却过程中上下集管工艺参数的设定提供一定的参考。

对于带钢上下表面的换热对称性的分析，本节是通过对 96 种不同环境参数的组合下的带钢上下表面的换热情况进行了数值模拟研究。具体的参数及取值范围为：流体入口的射流初始速度 $V=1.5\text{m/s}$，2m/s，3m/s 和 4m/s；流体入口到带钢上下换热表面的无量纲高度比 $H=H_1/H_2=1.0$，1.4 和 1.8；流体入口射流速度与 y 轴的射流夹角 $q=25°$，$35°$ 和 $45°$；以及射流入口缝隙的宽度 $W=7\text{mm}$，10mm。

2.2.4.1　带钢上下表面局部 Nu 的分布规律

为了研究缝隙冲击射流冷却过程的换热对称性，带钢上部换热表面（TV1，TV2 和 TV3）和带钢下部换热表面（DV1，DV2 和 DV3）的局部努塞尔数的分布情况如图 2-63 所示。曲线 TV1，TV2 和 TV3（DV1，DV2 和 DV3）的缝隙出口射流速度分别为 1.5m/s，2m/s 和 3m/s。因为在计算取值的过程中发现当带钢的截取长度高于 200mm 时，带钢表面顺流区和逆流区的局部努塞尔数的减小速度变得缓慢，有的甚至接近了水平的趋势，因此在图中只截取了带钢长度方向上200mm 长度的带钢换热表面，同时保持不同的参数设定下，驻点的设定位置都位于 100mm 的位置。

从图 2-63 中曲线可以看出，除了个别情况外，带钢换热表面的局部努塞尔数的整体变化趋势都是以射流冲击区驻点附近位置的峰值开始，而后在整个射流冲击区局部努塞尔数由该峰值点迅速向两侧下降，当射流到达壁面射流区后，逆流区和顺流区的局部努塞尔数的下降速度放缓。当射流倾斜角度由 25°增加到45°时，带钢上下换热表面的局部努赛尔数的差值也逐渐增大，变得更加的明显，

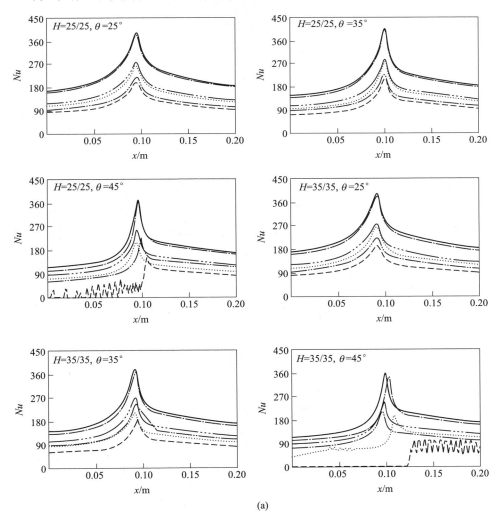

(a)

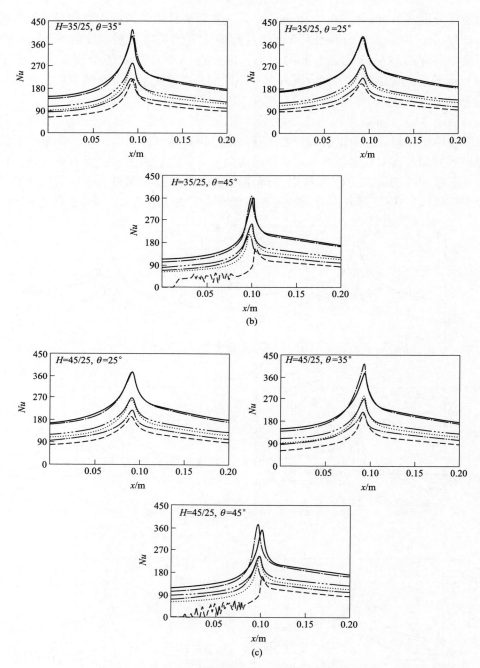

图 2-63　带钢上下换热表面局部努塞尔数的分布曲线

（a）$H=1.0$；（b）$H=1.4$；（c）$H=1.8$

--- DV1　⋯⋯ DV2　—·— DV3　—— TV1　—··— TV2　—— TV3

其中逆流区的差值变化情况尤为突出。随着流体入口到带钢上下表面的无量纲高度比值的增大，上下换热表面冲击驻点的距离也变得越来越明显。当流体入口到带钢上下表面的无量纲高度比值为 1.0 时，$H_1/H_2 = 25/25$ 情况下的带钢上下换热表面的对称性要优于 $H_1/H_2 = 35/35$。

特别是当流体入口的射流速度为 1.5m/s 时，带钢下表面逆流区的局部努塞尔数基本为零。随着射流倾斜角度从 25° 增加到 35° 驻点区的努塞尔值也不断的增大，但当射流倾斜角度从 35° 增加到 45° 时驻点区的努塞尔值又会变小。同时很明显的看出随着射流速度的增大带钢表面的局部努塞尔数也随着增大，带钢上下表面的换热对称性也越好。

2.2.4.2　带钢上下表面平均 Nu 的变化特点

图 2-64 和图 2-65 分别显示了不同的参数变化作用下顺流区和逆流区上下换热表面的平均努塞尔数的变化情况。由图可以看出流体入口到带钢表面的无量纲高度比和流体入口射流角度对顺流区带钢表面的平均努塞尔数的变化影响不明显；但是流体入口射流角度对逆流区平均努塞数的变化有明显的作用。在较高的流体入口射流速度下，带钢上下换热表面平均努塞数的差异也更小；但是在流体入口到带钢表面的无量纲高度比为 1.8 时，逆流区的该差值会变大。

除一些不规则的情况，在不同的射流速度以及流体入口到带钢表面的无量纲高度比的不同组合下，随着流体入口射流角度的增大，逆流区上下换热表面的平均努塞尔数总体变化趋势分别降低 7.2%～27.2% 和 9.3%～53.1%；而顺流区上下换热表面的平均努塞尔数分别轻微降低 3.2%～11.8% 和 2.8%～14.5%。为了提高上下换热表面冲击射流的一致性，除了增加流体入口的射流速度外，在一定范围内改变流体入口到带钢表面的无量纲高度比以及流体入口的射流角度也是一种有效的方式。随着流体入口射流速度的增大，射流冲击区的水流量和压力都会增大，同时带钢表面的换热强度也变得更强。进而随着流体入口射流速度由 1.5m/s 增大到 4m/s，带钢表面的平均努塞尔数也会增大。同时由于逆流区的水流量低于顺流区，所以逆流区上下换热表面的平均努塞尔数差异要明显于顺流区。

2.2.4.3　带钢上下表面平均 Nu 差值的变化规律

不同的参数组合下，带钢上下换热表面平均努塞尔数差值的变化曲线如图 2-66 所示。由图可以看出流体入口到带钢上下换热表面的无量纲高度比对于改善带钢上下表面平均努塞尔数的差异具有积极的作用，且当射流倾斜角度为 45° 时，流体入口缝隙的宽度也会对其有明显的作用。当流体入口的射流速度由 1.5m/s 增加到 2m/s 时，带钢上下表面的平均努塞尔数差值会单调地减小 26%～60%；

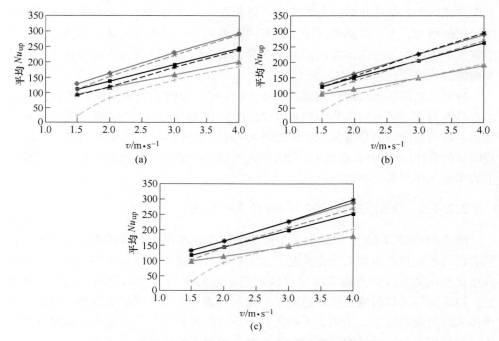

图 2-64　逆流区上下换热表面平均努塞尔数的变化曲线

（a）$H=1.0$；（b）$H=1.4$；（c）$H=1.8$

—◆— T-25°　—■— T-35°　—▲— T-45°
--✳-- D-25°　--✳-- D-35°　--+-- D-45°

当流体入口的射流速度由 1.5m/s 增加到 3m/s 时，带钢上下表面的平均努塞尔数差值会单调地减小 54%~90%；当流体入口的射流速度由 1.5m/s 增加到 4m/s 时，带钢上下表面的平均努塞尔数差值会单调地减小 59%~117%。在流体入口缝隙的宽度为 7mm 和 10mm 时，忽略图中一些不规则的平均努塞尔数差值，随着流体入口射流倾斜角度由 25°增加到 35°，带钢上下表面的平均努塞尔数差值会轻微地增加 4%~35%；随着流体入口射流倾斜角度由 35°增加到 45°，带钢上下表面的平均努塞尔数差值会增加 53%~116%。

随着流体入口射流速度的不断增大，水重力因素对射流速度的影响也变得不重要，当射流速度较大时可以忽略不计。从而导致了流体入口的射流速度由 1.5m/s 增加到 4m/s 时，带钢上下换热表面平均努塞尔数差值也逐渐变小。由于在相同的流体入口射流速度下，流体入口缝隙宽度 7mm 的冷却水流量要明显低于流体入口缝隙宽度 10mm 的水流量，因此出现了在流体入口射流倾斜角度为 45°的情况下，缝隙的宽度会对带钢上下换热表面平均努塞尔数差值起到明显的作用。

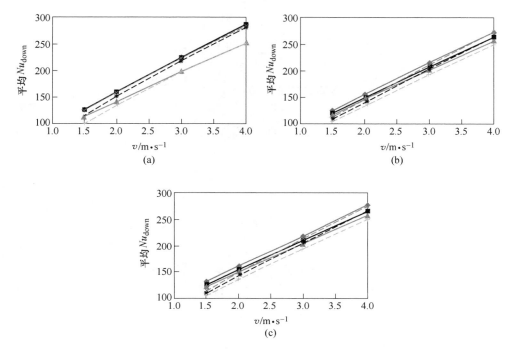

图 2-65　顺流区上下换热表面平均努塞尔数的变化曲线

（a）$H=1.0$；（b）$H=1.4$；（c）$H=1.8$

—◆— T-25°　—■— T-35°　—▲— T-45°

--×-- D-25°　--*-- D-35°　--+-- D-45°

从以上的各个参数以及带钢上下换热表面平均努塞尔数差值的分析结果可知，带钢上下换热表面的平均努塞尔数差值（Nu_{ad}）与流体入口到带钢上下换热表面的无量纲高度比（H）、流体入口的射流倾斜角度（q），流体入口的射流速度（v）以及流体入口的缝隙宽度（W）可构成一个函数关系。同时根据不同参数下的分析数据，采用最小二乘非线性回归方法拟合得到了函数方程，方程的具体形式如式（2-1）所示。

$$Nu_{ad} = \begin{cases} -5.9615H + 1.1928\theta - 8.9411v + 5.0641, & W = 7\text{mm} \\ -6.8062H + 0.3863\theta - 9.3409v + 30.3946, & W = 10\text{mm} \end{cases} \quad (2\text{-}1)$$

由以上函数方程式（2-1）可以看出带钢上下换热表面的平均努塞尔数差值与流体入口到带钢上下换热表面的无量纲高度比 H 和流体入口射流速度 v 呈反比例关系，而与入口射流角度呈正比例关系，且由各变量前的系数可以看出射流速度的大小对带钢上下换热表面的平均努塞尔数差值起到决定性的作用。同时该函数方程式也可以为提高冷却控制系统的上下换热表面的对称性和稳定性以及冷却设备的布置设计提供一定的参考。

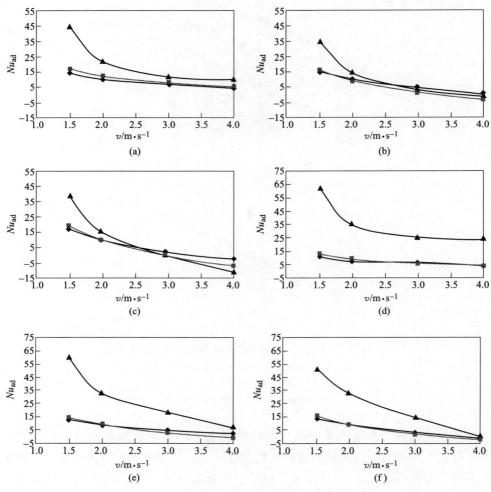

图 2-66　带钢上下换热表面平均努塞尔数差值的变化曲线

（a）$H=1.0$，$W=10mm$；（b）$H=1.4$，$W=10mm$；（c）$H=1.8$，$W=10mm$；

（d）$H=1.0$，$W=7mm$；（e）$H=1.4$，$W=7mm$；（f）$H=1.8$，$W=7mm$

━◆━ 25°；━■━ 35°；━▲━ 45°

2.3　基于新一代 TMCP 技术的组织调控原理

2.3.1　细晶强化机制

晶粒细化是同时提高钢材强度与韧性的唯一手段，因此材料显微组织的精细化控制对于新一代钢铁材料的开发具有重要意义。

在传统 TMCP 工艺条件下，通过添加微合金元素提高钢材的再结晶温度，扩大未再结晶区，在未再结晶区进行低温大压下，使材料内部形成大量的变形带、亚晶、位错等晶体"缺陷"，这些"缺陷"在后续的相变中成为铁素体形核的核心。"缺陷"的大量存在，造成后续相变中材料内部大量形核，进而可以大幅度细化材料的晶粒尺寸，实现细晶强化效果。Nb 是最重要的微合金元素，能抑制再结晶过程，提高材料的再结晶温度，是长期以来进行晶粒细化的重要手段。传统 TMCP 条件下在材料中添加相对较高量的 Nb 元素，会在 800~950℃ 的温度区间内由于变形的诱导而大量析出微合金元素的碳氮化物，从而提高钢材的再结晶温度，扩大材料的奥氏体未再结晶区温度范围，提高奥氏体的硬化效果。对于 HSLA 钢而言，细晶强化是主要的强化方式之一，如何能够降低对"低温大压下"及"微合金化"传统工艺路线的依赖是低成本高效地生产 HSLA 钢的重要方向。以超快冷为核心的新一代 TMCP 技术很好地解决了这个问题，降低了对"低温大压下"及"微合金化"的过度依赖。适当提高终轧温度，使材料在较高的温度区间内完成热变形过程，在变形后的短时间内，材料还未发生再结晶，即仍然处于含有大量"缺陷"的高能硬化状态，然后利用超快速冷却系统进行高速率冷却，就可以将材料的奥氏体硬化状态保持下来。在随后的相变过程中，保存下来的大量"缺陷"成为形核的核心，进而可以得到与低温轧制相似的细晶强化效果。

根据材料组织性能需求的差异，控制超快冷的终止温度，使得富含"缺陷"的硬化状态奥氏体被保存至不同的相变区间内，进而实现不同的组织细化效果，细晶强化工艺示意图如图 2-67 所示。

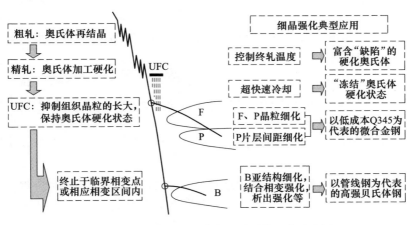

图 2-67 新一代 TMCP 技术细晶强化工艺示意图

针对以铁素体+珠光体（F+P）为组织特征的普碳低合金钢、大梁钢等钢铁材料，控制超快冷的终止温度在铁素体相变温度附近，即通过超快速冷却保存在控制轧制中得到的大量"缺陷"至较低温度，利用较大的过冷度提高相变驱动力，使得铁素体、珠光体等组织在有效形核位置上大量形核，实现显微组织的显著细化，在提高强度的同时，还能提高韧性或保持韧性和塑性基本不变。另外，超快冷不仅可以细化铁素体晶粒，还可以细化珠光体的亚结构。影响珠光体片层间距的最主要因素是过冷度，采用超快冷可显著提高奥氏体的过冷度，降低珠光体相变温度，因此可通过细化珠光体片层间距进而提高珠光体的强度。针对以 X70/X80 高钢级管线钢为典型代表的高强度贝氏体钢，通常需要将超快冷终冷温度控制在较低的贝氏体相变区间附近，综合贝氏体细晶强化、相变强化、析出强化等强化机制，降低对 Mo 等昂贵合金元素的依赖，实现高钢级管线钢综合性能的全面提升。

2.3.2　析出强化机制

析出强化是除细晶强化以外的最重要强化方式，其脆性矢量相对较小，对抗拉强度和屈服强度的提升大致相当，对材料的屈强比影响较小。在钢铁材料中绝大多数情况下析出相与位错通过 Orowan 机制起到强化作用，在这种条件下析出相的尺寸对强化效果尤为重要。通过适当的控轧控冷工艺，获得纳米尺度的、弥散分布的析出相粒子可获得显著的强化效果，质量分数为 0.08% 的碳含量条件下以 1nm 的 TiC 粒子析出时，理论上可获得 700MPa 的强度增量。因此，基于控轧控冷技术获得弥散析出的纳米碳化物对于开发析出强化型高性能钢材具有重要的意义。

与传统 TMCP 工艺相比，以超快速冷却为核心的新一代 TMCP 技术在钢中析出物的控制上有着显著的技术优势：

（1）通过适当提高终轧温度及轧后的高强度冷却控制，抑制热轧过程中的应变诱导析出，使更多微合金元素保留到铁素体或贝氏体相变区，析出相尺寸细小，强化效果显著。

（2）轧后的高速率冷却避免了传统层流冷却以较低冷速冷却过程中碳化物在穿越奥氏体区及高温铁素体区期间的析出，同时抑制了冷却过程中析出相的长大，易于纳米析出粒子的获得。

（3）通过精准的冷却路径控制，并配合等温处理过程，可获得最佳的碳化物析出工艺窗口。

微合金碳氮化物的析出是微合金钢物理冶金过程中最重要的基础问题之一，基于新一代 TMCP 技术，通过析出强化获得高性能钢铁材料的技术路线如图 2-68 所示。

微合金碳氮化物析出过程主要包括热轧阶段在奥氏体中析出、冷却阶段在铁素体或贝氏体中析出。首先，在奥氏体中析出的碳化物主要通过抑制再结晶和晶粒长大起到细晶强化作用，尺寸大多在 20~50nm，对基体的析出强化作用很小。轧后利用超快速冷却将轧件快速冷却至铁素体相变区后终止冷却，在此条件下高

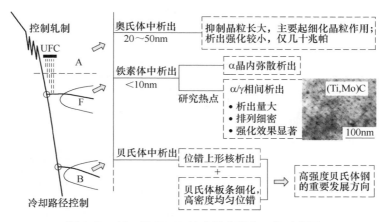

图 2-68　新一代 TMCP 技术析出强化工艺示意图

强度冷却能力抑制了碳化物在穿越奥氏体区期间析出，使得大量析出粒子在铁素体相变区间析出，同时碳化物析出相尺寸一般在 10nm 以下，析出强化效果大为增强。铁素体中碳化物析出存在相间析出（interface precipitation）和晶内过饱和析出（supersaturated precipitation）两种方式。通过合理的控制手段可以得到大量细小相间析出碳化物，大幅度提高钢的强度，因此铁素体的相间析出是一种很有发展前景的强化途径。

　　另外，将超快速冷却终止于贝氏体相变区，贝氏体铁素体基体具有较为均匀的高密度位错，此条件下碳化物几乎完全以位错形核的方式在基体中析出，与贝氏体组织结合，可进一步增强强化效果。微合金碳化物在贝氏体基体中的析出是今后发展高强度贝氏体钢的重要方向之一。

2.3.3　相变强化机制

　　相变强化又称组织强化，是通过控制相变过程改变钢材的组织构成，从而提高钢材强度的一种强化方法。从本质上来说，相变强化是通过实现对钢中相及其形态、尺度的控制，以达到提高钢材力学性能的目的。超快速冷却系统具备接近极限冷却速率的冷却能力，与层流冷却配合，可实现多样的冷却路径控制。基于超快速冷却工艺开发出的 UFC-F、UFC-B、UFC-M 等工艺路径适用于广泛的钢材品种，工艺示意图如图 2-69 所示。

　　基于新一代 TMCP 技术开发的 UFC-F 工艺，即超快速冷却终止温度控制在铁素体相变区，进而获得细化的铁素体、珠光体组织；另外根据合金成分特征并配合后续的层流冷却可实现铁素体析出强化型高强钢的生产。将超快速冷却终冷温度降至贝氏体转变温度区间，即 UFC-B 工艺路径，可以获得全贝氏体组织的高强度钢或以针状铁素体为特征的管线钢。若配合 HOP 工艺，通过对组织相变进

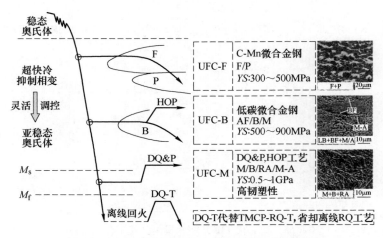

图 2-69　新一代 TMCP 技术相变强化工艺示意图

行自由的控制，更充分地实现了相变强化效果，同时可以细化碳氮化物的析出物，使得组织成分分布更加均匀，在减少合金元素添加量的前提下使钢板获得其他工艺过程难以具备的多种性能。日本 JFE 利用该工艺路线获得了由回火贝氏体与 M-A 岛组成的复相组织，成功应用于低屈强比建筑用钢及管线钢的生产。将终冷温度降至马氏体相变区间的 UFC-M 工艺，即控制冷却的极限条件直接淬火工艺，若冷却至室温并配以适当的回火热处理即 DQ-T 工艺，可以代替离线的调质热处理，省却了再加热淬火过程，不仅提高了生产效率还显著降低了能耗。若控制终冷温度位于 $M_s \sim M_f$ 之间，随后进行碳的配分处理，即 DQ&P 工艺，则可以获得由马氏体及大量残余奥氏体组成的复相组织，为先进高强塑积热轧 DQ&P 钢的工业化生产提供了可行的工艺基础。

　　图 2-70 为通过超快速冷却工艺实现相变强化的另一种工艺路径。超快速冷却配置于卷取机前，即后置式超快速冷却，特别适用于铁素体基体-硬质第二相复相钢的组织调控，如经济型热轧双相钢的生产。后置式超快速冷却工艺路径控制的要点在于结合前置式超快速冷却或常规层流冷却系统，实现灵活的多阶段冷却控制。

　　适度运用前置式超快速冷却及常规层流冷却进行一阶段冷却，通过控制中间温度（MT）实现铁素体组织形态的控制，然后根据工艺需求进行一定的空冷处理，利用后置式超快速冷却系统短时准确控温特点，快速冷却至特定卷取温度（CT），进行第二相组织类型的控制，最终获得铁素体-马氏体型热轧双相钢或铁素体-贝氏体型热轧双相钢。基于后置式超快速冷却的组织调控及强化机制见表 2-1。

　　后置式超快速冷却系统在双相钢的研发与工业化生产中具有以下优势：

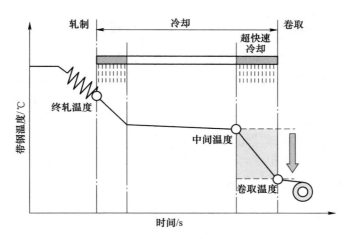

图 2-70 基于后置式超快速冷却的工艺路径控制

表 2-1 基于后置式超快速冷却的组织调控及强化机制

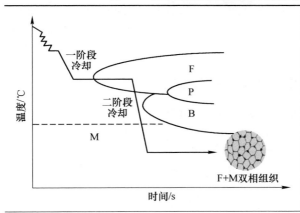	F+M 双相钢组织控制: 利用一阶段冷却控制(MT),钢板轧后快速进入铁素体相变区,并形成足够体积分数的铁素体组织; 利用后段超快速冷却系统的近似极限冷却能力,避免珠光体、贝氏体组织的形成; 足够低的终冷温度(CT),确保马氏体相变完成; 通过两阶段冷却参数调节,实现 F+M 双相组织的调控
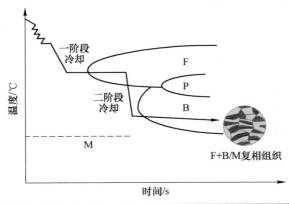	复相钢\F+B 双相钢组织控制: 利用前、后段超快速冷却系统及常规层流冷却系统,根据材料成分与相变特征,进行冷却路径控制; 适度提高后段超快速冷却终冷温度(CT)至贝氏体区,可获得 F+B 或 F+B/M 等复相组织; 根据性能需求,结合成分匹配,通过复合冷却路径控制,在最终组织中获得一定量的残余奥氏体、M/A 组元等组成相,满足先进高强度钢的生产工艺

（1）基于后置超快速冷却系统，F-M 双相钢马氏体相变强化不依赖提高 Cr、Si、Mn 等元素含量甚至添加 Mo 元素使马氏体转变临界冷速降低的方式实现，而是依托超快速冷却系统的高冷却速率及强冷却能力。

（2）与常规的加密后段冷却系统相比，后置式超快速冷却系统可实现对特定卷取温度（CT）的短时快速稳定控制，最终实现硬相马氏体或贝氏体组织形态的稳定控制。

（3）采用超快速冷却/层流冷却-空冷-超快速冷却的冷却模式生产热轧双相钢时，可在保证马氏体相变的同时扩大铁素体转变窗口，实现铁素体基体组织形态、含量的控制，使产品软硬两相比例合理，厚度方向的组织均一性良好，最终获得强韧匹配良好的热轧双相钢。

（4）超快速冷却系统具备高的系统稳定性，满足热轧双相钢的批量化稳顺生产要求。基于其高均匀冷却特性及高精度温度控制系统，热轧双相钢产品的性能可实现窄范围控制，同板宽向或卷长方向性能及异板性能差异小。

后置式超快冷工艺，在开发、生产经济型高性能双相类热轧带钢中具有独特的优势。实践表明，基于后置式超快速冷却工艺，采用简单的 C-Mn 系成分设计即可生产 3.0～11.0mm 厚度规格的 540～700MPa 级别 F-M 型或 F-B 型热轧双相钢产品。

2.4　基于新一代 TMCP 的组织调控与综合强化机理

由上可知新一代 TMCP 工艺技术相较于传统 TMCP 工艺在细晶强化、析出强化及相变强化方面具有明显的优势。新一代 TMCP 工艺依赖其灵活的系统冷却工艺控制方式，为热轧带钢丰富多彩的冷却路径控制、热轧带钢产品组织调控以及低成本高性能带钢产品和新工艺的开发提供了有效手段，能综合利用细晶强化、析出强化以及相变强化等机制，开发出满足工业化大批量连续稳定生产的"资源节约型、工艺节能减排型"的高品质热轧带钢。

热轧带钢在轧后冷却过程中会发生复杂的相变过程，冷却路径控制是实现相变过程控制的关键。如果依据钢铁材料相变过程的特点，与其连续冷却相变曲线对应，实行冷却路径控制，则可以实现对冷却后材料显微组织的调控，从而得到需要的材料性能。热轧带钢显微组织的调控原则如图 2-71 所示。为实现对带钢轧后的相变过程进行控制，可将冷却过程分为几段相互连接的具有不同冷速的冷却区域，每个冷却区间的起讫点根据材料的目标性能设定，并进行精确控制，实现细晶强化、析出强化、固溶强化、位错强化、相变强化的最佳匹配，从而使得热轧带钢产品获得优良的综合性能。

以铁素体/珠光体为主的低碳钢，细晶强化及析出强化是其主要强化方式，在工艺控制上采用 UFC-F 工艺，将高温硬化奥氏体直接冷却至铁素体快速相变区

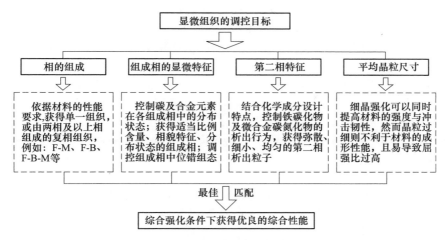

图 2-71　显微组织的调控原则示意图

域，硬化奥氏体可提供大量铁素体形核位置，同时终冷温度的选择需要选择较低铁素体快速相变区，保证大量细小的铁素体形核，避免过于粗大，也可调节珠光体的片层间距等。此外，针对有微合金析出元素的钢种，超快速冷却可抑制微合金在高温的析出，保证铁素体相变过程中的纳米析出，通过控制析出动力学和铁素体相变动力学还可以调节相间析出、弥散析出等析出类型。最终，该类钢种采用 UFC 工艺主要的综合强化机理涵盖细晶和析出两类。

　　针对以贝氏体或马氏体基体的高强度钢，其强化机制更加复杂、多元化。比如，析出型热轧 DP 钢，采用分段式冷却工艺在高温区域主要控制铁素体的晶粒尺寸以及铁素体内部的纳米析出粒子，在低温阶段需要快速淬火实现马氏体相变强化。同时需控制淬火终冷温度，以实现马氏体基体的析出或者自回火，以改善强韧性。因此，析出型热轧 DP 钢属于新一代 TMCP 调控下的典型钢种，综合利用了所有强化机制。贝氏体钢或马氏体钢（如 Q&P 钢）其强化机理主要以细晶和相变强化为主，硬化态奥氏体的调控以及细化有利于获得高密度位错的细化板条结构，同时高的淬火冷速以及淬火温度的调控均显著影响材料的强韧性。这些高强度的组织均需采用后置式超快冷装置。

参 考 文 献

[1] 刘安成，王亚盟，郝春生．SST k-模型用于冲击射流冷却的可靠性［J］．南京航空大学学报（自然科学版），2009，23（4）：32~36.

[2] 王明波，王瑞和．采用不同湍流模型对半封闭狭缝湍流冲击射流的数值模拟［J］．中国石

油大学学报（自然科学版），2010，34（4）：75~78.

[3] Sang J J，Malcom J A. Application of the k-ε turbulence model to the high Reynolds number skimming flow field of an urban street canyon [J]. Atmospheric Environment，2002，36（7）：1137~1145.

[4] Hu H G，Zhang C. A modified k-ε turbulence model for the simulation of two-phase flow and heat transfer in condensers [J]. International Journal of Heat and Mass Transfer，2007，50（9）：1641~1648.

[5] Selma B，Bannari R，Proulx P. A full integration of a dispersion and interface closures in the standard k-ε model of turbulence [J]. Chemical Engineering Science，2010，65（20）：5417~5428.

[6] Parente A，Gorle C，Van B J，et al. Improved k-e model and wall function formulation for the RANS simulation of ABL flows [J]. Journal of Wind Engineering and Industrial Aerodynamics，2011，99（4）：267~278.

[7] Moheeni M，Bazargan M. Modification of low Reynolds number k-ε turbulence models for applications in supercritical fluid flows [J]. International Journal of Thermal Sciences，2012，51（12）：51~62.

[8] Tong A Y. On the impingement heat transfer from an oblique free surface plan jet [J]. International Journal of Heat and Mass Transfer，2003，46（11）：2077~2085.

[9] 李东生，吴建国. 平面射流的数值模拟研究 [J]. 冶金能源，2001，20（6）：42~45.

[10] 刘国勇，朱冬梅，张少军，等. 缝隙冲击射流淬火对流换热系数的影响因素 [J]. 北京科技大学学报，2009，31（5）：638~642.

[11] Kazuya I，Taichi U，Hitoshi F. Heat transfer characteristics of a planar water jet impinging normally or obliquely on a flat surface at relatively low Reynolds numbers [J]. Experimental Thermal and Fluid Science，2009，33：1226~1234.

[12] Yang Y T，Wang Y H，Hsu J C. Numerical thermal analysis and optimization of a water jet impingement cooling with VOF two-phase approach [J]. International Communications in Heat and Mass Transfer，2015，68（12）：162~171.

[13] Arash A，Mehdi A，Pooyan R. Slot jet impingement cooling of a concave surface in an annulus [J]. Experimental Thermal and Fluid Science，2015，68：300~309.

3 新一代 TMCP 技术成套装备及关键工艺技术

3.1 超快速冷却技术的研发历程

2004 年起，东北大学 RAL 历经了试验、中试等超快速冷却技术开发过程，开发了相关的原型试验装置、工业化中试设备以及工业化成套技术装备，形成了涵盖工艺原理、机械装备、自动控制、减量化产品工艺技术在内的系统完整的成套技术、专利和专有技术。

2004 年，东北大学 RAL 已利用自主研发的实验研究平台，开发出实验室超快速冷却原型试验装置，如图 3-1 所示。同时，针对普通 C-Mn 钢、HSLA 钢等进行了系列热力模拟实验、热轧实验研究。依托包钢 CSP 短流程生产线，合作开发出超快速冷却简易实验装置，安装于层流冷却和卷取机之间（见图 3-2），并结合原有层流冷却系统，以 C-Mn 钢为原料，开发生产出 540MPa、590MPa 级的低成本双相钢。

图 3-1　超快速冷却原型试验装置

2008 年，东北大学 RAL 依托湖南华菱涟源钢铁有限公司产品质量提升技改工程轧钢项目轧后冷却系统工程，合作开发出国内首套 2250mm 热轧板带钢超快速冷却工业化装备，该设备采用前置式布置方式，即安装在精轧机和层流冷却设备之间。2009 年，涟钢 CSP 生产线新增超快速冷却系统，同样采用前置式布置方式。

图 3-2　包钢 CSP 短流程线超快速冷却中试装置

2012 年，东北大学 RAL 与首钢迁钢合作，开展国家十二五科技支撑计划"钢铁行业绿色制造关键技术集成应用示范"项目"热轧板带钢新一代 TMCP 装备及工艺技术开发与应用"课题研究与攻关。依托首钢迁钢 2160mm 热连轧生产线，通过全面升级优化超快速冷却装备关键技术，形成了装备一流、成熟完善的具有自主知识产权和自身特色的热轧板带钢超快速冷却系统——ADCOS-HSM（Advanced Cooling System-Hot Strip Mill），如图 3-3 所示。

图 3-3　首钢迁钢 2160mm 热连轧生产线超快速冷却系统

2013 年东北大学 RAL 与包钢合作，对 CSP 短流程生产线原超快速冷却简易试验装置进行升级改造，全新装备东北大学 RAL 开发的成熟完善的后置式超快速冷却系统，如图 3-4 所示。该项目旨在提高产品性能，实现经济型热轧双相钢系列产品的大批量连续稳定生产。包钢开发出产品覆盖 3.0~11.0mm 厚度规格的540~700MPa 级别的热轧 F-M 双相钢及 F-B 双相钢，当时成为我国热轧双相钢全系列厚度规格产品的最主要供货商。

2014 年，在京唐 2250mm 热连轧生产线新增设超快冷系统，并进行节约型高

图 3-4　包钢 CSP 短流程生产线超快速冷却设备及批量化生产产品

性能热轧板带钢的开发。2015 年，东北大学 RAL 与沙钢合作，在沙钢 1700mm 热连轧生产线增设超快冷系统，用于减量化普碳钢及管线钢的开发与生产。同年，东北大学 RAL 与山钢集团合作，在山钢集团日照钢铁精品基地 2050mm 热轧生产线上装备超快速冷却系统，进行低成本高性能管线钢、双相钢等产品品种的开发与生产。

截至目前，超快速冷却技术已推广应用至涟钢、首钢迁安、包钢、首钢京唐、鞍钢、沙钢、山钢日照精品基地、河钢乐亭、天津荣程、广西盛隆等多家钢铁企业，获得企业及行业的广泛认同。

3.2　超快速冷却核心技术突破

作为热轧钢铁材料轧制技术研究最为活跃的热轧板带钢领域，围绕超快速冷却技术的发展应用，实际上主要包括两个方面的内容，一是针对实现热轧板带钢超快速冷却的技术途径和手段，二是超快速冷却技术在热轧板带钢产品开发上的工艺应用理念。

对于热轧板带钢实现超快速冷却的技术手段，当前主要有两种技术方案或实现途径，一是采用加密层流冷却集管方式，二是采用有压冷却水射流冷却方式。

对于热轧板带钢产品，厚度规格相对中厚板较薄（厚度规格小于 25.4mm），但在冷却区域的输送速度较高。采用层流冷却的冷却方式，实际上对于 3.0mm 甚至 6~7mm 厚度以下的薄规格钢板，常规层流冷却通过加大水量，也能获得较高的冷却速率（如冷速可达到 80℃/s 以上），进一步通过加密层流冷却集管，还有可能获得更高的冷却速率。因此，在现有层流冷却集管布置密度基础上，进一步增加层流冷却集管，在集管数量上达到 1.5~2 倍于现有层流集管数量，冷却水流量随之也达到约 1.5~2 倍于现有层流集管流量，可在一定程度上提高热轧板带钢的冷却速度，能够满足较薄规格热轧板带钢的快速冷却需要。这看起来是一个较容易实现的技术手段，但实际上，对于更厚规格的热轧板带钢实现超快速冷却则存在机理上的问题。

实现高温钢板的超快速冷却，最基本的要素是要实现新水和高温钢板直接接触，尽可能避免冷却水与高温钢板之间的汽膜阻碍热量传导。由于层流冷却是基于常压水，冷却水从集管中依靠重力自然出流冲击到钢板表面，在集管加密配置情况下，更多的冷却水落到钢板表面，集管连续开启过程中，钢板上表面残留水将快速增加，最终在钢板上表面形成一层较厚的残留水层。层流冷却集管依靠自重出流的冷却水冲击力有限，后续新增的冷却水流很难有足够的冲击能力穿透钢板上表面残留水层及水膜而直接接触到高温钢板表面，从而造成冷却能力很难进一步提高。在这种情况下，上表面冷却水冷却效率因残留水层过厚且新水又无法直接冷却钢板表面而导致急剧降低，但下表面由于喷管出流冷却水接触到钢板下表面后很快因重力作用回落，新水不断直接接触钢板下表面，从而造成钢板下表面冷却强度大于上表面。体现在水量比上，则会出现上表面水量要远大于下表面的使用情况。

因此，在冷却强度上，设置层流冷却加密集管可在一定程度上实现带钢超快速冷却，但对于厚规格（10mm 以上）带钢则很难能够满足超快速冷却需要。对于热连轧机生产线，在产品通常要覆盖由薄到厚（Max. 25.4mm）的系列规格范围的前提下，采用加密层流冷却集管配置将很难满足全系列规格产品的开发需要。另外，层冷加密条件下，钢板上表面残留的水与新水混合，导致钢板表面冷却水温度不一，造成冷却带钢过程中板材冷却不均，进而造成板材瓢曲或内应力较大。

采用有压冷却水喷射冷却，其难度在于带有一定压力的冷却水如何能够实现钢板的高强度均匀化冷却，这实际上也是热轧板带钢超快速冷却技术的核心关键技术所在。基于有压冷却水射流冲击钢板表面，水流冲击能力大幅度提高，可有效实现新水直接接触高温钢板表面冷却，从而冷却强度可大幅度提高。但由于带材厚度较薄，在生产过程中对于板形的要求相对苛刻。因此，保证超快速冷却过程的板形控制也是该技术方案下的关键技术。根据东北大学 RAL 在热连轧超快速冷却装备及工艺开发中的现场实践，采用有压冷却水倾斜射流冷却，可很好地实现热轧板带钢从薄到厚规格系列产品的超快速冷却，且板形控制良好，很好地满足了产品工艺生产需求。

东北大学 RAL 采用具有一定压力和速度的冷却水流，以一定的倾斜角度喷射到高温钢板表面，实现高温钢板的射流冲击换热；同时钢板表面的冷却水在钢板表面形成壁面射流，可有效避免传统冷却方式条件下冷却水在钢板表面的无序流动以及残留水造成的冷却不均，从而获得高的冷却强度和冷却均匀性。实际应用表明，对于 3mm 厚度带钢，可实现 300℃/s 及至以上的实际冷却速率；同等规格产品冷却过程中，可达到普通层流冷却 2~5 倍以上的高冷却速率，对于充分挖掘轧后冷却工艺潜力、降低合金元素用量的作用十分关键；同时可实现大型热连轧线 2~25.4mm 厚度带钢轧后超快速冷却过程的高平直度板形控制。东北大学 RAL 通过技术攻关，成功实现了我国在热轧板带钢超快速冷却技术核心冷却机理上的突破。

在超快速冷却装置出现后，对于超快速冷却技术在热轧板带钢产品开发上的工艺应用问题上，在较长一段时间内，超快速冷却在工艺应用上主要用于实现热轧钢材的快速降温或用于后段强冷实现双相钢的开发生产，这一点可以从 2004 年后国内很多新建热轧生产线预留后置式超快速冷却系统的工艺布置方案中可以看出。2007 年，以王国栋院士为代表的东北大学 RAL 科技工作者，根据多年来对热轧钢铁材料 TMCP 工艺技术领域的研究体会和开发实践，进一步研究超快速冷却工艺技术的组织调控机理，并将超快速冷却工艺与控制轧制过程结合起来，系统提出基于超快速冷却的新一代 TMCP 工艺技术理念及其技术内涵，超快速冷却工艺技术才得到了实质性的应用和发展。此后，国内钢铁行业对超快速冷却技术及工艺应用理念方面的认识逐步深入，并应用到量大面广的绝大部分热轧钢铁材料新工艺开发，而不仅仅是此前用于后置式强冷以单纯地满足开发双相钢所用。随后，国内大型钢铁企业新建的多条常规热轧线也逐步采用或预留前置式超快速冷却工艺布置方案，以更好地满足企业自身后续的生产及全面新品种工艺开发和升级需要。现场实践也证明，东北大学 RAL 科技工作者提出和倡导的基于超快速冷却的新一代 TMCP 工艺技术理念，在开发成分节约型的低成本高性能热轧板带钢新产品新工艺方面成效显著。应用超快速冷却为核心的新一代 TMCP 工艺理念开发低成本高性能钢铁材料，已成为国内热轧板带钢企业的广泛共识。

3.3　超快冷喷水系统结构设计

3.3.1　射流扩散性及有限元建模

对于具有大面积的物体，经常将水（空气、气雾等介质）从一排圆形喷嘴或扁平型喷嘴沿垂直于物体表面喷射到物体表面，对其进行冷却，由于这种冷却方式使得流体在换热面上的流程很短，可以达到很高的冷却效率。

喷嘴尺寸和喷嘴出口速度是影响自由射流流场变化的主要因素，本书采用有限体积法对不同参数下的喷嘴射流过程进行模拟计算，得到射流过程中的流场分布情况，并对其进行分析与研究。

3.3.1.1　自由射流的形成和特征参数

带有一定压力（流速）的流体从喷嘴连续射出，形成流体运动。按流体周围固体边界情况的不同分为自由射流和非自由射流，如果流体进入到一个无限大的空间，并且不受固体边界的限制，此时的流体称之为自由射流，反之，则为非自由射流；按流体周围介质的不同，分为淹没射流和非淹没射流，若流体与周围介质属性相同，则为淹没射流，反之则为非淹没射流[1,2]。

在自由射流过程中沿射流方向分为三个明显的区域[3]：势流核心区、发展区和充分发展区，如图 3-5 所示。势流核心区内流速基本与喷嘴出口流速相等，流体在发展区逐步扩散，在这个过程中流体所占空间增大，轴线流速逐渐衰减；发展区之后进入到充分发展区，流体轴线流速基本保持不变，不再发生明显的扩散现象。

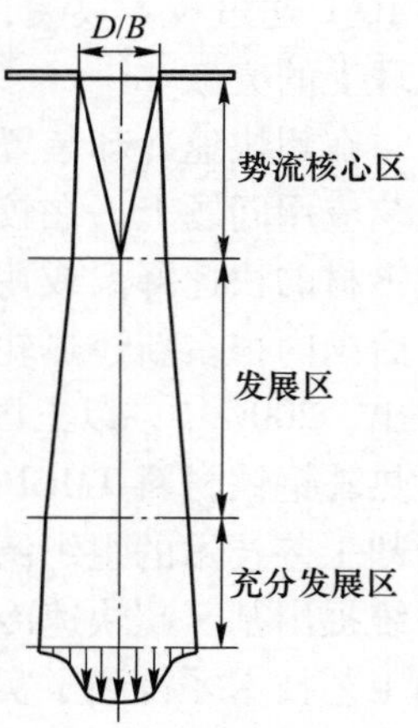

图 3-5　自由射流流场示意图

为了表征射流扩散性引入了等速核长度、半衰距和半衰径三个特征参数[4]，并对其影响规律进行研究，其中各个特征参数的取值方法如下：

（1）等速核长度。其长度即为势流核心区的长度，该区域的起点为喷嘴出口，终点为流速等于 0.95 倍喷嘴出口流速的点，在该区域内流体的冲击力最强，可充分利用该区域的强冲击特性。

（2）半衰距。流体自喷嘴喷出后轴线速度衰减到一半时所对应的喷距。

（3）半衰径。流体自喷嘴喷出后，在与射流方向垂直的截面上中心流速衰减到一半时的距离，该特征参数反映了射流径向流速衰减快慢，该值越大说明流体沿径向衰减越低，集束性越好。

由以上分析可知，势流核心区流体最为集中，流速最高，发展区次之，充分发展区最低，因此，势流核心区越长，流体越集中，就越利于提高射流冲击的冲击力。对于热轧带钢超快速冷却来说，就越利于超快速冷却功能的实现。

喷嘴的类型、结构尺寸和出口流速等因素能够对自由射流的扩散性产生一定的影响，文中对自由射流过程中势流核心区长度和流体扩散性的影响规律进行深入研究。

3.3.1.2　有限元建模

喷嘴出口断面形状可分为长方形和圆形，由于喷嘴出口断面尺寸相对其整体结构尺寸小的多，如果采用三维模型进行计算，单元数量庞大，计算时间延长，不利于计算的迭代收敛，因此需要根据喷嘴的结构特点对模型进行简化。

圆形喷嘴沿其轴线对称，可将其简化为二维轴对称问题；缝隙喷嘴的宽度一般为 0～5.0mm，长度为 1.5～2.5m，狭缝断面为矩形，其长度远大于宽度，因此可将其简化为二维平面问题，如图 3-6 所示。

圆形喷嘴初始条件和边界条件分别如下：

（1）喷嘴出口（AB）。速度入口条件，出口流速已知，冷却水体积分数为1。

（2）流体出口（EF）。压力出口条件，出口压力已知，冷却水体积分数为0。

（3）壁面条件（BC，CD，DE，EF，AF）。无滑移壁面，壁面速度为0。

（4）流体区域（$ABCDEF$）。冷却水初始体积分数为0。

（5）环境条件。重力加速度：9.8m/s²，大气压力：101325Pa。

缝隙喷嘴初始条件和边界条件分别如下：

（1）喷嘴出口（$A'B'$）。速度入口条件，出口流速已知，冷却水体积分数为1。

（2）流体出口（$F'G'$）。压力出口条件，出口压力已知，冷却水体积分数为0。

（3）壁面条件（$B'C'$，$C'D'$，$D'E'$，$E'F'$，$F'G'$，$G'H'$，$A'H'$）。无滑移壁面，壁面速度为0。

（4）流体区域（$A'B'C'D'E'F'G'H'$）。冷却水初始体积分数为0。

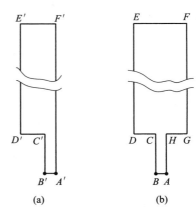

图 3-6　有限元模型

（a）缝隙喷嘴；（b）圆形喷嘴

（5）环境条件。重力加速度：9.8m/s²，大气压力：101325Pa。

冷却水从喷嘴喷出，射流至空气中，与空气进行能量交换与紊动扩散，形成水和气的混合介质，在计算时采用 Mixture 两相流模型[5,6]；冷却水射流冲击过程中呈紊动状态，采用 RNG k-ε 模型处理紊流问题[7]；采用二阶迎风格式来处理离散对流项，采用 SIMPLE 方法求解非线性方程组，RNG k-ε 模型中的湍动能和耗散项可由式（3-1）和式（3-2）计算。

$$k = \left[0.16 \times (uL/v)^{-1/8} \times v_{\text{wall}} \right]^2 \tag{3-1}$$

$$L = \begin{cases} d, & \text{圆管} \\ 2ab/(a+b), & \text{矩形截面} \end{cases} \tag{3-2}$$

$$\varepsilon = \frac{0.09^{3/4} k^{3/2}}{0.07L} \tag{3-3}$$

式中，k 为湍动能，m²/s²；ε 为耗散项，m²/s³；u 为截面的平均流速，m/s；L 为特征长度，m；d 为圆管直径，m；a，b 分别为矩形截面的长和宽，m；v 为运动黏度，对于27℃冷却水其值为 1.002×10^{-6} m²/s；v_{wall} 为壁面最大速度，m/s。

为了得到喷嘴结构尺寸和出口流速对射流扩散性的影响规律，需对不同工艺条件下的计算结果进行对比分析，并制定了模拟用工艺参数，见表3-1。

表 3-1　模拟用工艺参数

序号	喷嘴类型	喷嘴宽度或直径/mm	流速/m·s^{-1}
1	圆形喷嘴	3.0	10.0~61.0
2		4.0	10.0~50.0
3		5.0	10.0~35.0
4		6.0	5.0~30.0
5	缝隙喷嘴	1.0	10.0~60.0
6		2.0	5.0~30.0
7		3.0	2.5~20.0
8		4.0	2.5~20.0

3.3.2　超快冷喷嘴非淹没自由射流特性研究

3.3.2.1　圆形喷嘴自由射流特性

A　轴线速度变化规律研究

根据所设定的工艺条件进行了自由射流过程模拟，得到了直径为 3.0 ~ 6.0mm，初始速度为 5.0~61.0m/s 时圆形喷嘴轴线速度，如图 3-7 所示。

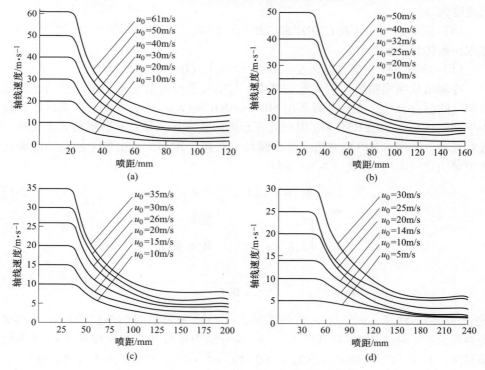

图 3-7　不同初始流速和直径时无量纲轴线速度
（a）d=3.0mm；（b）d=4.0mm；（c）d=5.0mm；（d）d=6.0mm

由图 3-7 可以看出，当喷嘴直径和初始流速一定时，随着喷距的增加，轴线速度先保持不变，然后开始逐渐衰减，当喷距达到 180mm 时流速将基本保持不变，此时流体进入到充分发展区，并且初始流速越高，充分发展区内的流速越高。

根据不同直径和初始流速时轴线速度可以得到等速核长度和半衰距长度，见表 3-2。

表 3-2　不同直径和射流速度下等速核长度和半衰距长度

喷嘴直径 /mm	射流初始速度 /m・s^{-1}	等速核长度 /mm	无因次等速核长度 /$L_0 \cdot d_0^{-1}$	半衰距 /mm	无因次半衰距 /$L_{0.5} \cdot d^{-1}$
3.0	10.0	20.7	6.9	36.0	12.0
	20.0	21.3	7.1	36.6	12.2
	30.0	22.2	7.4	37.2	12.4
	40.0	22.2	7.4	37.8	12.6
	50.0	22.5	7.5	37.8	12.6
	61.0	22.8	7.6	38.4	12.8
4.0	10.0	31.2	7.8	53.6	13.4
	20.0	31.6	7.9	54.4	13.6
	25.0	32.0	8.0	55.2	13.8
	32.0	33.6	8.4	56.0	14.0
	40.0	34.4	8.6	56.8	14.2
	50.0	35.2	8.8	57.6	14.4
5.0	10.0	37.0	7.4	63.0	12.6
	15.0	38.0	7.6	64.0	12.8
	20.0	38.0	7.6	65.0	13.0
	26.0	39.0	7.8	66.0	13.2
	30.0	39.0	7.8	68.0	13.6
	35.0	40.0	8.0	70.0	14.0
6.0	5.0	51.6	8.6	85.2	14.2
	10.0	52.8	8.8	88.8	14.8
	14.0	52.8	8.8	93.6	15.6
	20.0	54.0	9.0	96.0	16.0
	25.0	55.2	9.2	98.4	16.4
	30.0	55.2	9.2	100.8	16.8

由表 3-2 可以看出，在所设定的工艺参数范围内，当直径由 3mm 升至 6.0mm，流速由 5.0m/s 升至 61m/s 时，无因次等速核长度由 6.9 升至 9.2，因此，无因次等速核长度受喷嘴直径和初始流速的影响较小；当喷嘴直径不变，随着初始流速的提高，无因次等速核长度随着增加，但是其增幅较小，基本保持不变。综上可知，可将无因次等速核长度视为常数，根据计算结果该常数范围为7.0～9.0。

由表 3-2 可以看出，当喷嘴直径一定时，随着初始射流速度的提高，无因次半衰距随之增加；在初始流速基本相同时，无因次半衰距随着喷嘴直径的增加而增加。采用最小二乘法进行拟合可得到无因次半衰距的计算公式，如式（3-4）所示。

$$\frac{L_{0.5}}{d_0} = A_1 d^3 + A_2 d^2 v + A_3 d^2 + A_4 dv + A_5 d + A_6 v - 61.5 \tag{3-4}$$

式中，$L_{0.5}/d_0$ 为圆形喷嘴无因次半衰距；d 为圆形喷嘴直径，mm；v 为喷嘴出口速度，m/s；$A_1 \sim A_6$ 为常数，其中，$A_1 = 0.92$，$A_2 = 0.009$，$A_3 = 12.23$，$A_4 = 0.05$，$A_5 = 52.91$，$A_6 = 0.096$。根据圆形喷嘴直径和喷嘴出口速度，由式（3-4）可计算出无因次半衰距。

B 射流无因次半衰径变化规律研究

根据能量守恒原理可以得到半衰径的理论计算公式，如式（3-5）所示。

$$R_c = \alpha d_0 \lambda^{-1/2} \tag{3-5}$$

$$\begin{cases} p_m/p_0 = 1 - 0.5[(L - L_1)/(L_{0.5} - L_1)]; & \text{当 } L_1 < L \leqslant L_{0.5} \\ p_m/p_0 = 0.5[(L_{0.5} - L_1)/(L - L_1)]; & \text{当 } L > L_{0.5} \end{cases} \tag{3-6}$$

$$\alpha = \sqrt{2K\ln 2}/2 \tag{3-7}$$

式中，R_c 为半衰径，m；d_0 为喷嘴直径，m；λ 为轴心压力衰减系数，$\lambda = p_m/p_0$；p_m 为射流中心最大压力，MPa；L 为无因次喷距；L_1 为无因次等速核长度；$L_{0.5}$ 为无因次半衰距；K 为射流动量传递系数，自由射流时 $K = 1$，$\alpha = 0.588705$，对于非自由射流，根据实验结果可得其经验表达式，如式（3-8）所示。

$$\alpha = 0.588705 - 6.324 \times 10^{-7}(L/d_0)^{4.375} \tag{3-8}$$

由式（3-5）~式（3-8）可得到表 3-1 所设定的工艺参数下的半衰径，见表 3-3。

表 3-3 不同工艺参数下半衰径长度

喷嘴直径 /mm	射流初始速度 /m·s⁻¹	无因次等速核长度	无因次半衰距	无因次喷距	半衰径 /mm
3.0	20.0	7.1	12.2	12.2	2.5
				20	4.0
				40	6.3
	40.0	7.4	12.6	12.6	2.5
				20	3.9
				40	6.3
4.0	20.0	7.9	13.6	13.6	3.3
				20.0	4.9
				40.0	7.9
	40.0	8.6	14.2	14.2	3.3
				20.0	4.8
				40.0	7.9

喷嘴直径 /mm	射流初始速度 /m·s⁻¹	无因次等速核 长度	无因次 半衰距	无因次 喷距	半衰径 /mm
5.0	15.0	7.6	12.8	12.8	4.2
				20.0	6.4
				40.0	10.4
	30.0	7.8	13.6	13.6	4.2
				20.0	6.0
				40.0	9.8
6.0	10.0	8.8	14.8	14.8	5.5
				20.0	6.8
				40.0	11.4
	20.0	9.0	16.0	16.0	5.0
				20.0	7.6
				40.0	10.5

　　由表 3-3 可以看出,对于相同直径的喷嘴,当喷距相同时,随着射流速度的提高,无因次半衰径基本保持不变;当射流速度不变时,随着喷距的增加,无因次半衰径也随之增加;当射流速度和无因次喷距基本相同时,随着喷嘴直径的增加,无因次半衰径也随之增加。

　　综上分析可得,在无因次喷距相同的情况下,随着喷嘴直径的增加,无因次半衰径随之增加,扩散性也随之升高。

3.3.2.2　缝隙喷嘴非淹没自由射流

　　缝隙喷嘴的狭缝宽度和喷嘴出口流速等会对自由射流的流场产生一定的影响,需要研究喷嘴宽度和喷嘴出口流速对自由射流流场的影响,为了进行对比分析,按照表 3-1 中的工艺参数进行模拟。

　　根据所设定的工艺参数进行了缝隙喷嘴自由射流过程的数值计算,得到了缝隙喷嘴宽度为 1.5~3.0mm,出口速度为 5.0~40.0m/s 时的流场分布情况。对计算数据进行总结得到了不同出口流速时缝隙喷嘴射流中心线上流体的速度,如图 3-8 所示。

　　由图 3-8 可以看出,当缝隙喷嘴宽度一定时,随着出口速度的提高,射流中心线速度呈现先保持不变,之后开始降低的趋势;当喷距达到一定位置后速度基本保持不变。射流中心线速度呈相同的变化趋势,但是流体进入各个区域时流速的大小并不相同,主要表现为喷嘴出口速度越高,在喷距相同时流速就越高。

　　喷嘴出口流速为 20m/s,直径为 1.5~3.0mm 时射流中心线流速分布如图 3-9 所示。由图 3-9 可以看出,当出口流速一定时,随着喷嘴直径的增加,冷却水进入充分发展区时的流速也随之升高,因此,当喷嘴与带钢之间的距离较大时可采用尺寸较大的喷嘴。当流速一定时缝隙喷嘴宽度增加,流量也随之增加,因此,

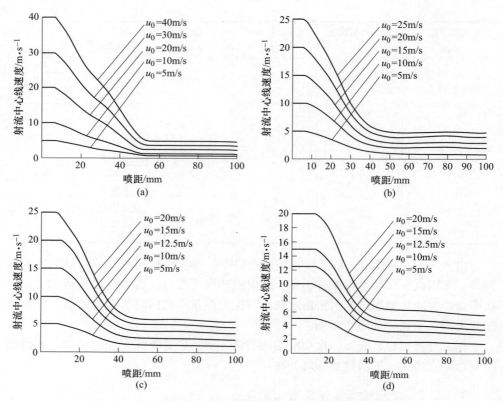

图 3-8　不同初始流速和缝隙喷嘴宽度时缝隙喷嘴射流中心线的流速
（a）$W=1.5\text{mm}$；（b）$W=2.0\text{mm}$；（c）$W=2.5\text{mm}$；（d）$W=3.0\text{mm}$

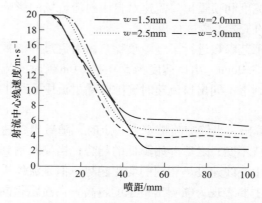

图 3-9　出口速度为 20m/s 时不同喷嘴宽度时射流中心线上的流速

不宜采用宽度太大的喷嘴，根据图 3-9 的计算结果可采用宽度为 2.0~2.5mm 的喷嘴。

根据不同工艺参数下射流中心线速度可以得到等速核长度和半衰距长度，见表 3-4。

表 3-4 不同宽度和射流速度下等速核长度和半衰距长度

喷嘴宽度 /mm	射流初始速度 /m·s⁻¹	等速核长度 /mm	无因次等速核长度 /$L_0 \cdot w_0^{-1}$	半衰距 /mm	无因次半衰距 /$L_{0.5} \cdot w_0^{-1}$
1.5	10.0	9.2	6.1	29.3	19.5
	20.0	9.2	6.1	30.3	20.2
	30.0	9.2	6.1	31.3	20.8
	40.0	9.2	6.1	31.3	20.8
	50.0	10.0	6.7	32.3	21.5
2.0	5.0	10.0	5.0	28.0	14.0
	10.0	10.1	5.05	26.7	13.35
	15.0	10.0	5.0	26.7	13.35
	20.0	10.0	5.0	26.7	13.35
	25.0	10.0	5.0	26.7	13.35
2.5	5.0	12.6	5.04	29.5	11.8
	10.0	12.6	5.04	29.5	11.8
	15.0	13.6	5.4	29.5	11.8
	20.0	12.6	5.04	29.5	11.8
	25.0	12.6	5.04	29.5	11.8
3.0	5.0	16.6	5.5	32.5	10.8
	10.0	14.7	5.0	32.5	10.8
	12.5	16.6	5.5	32.5	10.8
	15.0	16.6	5.5	32.5	10.8
	20.0	16.6	5.5	32.5	10.8

由表 3-4 可以看出，当喷嘴宽度一定时，随着射流速度的升高，等速核长度和半衰距（无因次等速核长度和无因次半衰距）基本保持不变，因此，对于相同尺寸的喷嘴，等速核长度和半衰距基本不受出口流速的影响；当喷嘴出口流速相同时，喷嘴越宽，等速核长度和半衰距随之升高，因此，较宽的缝隙喷嘴有利于降低其射流扩散性。

由表 3-5 可以看出，当喷嘴宽度一定时，无因次等速核长度基本相同，并且不同喷嘴宽度无因次等速核长度为 5.0~6.5 倍喷嘴宽度；当喷嘴宽度一定时，无因次半衰距长度基本相同，并且随着喷嘴宽度的增加，无因次半衰距随之降低，采用最小二乘法拟合出缝隙喷嘴宽度-无因次半衰距计算公式，如式（3-9）所示。

$$\frac{L_{0.5}}{w_0} = -6.93w^3 + 53.2w^2 - 136.9w + 129.8 \tag{3-9}$$

式中，$L_{0.5}/w_0$ 为无因次半衰距；w 为缝隙喷嘴宽度，mm。

3.3.2.3　计算结果分析与验证

为了进一步证实所计算结果的准确性，对冷却水的扩散性进行了测试，在测试时通过测量不同喷距位置处水流的宽度进行对比分析，高密喷嘴和缝隙喷嘴测试结果见表 3-5 和表 3-6。

表 3-5　高密喷嘴水流直径计算值与测量值

喷嘴直径/mm	流量/m³·h⁻¹	出口速度/m·s⁻¹	喷距/mm	水流直径/mm	
				计算值	测量值
4.5	155.0	18.0	20.0	4.5	5.0
			100.0	10.0	11.0
	195.0	22.0	20.0	4.5	5.0
			100.0	10.0	11.0

表 3-6　缝隙喷嘴水流直径计算值与测量值

喷嘴宽度/mm	流量/m³·h⁻¹	出口速度/m·s⁻¹	喷距/mm	水流直径/mm	
				计算值	测量值
2.0	300.0	18.0	10.0	2.0	2.5
			100.0	9.0	10.0
	365.0	22.0	10.0	2.0	2.5
			100.0	9.0	10.0

由表 3-5 和表 3-6 可以看出，水流尺寸的计算值低于实测值，但是偏差均小于 1.0mm。实测值偏高的主要原因是，在喷嘴射流过程模拟时假设喷嘴内壁是光滑的，而实际上喷嘴内壁是存在一定的粗糙度，因此，为了提高喷嘴的集束性，在喷嘴加工时需提高其加工精度。

3.3.3　喷嘴结构尺寸对射流扩散性影响规律

3.3.3.1　喷嘴结构及工艺参数制定

圆形喷嘴一般采用锥直形和圆柱形两种结构[8]，缝隙喷嘴采用带收缩段和平行段的结构[9]，锥直形喷嘴和缝隙喷嘴结构如图 3-10 所示。为了对比分析结构参数对射流扩散性的影响规律，制定了工艺参数，见表 3-7 和表 3-8。

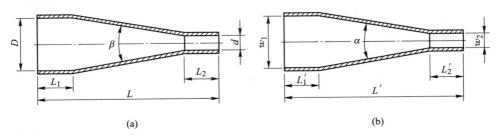

图 3-10 超快冷喷嘴结构图

(a) 圆形喷嘴；(b) 缝隙喷嘴

表 3-7 圆形喷嘴模拟用工艺参数

喷嘴类型	入口直径 /mm	出口直径 /mm	入口速度 /m·s⁻¹	喷嘴总长 /mm	圆柱段长度 /mm	收缩角 /(°)
锥直形	6.0	4.0	17.8	40.0	20.0	10.0~70.0
	6.0	4.0	13.3	40.0	20.0	10.0~70.0
	6.0	4.0	17.8	40.0	5.0~30.0	20.0
	6.0	4.0	13.3	40.0	5.0~30.0	20.0
	6.0	4.0	17.8	30.0~70.0	20	20.0
	6.0	4.0	13.3	30.0~70.0	20	20.0
圆柱形	4.0	4.0	40.0	5.0~30.0	5.0~30.0	—
	4.0	4.0	30.0	5.0~30.0	5.0~30.0	—

表 3-8 缝隙喷嘴模拟用工艺参数

喷嘴类型	入口宽度 W_1/mm	出口宽度 W_2/mm	入口速度/m·s⁻¹	喷嘴总长 L/mm	收缩角 α/(°)
缝隙喷嘴	5.0	2.0	8.0	25	10.0~40.0
	5.0	2.0	8.0	10.0~25.0	20.0

在带钢冷却过程中，随着冷却过程的进行，带钢表面会形成一层残留水层，残留水层的存在阻碍了由喷嘴喷出的冷却水与带钢的直接接触，降低了冷却水的换热能力；同时在冷却过程中带钢表面与冷却水之间容易形成一个较薄的蒸汽层，由于蒸汽的换热能力远低于水的换热能力，不利于冷却强度的提高。因此，为了提高冷却强度需要使冷却水能够穿透带钢表面的残留水层并打破带钢表面的蒸汽层与带钢直接接触。

提高喷嘴射流速度是一个简单有效的提高冷却水穿透能力的方法，在喷嘴设计时需要提高水流的集束性，可通过以下方法来判断喷嘴性能的优劣。

(1) 在相同入口条件下，喷嘴出口断面处射流平均速度较高，并且流速均匀；

（2）在相同入口条件下，等速核长度和半衰距较长；

（3）在相同入口条件下，与射流方向垂直截面上的扩散性较低。

在喷嘴结构参数对射流扩散性影响规律分析时将按照以上三个指标进行对比验证，以得到最优喷嘴结构。

3.3.3.2　圆形喷嘴结构参数对射流扩散性的影响

A　锥直形喷嘴外部流场分布

锥直形喷嘴的主要影响因素包括：收缩角、圆柱段长度和喷嘴总长度，根据所设定的边界条件和初始条件模拟了不同结构参数下喷嘴内部及外部射流过程。根据计算结果可以得到不同结构参数下喷嘴轴线速度和截面速度，对不同结构参数下轴线速度和截面速度大小与分布进行对比分析与研究，以得到结构参数对锥直形喷嘴射流扩散性的影响规律。

a　不同收缩角外部流场分布

根据所设定的工艺参数进行了喷嘴外部射流过程模拟，得到了喷嘴总长度为40.0mm，入口速度为 13.3m/s 和 17.8m/s，收缩角为 10°~70°，圆柱段长度为20mm 时的流场。对计算数据进行总结得到了不同工艺参数下的轴线速度，如图 3-11 所示。

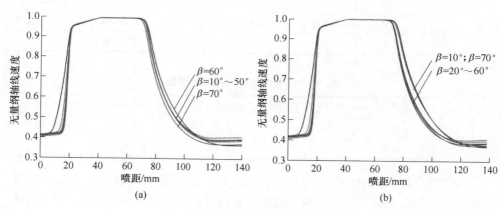

图 3-11　无量纲轴线速度

（a）$v_0 = 13.3\text{m/s}$；（b）$v_0 = 17.8\text{m/s}$

由图 3-11 可以看出，当入口速度为 13.3m/s 时，随着收缩角的增加，轴线速度下降趋势基本相同，收缩角并未对轴线速度产生明显的影响，并且当喷距为120mm 时流体进入充分发展区；当入口速度升至 17.8m/s，收缩角升至 70°时，等速核长度开始增加，增幅为 2.5mm，并且在进入发展区后，速度降幅较大，因此，较大的收缩角并不利于延缓轴线速度下降的趋势。

根据计算数据得到了喷嘴入口速度为 13.3m/s 和 17.8m/s，圆柱段长度为 20.0mm，收缩角为 10°~70°时喷嘴出口速度分布，如图 3-12 所示。

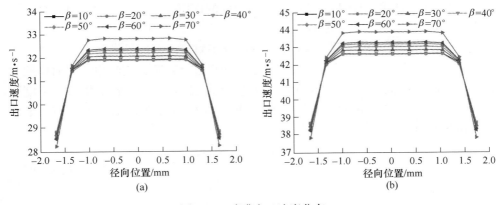

图 3-12 喷嘴出口速度分布
(a) $v_0 = 13.3$m/s；(b) $v_0 = 17.8$m/s

由图 3-12 可以看出，当收缩角一定时，在半径小于 1.0mm 范围内，随着射流半径的增加，出口速度基本保持不变，而在半径大于 1.0mm 范围内，随着半径的增加，冷却水以较快的速率开始降低；随着收缩角的增加，在半径小于 1.0mm 范围的速度也随之升高，在半径大于 1.0mm 的范围内冷却水速度随收缩角的增加而降低，由此可见，收缩角的大小会对喷嘴出口速度大小及分布产生一定的影响。

对计算数据进行处理得到了不同收缩角时喷嘴出口平均速度和最高速度与最低速度差，见表 3-9。

表 3-9 不同收缩角时喷嘴出口平均速度和速度差

收缩角/(°)	10	20	30	40	50	60	70
入口速度/m·s^{-1}	13.3						
平均速度/m·s^{-1}	31.38	31.36	31.46	31.54	31.61	31.64	31.89
速度差/m·s^{-1}	3.08	3.06	3.32	3.54	3.73	3.84	4.58
入口速度/m·s^{-1}	17.8						
平均速度/m·s^{-1}	41.79	41.76	41.91	42.02	42.11	42.16	42.50
速度差/m·s^{-1}	3.86	3.85	4.20	4.51	4.75	4.90	5.90

由表 3-9 可以看出，当入口速度一定时，随着收缩角的增加，平均速度和速度差随之升高。当喷嘴入口速度为 13.3m/s，收缩角由 10°增至 70°时，喷嘴出口平均速度由 31.38m/s 升至 31.89m/s，速度差由 3.08m/s 升至 4.58m/s，平均速度和速度差的增幅分别为 0.51m/s 和 1.5m/s；当喷嘴入口速度为 17.8m/s，收缩

角由 10°增至 70°时，喷嘴出口平均速度由 41.79m/s 升至 42.50m/s，速度差由 3.86m/s 升至 5.90m/s，平均速度和速度差的增幅分别为 0.71m/s 和 2.04m/s。由此可见，收缩角的增加对提高出口平均速度的作用并不明显，但是对降低出口流速的均匀性会产生一定的影响。

综上可知，收缩角在 10°～20°范围内时喷嘴射流集束性最优。

喷嘴射流扩散性还可通过截面速度衰减快慢进行判断，用喷距一定时横截面径向速度除以该截面中心速度可得到无量纲径向速度，由此可得入口速度为 13.3m/s 和 17.8m/s，喷距为 80mm 和 100mm 时横截面无量纲速度分布，如图 3-13 和图 3-14 所示。

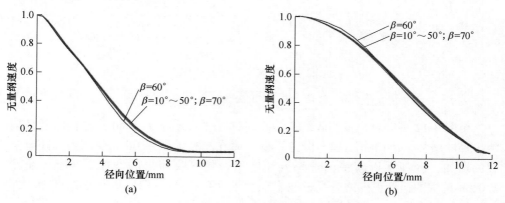

图 3-13　入口速度为 13.3m/s 时横截面无量纲速度

（a）喷距 = 80mm；（b）喷距 = 100mm

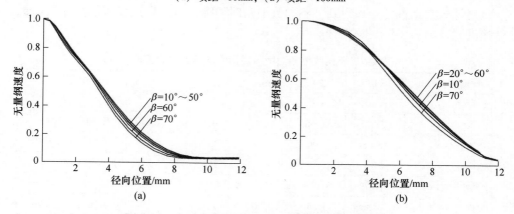

图 3-14　入口速度为 17.8m/s 时横截面无量纲速度

（a）喷距 = 80mm；（b）喷距 = 100mm

由图 3-13 可以看出，当喷距为 80mm 时，随着径向位置的增加，流速逐渐降低，当径向位置达到 9mm 时，流体进入稳定区，流速基本保持不变；当喷距为 100mm 时，流体进入稳定区对应的径向位置是 12mm，因此，随着喷距的增加，冷却水速度沿径向降低趋势变缓，流体的扩散性在增加，由图 3-14 可得到相同的结论。

由图 3-13 和图 3-14 可以看出，当喷距为 80mm 时，在径向位置小于 3mm 范围内，随着收缩角的增加，在相同的径向位置速度基本相同，即在径向位置小于 3mm 范围内收缩角未对横截面速度产生影响。当入口速度为 13.3m/s，喷距为 100mm 时，随着收缩角的升高，在径向各个位置无量纲截面速度基本相同，收缩角对径向速度分布未产生明显影响。当入口速度为 17.8m/s，径向位置小于 4mm 时，径向速度基本相等，径向位置大于 4mm 范围内，收缩角为 10°~60° 时速度基本相等，而收缩角为 70° 时速度最低。

在实际应用中喷嘴出口与带钢之间的距离有可能处于势流核心区、发展区或充分发展区，根据所处的区域不同，收缩角对冷却水集束性影响规律有所不同。当处于势流核心区或发展区时应尽量采用较小的收缩角来增加势流核心区或发展区长度，该角度范围为 10°~20°，当处于充分发展区时应尽量采用较大的收缩角来提高流体进入充分发展区时的流速，从而提高冷却水的冲击力，该角度范围为 20°~50°，而过大的收缩角并不利于冷却水集束性的提高。

由于收缩角在 10°~20° 范围内喷嘴出口速度均匀性较高，并且在 10°~20° 范围内等速核和半衰距较长，在 20°~50° 范围内流体进入发展区内的速度较高，综合以上影响规律，收缩角在 20° 左右为宜。

b 不同圆柱段长度外部流场分布

根据所设定的工艺参数进行了喷嘴内部和外部射流过程模拟，得到了喷嘴总长度为 40.0mm，喷嘴入口速度为 13.3m/s 和 17.8m/s，收缩角为 20°，圆柱段长度（L_1）为 5.0~30.0mm 时喷嘴无量纲轴线速度，如图 3-15 所示。

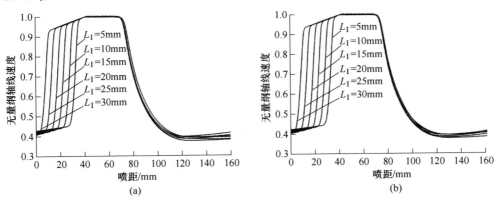

图 3-15 不同圆柱段长度喷嘴无量纲轴线速度

(a) $v_0 = 13.3$m/s；(b) $v_0 = 17.8$m/s

由图 3-15 可以看出，随着圆柱段长度的增加，势流核心区和发展区的长度基本保持不变，因此，圆柱段长度对势流核心区和发展区长度基本没有影响；而随着圆柱段长度的增加，冷却水进入到充分发展区的轴线速度有所升高，并且当圆柱段长度为 5.0~10.0mm 时，轴线速度基本相同，大小约为 11.8m/s，当圆柱段长度为 15.0~20.0mm 时轴线速度基本相同，大小约为 12.6m/s，由此可知，圆柱段长度对冷却水进入到充分发展区的速度有一定影响。

根据计算结果可以得到喷距为 0mm，40mm，60mm 和 110mm 时射流横截面上冷却水速度大小，如图 3-16 所示，其中喷距等于 0mm 为喷嘴出口位置。

由图 3-16 可以看出，当圆柱段长度一定时，在半径小于 1.0mm 范围内，出口速度基本保持不变，而在半径大于 1.0mm 范围内，随着半径的增加，出口速度以较快的速率开始降低；随着圆柱段的增加，在半径小于 1.0mm 范围的速度也随之升高；在半径大于 1.0mm 的范围内圆柱段越长，喷嘴出口截面上的最高最低速度差就越大，越不利于出口速度均匀性的提高。

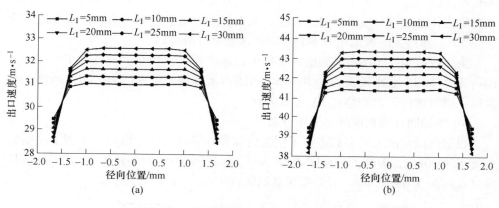

图 3-16　不同圆柱段长度喷嘴出口速度分布
（a）$v_0 = 13.3\text{m/s}$；（b）$v_0 = 17.8\text{m/s}$

对计算数据进行处理可以得到不同喷距横截面上径向位置小于 2mm 范围内冷却水的平均速度及最高最低速度差，见表 3-10。

表 3-10　不同圆柱段长度和喷距时喷嘴出口平均速度和速度差

喷距/mm	圆柱段长度/mm	入口速度：13.3m/s		入口速度：17.8m/s	
		平均速度/m·s^{-1}	速度差/m·s^{-1}	平均速度/m·s^{-1}	速度差/m·s^{-1}
0	5	30.71	1.52	40.95	1.93
	10	30.93	2.02	41.22	2.54
	15	31.15	2.56	41.45	3.21
	20	31.36	3.06	41.76	3.85
	25	31.54	3.57	42.00	4.48
	30	31.70	4.03	42.21	5.07

喷距/mm	圆柱段长度/mm	入口速度：13.3m/s		入口速度：17.8m/s	
		平均速度/m·s⁻¹	速度差/m·s⁻¹	平均速度/m·s⁻¹	速度差/m·s⁻¹
40	5	20.56	5.18	27.84	7.15
	10	20.42	5.07	28.74	7.23
	15	20.92	5.40	27.89	7.27
	20	20.99	5.57	28.25	7.69
	25	22.11	6.12	28.48	7.93
	30	21.24	5.95	28.68	8.49
60	5	13.92	0.91	19.03	1.26
	10	13.68	0.85	19.34	1.02
	15	14.24	0.86	18.80	1.16
	20	14.12	0.87	19.17	1.17
	25	14.98	0.85	19.42	1.31
	30	14.54	1.03	19.96	1.54
110	5	11.45	1.15	16.16	1.76
	10	11.41	1.22	15.63	1.52
	15	12.45	1.31	16.06	1.77
	20	12.14	1.27	16.56	1.79
	25	12.31	1.03	16.93	1.84
	30	12.49	1.29	16.91	1.80

由表 3-10 可以看出，当入口速度一定时，随着圆柱段长度的增加，平均速度和速度差也随之升高。当喷距为 0mm，入口速度为 13.3m/s 时，圆柱段长度由 5mm 增加至 30mm，喷嘴出口平均速度由 30.71m/s 升至 31.70m/s，速度差由 1.52m/s 升至 4.03m/s，平均速度和速度差的增幅分别为 0.99m/s 和 2.51m/s；当喷距为 0mm，入口速度为 17.8m/s，圆柱段长度由 5mm 增加至 30mm，喷嘴出口平均速度由 40.95m/s 升至 42.21m/s，速度差由 1.93m/s 升至 5.07m/s，平均速度和速度差的增幅为 1.26m/s 和 3.14m/s。由此可见，圆柱段长度的增加对提高出口平均速度的作用并不明显，但是对降低出口流速的均匀性会产生较明显的影响，因此，在保证平均速度较高并且速度均匀性良好的前提下可取圆柱段长度为 15~25mm。

当喷距为 40mm，入口速度为 13.3m/s 时，圆柱段长度由 15mm 升至 20mm 以及由 20mm 升至 25mm 时，平均速度随之升高，而速度差由 5.40m/s 升至 5.47m/s 以及由 5.47m/s 升至 6.12m/s，因此，当圆柱段长度从 15mm 升至 20mm 时平均速度有所升高，但是速度差变化较小；当圆柱段长度由 20mm 升至 25mm 时平均速度有所升高，但是速度差变化较大，造成速度波动较大，从这个角度考虑，锥直形喷嘴圆柱段长度为 15~25mm 时射流特性较好；当喷距为 40mm，喷嘴入口速度为 17.8m/s 时可同样得到圆柱段长度为 15~25mm 时射流特性最优。

当喷距升至 60mm 时冷却水处于发展区的下半部分，当喷距为 110mm 时冷却水处于充分发展区，此时冷却水进入到稳定阶段。当喷距为 60mm 和 110mm，在半径小于 2mm 的范围内，冷却水速度差较小，速度趋于一致。由表 3-10 可以看出，当圆柱段长度为 15~25mm 时，平均速度较高，并且速度差相差不大，即在该长度范围内冷却水速度均匀性较好，并且此时的平均速度较高。

综合以上分析结果可得，在保证喷嘴出口速度均匀性和速度大小的前提下圆柱段在 15~25mm 范围内比较合理。

c　不同喷嘴总长度外部流场分布

根据以上分析计算结果，模拟了喷嘴收缩角为 20°，圆柱段长度为 20mm，入口速度为 13.3m/s 和 17.8m/s，总长度为 30~70mm 时喷嘴的射流过程，得到了以上工艺参数下无量纲轴线速度，如图 3-17 所示。

由图 3-17 可以看出，当入口速度分别为 13.3m/s 和 17.8m/s 时，随着喷嘴总长度的增加，等速核长度基本保持不变，均为 34mm 左右；当入口速度为 13.3m/s 和 17.8m/s 时，半衰距分别为 52~58mm 和 55~59mm，并且当总长度为 70mm 时半衰距最大，因此，半衰距受喷嘴总长度的影响。

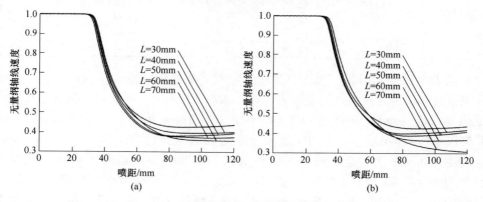

图 3-17　不同喷嘴总长度无量纲轴线速度

（a）$v_0 = 13.3\text{m/s}$；（b）$v_0 = 17.8\text{m/s}$

当入口速度为 13.3m/s，喷距为 90mm 时冷却水进入到充分发展区，其长度基本不受喷嘴总长度的影响，而冷却水进入到该区域的流速受其影响，具体如下：当入口速度为 13.3m/s，喷嘴总长度为 70mm 时，充分发展区内的流速最高，喷嘴总长度为 30mm 和 40mm 时次之，喷嘴总长度为 50mm 和 60mm 时充分发展区内的流速最低。当入口速度为 17.8m/s，总长度为 30~70mm，喷距为 90mm 时冷却水进入到充分发展区，其长度基本不受喷嘴总长度的影响；当总长度为 60mm，喷距为 120mm 时冷却水进入到充分发展区，并且当喷距达到 80mm 后，随着喷距的增加流速下降趋势明显，除此之外，冷却水进入到充分发展区内的流速则受喷嘴总长度的影响，具体影响规律与入口速度为 13.3m/s 时的情况一致。

通过以上分析可知,从轴线速度衰减趋势来看,当喷嘴总长度为 70mm 时性能最优,30mm 和 40mm 次之,50mm 和 60mm 最差,并且总长度为 30mm 和 40mm 的喷嘴性能与总长度为 70mm 的喷嘴性能差别不大。

根据模拟计算结果可以得到喷距为 0mm,40mm,60mm 和 110mm 时射流横截面上冷却水速度大小,其中喷距等于 0mm 为喷嘴出口位置,由此可以得到喷嘴出口截面速度分布,如图 3-18 所示。

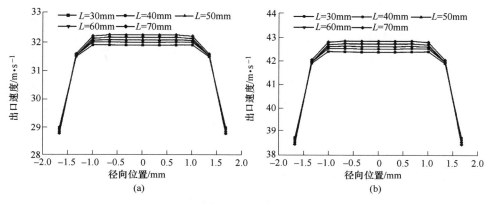

图 3-18 不同喷嘴总长度出口速度分布

(a) $v_0 = 13.3 \text{m/s}$;(b) $v_0 = 17.8 \text{m/s}$

由图 3-18 可以看出,当喷嘴总长度一定时,在半径小于 1.0mm 范围内,出口速度基本保持不变,而在半径大于 1.0mm 范围内,随着半径的增加,出口流速以较快的速率开始降低;随着总长度的增加,在半径小于 1.0mm 范围的流速也随之升高,在半径大于 1.0mm 的范围内喷嘴总长度越长,出口速度下降的趋势越明显,喷嘴出口截面上的最高最低速度差就越大,不利于出口速度均匀性的提高。

根据计算数据还可以得到不同喷距横截面上径向位置小于 2mm 区域内冷却水的平均速度及最高最低速度差,见表 3-11。

表 3-11 不同喷嘴总长度和喷距时喷嘴出口平均速度和速度差

喷距/mm	总长度/mm	入口速度:13.3m/s		入口速度:17.8m/s	
		平均速度/m·s⁻¹	速度差/m·s⁻¹	平均速度/m·s⁻¹	速度差/m·s⁻¹
0	30	31.29	2.89	41.68	3.63
	40	31.36	3.06	41.76	3.85
	50	31.40	3.20	41.82	4.02
	60	31.44	3.33	41.87	4.18
	70	31.50	3.46	41.95	4.35

喷距/mm	总长度/mm	入口速度：13.3m/s		入口速度：17.8m/s	
		平均速度/m·s^{-1}	速度差/m·s^{-1}	平均速度/m·s^{-1}	速度差/m·s^{-1}
40	30	20.34	5.31	27.96	7.60
	40	20.99	5.57	28.25	7.91
	50	22.20	6.05	27.62	8.06
	60	21.11	6.30	30.68	9.13
	70	21.47	6.92	28.78	9.63
60	30	13.78	0.96	19.27	1.22
	40	14.12	0.87	19.17	1.17
	50	14.91	0.76	19.15	1.09
	60	14.73	1.66	20.52	1.06
	70	15.32	1.36	20.39	1.83
110	30	11.59	1.24	16.97	1.75
	40	12.14	1.27	16.56	1.79
	50	11.31	0.92	15.24	1.47
	60	12.50	1.33	13.26	0.91
	70	13.49	1.61	17.90	2.08

由表 3-11 可以看出，当喷距为 0mm 时，随着喷嘴总长度的增加，喷嘴出口平均速度基本保持不变，而速度差随之升高，并且在喷嘴总长度一定的情况下，喷嘴入口速度越高，速度差越大。因此，喷嘴越长，入口速度越高，越不利于截面速度均匀性的提高，在入口速度一定的情况下优先选用长度较短的喷嘴。

当喷距为 40mm，入口速度为 13.3m/s，总长度为 50mm 时喷嘴平均速度最高，对于其他长度的喷嘴随着总长度的增加，平均速度随之升高；当喷距为 40mm，入口速度为 17.8m/s，总长度为 60mm 时喷嘴平均速度最高，其他总长度的喷嘴随着喷嘴总长度的增加而增加；而速度差则呈现出不同的规律，速度差随喷嘴长度的增加而升高，因此，当喷距为 40mm，总长度为 60mm 时的喷嘴平均速度最高，速度差适中。喷距为 60mm 时的影响规律与喷距为 40mm 时的影响规律基本相同。

当喷距为 110mm 时，喷嘴总长度为 50mm 和 60mm 时平均速度最低，其他喷嘴平均速度随总长度的增加而升高，速度差随喷嘴总长度的增加而升高。

由图 3-17 和图 3-18、表 3-11 计算结果可知，当喷嘴出口与带钢之间的距离小于 30mm 时，优先选择 30~40mm 长度的喷嘴；当喷嘴出口与带钢之间的距离小于 60mm 时，优先选择 50~60mm 长度的喷嘴；当喷嘴出口与带钢之间的距离大于 60mm 时，优先选择 70mm 长度的喷嘴。

B　圆柱形喷嘴外部流场分布

在喷嘴直径一定的情况下，圆柱形喷嘴射流扩散性的主要影响因素是喷嘴长度，下面将模拟不同工艺条件下圆柱形喷嘴的射流过程以得到喷嘴长度对射流特性的影响规律。

根据所设定的边界条件和初始条件模拟了出口直径为4mm，入口速度分别为30m/s和40m/s，总长度分别为5~30mm时圆柱形喷嘴的射流过程，由此可以得到不同长度喷嘴射流过程中的轴线速度，如图3-19所示。

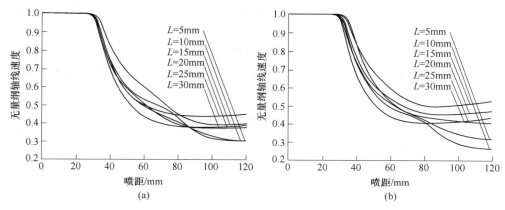

图3-19 不同喷嘴长度无量纲轴线速度

（a）$v_0 = 30.0\text{m/s}$；（b）$v_0 = 40.0\text{m/s}$

由图3-19可以看出，当入口速度为30m/s和40m/s，喷嘴长度为15mm时等速核和半衰距最大，因此，当喷嘴长度为15mm时，冷却水扩散性最低，冲击力最高；当喷嘴长度为5mm和10mm时，沿射流方向速度下降趋势最明显，喷嘴长度为20~30mm时射流扩散性介于两者之间。

根据模拟计算结果可以得到喷距为0mm，40mm，60mm和110mm时射流横截面上冷却水速度大小，由此可以得到入口速度为30.0m/s和40.0m/s时喷嘴出口截面速度分布情况，如图3-20所示。

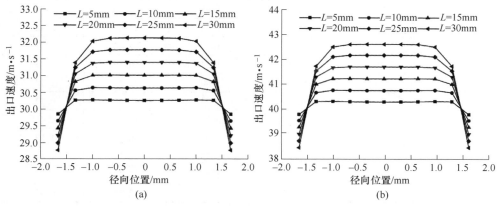

图3-20 不同喷嘴长度出口速度分布

（a）$v_0 = 30.0\text{m/s}$；（b）$v_0 = 40.0\text{m/s}$

由图 3-20 可以看出，当喷嘴长度一定时，在半径小于 1.0mm 范围内，出口速度基本保持不变；而在半径大于 1.0mm 范围内，随着半径的增加，出口流速以较高的速率开始降低；随着长度的增加，在半径小于 1.0mm 范围的流速也随之升高，在半径大于 1.0mm 的范围内喷嘴越长，出口流速下降的趋势越明显，喷嘴出口截面上的最高与最低速度差就越大，不利于出口速度均匀性的提高。

对计算数据进行计算可以得到喷距为 0mm，40mm，60mm 和 110mm，不同喷嘴总长度时径向位置小于 2mm 范围内冷却水的平均速度及最高最低速度差，见表 3-12。

表 3-12　不同喷嘴长度和喷距时截面平均速度和速度差

喷距/mm	总长度/mm	入口速度：30.0m/s		入口速度：40.0m/s	
		平均速度/m·s^{-1}	速度差/m·s^{-1}	平均速度/m·s^{-1}	速度差/m·s^{-1}
0	5	30.20	0.43	40.25	0.53
	10	30.46	1.00	40.58	1.24
	15	30.72	1.59	40.90	1.98
	20	30.98	2.20	41.23	2.74
	25	31.22	2.79	41.53	3.48
	30	31.44	3.36	41.81	4.21
40	5	20.13	4.28	27.29	6.81
	10	20.68	5.28	27.67	7.58
	15	22.65	6.56	30.76	9.47
	20	20.25	6.07	28.64	8.73
	25	21.29	5.09	26.04	6.89
	30	20.37	4.88	32.04	8.80
60	5	14.49	1.24	20.22	2.03
	10	15.63	1.85	21.46	2.96
	15	17.96	1.80	23.98	2.42
	20	15.34	1.66	21.82	2.37
	25	15.40	1.34	18.39	1.83
	30	13.82	1.00	22.17	1.12
110	5	9.22	0.73	12.99	0.74
	10	9.13	0.79	12.61	0.75
	15	11.90	1.04	20.53	1.53
	20	11.59	1.33	18.74	1.49
	25	13.65	1.59	17.13	1.77
	30	11.62	1.30	17.15	0.93

由表 3-12 可以看出，当喷距为 0mm 时，随着喷嘴长度的增加，平均速度和速度差均随之升高，因此，当喷嘴与带钢之间的距离在等速核范围内时，可采用

适中的喷嘴长度，可保证平均速度较高，又可以保证速度差较小，建议此时采用长度为 15~20mm 的喷嘴；当喷距为 40mm，喷嘴长度为 30mm 时喷嘴的综合射流特性最好，当喷距小于 40mm 时可采用长度为 30mm 的喷嘴；当喷距为 60mm 和 110mm，喷嘴长度为 15mm 时，截面上的平均速度最高，并且速度偏差适中，当喷距大于 60mm 时采用长度为 15mm 的圆柱形喷嘴。

3.3.3.3 缝隙喷嘴结构参数对射流扩散性的影响

影响缝隙喷嘴外部射流流场的主要结构参数为收缩角和喷嘴总长度，下面将采用有限体积法计算出不同结构参数下喷嘴内部和外部射流过程，研究缝隙喷嘴结构参数对射流扩散性的影响规律。

A　不同收缩角外部流场分布

根据所设定的工艺参数模拟了喷嘴总长度为 25.0mm，入口速度 20m/s，收缩角为 10°~40° 时缝隙喷嘴射流过程，得到了缝隙喷嘴出口截面速度和喷距为 20mm 截面速度，分别如图 3-21 和图 3-22 所示。

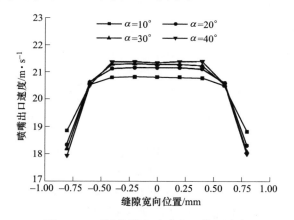

图 3-21　不同收缩角喷嘴出口截面速度

由图 3-21 可以看出，当收缩角一定时，在缝隙喷嘴 -0.4~0.4mm 宽度范围内流速均匀分布，在其他范围内，随着距离射流中心线（宽向位置为 0）距离的增加流速随之降低；在缝隙喷嘴 -0.4~0.4mm 宽度范围内随着收缩角的增加，该范围内的流速也随之升高，而在其他宽向位置范围内则随之降低。

由图 3-22 可以看出，收缩角的大小对喷嘴外部射流流场也产生了一定的影响，主要表现为：随着收缩角的增加，在缝隙喷嘴 -1.0~1.0mm 宽度范围内流速也随之升高，在其他宽度范围内流速受收缩角影响较小。

对喷嘴出口横截面速度进行计算得到了不同喷距和喷嘴宽度范围内的平均速度以及最高和最低速度差，见表 3-13。

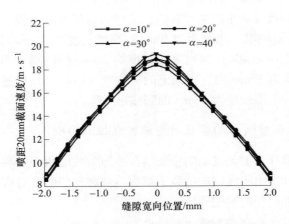

图 3-22　喷距为 20mm 不同收缩角截面速度分布

表 3-13　不同收缩角时喷嘴外部截面平均速度和速度差

项目	计算区域/mm	喷距/mm	收缩角/(°)			
			10	20	30	40
平均速度/m·s⁻¹	−1.0~1.0	0	20.29	20.38	20.41	20.42
速度差/m·s⁻¹			1.99	2.84	3.20	3.33
平均速度/m·s⁻¹	−1.0~1.0	20	16.49	16.88	16.98	17.2
	−2.0~2.0		13.88	14.32	14.29	14.37
速度差/m·s⁻¹	−1.0~1.0		9.88	9.83	9.93	10.7
	−2.0~2.0		4.01	4.07	4.25	4.52

由表 3-13 可以看出，在喷嘴出口截面上随着收缩角的增加，平均速度和最高最低速度差也随之升高，但是平均速度增幅较小，而最高最低速度差的增幅较大，故最高最低速度差受收缩角影响较大。在喷距为 20mm 截面上，缝隙喷嘴−1.0~1.0mm 和−2.0~2.0mm 宽度范围内平均速度和最高最低速度差也随着收缩角的增加而升高。

喷嘴出口截面速度均匀性越好，喷嘴射流集束性越好，越利于冷却能力的提高，因此，在保证喷嘴出口截面和其他截面平均速度较高，并且速度差较低的基础上，根据表 3-11 数据可知，缝隙喷嘴收缩角在 20°~30°为宜。

B　不同喷嘴总长度外部流场分布

根据所设定的工艺参数模拟了缝隙喷嘴射流过程，得到了收缩角为 20°，喷嘴总长度为 10.0~25.0mm，入口速度 20m/s 时缝隙喷嘴出口截面和喷距为 20mm 截面流速分布，分别如图 3-23 和图 3-24 所示；对喷嘴出口横截面速度进行处理得到了不同喷距和喷嘴宽度范围内的平均速度以及最高和最低速度差，见表 3-14 所示。

由图 3-23 可以看出，当喷嘴总长度一定时，在缝隙喷嘴−0.4~0.4mm 宽度范围内流速均匀分布，在其他范围内，随着距离射流中心线（宽向位置为0）距离的增加流速开始降低；在缝隙喷嘴-0.4~0.4mm宽度范围内随着总长度的增加，该范围内的流速也随之升高，而在其他宽向位置范围内则随之降低。

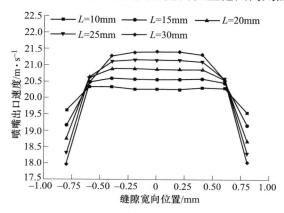

图 3-23   不同总长度喷嘴出口截面速度

由图 3-24 可以看出，随着总长度的增加，在喷距为 20mm 截面上流体速度也发生了改变，因此，总长度的大小对喷嘴外部射流流场也产生了一定的影响，根据表 3-14 计算结果可以得到喷距为 20mm 截面上速度变化规律。

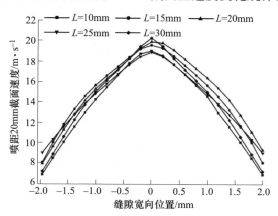

图 3-24   喷距为 20mm 不同总长度截面速度分布

表 3-14   不同总长度时喷嘴外部截面平均速度和速度差

项目	计算区域/mm	喷距/mm	总长度/mm				
			10	15	20	25	30
平均速度/m·s⁻¹	-1.0~1.0	0	20.13	20.22	20.32	20.39	20.42
速度差/m·s⁻¹			0.77	1.43	2.22	2.84	3.36

项目	计算区域/mm	喷距/mm	总长度/mm				
			10	15	20	25	30
平均速度/m·s⁻¹	−1.0~1.0	20	16.81	17.67	17.89	16.88	17.46
	−2.0~2.0		13.57	14.75	15.01	14.32	14.16
速度差/m·s⁻¹	−1.0~1.0		12.08	11.47	10.58	9.83	13.04
	−2.0~2.0		4.44	3.93	3.54	4.06	5.29

　　由表 3-14 可以看出，在喷嘴出口截面上，随着总长度的增加，平均速度和最高最低速度差也随之升高，但是平均速度增幅较小，而最高最低速度差的增幅较大，故最高最低速度差受总长度影响较大。在喷距为 20mm 截面上，缝隙喷嘴 −1.0~1.0mm 和 −2.0~2.0mm 宽度范围内，喷嘴总长度为 20mm 时平均速度最高；在 −1.0~1.0mm 宽度范围内总长度为 20mm 时最高最低速度差只比总长度为 25mm 时最高最低速度差高，在 −2.0~2.0mm 宽度范围内总长度为 20mm 时最高最低速度差最小，由以上分析结果可知，缝隙喷嘴总长度以 20mm 左右为宜。

3.3.4 非淹没湍流射流冲击流动特性

　　当具有一定湍流强度的流体以一定的出口速度从喷嘴喷出，并冲击到壁面上形成了射流冲击。从喷嘴出口至壁面之间形成了三个区域：自由射流区、射流冲击区和壁面射流区[3]，如图 3-25 所示，各个区域的流动特点分别如下：

　　（1）自由射流区。该区域流体刚离开喷嘴出口，壁面对射流影响很小，流动表现为自由射流性质。

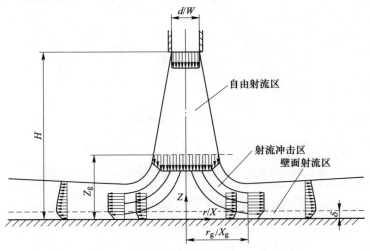

图 3-25　非淹没湍流射流冲击示意图

（2）射流冲击区。在壁面附近，流动受壁面影响较大，在很短的距离内轴向速度（射流方向）衰减为零，径向速度（沿壁面流动方向）逐渐增大。

（3）壁面射流区。也称之为漫流区，在近壁面区域，其流动特点与壁面射流类似，该区域流速越高，残留水在壁面滞留时间越短，新水与壁面接触时间越长，越利于冷却强度的提高。

影响喷嘴外部射流特性的主要因素包括：喷嘴直径（狭缝宽度）、喷嘴-冲击面间距（喷嘴出口中心与几何冲击点之间的距离）、射流角度等，因此，需要研究这些因素对射流冲击流场的影响规律，下面以圆形喷嘴为研究对象研究以上因素对外部射流特性的影响规律。

3.3.4.1 喷嘴出口速度对射流冲击特性的影响

根据所设定的边界条件和初始条件，模拟了喷嘴直径为 4.0mm，喷距为 200mm，出口流速为 10.0~30.0m/s 时喷嘴射流过程，得到了轴线速度分布和距离带钢表面 0.2mm 和 0.4mm 的近壁面流速分布，分别如图 3-26 和图 3-27 所示。

由图 3-26 可以看出，冷却水从喷嘴喷出后，速度先基本保持不变，之后开始逐渐衰减直至达到稳定段，因此，射流冲击过程也存在明显的自由射流区。在距离带钢表面 35mm 位置处冷却水速度开始迅速降低，冷却水轴线速度迅速降至零，径向速度开始升高。喷嘴出口速度越高，在距离带钢表面 35mm 位置处的流速就越高，在射流冲击区对带钢的冲击力越强，冷却强度越高，因此，喷嘴出口速度的提高对于射流冲击区冷却强度的提升作用明显。

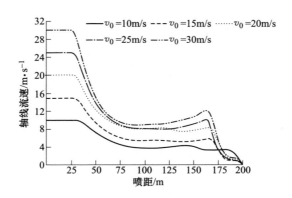

图 3-26 不同出口速度时轴线速度分布

由图 3-27 可以看出，当出口速度由 15m/s 升至 30m/s 过程中，在漫流层高度为 0.2mm 和 0.4mm 截面上流速也随之升高，并且在同一径向位置，出口速度越高，该漫流层速度就越高，因此，提高喷嘴出口速度对于提高漫流层流速及冷

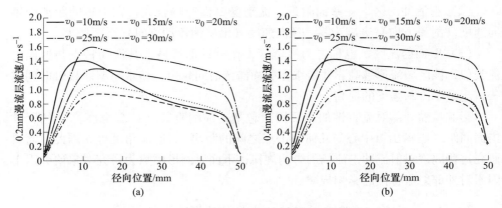

图 3-27　不同出口速度带钢表面漫流层速度分布
（a）$h=0.2$mm；（b）$h=0.4$mm

却强度作用明显。当喷嘴出口速度为 10m/s 时，由于水流量较小，带钢表面的残留水层较薄，从而使得漫流层流体阻力较小，故漫流层流速较高。与其他出口流速相比，随着距离射流冲击区距离的增加，此时漫流层流速衰减较快。

由图 3-27 可以得到漫流层流速分布规律，当出口速度一定时，在射流冲击区（径向位置为零）漫流层流速最低，随着径向位置的增加，漫流层流速迅速升高，当径向位置达到 10mm 左右时漫流层流速达到最大值，之后漫流层流速以较低的下降趋势开始降低，当径向位置达到 45mm 时开始以较高的下降趋势开始降低。由漫流层高度为 0.2mm 和 0.4mm 时流速分布可以看出，在径向位置 10mm 左右漫流层流速达到最大值，漫流层位置和出口速度未对其产生明显的影响。

各个漫流层速度高低对冷却强度也会产生一定的影响，表现为漫流层速度越高新水与残留水更新速度越快，冷却强度越高，根据计算数据得到了漫流层高度为 0.2~1.0mm，不同喷嘴出口速度时漫流层垂直方向速度分布，如图 3-28 所示。

由图 3-28 可以看出，当喷嘴出口速度一定时，随着漫流层高度的增加，流速也随之升高，当漫流层高度达到 0.4mm 时，流速达到最高值，之后随着漫流层高度的增加流速以较低的下降趋势降低。由此可见，漫流层最高速度距离带钢表面 0.4mm（该数据与前人总结数据相同[7]），并且在 1.0mm 高度范围内冷却水可以较高的流速实现新水与残留水的更新。

根据以上计算与分析结果可知，喷嘴出口速度的提高，对于射流冲击区和壁面射流区流速的提高作用明显，对于冷却强度的提高作用较大；同时，在喷嘴直径相同的情况下，喷嘴出口速度的提高，冷却水流量也随之升高，冷却强度会进一步提高，因此，提高喷嘴出口速度可在流速提高和水流量提高两方面实现冷却强度的提高。

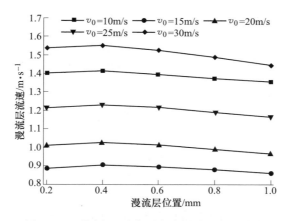

图 3-28　不同出口速度时各个漫流层流速分布

3.3.4.2　喷嘴尺寸对射流冲击特性的影响

在流速一定时，喷嘴直径的大小会对总流量产生一定影响，进而影响到喷嘴外部射流流场，因此需研究喷嘴尺寸对射流冲击特性的影响规律。

根据所设定的边界条件和初始条件，模拟了喷距为 200mm，出口流速为 20m/s，喷嘴直径为 2.0~5.0mm 时喷嘴射流过程，得到了距离带钢表面 0.2mm 和 0.4mm 的近壁面流速分布，如图 3-29 所示。

由图 3-29 可以看出，当喷嘴直径由 2mm 升至 5mm 过程中，在漫流层高度为 0.2mm 和 0.4mm 截面上流速也随之升高，并且当喷嘴直径达到 4.0mm 时继续提高喷嘴直径，漫流层流速增幅较大。在同一径向位置，喷嘴直径越大，该漫流层速度就越高，因此，通过提高喷嘴直径对于提高漫流层流速作用比较明显。

由图 3-29 可以得到漫流层流速分布规律，当喷嘴直径一定时，在射流冲击区漫流层流速最低；随着径向位置的增加，漫流层流速迅速升高；当径向位置达到 10mm 左右时漫流层流速达到最大值，之后漫流层流速以较低的下降趋势开始降低；当径向位置达到 45mm 时开始以较高的下降趋势开始降低。由漫流层高度为 0.2mm 和 0.4mm 流速分布可以看出，在径向位置 10mm 左右漫流层流速达到最大值，漫流层位置和喷嘴直径未对其产生明显的影响。

根据计算数据可以得到漫流层高度为 0.2~1.0mm，不同喷嘴尺寸时漫流层垂直方向速度分布，如图 3-30 所示。

由图 3-30 可以看出，当喷嘴直径为 2.0~4.0mm，漫流层高度由 0.2mm 升至 1.0mm 时，流速基本保持不变；当喷嘴直径为 5mm 时，在漫流层高度达到 0.4mm 时流速达到最大值，之后将随着高度的增加而降低。

因此，在喷嘴供水压力不变的情况下可通过提高喷嘴直径的方法来提高射流

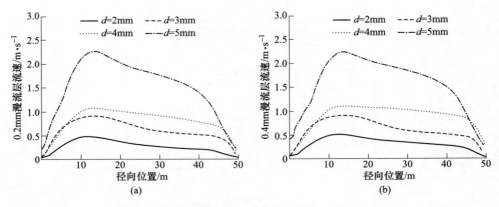

图 3-29　不同喷嘴尺寸时带钢表面漫流层速度分布

（a）$h=0.2\mathrm{mm}$；（b）$h=0.4\mathrm{mm}$

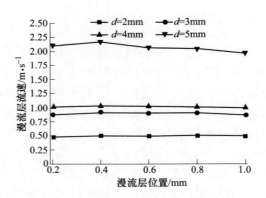

图 3-30　不同喷嘴尺寸时各个漫流层流速分布

冲击区和漫流区的流速，进而提高设备的冷却强度。

3.3.4.3　喷嘴喷距对射流冲击特性的影响

非淹没湍流射流冲击在射流后形成射流冲击区和壁面射流区，喷距的大小会对这两个区域的大小及分布产生影响，进而影响到流场分布，因此需对喷距对射流冲击特性进行分析与研究。

根据所设定的边界条件和初始条件模拟了喷嘴直径为 4.0mm，出口流速为 20.0m/s，喷距为 50~200mm 时喷嘴射流过程，得到了距离带钢表面 0.2mm 和 0.4mm 的近壁面流速分布，如图 3-31 所示。

由图 3-31 可以看出，喷距可对带钢表面漫流层速度高低产生明显的影响，当喷距由 30mm 升至 75mm 时，0.2mm 漫流层最高流速由 18m/s 降至 8m/s，0.4mm 漫流层最高流速由 17m/s 降至 7m/s；而当喷距由 100mm 升至 200mm 时，

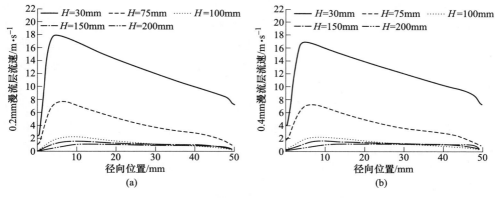

图 3-31 不同喷距带钢表面漫流层速度分布
(a) $h=0.2$mm；(b) $h=0.4$mm

0.2mm 和 0.4mm 漫流层流速最高降幅为 1m/s。由以上分析可知，对于直径为 4mm 圆形喷嘴，当喷距在 75mm 以下时继续降低喷距，漫流层流速会以较大的增幅增长，而喷距升至 100mm 后继续提高喷距而漫流层流速较低，且以较小的幅度降低。

综上可知，当喷距处于势流核心区时流速最高，所以应在设备及工艺允许的范围内尽量使喷距在势流核心区；而如果喷距大于势流核心区与发展区总长度时，继续提高喷距，射流冲击区与漫流区流速会以较低的速度降低，此时喷距大小对流速的影响作用较小，即当喷距处于势流核心区与发展区时，喷距的变化对流速的影响作用较大，而喷距处于充分发展区时，喷距对流速的影响作用最低。

根据计算数据可以得到漫流层高度为 0.2~1.0mm，不同喷距时漫流层垂直方向速度分布，如图 3-32 所示。

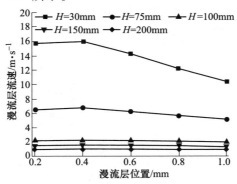

图 3-32 不同喷距时各个漫流层流速分布

由图 3-32 可以看出，当喷距为 30mm，漫流层高度升至 0.4mm 时，流速基本保持不变，之后随着漫流层高度的增加流速以较高的下降趋势降低。当喷距为 75mm，漫流层高度升至 0.4mm 时达到最大值，之后随着漫流层高度增加流速以较低的下降趋势降低；当喷距大于 100mm，漫流层高度由 0.2mm 升至 1.0mm 时，流速基本保持不变。

由以上计算与分析可知，当喷距位于势流核心区和发展区时，喷距的变化对流速的影响作用较大；当喷距位于充分发展区时，喷距的变化对流速的影响作用较小。应根据工艺需要、喷嘴尺寸和喷距对流速的影响规律来确定最佳喷距的位置，当喷距在发展区时，应在工艺需要允许的范围内最大限度地降低喷距。

3.3.5　超快冷喷嘴出口射流均匀性研究

3.3.5.1　喷嘴有限元建模

根据多级阻尼喷嘴结构，采用有限单元法模拟冷却水在喷嘴内部的稳态流动过程。稳态流动过程采用 Ansys 数值模拟软件进行模拟，并采用 3D 计算模型，单元类型为 Fluid42 单元，流体特性为 27℃下水的性质，其中，密度为 $1000kg/m^3$，动力黏度为 $1.002×10^{-3}Pa \cdot s$。

边界条件及初始条件分别如下：喷嘴入口为速度边界条件，在冷却水入口截面上指定喷嘴入口速度；出口边界条件为压力边界条件，在冷却水出口截面上指定出口压力为零；其他壁面为无滑移壁面，壁面速度为零，重力加速度为 $9.8m/s^2$（喷嘴出口速度方向与重力加速度方向一致），大气压力为 101325Pa。

采用六面体及四面体进行有限单元法网格划分，划分后的单元如图 3-33 所示，按照以上所设定的工艺参数进行喷嘴流动过程的稳态计算，根据出口流速的

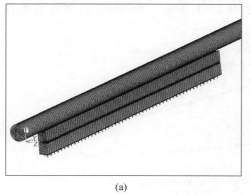
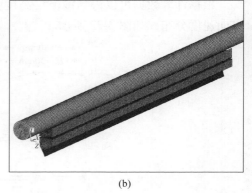

(a)　　　　　　　　　　　　　　　(b)

图 3-33　超快冷喷嘴有限元网格模型

（a）高密喷嘴；（b）缝隙喷嘴

（扫书前二维码看彩图）

大小及分布对喷嘴出口射流均匀性进行验证。

3.3.5.2 高密喷嘴出口射流均匀性研究

根据 3.3.4 节所设定的边界条件及初始条件模拟了入口速度分别为 3.0m/s 和 4.0m/s 时高密喷嘴出口射流流动过程，其中，入口速度为 3.0m/s 时速度矢量图如图 3-34 所示。

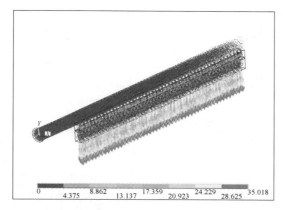

图 3-34　速度为 3.0m/s 时高密喷嘴出口射流速度矢量图

（扫书前二维码看彩图）

由图 3-34 可以看出，在入水腔内随着距离入口距离的增加流速逐渐降低，在中间腔的过渡作用下，冷却水进入出水腔时沿喷嘴长度方向流速均匀分布。采用多级阻尼布置结构，冷却水在喷嘴内部逐渐趋于稳定，进入各个腔体时紊动度逐渐降低，有利于保持流体出口的稳定性。

根据计算数据可以得到入口速度分别为 3.0m/s 和 4.0m/s 时高密喷嘴出口长度方向中心流速大小及分布，如图 3-35 所示。

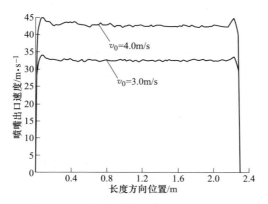

图 3-35　宽度方向缝隙喷嘴出口流速分布

　　由图 3-35 可以看出，在喷嘴长度方向两侧边部 0.1m 范围内流速存在较低幅度的波动，由于喷嘴的长度比带钢宽，边部不均匀的冷却水不会喷射至带钢表面，在其他范围内出口速度均匀性较高，满足了工艺需求。

3.3.5.3　缝隙喷嘴出口射流均匀性研究

　　根据 3.3.4 节所设定的边界条件及初始条件模拟了入口速度为 6.0m/s 和 9.0m/s 时缝隙喷嘴流动过程，得到了喷嘴出口射流速度矢量图，如图 3-36 所示。根据计算数据可以得到入口速度分别为 6.0m/s 和 9.0m/s 时缝隙喷嘴出口长度方向中心流速大小及分布，如图 3-37 所示。

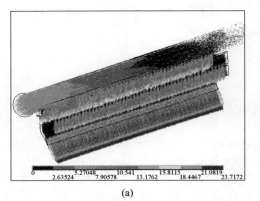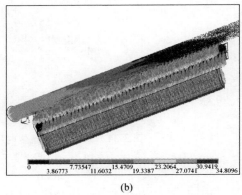

(a)　　　　　　　　　　　(b)

图 3-36　不同入口速度时缝隙喷嘴出口射流速度矢量图

(a) $v_0 = 6.0$m/s；(b) $v_0 = 9.0$m/s

（扫书前二维码看彩图）

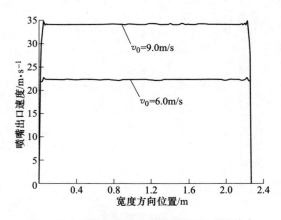

图 3-37　宽度方向上缝隙喷嘴出口流速分布

由图 3-36 和图 3-37 可以看出，缝隙喷嘴在不同入口速度下冷却水出口速度均匀性较高；在进水腔内随着距离入口距离的增加流速逐渐降低，在中间腔的过渡作用下，冷却水进入出水腔时沿喷嘴长度方向流速均匀分布。采用多级阻尼板布置结构，冷却水进入各个腔体时紊动度逐渐降低，有利于保持流体出口的稳定性及均匀性。

由图 3-37 可以看出，在喷嘴长度方向两侧边部 0.05m 范围内流速存在较低幅度的波动，由于喷嘴的长度比带钢宽，边部不均匀的冷却水不会喷射至带钢表面，在其他范围内出口速度均匀性较高，满足工艺需求。

所开发的喷嘴得到工业化应用，高密喷嘴和缝隙喷嘴现场应用情况如图 3-38 所示。

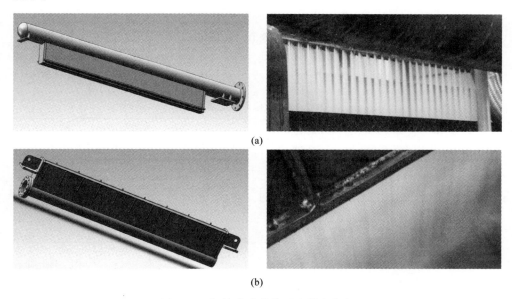

(a)

(b)

图 3-38 超快冷喷嘴模型及射流状态
（a）高密喷嘴；（b）缝隙喷嘴

由图 3-38 可以看出，所开发的缝隙喷嘴和高密喷嘴射流均匀性良好，射流至空气中的冷却水集束性较好，并且在喷嘴出口沿宽度方向速度均匀分布，因此，所开发的喷嘴具有良好的宽向均匀性，这对于宽度方向组织性能的均匀性可提供重要技术支持。

3.4 最优化冷却板形实现方法分析

3.4.1 带钢冷却过程中板形变化规律

带钢在超快速冷却过程中，表面进行热对流，内部进行热传导，当热对流的作用高于热传导的作用时，在带钢心部和表面之间可形成一定的温度偏差，会在带钢内部形成残余应力[10~13]，因此，需要对冷却过程中的热变形及变化规律进行研究。

如果冷却设备冷却均匀性不好或工艺参数设置不当会出现冷却板形质量问题，主要包括带钢翘曲和边部波浪。其中，引起带钢翘曲的原因为带钢上下表面换热系数大小及分布不一致，引起边部波浪的原因为带钢宽度中心区域的水从两侧流出造成边部过冷。

下面将采用有限单元法对带钢冷却过程进行热应力模拟，对冷却过程中板形变化规律进行研究。

3.4.1.1　换热系数对板形翘曲影响规律

热轧带钢的长度可达数百米，为了研究上下表面换热系数对板形翘曲的影响规律，从中取出长度为 1.0m，厚度为 5.0mm 的带钢，并将其简化为 2D 模型进行计算。为了得到换热系数对板形的影响规律，分别模拟了上下表面换热系数为不同值时带钢的冷却过程，具体工艺参数见表 3-15。

表 3-15　模拟用工艺参数

序号	名称	上表面换热系数/$W \cdot m^{-2} \cdot K^{-1}$	下表面换热系数/$W \cdot m^{-2} \cdot K^{-1}$
1	工艺 1	10000	10000
2	工艺 2	10000	10500
3	工艺 3	10000	11000
4	工艺 4	10000	11500
5	工艺 5	10000	12000

根据以上所设定的工艺参数采用有限单元法对冷却过程进行了模拟，得到了带钢上表面节点的位移，如图 3-39 所示。

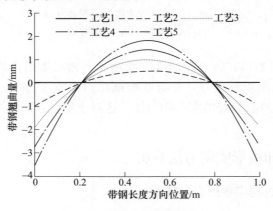

图 3-39　带钢上表面节点位移

由图 3-39 可以看出，当带钢上下表面换热系数相同时，带钢表面节点位移基本为零；当上表面换热系数为 10000W/(m^2·K)，下表面换热系数大于上表面换热系数时，在同一时刻与上表面相比，下表面温度较低，下表面收缩量较大导致带钢出现向上翘曲。当下表面换热系数为 10500W/(m^2·K) 时，最高翘曲量可达 1.5mm，当下表面换热系数升至 12000W/(m^2·K) 时，最高翘曲量可达 5.5mm；对于上表面同一节点的位移随上下表面换热系数偏差的增加而增大。

由以上计算与分析结果可知，上下表面换热系数的一致性是降低冷却过程中带钢翘曲的关键，因此，为了避免冷却过程中出现带钢翘曲现象，需要采用一定的技术手段保证上下表面换热系数的一致性。

3.4.1.2　换热系数对边部波浪影响规律

A　换热系数对边部波浪影响

边部波浪主要出现在带钢边部，为了得到其影响规律，需对宽度方向换热系数分布对板形的影响情况进行研究。由于重点研究宽度方向换热系数对板形影响规律，并且带钢厚度远小于其长度，因此，可将该求解问题简化为 2D 模型，并取厚度为 5.0mm，宽度为 1000mm 的热轧带钢进行研究，如图 3-40 所示。根据实际应用情况，边部波浪一般在距离带钢两端 10mm 范围内，因此，在分析时取边部宽度为 10mm，并制定了以下工艺参数，见表 3-16，其中带钢中间部分与边部上下表面换热系数相同。

边部	中间部分	边部

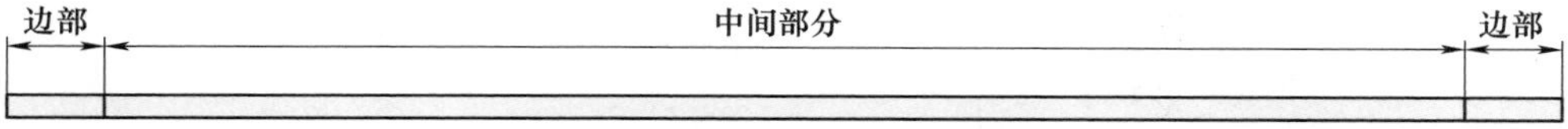

图 3-40　边部波浪在带钢宽向分布

表 3-16　模拟用工艺参数

序号	名称	中部换热系数/W·m^{-2}·K^{-1}	边部换热系数/W·m^{-2}·K^{-1}
1	工艺 1	10000	10000
2	工艺 2	10000	11000
3	工艺 3	10000	12000
4	工艺 4	10000	13000
5	工艺 5	10000	14000

根据以上所设定的边界条件、初始条件及表 3-16 中工艺参数，得到了超快速冷却结束时带钢上表面宽度方向上所有节点位移及温度分布，分别如图 3-41 和图 3-42 所示。

由图 3-41 可以看出，当带钢上下表面换热系数相同，中部和边部换热系数

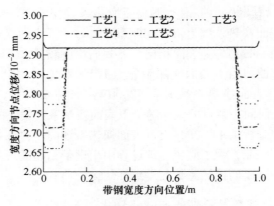

图 3-41　带钢上表面节点位移

不同时，边部板形发生了变化。当边部换热系数由 10000W/（m² · K）升至 14000W/（m² · K）时边部节点位移升高，最高可升至 0.03mm，由此可知，在带钢上下表面换热系数相同时边部过冷不会对边部板形质量产生明显的影响，因此，为了保证边部板形质量，避免出现边部波浪应保证上下表面换热系数的一致性。

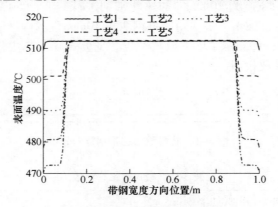

图 3-42　带钢上表面节点温度

由图 3-41 和图 3-42 可以看出，边部过冷时虽然边部未发生明显的边部波浪，但是中间部分与边部还是存在一定的温度偏差，在所设定的工艺参数范围内中间和边部最高温度差可达 40℃，这个温度偏差可在边部与中间部分带钢之间形成潜在边部波浪，在分割切条后可能会出现一定的翘曲。为了避免边部出现潜在的波浪，需要采取一定的措施保证带钢横向温度的均匀性。

B　边部波浪解决方法

现场应用情况及研究结果表明，轧后冷却过程中带钢上表面残留冷却水从带钢两侧流出，造成边部的冷却强度高于中间部分，使得带钢边部和中间部分的冷却条件存在一定的差异，冷却速率不同，中间部分和边部温度差值可达 60 ~ 80℃，当以该温差冷却至室温时，由于边部收缩量较小，中间部分收缩量较大，在轧后板形良好时，却在冷却至室温后产生一定的边部波浪（或潜在边部波浪），不利于板形质量的提高[14~18]。

冷却过程中出现边部波浪主要原因是由带钢宽度方向冷却不均匀性引起的，可对带钢边部温度进行控制，以保证边部温度和中部温度一致，为此，热轧板带钢可采用边部温度控制技术：边部加热技术和边部冷却水遮蔽技术。

边部加热技术是利用感应加热方式，对处于粗轧机和精轧机之间的中间料实施边部补热，使进入精轧机组前中间坯横向温度均匀。日本几个热连轧厂安装了边部补热装置，我国宝钢 1580mm 热连轧线和马钢 2250mm 热连轧线也引进了这项技术。

边部遮蔽技术是在轧后冷却系统冷却集管的两端设置挡水装置[19,20]，通过对带钢边部一定范围进行遮蔽，使冷却后带钢横向温度均匀，这项技术已经在中厚板 ACC 系统得到广泛应用，日本早年提出过在热轧带钢轧机上使用这种方法，最近 SMS 也提出生产高强钢的热轧带钢轧后横向温度控制的边部遮蔽方案，我国马钢 2250mm 和首钢京唐 2250mm 已经应用了该项技术。图 3-43 所示为层流冷却边部遮蔽示意图。

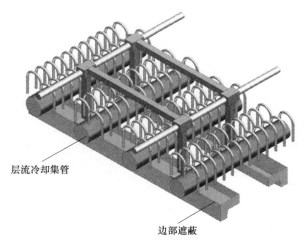

层流冷却集管

边部遮蔽

图 3-43 SMS 轧后集管遮蔽方案

通过对边部遮蔽技术跟踪及研究发现，该项技术在轧后冷却层流冷却系统应用后出现边部温度整体高于中间部分的温度。对出现该种现象的原因进行分析及研究得知，采用边部遮蔽技术后边部带钢冷却主要由带钢表面残留水的流动传热来实现，由于边部未进行射流冲击传热，造成边部温度过高，因此，边部遮蔽技术将边部带钢上方所有冷却水隔离，造成了边部温度过高，为了从根本上解决这一问题，应从喷嘴设计入手，适当降低边部水量，使喷嘴出口形成中凸型水量分布。

　　冷却过程中产生的边部波浪除可通过调节冷却集管横向冷却均匀性方法外，还可以通过轧制技术来消除冷却过程中产生的边部波浪，即微中浪轧制技术，即在精轧机出口通过调节板形控制机构使带钢中间部分发生一定程度的微中浪，使带钢中间部分的延伸量能够补偿由于温差造成的边部与中间部分的长度差。

3.4.2　最优化板形实现方法与有限体积法建模

3.4.2.1　最优化板形实现方法

　　根据 3.4.1 节研究结果可知，上下表面换热系数的一致性是板形良好的关键，因此，采用一定的技术手段使得带钢上下表面换热系数保持一致。

　　反算法可以得到准确的换热系数，采用有限体积法直接计算换热系数也得到了大量的研究[21~26]，国内外学者对有限体积法直接计算所得到的换热系数（努塞尔数或热流密度）与反算法所得到的值进行对比，直接计算与反算法得到的数据很好的吻合。由于反算法还需借助实验而直接计算法不需实验可直接获得换热系数，因此，基于有限体积法（FVM）的换热系数计算方法得到了广泛应用。

　　在热轧带钢生产线，轧后带钢上下表面同时进行冷却，上喷嘴由上至下将冷却水射流至带钢上表面，下喷嘴由下至上将冷却水射流至带钢下表面，由于重力场的存在，上喷嘴射流方向与重力加速度方向相同，而下喷嘴射流方向则与之相反，因此，需要考虑重力对射流流场及温度场的影响。

　　重力作用会影响到带钢上下表面的流场和温度场[27,28]，从而对冷却后的板形和厚度方向组织性能的分布产生一定的影响。这种影响主要表现在当带钢上下表面水流量（流速）相同时，上喷嘴到达带钢表面时的流速高于下表面流速，上喷嘴射流冲击能力高于下喷嘴，同时下表面冷却水与带钢接触后直接脱离带钢表面，而在带钢上表面则会形成残留水层，因此，流场方面的差异对上下表面冷却一致性产生影响。

　　一般采用设定上下表面水比的方法来保证带钢上下表面冷却的一致性，目前没有可靠的理论计算模型来计算带钢上下表面的水比，而采用实验方法则需要消耗较多的实验成本和较长的实验周期，数值计算方法则是一个简单可靠的方法。

3.4.2.2　有限体积法建模

　　热轧带钢轧后冷却喷嘴主要有两种类型：圆形喷嘴和缝隙喷嘴，其中层流冷却喷嘴一般采用圆形喷嘴，超快速冷却采用圆形喷嘴和缝隙喷嘴。由于单个圆形喷嘴呈轴对称结构，因此可将其简化为二维轴对称问题，缝隙喷嘴的狭缝宽度远小于其长度，可将其简化为二维平面问题[29]，如图 3-44 所示。

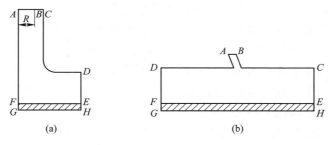

图 3-44 轧后冷却喷嘴模型

(a) 圆形喷嘴；(b) 缝隙喷嘴

冷却水从喷嘴射流至空气中形成水和气的混合物，并在带钢表面形成残留水层，残留水层的存在会对冷却效果产生一定的影响。采用 Mixture 模型计算出带钢表面残留水分布情况；采用二阶迎风格式（second order upwind）来处理离散对流项；采用 RNG k-ε 模型处理带钢冷却过程中的紊流问题，其中模型参数按照式（3-1）~式（3-3）计算。

图 3-44（a）为圆形喷嘴计算模型的示意图，图中，AB 为速度入口条件，m/s，VOF（体积分数）= 1.0，水温 27℃；DE 为压力出口条件，Pa，VOF = 0；GH 为对称轴；$EFGH$ 为热轧带钢，厚度为 10mm，初始温度为 860℃；$ACDEF$ 为流体区域（水和空气），不可压缩流体；重力加速度为 9.8m/s^2。

图 3-44（b）为缝隙喷嘴计算模型的示意图，图中，AB 为速度入口条件，m/s，VOF = 1.0，其射流角度与水平面成 70°夹角，水温 27℃；DF 和 CE 为压力出口条件，Pa，VOF = 0；$EFGH$ 为热轧带钢，厚度为 10mm，初始温度为 860℃；$ABCDEF$ 为不可压缩流体区域（水和空气）；重力加速度为 9.8m/s^2，模拟用材料参数见表 3-17。

表 3-17 模拟用材料参数表

材料	密度 /kg·m^{-3}	比热 /J·kg^{-1}·℃$^{-1}$	导热系数 /W·m^{-1}·K^{-1}	紊动度 /kg·m^{-1}·s^{-1}	初始温度 /℃
水	1000	998	0.6	1.003×10^{-3}	27
空气	1.225	1006	0.0242	1.789×10^{-5}	27
带钢	7850	448	45	—	850

3.4.3 超快速冷却最优化板形实现方法研究

上下表面换热系数一致是保证冷却板形良好的关键，下面将对超快速冷却条件下不同水比时带钢上下表面换热系数变化情况进行研究。

与普通层流冷却喷嘴不同，超快冷喷嘴出口截面面积更小（圆形喷嘴出口直径为 3.0~6.0mm），因此，超快冷喷嘴出口的流场与层流冷却喷嘴也有所不同，需要单独分析超快冷条件下上下表面换热系数变化规律。

超快冷集管采用高压泵站通过总供水管路对其进行供水，供水压力可实时调节，供水压力可调范围为 $0.2 \sim 1.2\text{MPa}$。在每一个集管供水管路上均装有流量计、气动调节阀和气动开闭阀，通过流量计和气动调节阀可实现集管流量的实时调节，因此，基于以上供水特性可通过调整供水压力和集管流量实现冷却速率的调整，从而实现冷却速率的无级调节。

由一定数量的圆形喷嘴组成的超快冷高密喷嘴，与层流冷却喷嘴相比，圆形喷嘴间距和尺寸减小，单个圆形喷嘴的冷却面积降低，该区域内的冷却能力提高，可在整体上提高其冷却能力，因此，在超快冷圆形喷嘴建模时取其径向距离为 0.05m。

3.4.3.1 上集管流量为 $80\text{m}^3/\text{h}$ 时最优水比

根据所设定的边界条件和初始条件对超快速冷却下的带钢冷却过程进行模拟，可以得到上集管流量为 $80\text{m}^3/\text{h}$，水比为 $1.0 \sim 1.10$ 时带钢上下表面换热系数，如图 3-45 所示。

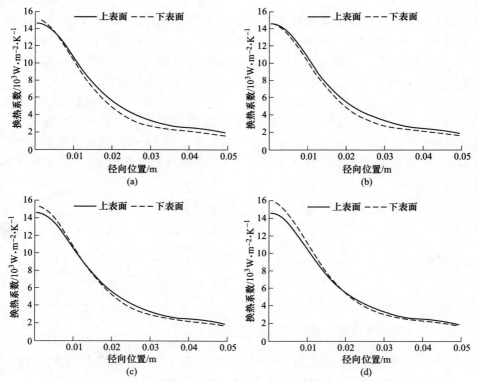

图 3-45 水比为 $1.0 \sim 1.10$ 时上下表面换热系数分布

(a) $r=1.0$；(b) $r=1.05$；(c) $r=1.08$；(d) $r=1.10$

由图 3-45 可以看出，随着水比的升高带钢上下表面换热系数趋于一致，并且当水比为 1.08 时上下表面换热系数将基本趋于一致。

根据计算结果可以得到径向位置小于 0.01m、0.03m 和 0.05m 区域内带钢上下表面平均换热系数，见表 3-18。

表 3-18 上集管流量为 80m³/h 时不同区域内上下表面平均换热系数

水比	上表面平均换热系数/W·m⁻²·K⁻¹			下表面平均换热系数/W·m⁻²·K⁻¹		
	$R \leqslant 0.01m$	$R \leqslant 0.03m$	$R \leqslant 0.05m$	$R \leqslant 0.01m$	$R \leqslant 0.03m$	$R \leqslant 0.05m$
1.0	13152	8421	6131	12359	7152	4868
1.05	13152	8421	6131	12964	8017	5755
1.08	13152	8421	6131	13603	8430	6032
1.10	13152	8421	6131	14108	8750	6255

由图 3-45 及表 3-18 可以看出，随着水比的升高，在径向位置小于 0.01m 范围内换热系数将逐渐趋于一致，当水比达到 1.05 后再次提高水比，上下表面换热系数的偏差逐渐增大；对于径向位置小于 0.03m 和 0.05m 范围内的换热系数可以得到相同的变化规律。综上可知，当上集管流量为 80m³/h，水比为 1.08 时带钢上下表面换热系数偏差最小。

3.4.3.2 上集管流量为 120m³/h 时最优水比

根据所设定的边界条件和初始条件进行冷却过程模拟，可以得到上集管流量为 120m³/h，水比为 1.0~1.20 时带钢上下表面换热系数分布，如图 3-46 所示。

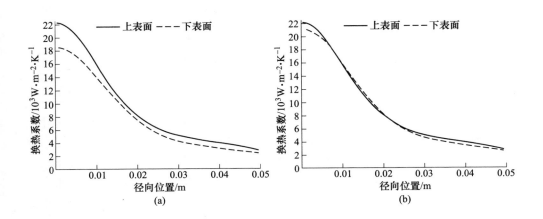

(a)   (b)

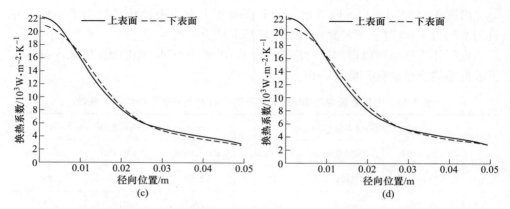

图 3-46　上集管流量为 120m³/h，水比为 1.0～1.20 时上下表面换热系数分布

(a) $r=1.0$；(b) $r=1.10$；(c) $r=1.15$；(d) $r=1.20$

　　由图 3-46 可以看出，当水比为 1.0 时带钢上表面换热系数将整体高于下表面换热系数，并且偏差较大；当水比为 1.10～1.20 时在径向位置大于 0.01m 区域内带钢表面换热系数将基本趋于一致，上下表面换热系数偏差较小；在径向位置小于 0.01m 范围内，上表面换热系数大于下表面换热系数，且偏差在可接受的范围内。

　　由图 3-46 换热系数分布可看出换热系数的整体偏差大小情况，由于水比为 1.10～1.20 时上下表面换热系数偏差较小，无法准确找出上下表面换热系数最小时的水比，因此，需要根据计算结果计算出不同区域内上下表面平均换热系数的大小，由此得到最优水比。根据计算结果可以得到径向位置小于 0.01m、0.03m 和 0.05m 区域内带钢上下表面平均换热系数，见表 3-19。

表 3-19　上集管流量为 120m³/h 时不同区域内上下表面平均换热系数

水比	上表面平均换热系数/W·m⁻²·K⁻¹			下表面平均换热系数/W·m⁻²·K⁻¹		
	半径≤0.01m	半径≤0.03m	半径≤0.05m	半径≤0.01m	半径≤0.03m	半径≤0.05m
1.0	19818	12550	9210	16437	10725	7760
1.10	19818	12550	9210	19294	12455	8994
1.15	19818	12550	9210	19277	12558	9082
1.20	19818	12550	9210	19148	12697	9232

　　由表 3-19 可以看出，在径向位置小于 0.01m 范围内，当水比由 1.0 升至 1.10 后再次提高水比，该区域内的换热系数基本保持不变；在径向位置小于 0.03m 和 0.05m 范围内下表面平均换热系数将随着水比的升高而升高。由于在径向位置小于 0.01m 范围内水层较厚，在当前喷嘴出口速度下有一部分冷却水在该区域内无法直接与带钢接触，而其他区域水层较薄，容易与带钢接触，使得整体换热系数得到提高。综合不同水比下各个冷却区上下表面平均换热系数的大小可

知，当水比为 1.15 时上下表面换热系数的一致性最好。

3.4.3.3 上集管流量为 160m³/h 时最优水比

根据所设定的边界条件和初始条件进行冷却过程模拟，可以得到上集管流量为 160m³/h，水比为 1.0~1.20 时带钢上下表面换热系数分布，如图 3-47 所示。

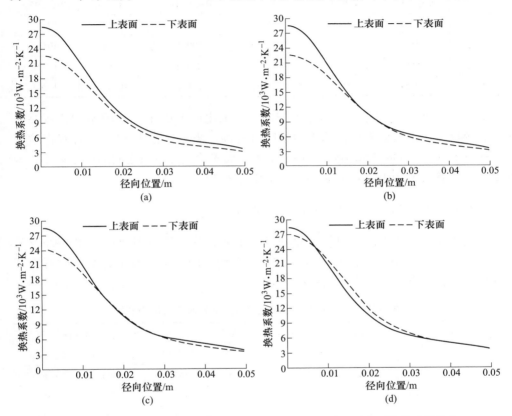

图 3-47 上集管流量为 160m³/h，水比为 1.0~1.20 时上下表面换热系数分布
(a) $r=1.0$；(b) $r=1.10$；(c) $r=1.15$；(d) $r=1.20$

由图 3-47 可以看出，当水比为 1.0 时带钢上表面换热系数将整体高于下表面换热系数，并且偏差较大，当水比为 1.10~1.20 时在径向位置大于 0.01m 区域内表面换热系数将基本趋于一致；在径向位置小于 0.01m 范围内，上表面换热系数大于下表面换热系数，且偏差在可接受的范围内。

由图 3-47 可看出当水比为 1.10~1.20 时上下表面换热系数偏差较小，无法准确找出上下表面换热系数最小时的水比，因此，需要根据计算结果计算出在不同区域内上下表面平均换热系数的大小，并由此得到最优水比。

根据计算结果可以得到径向位置小于 0.01m、0.03m 和 0.05m 区域内带钢上下表面平均换热系数，如表 3-20 所示。

表 3-20　上集管流量为 160m³/h 时不同区域内上下表面平均换热系数

水比	上表面平均换热系数/W·m⁻²·K⁻¹			下表面平均换热系数/W·m⁻²·K⁻¹		
	$R \leqslant 0.01m$	$R \leqslant 0.03m$	$R \leqslant 0.05m$	$R \leqslant 0.01m$	$R \leqslant 0.03m$	$R \leqslant 0.05m$
1.0	25581	16203	11836	20854	13830	10049
1.10	25581	16203	11836	20963	14314	10437
1.15	25581	16203	11836	22379	15088	10991
1.20	25581	16203	11836	25121	16806	12207

由表 3-20 可以看出，在各个区域内，当水比由 1.0 升至 1.10 后再次提高水比，该区域内下表面平均换热系数将随之升高。当水比为 1.20 时，在径向位置小于 0.01m、0.03m 和 0.05m 区域内上下表面平均换热系数之间的偏差最小；因此，上集管流量为 160m³/h 时的最优水比为 1.20。

3.4.3.4　其他上集管流量时最优水比

由于超快冷集管流量可调，分别模拟了上集管流量为 100m³/h 和 140m³/h，水比为 1.0~1.2 时带钢冷却过程，得到了带钢不同上集管流量和水比时各冷却区域内带钢上下平均表面换热系数，见表 3-21。

表 3-21　不同工艺和冷却区域内上下表面平均换热系数

上集管流量/m³·h⁻¹	水比	上表面平均换热系数/W·m⁻²·K⁻¹			下表面平均换热系数/W·m⁻²·K⁻¹		
		$R \leqslant 0.01m$	$R \leqslant 0.03m$	$R \leqslant 0.05m$	$R \leqslant 0.01m$	$R \leqslant 0.03m$	$R \leqslant 0.05m$
100	1.0	16663	10396	7505	14716	9403	6767
	1.10	16663	10396	7505	16153	10344	7452
	1.15	16663	10396	7505	16102	10415	7514
	1.20	16663	10396	7505	16437	10725	7760
140	1.0	22238	14016	10229	18450	12162	8822
	1.10	22238	14016	10229	20426	13546	9857
	1.15	22238	14016	10229	20627	13824	10083
	1.20	22238	14016	10229	21078	14249	10345

由表 3-21 可知，当上集管流量为 100m³/h 后，随着水比的升高在径向位置小于 0.05m 区域内下表面换热系数随之升高；当水比由 1.0 升至 1.10 后再次提高水比该区域内的换热系数增幅不大，综合各冷却区内平均换热系数的大小可以得到，当水比为 1.10 时带钢上下表面换热系数在整个冷却区域内的偏差最小，

如图 3-48（a）所示，由此可得，1.10 为上集管流量为 100m³/h 时的最优水比。

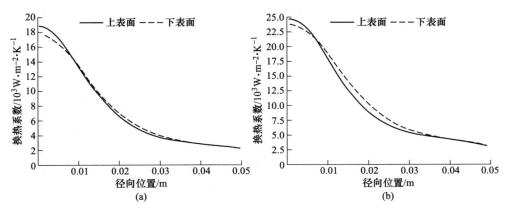

图 3-48　水比为 1.15 和 1.20 时上下表面换热系数分布
（a）$r=1.15$；（b）$r=1.20$

由表 3-21 可知，当上集管流量为 140m³/h，随着水比的升高在径向位置小于 0.05m 区域内下表面换热系数随之升高，但是当水比由 1.0 升至 1.10 后再次提高水比该区域内的换热系数增幅不大，综合各个冷却区内平均换热系数的大小可以得到：当水比为 1.20 时带钢上下表面换热系数在整个冷却区域内的偏差最小，如图 3-48（b）所示，由此可得，1.20 为上集管流量为 140m³/h 时的最优水比。

由图 3-48 可以看出，采用提高下集管流量的方法可使得上下表面换热系数逐渐趋于一致，当上集管流量为 100m³/h 和 140m³/h 时最优水比分别为 1.10 和 1.20。

3.4.4　最优化设定模型建立

根据上述计算结果可以得到不同冷却方式和工艺参数下最优水比，见表 3-22。

表 3-22　不同冷却工艺下最优水比

冷却工艺	上集管流量/m³·h⁻¹	最优水比
层流冷却	100	1.20
加强型冷却	100	1.20
	120	1.15
超快速冷却	80	1.08
	100	1.10
	120	1.15
	140	1.20
	160	1.20

由表 3-22 可以看出，随着超快冷上集管流量的升高，最优水比随之升高，当上集管流量达到 140m³/h 时，随着上集管流量的升高，超快冷最优水比将保持不变。

由于普通层流冷却和加强型冷却采用高位水箱供水，供水压力调节受到一定限制，因此集管流量的增幅有限；同时由于层流冷却喷嘴出口直径较大，当上集管流量较小时容易发生水流断流现象，层流冷却喷嘴流量可用范围较小，因此，对于层流冷却和加强型冷却可根据表 3-22 中的计算数据采用线性插值法获得。

超快冷集管由高压泵站供水，每一个集管供水管路中装有气动开闭阀和流量计，集管流量和供水压力可调，并且超快冷集管采用圆形小喷嘴且喷嘴与带钢距离较小，在较低流量下不容易发生射流断流现象，因此，超快冷集管可用流量范围较大并且可调。根据表 3-22 计算结果，对不同集管流量时最优水比采用最小二乘法进行拟合，可以得到超快速冷却条件下上集管流量−最优水比曲线及计算公式，如图 3-49 及式（3-10）所示。

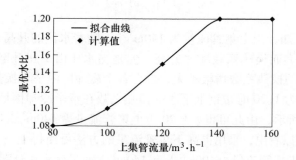

图 3-49   超快冷上集管流量−最优水比关系曲线

$$r = a_1 Q^3 + a_2 Q^2 + a_3 Q + a_4 \tag{3-10}$$

式中，r 为超快冷水比；Q 为上集管流量，m³/h；a_1，a_2，a_3，a_4 为模型参数，其中 $a_1 = -6.25 \times 10^{-7}$，$a_2 = 2.25 \times 10^{-4}$，$a_3 = -0.0243$，$a_4 = 1.9$。

根据超快冷上集管流量采用式（3-10）可以得到带钢上下表面冷却均匀性良好时的最优水比。

以上得到的最优化水比设定模型在热轧生产线轧后冷却系统中得到了应用，应用结果表明，冷却过程中带钢未出现冷却板形质量问题。

3.5   热连轧板带钢超快速冷却成套技术装备

超快速冷却设备可安装在精轧末机架与层冷设备之间，也可以安装在层冷设备与卷取机之间，前者称之为前置式超快冷，后者称之为后置式超快冷。前置式超快冷可用于生产普碳钢、管线钢、高强钢和大梁钢等品种钢材；后置式超快冷主要用于生产双相钢、复相钢等。

东北大学轧制技术及连轧自动化国家重点实验室开发的热轧带钢超快速冷却技术与装备，目前已应用于 2160mm（见图 3-50）、2250mm（见图 3-51）、2050mm、1780mm、1700mm、1100mm 等国内十余条热连轧生产线，部分典型技术参数见表 3-23。

图 3-50　2160mm 超快冷装备

图 3-51　2250mm 超快冷装备

表 3-23　超快冷设备主要技术参数

序号	名　称	参　　数	
		2160mm	1700mm
1	设备总长度	约 14.0m	约 10.0m
2	集管总根数	60	40
3	侧喷数量	5	4
4	气吹数量	2	2
5	集管组数	3	2
6	供水总量	8000m³/h	4500m³/h
7	水泵个数		3（2 用 1 备）

　　热轧带钢超快速冷却设备主要包括四大部分：冷却集管、集管配管、主供水管路和辅助设备，如图 3-52 和图 3-53 所示，下面分别介绍其配置及功能。

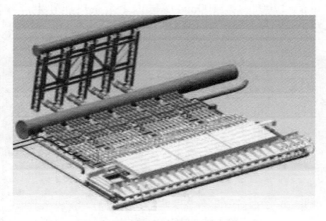

图 3-52　超快冷设备配置三维图

图 3-53　超快冷装备控制阀组

　　（1）冷却集管。普通层流冷却每 4 根集管组成一组，超快冷集管由 10 根集管组成一组，每一组集管设备长度与普通层冷集管相同；超快冷集管按出口形状分为由一定数量圆形喷嘴组成的高密喷嘴和缝隙喷嘴；按射流方向可分为正喷喷嘴、垂直喷喷嘴和逆喷喷嘴，通过喷嘴射流方向的配置可实现软水封，即将冷却水封闭在超快冷设备以内，避免冷却水沿带钢流至下游造成冷却不均匀现象出现。每一组冷却集管上均带有翻转装置，轧线出现异常情况时可将上集管抬起，起到保护设备的目的。

　　（2）集管配管。连接超快冷集管与主供水管（分流集水管）之间的连接管路，每一根集管均配有一个供水管路，并且每个供水管路中均装有流量计、调节阀和开闭阀。

（3）主供水管路。连接超快冷泵站与超快冷主供水管之间的管路。

（4）辅助设备。主要包括安装在超快冷入口的防撞装置、侧喷及压空吹扫装置、翻转装置和侧挡板等。

为了工艺开发需要，超快冷设备可实现以下主要功能：

（1）供水压力实时调节功能。通过调节旁通管路旁通水量高低来实现供水压力的调节，其压力调节范围为 0.35~0.8MPa。

（2）单根集管流量闭环调节功能。在每一根超快冷集管的供水管路上均装有流量计、气动调节阀和气动开闭阀，通过调节气动调节阀的开口度可实现集管流量的闭环调节；单根集管流量的动态调节功能实现对于集管上下水比控制提供了积极的作用，对于保证冷却后板形质量也将起到重要的作用。

（3）软水封功能。与常规冷却相比超快速冷却水流密度大，因此，实现超快速冷却过程中冷却水的有效排出，满足超快冷出口检测仪表对测量环境的要求是超快冷设备开发及实际应用中需要考虑的问题。根据射流冲击冷却原理，通过喷嘴射流角度的优化配置，开发出合理的喷嘴布置形式及设备结构，实现软水封功能，同时配合侧喷及压缩空气吹扫等手段避免了冷却过程中残留水从超快冷设备出口排出，并避免了采用挡水辊等接触式手段可能引起的堆钢、热头热尾控制精度差的问题，很好地满足了测量仪表（高温计、热检等）对测量环境的要求。

（4）超快冷设备入口保护功能。在超快冷入口安装了带喇叭口结构的防撞装置，保证带钢在翘头出现时也能通过防撞装置导入至超快冷设备，避免了高速运行的带钢对超快冷设备的撞击，有效保护了设备。

（5）超快冷设备内部防撞功能。喷嘴与带钢之间的距离越近冷却强度越高，因此，需要在设备允许的范围内适当降低喷嘴高度。在喷嘴设计时将喷嘴出口设计成平面结构，避免了带钢进入超快冷设备内部时头尾对集管的冲击。

3.6　超快速冷却技术应用及指标对比

3.6.1　工业化装备对比

目前国内外超快速冷却或加强型冷却装备的设备形式如图 3-54 和图 3-55 所示。从图中可以看出，东北大学 RAL 自主开发的热连轧超快速冷却装备在设备结构、功能及冷却水的有效控制等方面具有显著优势。

3.6.2　冷却速率

与传统常规层流冷却相比，自主开发的热轧板带钢超快速冷却系统冷却速率可达常规层流冷却的 2~5 倍以上，如图 3-56 所示。

图 3-54　自主开发的超快速冷却装备

图 3-55　国内某线引进的超快速冷却装备

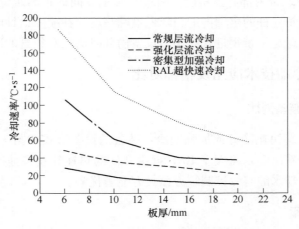

图 3-56　不同冷却设备条件下的冷却速率对比

3.6.3 冷却均匀性

热轧板带钢冷却后的板形是冷却过程均匀性与否的直接表征。国内某热连轧生产线超快速冷却系统投产后，显著改善了高级别管线钢的板形控制效果，为高平直度管线钢的开发生产提供了装备支撑。采用超快速冷却生产与单独采用原层流冷却生产 X80 管线钢的板形对比如图 3-57 所示。

(a)　　　　　　　　　　　　　　　　(b)

图 3-57　X80 管线钢板形对比

（a）传统层流冷却的带钢板形；（b）应用 RAL 超快速冷却后的带钢板形

参 考 文 献

[1] Abishek S Narayanaswamy R, Narayanan V. Effect of heater size and Reynolds number on the partitioning of surface heat flux in subcooled jet impingement boiling [J]. International Journal of Heat and Mass Transfer, 2013, 59: 247~261.

[2] Al-Ahmadi H M, Yao S C. Spray cooling of high temperature metals using high mass flux industrial nozzles [J]. Experimental Heat Transfer, 2008, 21 (1): 38~54.

[3] Xu F, Gadala M S. Heat transfer behavior in the impingement zone under circular water jet [J]. International Journal of Heat and Mass Transfer, 2006, 49 (21, 22): 3785~3799.

[4] Wendelstorf J, Spitzer K H, Wendelstorf R. Spray water cooling heat transfer at high temperatures and liquid mass fluxes [J]. International Journal of Heat and Mass Transfer, 2008, 51 (19, 20): 4902~4910.

[5] Wang Hemu, Yu Wei, Cai Qingwu. Experimental study of heat transfer coefficient on hot steel plate during water jet impingement cooling [J]. Journal of Materials Processing Technology, 2012, 212 (9): 1825~1831.

[6] Dou Ruifeng, Wen Zhi, Zhou Gang, et al. Experimental study on heat-transfer characteristics of

circular water jet impinging on high-temperature stainless steel plate [J]. Applied Thermal Engineering, 2014, 62 (2): 738~746.

[7] Chester N L, Wells M A, Prodanovic V. Effect of inclination angle and flow rate on the heat transfer during bottom jet cooling of a steel plate [J]. Journal of Heat Transfer-Transaction of the ASME, 2012, 134 (12): 122201.

[8] Mohapatra S S, Ravikumar S V, Verma A. Experimental investigation of effect of a surfactant to increase cooling of hot steel plates by a water jet [J]. Journal of Heat Transfer-Transaction of the ASME, 2013, 135 (3): 032101.

[9] Ravikumar S V, Jha J M, Mohapatra S S, et al. Experimental investigation of effect of different types of surfactants and jet height on cooling of a hot steel plate [J]. Journal of Heat Transfer-Transaction of the ASME, 2014, 136 (7): 072102.

[10] Karwa N, Kale S R, Subbarao P M V. Experimental study of non-boiling heat transfer from a horizontal surface by water sprays [J]. Experimental Thermal and Fluid Science, 2007, 32 (2): 571~579.

[11] Karwa N, Gambaryan R, Tatiana S P, et al. A hydrodynamic model for subcooled liquid jet impingement at the Leidenfrost condition [J]. International Journal of Thermal Science, 2011, 50 (6): 993~1000.

[12] Karwa N, Gambaryan R, Tatiana S P, et al. Experimental investigation of circular free-surface jet impingement quenching Transient hydrodynamics and heat transfer [J]. Experimental Thermal and Fluid Science, 2011, 35 (7): 1435~1443.

[13] Karwa N, Schnidt L, Stephan P. Hydrodynamics of quenching with impinging free-surface jet [J]. International Journal of Heat and Mass Transfer, 2012, 55 (13, 14): 3677~3685.

[14] Karwa N, Stephan P. Jet impingement quenching: effect of coolant accumulation [J]. Journal of Physics: Conference Series, 2012, 395: 102131.

[15] Karwa N, Stephan P. Experimental investigation of free-surface jet impingement quenching process [J]. International Journal of Heat and Mass Transfer, 2013, 64: 1118~1126.

[16] Jackson R G, Kahani M, Karwa N. Effect of surface wettability on carbon nanotube water-based nanofluid droplet impingement heat transfer [J]. Journal of Physics: Conference Series, 2014, 525: 102024.

[17] 熊霏, 姚朝晖, 郝鹏飞, 等. 冲击射流的 PIV 实验研究 [J]. 流体力学实验与测量, 2004, 18 (3): 68~72.

[18] 朱冬梅. 缝隙流冷却特性分析 [J]. 冶金能源, 2006, 25 (5): 34~37.

[19] 牛珏, 温治, 王俊升. 圆形喷口紊流冲击射流流动与传热过程数值模拟 [J]. 冶金能源, 2007, 26 (1): 16~20.

[20] 刘俊峰, 陈斌, 王国祥, 等. 水射流冷却过程中表面热流密度的预测 [J]. 工程热物理学报, 2010, 31 (1): 110~112.

[21] 叶建友, 吕彦明. 水射流冲击压力最佳喷距数值仿真及实验研究 [J]. 电加工机模具, 2014 (5): 34~36.

[22] 王昭东, 袁国, 王国栋, 等. 热轧带钢超快速冷却条件下的对流换热系统研究 [J]. 钢

铁，2006，41（7）：54~57.

［23］袁国，于明，王国栋，等．热轧带钢超快速冷却过程的换热分析［J］．东北大学学报（自然科学版），2006，27（4）：406~409.

［24］袁国，韩毅，王超，等．中厚板轮式淬火机过程的冷却机理［J］．材料热处理学报，2010，31（12）：148~152.

［25］王昭东，袁国，王国栋，等．一种可形成高密喷射流的冷却装置及其制造方法：中国，CN201110191865.7［P］. 2012-11-07.

［26］袁国，王昭东，王国栋，等．一种产生扁平射流的冷却装置及制造方法：中国，CN201110191884. X［P］. 2013-09-25.

［27］王福军．计算流体动力学分析——CFD 软件原理及应用［M］．北京：清华大学出版社，2004.

［28］朱红钧．FLUENT 15. 0 流场分析实战指南［M］．北京：人民邮电出版社，2015.

［29］Shin T H, Liou W W, Shabbir A, et al. A new κ-ε eddy viscosity model for high Reynolds number turbulent flows［J］. Computers Fluids, 1995, 24（3）：227~238.

4 工艺模型系统及关键技术的开发

4.1 冷却控制系统组成

依据热连轧带钢轧制过程特点及冷却工艺布置，开发适应工艺特性的工艺模型系统及关键技术，满足产品正常生产过程的需求。目前热连轧板带钢新一代控轧控冷工艺已经从轧后冷却工艺向上游工艺延伸至粗轧区域，形成粗轧 R_1 →粗轧 R_2 →精轧→轧后冷却轧制/冷却过程一体化控制控冷工艺，工艺布置如图 4-1 所示；主要包括以下工艺布置：（1）自粗轧 R_1 开始，在 R_1 前后分别布置快速冷却装备，在 R_2 前、R_2 后布置快速冷却装备，在进精轧之前布置快速冷却装备，满足轧制控温冷却工艺、差温轧制等工艺需求。（2）布置在精轧机出口与常规层流冷却之间，满足细晶强化工艺需求，实现品种钢的开发及低合金钢的生产。（3）布置在常规层流冷却与卷取机之间，满足双相钢等复相产品对冷却工艺的需求。

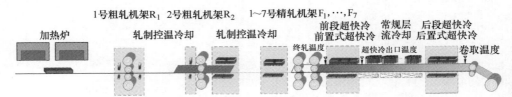

图 4-1 新一代控制冷却工艺布置

热连轧轧制冷却控制系统已由轧后冷却控制系统向上游拓展到粗轧区域，形成功能完备的新一代轧制冷却工艺模型及控制系统，实现轧制/冷却过程温度的精确控制，满足热连轧生产过程中产品对工艺温度控制精度的需求，确保工业化大批量稳定生产。

4.1.1 轧制控温冷却控制系统

粗轧控温冷却控制系统由多级控制系统组成，管理级（L3）、过程控制级（L2）、基础自动化级（L1）及现场设备级（L0）。L3 级负责轧制计划的编排，并将轧制计划及工艺要求发送给 L2 级；L2 级依据工艺需求，对冷却规程进行计算，计算后将控制信息发送给 L1 级；L1 级依据接收到的控制信息，执行相应的指令。

粗轧控温冷却设备安装在粗轧区域，在过程自动化系统和基础自动化系统的控制之下，根据轧制过程板坯工艺温度、速度等数据和其他工艺设备参数，经模型计算（包括预设定计算、动态修正设定计算、自学习计算），控制冷却设备的集管组态，实现对粗轧控温冷却模式、终冷温度和冷却速率的控制，将热轧板坯按预定工艺要求冷却至所需温度，满足轧制工艺要求。

4.1.1.1 过程控制系统功能

为实现轧制控温冷却工艺需求，轧制控温冷却过程控制系统（L2）主要包括以下功能：

（1）预设定计算。预设定计算指的是在板坯到达冷却设备前，过程控制系统依托接收到的板坯 PDI 信息及轧机设定数据，依据控制冷却工艺需求，提前进行计算。计算出轧制过程中满足控温冷却温度所需的控制信息。

在板坯到达计算位置后，L2 系统根据接收到的中间坯温度、速度、厚度等参数，计算达到控温冷却工艺所需的冷却水量及所需开启集管数量，并将控制信息发送至 HMI 和 PLC，供操作人员及工艺人员实时查看。

（2）动态修正设定计算。动态修正设定计算主要是用来实时计算控制信息，提高控制精度，消除实测工艺数据与目标工艺数据之间的偏差，实现工艺温度的精确控制。

过程控制系统将板坯依据厚度及板坯长度，划分多个控制单元。轧制过程中，L2 级控制系统依据收到的工艺参数（包括板坯温度、速度、厚度等）及工艺需求，计算各控制单元达到工艺目标温度所需的控制信息，并将控制信息依据控制单元的跟踪信息，依次发送到基础自动化级控制系统。每当新的控制单元经过计算触发位置时，模型触发一次在线修正设定计算，直到板坯所有样本均通过计算触发位置。通过将板坯划分为若干个控制单元，采用动态修正设定计算，依据实测的工艺参数，实时修正控制信息，进一步提高工艺目标如终冷温度等工艺参数的控制精度。

（3）自学习计算。在工业化大批量生产过程中，不但需要保证单块坯料长度方向工艺温度的精确控制，同时还需要保证大批量生产过程中所有坯料工艺温度的精确、稳定控制。因此，需要自学习计算来实现该功能。

依据工艺温度目标实测值和模型计算值之间的偏差，对控制模型中学习项进行修正，纠正模型预报偏差，提高温度控制效果。

（4）数据通信功能。数据通信功能主要是用来接收 PDI 及轧机设定数据，接收数据后提供给模型进行计算；同时，将计算的控制信息发送给基础自动控制系统，由基础自动控制系统执行相关控制信息。通信主要包括以下三部分。

1）轧制控温冷却 L2 与轧机 L2 之间的通信。主要包括板坯的 PDI 信息及轧机设定数据，如板坯的化学成分、轧机的速度、各道次压下后的厚度、计算温度、终冷温度目标值、冷却模式等。L2 接收到这些数据后，将这些数据发送给模型，由模型计算得出控制信息。

2）轧制控温冷却 L1 与轧线 L1 之间的通信。主要包括板坯生产过程的实时数据，如板坯的实际速度、实测温度、轧机压下/抬起信号等，L1 控制系统接收到实际信息后，对板坯进行跟踪，并将跟踪信息发送给 L2 控制系统，由 L2 控制系统依据板坯跟踪信息进行计算。

3）轧制控温冷却 L2 与轧制控温冷却 L1 之间的通信。轧制控温冷却 L1 将实时信息发送给 L2，由 L2 进行计算；当 L2 计算后，将控制信息发送给 L1，由 L1 进行实时控制。

（5）板坯跟踪功能。在工业化生产过程中，为了保持连续生产，产线上通常有多块板坯在轧线不同工序同时进行不同工艺的处理。因此，系统需要对轧线上的板坯进行实时跟踪，实时跟踪板坯的位置信息，并对轧线上的板坯进行跟踪管理，依据板坯实际位置，实时对板坯进行相应工序的控制。

4.1.1.2　基础控制系统功能

基础自动化控制系统主要由 PLC、远程 I/O、人机界面（HMI）构成。用于实现控制信息的执行、实时数据的采集及检测、基本控制逻辑、人机对话等功能。

（1）控制信息的执行。当基础自动化控制系统 PLC 接收到控制信息时，PLC 负责执行控制信息。主要包括冷却集管的流量调节、压力的闭环调节、控制阀门的开闭等信息。PLC 接收到流量调节指令后，依据实际检测的流量与目标流量的偏差，采用 PID 控制算法，对流量实现闭环调节；在调节过程中，依据压力的目标值与实测值，对压力进行闭环调节；在接收到 L2 发送的阀门开闭指令后，PLC 依据跟踪信息，对冷却集管的阀门进行实时开闭控制。

（2）实时数据的采集及监测。对现场生产过程的各种数据进行采集和监测，主要包括板坯速度、温度、实时流量、压力及阀门开闭等信息。PLC 将检测的过程控制信息在 HMI 上进行监测，动态监测过程数据的变化状态。现场操作人员依据监测信息的变化，判断生产状态是否正常，当有异常情况时，对异常情况进行及时处理。

（3）基本控制逻辑。现场设备的控制逻辑、控制时序、动作等均需 PLC 执行来实现。主要包括板坯头部尾部的位置跟踪、设备动作、阀门开启的控制逻辑等。

（4）人机对话。当现场实际生产情况与计划实现的目标有偏差时，现场操作人员或工艺人员需要对现场生产过程数据进行调整，需要人与设备进行实时对话，该部分功能主要通过人机界面 HMI 来完成。首先，HMI 将现场监测到的设备状态、生产过程数据、跟踪信息、板坯状态、PDI 等信息实时显示出来，供操作人员实时监控数据状态；其次，当现场生产过程出现异常情况或者工艺人员需要修改轧制控温冷却工艺时，通过 HMI 对相应工艺参数进行修改或调整，满足工艺需求。

4.1.2　轧后冷却自动化控制系统

轧后冷却控制系统包括超快速冷却控制系统与层流冷却控制系统。轧后冷却控制系统主要分为数据管理级（L3）、过程自动化（L2）、基础自动化（L1）以及现场控制级（L0），控制系统构成如图 4-2 所示。

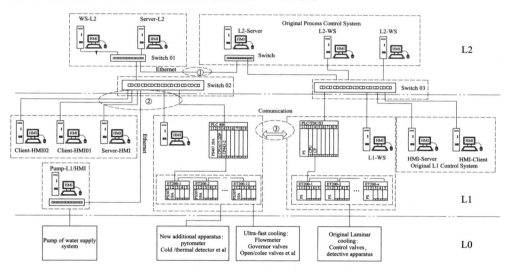

图 4-2　自动化控制系统结构配置图

控制系统采用层次结构，自上向下由高档 PC 服务器、智能终端和打印机构成过程控制级。接收精轧过程机的 PDI 及精轧设定数据，根据钢种、厚度、速度等信息计算轧后冷却的集管流量及控制组态，并根据现场工艺数据波动采用前馈控制、PID 反馈控制及自学习为主的自适应控制策略，用以实现工艺设定温度的高精度控制。由高性能 PLC 或通用控制器组成基础自动化，用以实现带钢的位置及样本的跟踪；采用模糊 PID 控制实现各集管流量的高精度控制等功能。由 HMI 工作站及网络打印机组成操作站级，实现正常生产过程中控制参数的监控、带钢跟踪信息的监控、工艺设定参数的修改、故障报警与记录等功能。同时，实现轧后冷却系统与供水泵站的高速通讯，用以实现正常生产过程中泵站关键参数的监控及关键参数的控制，提高生产过程中对水资源及电能的利用率，节约资源。

4.1.2.1　过程控制级系统功能

控制系统功能主要包括原始数据及轧机设定数据的接收、物料跟踪及任务的调度、模型设定计算、模型自适应计算及系统监控与维护等功能。

A　原始数据及轧机设定数据的接收

数据接收主要包括三部分：（1）带钢 PDI 及精轧设定计算数据的接收；（2）轧制过程中，带钢实测速度、温度等实测数据及跟踪信息的接收；（3）接收通过 HMI 干预的工艺设定数据。

带钢 PDI 及精轧设定数据的接收，采用 TCP/IP 协议进行通信。网络协议遵守 OSI 模型的物理和数据链路层的 IEEE802 标准。当带钢板坯到达特定位置，根据接收到的信息，进行计算；根据板坯位置跟踪分别启动程序各控制模块。

轧制过程中，带钢实测速度、温度等信息的接收采用 TCP/IP 协议或 Profibus-DP 等通讯协议。所接收到的数据为模型计算提供原始数据，带钢跟踪信息为各功能模块的启动与停止提供时序。

与 HMI 的通信采用 TCP/IP 协议。在各板坯到达精轧设定计算机架前，操作工通过 HMI 对工艺制度进行修改，将修改后的信息传送至模型相应模块，模型根据修改后的工艺制度进行计算。

B　物料跟踪及任务的调度

过程计算机依据现场检测仪表信号，对板坯在精轧区、冷却区的带钢进行位置跟踪，依据板坯的跟踪信息触发模型设定计算及自适应计算，并将模型设定计算的控制信息发送至基础自动化，实现对现场控制元件的控制。同时，模型将相关数据发送至 HMI，用于生产过程的监控。

轧后冷却模型主要分为预设定计算模块、动态设定计算模块、速度前馈模块、自学习模块、反馈控制模块 5 部分，各模块启动时序如图 4-3 所示。

C　模型设定计算

模型设定计算主要包括预设定计算和动态设定计算。当板坯到达精轧机出口高温计之前，当系统收到 PDI 及精轧设定数据时，均启动预设定计算。并依据板坯具体位置，分别下发计算控制信息至 PLC 及 HMI。当板坯头部到达固定位置时，模型启动动态修正设定计算，并将控制信息发送至 PLC 及 HMI。

a　预设定计算触发

预设定计算的主要功能是根据带钢精轧出口预报温度、速度、带钢目标厚度、带钢厚度预报值、卷取目标温度及冷却控制策略等进行轧后冷却控制设定计算。其计算流程如图 4-4 所示。

b　动态修正设定计算触发

收集每个样本点的实际数据，根据实测样本的终轧温度、带钢实际速度和实

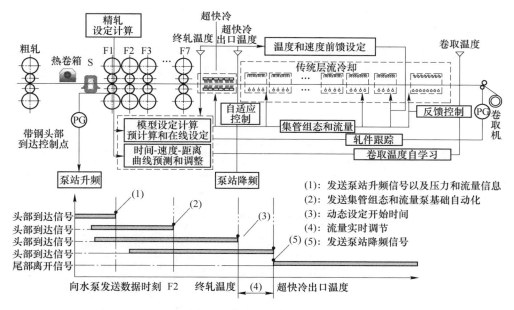

图 4-3 控制系统启动时序

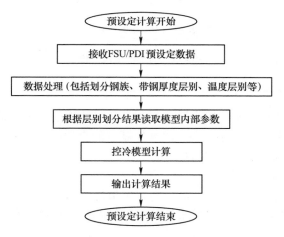

图 4-4 预设定计算流程图

际厚度，为达到目标工艺设定温度进行集管组态的计算。动态修正设定计算是一个不断进行的周期计算过程，它可根据终轧温度和速度的变化情况，计算与此变化相对应的集管组态，并实现对冷却区上所有控制点的集管组态进行编辑输出。

修正设定计算的任务是根据选定的控制模式，计算相应的喷水集管组态。带钢通过精轧机出口处测温仪时，根据实测各段的平均终轧温度、速度和厚度，由工艺过程模型，计算各个区段的特有组态，同时由跟踪系统启动动态设定计算并确定输出时刻。

动态修正设定过程中，需要及时调整沿轧件长度上的各段喷水组态，控制水阀的开闭，从而控制相应工艺设定温度，其功能包括温度补偿、热头热尾控制等，其流程图如图4-5所示。

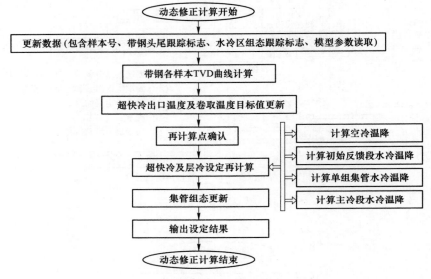

图 4-5　动态设定流程图

D　模型自适应计算

模型自适应计算主要包括反馈控制和自学习计算。其中反馈控制计算主要采用 PID 控制；自学习计算涵盖多个温度控制点的自学习，主要包括超快速冷却出口温度 UFCT 及卷取温度 CT 的自学习。

a　反馈控制功能触发

根据当前带钢卷取温度的实测值与目标值之间的偏差，采用 PID 控制，通过控制层流冷却反馈段的冷却水量来消除温度偏差，以提高当前带钢的卷取温度精度，流程图如图4-6所示。

b　自学习计算触发

为了提高带钢卷取温度控制精度，增强控制模型的适应性，模型采用了自学习功能。其基本原理是，根据当前带钢卷取温度的实测值和计算值之间的偏差，采用适当的修正算法，对控制模型中的重要调整参数即热流密度进行修正，以提高模型对后续带钢的 UFCT 及 CT 控制精度。

温度模型的自学习在带钢三个位置分别触发：带钢头部、带钢中间稳定段、带钢尾部，如图4-7所示。

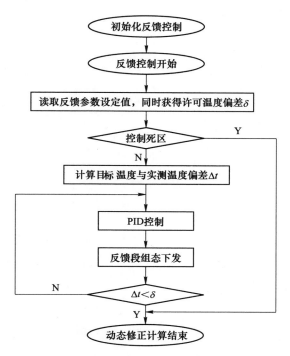

图 4-6　反馈控制流程图

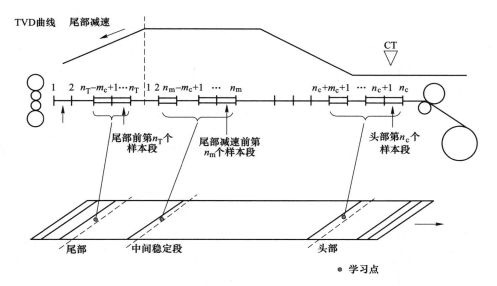

图 4-7　自学习点的分布

模型自学习过程如图 4-8 所示。

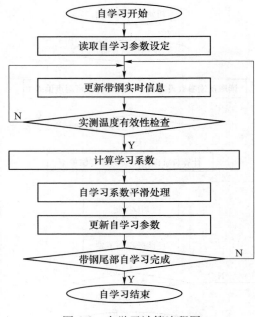

图 4-8 自学习计算流程图

E 速度曲线计算及修正

带钢在热轧过程中一般采用变速轧制制度,以减少带钢在精轧出口处的头尾温差(头部温度高、尾部温度低)。轧后冷却控制系统根据轧机速度机制,首先计算带钢速度运行机制。其次,控制系统对于精轧机出口速度的波动应进行在线补偿,即带钢速度出现波动后,需要修正调节一定的冷却水量以补偿该波动所引起的温度偏差。因此,充分利用轧制过程中各个时刻的带钢实测速度,来动态跟踪各样本段在整个冷却区的实际速度,是在线速度补偿的核心思想。

轧机在升速轧制过程中,对已经进入冷却区样本的带钢速度进行修正,使模型计算各样本段温度时所使用的速度与带钢在输出辊道上的实际速度一致,有效地提高了升速轧制过程中的温度控制精度。

F 冷却路径的控制

为满足不同产品对卷取温度的要求,轧后冷却系统具有多种冷却策略,以实现带钢冷却路径的控制。配备超快速冷却的轧后控制冷却系统的冷却能力以及适应性大幅度增强,根据实际生产和产品开发需要,可开发出灵活多样的冷却策略。与传统层流冷却相比,基于超快速冷却的轧后冷却系统具有多样的冷却策略,具体对比见表 4-1。

表 4-1 超快速冷却系统与传统层流冷却系统冷却策略对比

冷却策略	传统层流冷却	超快速冷却
前段主冷策略	前段主冷	超快速冷却+层流前段主冷
后段主冷策略	后段主冷	超快速冷却+层流后段主冷
稀疏冷却策略	前段/后段稀疏	超快速冷却+层流前段/后段稀疏

4.1.2.2 基础控制级系统功能

L1 级控制系统主要依据操作工干预、现场实测信号、L2 级下发指令等信息，实现带钢位置跟踪、冷却水工艺参数的精确控制、基本功能逻辑控制、工艺参数的采集及实时监控等控制功能。

（1）带钢头尾位置跟踪。为了满足超快速冷却系统控制要求，需要在轧后冷却区完成带钢头尾位置跟踪，并根据带钢头部位置进行逻辑计算，确定出过程自动化所需关键位置信号，并将样本号、FDT、UFCT 和 CT 信号发送至 L2 供模型自学习等使用。

（2）冷却水工艺参数的精确控制。冷却水工艺参数的精确控制主要包括冷却过程中冷却水量和冷却水压力的精确控制。

冷却过程中，在不同控冷模式下，每根冷却集管的冷却水量需要实现精确的在线实时调节。在 L2 向 PLC 中发出流量控制开始信号后，基础自动化根据流量设定值与实际值偏差，采用 PID 等算法，实现流量的闭环控制，保证冷却水流量控制在目标值 $\pm 5\text{m}^3/\text{h}$ 范围之内。

冷却水量大小受冷却水压波动影响，根据带钢头尾位置跟踪，对水压偏差值的大小进行动态调整，保证整个冷却过程中，冷却水压控制在目标值 $\pm 0.05\text{MPa}$ 范围之内。

（3）基本功能逻辑控制。在冷却过程中，实现各设备的动作控制，同时依据带钢位置跟踪，实现不同位置冷却集管、侧喷、气吹等关键工艺设备依次开启及关闭等功能，确保生产过程中带钢温度的精确控制。

（4）工艺参数的采集及实时监控。在控制区域采用传感器等仪表监控工艺过程所需的数据，包括带钢温度、各冷却集管流量、冷却水压力、阀门开口度和冷却水温等，将上述数据传输至控制模型供系统计算和 HMI 显示。

4.2 温度数学模型

在带钢热轧生产过程中，冷却过程温度的精确控制是热轧带钢生产的关键环节之一，冷却温度控制精度是衡量产品质量的重要指标。其目的是通过控制冷却过程，使板带材获得良好的组织和力学性能。在轧制控温阶段，需要保证终冷温度的精确控制。在轧制后冷却过程阶段，不但要保证较好的冷却均匀性和较高的卷取温度控制精度，而且要保证较高的超快冷出口温度的控制精度。超快速冷却过程与层流冷却是完全不同的两个冷却过程，超快速冷却过程将流量可调的高压水以高速喷射方式喷射到带钢表面，在带钢表面形成的冲击力可有效打破带钢表面汽膜，换热效率明显高于传统层流冷却过程。因此，在冷却模型创建过程中，在考虑传统层流冷却系统特点的同时，应充分考虑超快速冷却系统冷却介质高压力、高流量、可调节的特点，创建适用于超快速冷却和层流冷却的数学模型，实现超快冷出口温度与卷取温度的精度控制。

控制过程与板坯的化学成分、开冷温度、终冷温度、速度、厚度等诸多因素以及边界条件密切相关。在创建数学模型的过程中，应遵循各种换热机理，以现场应用为出发点，以理论为指导思想，结合大量实验室试验数据和现场采集数据，综合考虑现场应用，采用以计算为主、修正计算为辅的控制思路。

4.2.1　换热过程

温度计算模型是基于传热学中的能量平衡而建立的，热轧板带钢轧后冷却过程中的主要散热方式如图 4-9 所示。控制冷却主要散热方式有：热辐射散热、与空气之间的对流换热、与冷却水之间的对流换热、与辊道之间的热传导以及材料内部的相变潜热。带钢表面散热总量如式（4-1）所示：

$$\Sigma Q = - Q_{rad} - Q_a - Q_w - Q_{roll} + Q_t \qquad (4-1)$$

式中，Q_{rad} 为辐射散热量，W；Q_a 为与空气之间对流换热量，W；Q_w 为与冷却水之间对流换热量，W；Q_{roll} 为与辊道之间热传导量，W；Q_t 为带钢内部相变潜热量，W。

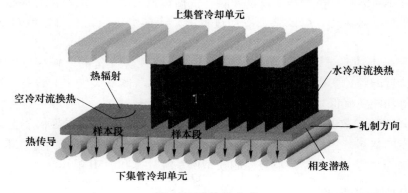

图 4-9　热交换方式

带钢放置在空气中时，带钢不断以辐射形式散失热量造成的温降，可根据 Stefan-Boltzmann 定律进行计算。在单位时间内，单侧面积为 A 的散热面，热辐射能量 Q_{rad} 与带钢绝对温度的四次方成正比，如式（4-2）所示：

$$Q_{rad} = 2\varepsilon\sigma AT^4 \tag{4-2}$$

式中，Q_{rad} 为带钢热辐射散热量，J；ε 为带钢辐射率；σ 为 Stefan-Boltzmann 常数，$5.67\times10^{-8}W/(m^2 \cdot K)$；$A$ 为单侧辐射表面积，m^2；T 为带钢热力学温度，K。

而当该带钢表面温度为 T、周围环境温度为 T_0 时，该带钢与周围环境之间辐射量如式（4-3）所示：

$$Q_{rad} = 2\varepsilon\sigma A(T^4 - T_0^4) \tag{4-3}$$

式中，T 为带钢表面温度，K；T_0 为周围环境温度，K。

空冷换热系数为 α_a，水冷换热系数为 α_w，带钢与辊道之间热传导系数为 α_{roll}，带钢内部相变潜热为 Q_{latent}，面积为 A 的带钢散热量由式（4-1）可得

$$\Sigma Q = -2\varepsilon\sigma A(T^4 - T_a^4) - \alpha_a A(T - T_a) - \alpha_w A(T - T_w) - \alpha_{roll} A(T - T_{roll}) + Q_{latent} \tag{4-4}$$

式中，T 为带钢表面温度，K；T_a 为空气温度，K；T_w 为冷却水温度，K；T_{roll} 为输出辊道温度，K。

4.2.2 有限差分方程的建立

控制冷却过程中，带钢表面存在水冷和空冷等形式的换热，心部与表面产生温度梯度，带钢心部向表面传热引起表面温度的升高，即带钢表面出现返红现象。随着带钢厚度和表面冷却速率的增大，带钢表面返红温度呈增高趋势[1~5]。因此，轧后冷却工艺条件下，厚规格带钢轧后冷却过程中的返红现象成为影响温度控制精度的重要因素。对带钢厚度方向温度场求解，并准确预测带钢冷却过程中厚度方向温度演变规律，是提高温度控制精度的有效途径。

目前关于温度场的求解方法分为解析解法与数值解法两种形式[6]。解析解法的主要特点是求解过程中物理概念与逻辑推理清晰，在求得可靠解析解的同时，能够清楚地描述各种因素对温度分布的影响规律[7]。采用解析解法求解带钢轧后冷却温度场时，通常采用能量守恒定律，建立带钢厚度方向导热偏微分方程，并根据初始条件和边界条件对导热偏微分方程求解，以此来获得带钢不同位置和时刻的温度分布。然而，解析解法只能用于简单问题的求解，针对复杂的几何形状、边界条件和变化的热物性等情况，数值解法所具备的简单、灵活、通用性强、易于在计算机上实现等优势愈加明显。有限差分法则是典型的数值解法之一，采用有限差分法求解带钢轧后冷却温度场时，首先将带钢厚度离散为若干节点，在节点处按适当的形式把定解问题中的微商转换为差商，将微分格式转换成各节点的差分格式，进而求出数值解。

4.2.2.1 有限差分法数学描述

设有连续函数 $f(x)$，则 $f(x+\Delta x)$ 在 $f(x)$ 处的一阶 Tayloy 级数展开式有：

$$f(x + \Delta x) = f(x) + \Delta x \frac{\mathrm{d}f}{\mathrm{d}x} + \cdots \tag{4-5}$$

整理得

$$\frac{\mathrm{d}f}{\mathrm{d}x} = \frac{f(x + \Delta x) - f(x)}{\Delta x} + O(\Delta x) \tag{4-6}$$

式中，$O(\Delta x)$ 为截断误差，表示未明确写出的级数，余项中 Δx 的最低阶数为 1。略去截断误差，得到有限差分向前差商的形式：

$$\frac{\mathrm{d}f}{\mathrm{d}x} \approx \frac{f(x + \Delta x) - f(x)}{\Delta x} \tag{4-7}$$

同理可得向后差商和中心差商的形式分别如下式所示：

$$\frac{\mathrm{d}f}{\mathrm{d}x} \approx \frac{f(x) - f(x - \Delta x)}{\Delta x} \tag{4-8}$$

$$\frac{\mathrm{d}f}{\mathrm{d}x} \approx \frac{f(x + \Delta x) - f(x - \Delta x)}{2\Delta x} \tag{4-9}$$

$f(x+\Delta x)$ 和 $f(x-\Delta x)$ 分别在 $f(x)$ 的二阶 Tayloy 级数展开式有：

$$f(x + \Delta x) = f(x) + \Delta x \frac{\mathrm{d}f}{\mathrm{d}x} + \frac{\Delta x^2}{2} \frac{\mathrm{d}^2 f}{\mathrm{d}x^2} + \cdots \tag{4-10}$$

$$f(x - \Delta x) = f(x) - \Delta x \frac{\mathrm{d}f}{\mathrm{d}x} + \frac{\Delta x^2}{2} \frac{\mathrm{d}^2 f}{\mathrm{d}x^2} + \cdots \tag{4-11}$$

将式（4-10）和式（4-11）相加得

$$f(x + \Delta x) + f(x - \Delta x) = 2f(x) + \Delta x^2 \frac{\mathrm{d}^2 f}{\mathrm{d}x^2} + O(\Delta x^2) \tag{4-12}$$

略去截断误差，整理得

$$\frac{\mathrm{d}^2 f}{\mathrm{d}x^2} \approx \frac{f(x + \Delta x) - 2f(x) + f(x - \Delta x)}{\Delta x^2} = \frac{\dfrac{f(x + \Delta x) - f(x)}{\Delta x} - \dfrac{f(x) - f(x - \Delta x)}{\Delta x}}{\Delta x} \tag{4-13}$$

式（4-13）为二阶中心差商格式，其截断误差是（Δx^2）的同级小量 $O(\Delta x^2)$，二阶差商同样存在向前差商和向后差商格式，但中心差商应用最为普遍[8]。

4.2.2.2　差异化离散模型的建立

利用有限差分法进行带钢轧后冷却温度场计算时，求解精度与网格划分稀疏程度以及时间步长的选取密切相关，网格划分越密集，时间步长越短，求解精度越高，但其计算量也会成倍增加。为满足计算精度需求，同时保证数学模型计算周期的时效性，需对钢板网格划分形式进行合理设计。

由傅里叶导热定律可得，等距网格在单位传热面积的热流密度与网格间的温差成正比。由于轧后冷却对带钢的冷却效果由带钢表面向心部逐层渗透，在采用等间距网格划分的条件下，网格间温差由带钢表面至心部呈逐层减小的趋势，网格间热流密度同样呈现由带钢表面至心部逐层减小的趋势。带钢轧后冷却过程中，尤其是超快速冷却过程中，带钢表面温度急剧下降，带钢表层网格间热流密度明显大于带钢心部网格间的热流密度。因此，为保证模型计算精度并提高其计算效率，采用非等距的网格划分形式，对热流密度大的区域采用较密集的网格划分，对热流密度小的区域采用稀疏的网格划分，即采用网格间距由带钢心部至表面逐层减小方式将带钢厚度离散为 n 层网格。

离线数学模型通常以固定厚度的带钢为研究对象，而在线模型则以实测厚度的带钢为研究对象。为确保在线模型对轧线产品厚度规格的全面覆盖，网格划分时将带钢厚度抽象为 1，并在每个网格节点引入比例系数，分别用 $x_0 \sim x_n$ 表示。各节点比例系数的具体取值通过下式获得：

$$x_i = \frac{1 - \cos\left(\dfrac{i}{n}\pi\right)}{2} \quad (0 \leqslant i \leqslant n) \tag{4-14}$$

以 10 层网格为例（n 取值为 10），节点比例系数如图 4-10 所示。

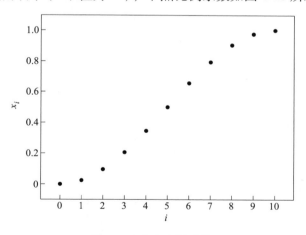

图 4-10　节点比例系数

在节点比例系数的基础上，取时间步长为 $\Delta\tau$，对带钢厚度进行区域离散化，具体如图 4-11 所示。

图 4-11 中，网格间距通过比例系数及带钢厚度确定，具体见下式所示：

$$d_{i+1,i} = (x_{i+1} - x_i)d \tag{4-15}$$

式中，$d_{i+1,i}$ 为节点 i 与节点 $i+1$ 的间距，m；x_i 和 x_{i+1} 分别为节点 i 和节点 $i+1$ 的比例系数；d 为带钢厚度，m。

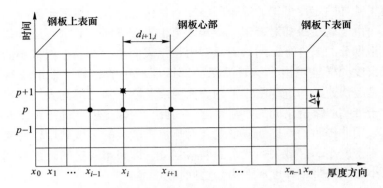

图 4-11　区域离散化示意图

4.2.2.3　内部节点差分方程的建立

由于轧后冷却模型将带钢冷却过程简化为一维非稳态传热问题，如式（4-16）所示，无内热源的一维非稳态传热微分方程如下所示：

$$\rho c \frac{\partial t}{\partial \tau} = \frac{\partial}{\partial x}\left(\lambda \frac{\partial t}{\partial x}\right) + \frac{\partial}{\partial y}\left(\lambda \frac{\partial t}{\partial y}\right) + \frac{\partial}{\partial z}\left(\lambda \frac{\partial t}{\partial z}\right) + \varPhi_{\mathrm{s}} \tag{4-16}$$

$$\frac{\mathrm{d}t}{\mathrm{d}\tau} = \frac{\lambda}{\rho c} \frac{\mathrm{d}^2 t}{\mathrm{d}x^2} \tag{4-17}$$

将式（4-17）应用到时刻 p 和节点 i，得

$$\left(\frac{\mathrm{d}t}{\mathrm{d}\tau}\right)_i^p = \frac{\lambda}{\rho c}\left(\frac{\mathrm{d}^2 t}{\mathrm{d}x^2}\right)_i^p \quad (t > 0, 0 < x < d) \tag{4-18}$$

采用显示差分格式，将一阶微商向前差分，得

$$\left(\frac{\mathrm{d}t}{\mathrm{d}\tau}\right)_i^p = \frac{t_i^{p+1} - t_i^p}{\Delta\tau} \tag{4-19}$$

二阶微商采用中心差商格式，得

$$\left(\frac{\mathrm{d}^2 t}{\mathrm{d}x^2}\right)_i^p = \frac{\dfrac{t_{i-1}^p - t_i^p}{d_{i,i-1}} - \dfrac{t_i^p - t_{i+1}^p}{d_{i+1,i}}}{\dfrac{d_{i,i-1} + d_{i+1,i}}{2}} \tag{4-20}$$

将式（4-19）和式（4-20）代入式（4-18）得

$$\frac{t_i^{p+1} - t_i^p}{\Delta\tau} = \frac{\lambda}{\rho c} \frac{\dfrac{t_{i-1}^p - t_i^p}{d_{i,i-1}} - \dfrac{t_i^p - t_{i+1}^p}{d_{i+1,i}}}{\dfrac{d_{i,i-1} + d_{i+1,i}}{2}} \tag{4-21}$$

整理得

$$\left(d_{i,i-1}+d_{i+1,i}\right)t_i^{p+1}=\frac{2\Delta\tau\lambda}{\rho c}\left[\frac{t_{i-1}^p}{d_{i,i-1}}-\left(\frac{1}{d_{i,i-1}}+\frac{1}{d_{i+1,i}}-d_{i,i-1}-d_{i+1,i}\right)t_i^p+\frac{t_{i+1}^p}{d_{i+1,i}}\right]$$

$$(4-22)$$

令

$$\begin{cases} F=\dfrac{\Delta\tau\lambda}{\rho c}\\[2mm] l_{n,i}=d_{i+1,i}\\[2mm] l_{d,i}=\dfrac{1}{d_{i+1,i}} \end{cases}$$

$$(4-23)$$

则式（4-22）得

$$\left(l_{n,i-1}+l_{n,i}\right)t_i^{p+1}=2F\left[l_{d,i-1}t_{i-1}^p-\left(l_{d,i-1}+l_{d,i}-l_{n,i-1}-l_{n,i}\right)t_i^p+l_{d,i}t_{i+1}^p\right]$$

$$(4-24)$$

因此，得到显示差分格式下，内部节点的差分方程组：

$$\begin{bmatrix} 待定 & & & & \\ & l_{n,0}+l_{n,1} & & & \\ & & \ddots & & \\ & & & l_{n,n-2}+l_{n,n-1} & \\ & & & & 待定 \end{bmatrix}\cdot\begin{bmatrix} t_0^{p+1}\\ t_1^{p+1}\\ \vdots\\ t_{n-1}^{p+1}\\ t_n^{p+1} \end{bmatrix}=$$

$$\begin{bmatrix} 待定 & & & & \\ 2Fl_{d,0} & 2F(l_{d,0}+l_{d,1}-l_{n,0}-l_{n,1}) & 2Fl_{d,1} & & \\ & & \ddots & & \\ & & 2Fl_{d,n-2} & 2F(l_{d,n-1}+l_{d,n-1}-l_{n,n-2}-l_{n,n-1}) & 2Fl_{d,n-1}\\ & & & & 待定 \end{bmatrix}\cdot\begin{bmatrix} t_0^p\\ t_1^p\\ \vdots\\ t_{n-1}^p\\ t_n^p \end{bmatrix}$$

$$(4-25)$$

4.2.2.4　边界节点差分方程的建立

轧后冷却过程中，带钢上下表面同时进行冷却，针对不同规格的产品以及工艺需求，带钢上下表面换热状态往往存在差别，甚至存在上表面水冷、下表面空冷的工艺制度。因此，数学模型针对带钢上下表面的换热边界条件分别进行计算。由于带钢轧后冷却换热过程复杂多变，因此，将其他形式的传热均归结为对流传热，带钢水冷时，采用水冷对流换热模型；带钢空冷时，采用空冷对流换热模型。

定解边界条件采用第三类边界条件，即设定带钢与冷却介质的表面换热系数和冷却介质温度为已知，根据牛顿冷却定律，得出差分模型边界条件为

$$x = 0 \qquad \lambda \frac{\mathrm{d}t}{\mathrm{d}x} = h_{m0}(t_{m0} - t_0) \tag{4-26}$$

$$x = d \qquad \lambda \frac{\mathrm{d}t}{\mathrm{d}x} = h_{mn}(t_{mn} - t_n) \tag{4-27}$$

式中，h_{m0}，h_{mn} 分别为带钢上、下表面对流换热系数，$W/(m^2 \cdot K)$；t_{m0}，t_{mn} 分别为带钢上、下表面冷却介质温度，$\mathrm{℃}$；t_0，t_n 分别为带钢上、下表面温度，$\mathrm{℃}$。

带钢上下表面边界节点均受对流传热作用，产生热流量，具体边界节点换热形式如图 4-12 所示。

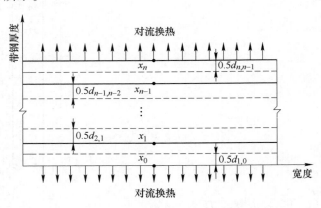

图 4-12　边部节点换热示意图

求解带钢边界节点换热时，采用热平衡法，利用能量守恒定律建立节点所代表的微元体导入能量和导出能量的平衡方程。对于带钢上边界节点，建立如下方程：

$$\frac{\rho c d_{1,0}}{2} \cdot \frac{t_0^{p+1} - t_0^p}{\Delta \tau} = \lambda \frac{t_1^p - t_0^p}{d_{1,0}} + h_{m0}(t_{m0} - t_0^p) \tag{4-28}$$

整理得

$$l_{n,0} t_0^{p+1} = 2Fl_{d,0} t_1^p - \left(2Fl_{d,0} - l_{n,0} + \frac{2\Delta \tau h_{m0}}{\rho c} \right) t_0^p + \frac{2\Delta \tau h_{m0}}{\rho c} t_{m0} \tag{4-29}$$

对于带钢下边界节点，建立如下方程：

$$\frac{\rho c d_{n,n-1}}{2} \cdot \frac{t_n^{p+1} - t_n^p}{\Delta\tau} = \lambda \frac{t_{n-1}^p - t_n^p}{d_{n,n-1}} + h_{mn}(t_{mn} - t_n^p) \tag{4-30}$$

整理得

$$l_{n,n-1} t_n^{p+1} = 2Fl_{d,n-1} t_{n-1}^p - \left(2Fl_{d,n-1} - l_{n,n-1} + \frac{2\Delta\tau h_{mn}}{\rho c}\right) t_n^p + \frac{2\Delta\tau h_{mn}}{\rho c} t_{mn} \tag{4-31}$$

将式（4-29）、式（4-31）代入式（4-25）得到显示格式的差分方程。为便于书写，令：

$$\begin{cases} L_1 = l_{d,0} + l_{d,1} - l_{n,0} - l_{n,1} \\ L_{n-1} = l_{d,n-2} + l_{d,n-1} - l_{n,n-2} - l_{n,n-1} \end{cases} \tag{4-32}$$

差分方程矩阵形式如下所示：

$$\begin{bmatrix} l_{n,0} & 2Fl_{d,0} & & & \\ & l_{n,0}+l_{n,1} & & & \\ & & \ddots & & \\ & & & l_{n,n-2}+l_{n,n-1} & \\ & & & & l_{n,n-1} \end{bmatrix} \cdot \begin{bmatrix} t_0^{p+1} \\ t_1^{p+1} \\ \vdots \\ t_{n-1}^{p+1} \\ t_n^{p+1} \end{bmatrix} - \begin{bmatrix} \dfrac{2\Delta\tau h_{m0} t_{m0}}{\rho c} \\ 0 \\ \vdots \\ 0 \\ \dfrac{2\Delta\tau h_{mn} t_{mn}}{\rho c} \end{bmatrix} =$$

$$\begin{bmatrix} -2Fl_{d,0}+l_{n,0}-\dfrac{2\Delta\tau h_{m0}}{\rho c} & 2Fl_{d,0} & & & \\ 2Fl_{d,0} & 2FL_1 & 2Fl_{d,1} & & \\ & & \ddots & & \\ & 2Fl_{d,n-2} & 2FL_{n-1} & 2Fl_{d,n-1} & \\ & & 2Fl_{d,n-1} & -2Fl_{d,n-1}+l_{n,n-1}-\dfrac{2\Delta\tau h_{mn}}{\rho c} \end{bmatrix} \cdot \begin{bmatrix} t_0^p \\ t_1^p \\ \vdots \\ t_{n-1}^p \\ t_n^p \end{bmatrix} \tag{4-33}$$

利用迭代法对上述差分矩阵求解，即可获得不同时刻的带钢温度场。

4.3 换热系数模型

将带钢冷却过程其他形式换热归结为对流换热，换热强度通过对流换热系数表征。对流换热系数是冷却过程控制的重要工艺参数，直接影响带钢温度的计算精度，因此，需要对换热系数模型进行系统研究。

4.3.1　空冷换热系数模型

空冷换热主要包括带钢向周围环境的热辐射换热以及带钢与空气的对流换热。根据 Stefan-Boltzmann 定律，得出带钢表面向外界辐射换热的热流量为

$$\Phi_r = \varepsilon\sigma A(T^4 - T_a^4) \tag{4-34}$$

式中，Φ_r 为辐射热流量，W；T 为带钢表面温度，K；T_a 为环境温度，K。

为简化计算，带钢空冷时，将热辐射换热以及带钢与空气的对流换热归结为空冷对流换热，即

$$\Phi_r + \Phi_a = \Phi_A \tag{4-35}$$

式中，Φ_a 为带钢空冷对流换热的总热流量，W；Φ_A 为带钢空冷对流换热的总等效热流量，W。

根据牛顿冷却定律和式（4-34），得

$$\varepsilon\sigma A(T^4 - T_a^4) + h_a A(T - T_a) = h_A A(T - T_a) \tag{4-36}$$

式中，h_a 为空冷对流换热系数，W/$(m^2 \cdot K)$；h_A 为等效空冷对流换热系数，W/$(m^2 \cdot K)$。

式（4-36）整理得

$$h_A = \varepsilon\sigma(T^2 + T_a^2)(T - T_a) + h_a \tag{4-37}$$

工业应用过程中，通常对上式简化并进行统计修正，引入空冷等效对流换热系数修正参数，得出下式：

$$h_A = f_a\varepsilon\sigma(T^2 + T_a^2)(T - T_a) \tag{4-38}$$

式中，f_a 为空冷换热修正系数。

4.3.2　水冷换热系数模型

带钢在冷却过程包括以高压力、大水量为特征的超快速冷却过程和传统层流冷却过程。不同轧线超快速冷却设备工艺布置不尽相同，热轧带钢根据工艺需求，在不同温度区间经历不同的冷却过程。

带钢冷却过程的水冷换热过程非常复杂，包括高压水与带钢表面的高效冲击强制对流换热、强制核沸腾对流换热、膜沸腾对流换热、与空气之间的对流换热、热辐射、带钢与外部辊道之间的热传导及带钢内部的相变潜热等。因此，水冷过程是一个强耦合、时变性问题[9]，理论上难以计算。到目前为止，不同的科技工作者，开发了基于一维非稳态热传导微分方程的指数模型、依赖于现场实际生产数据的统计理论模型、引入有限差分法的有限差分模型以及与神经网络相结合的模型[10~13]。

4.3.3 影响水冷换热系数的因素

带钢轧后冷却过程包括超快速冷却过程和层流冷却过程。轧制控温冷却和超快速冷却条件下，具有一定压力和流速的冷却水，以一定角度对高温钢板表面进行射流冲击，实现冷却效率较高的射流冲击换热。而层流冷却换热过程主要以层流冷却水与高温带钢之间的核沸腾换热和膜沸腾换热为主，与轧制控温冷却及超快速冷却过程相比，层流冷却换热过程差别较大，热交换效率较低。因此，在建立带钢冷却水冷换热系数模型过程中，应充分考虑轧制控温冷却过程、超快速冷却过程和层流冷却过程的特点。

轧制控温冷却和超快速冷却过程主要以射流冲击换热为主。射流冲击换热是强制对流中具有最高换热效率的传热方式，在工程上已经得到了广泛应用。冲击换热能力与射流速度以及冲击压力密切相关。喷嘴以一定的角度沿轧线方向将一定压力的冷却水喷射到带钢表面，高压冷却水的冲击力可以有效地打破残存水与带钢表面形成的汽膜，使冷却水与带钢表面充分接触，并且有源源不断的冷却水与带钢进行冲击换热。射流冲击换热过程主要影响因素包括流体雷诺系数 Re、普朗特系数 Pr、喷嘴距带钢的相对距离 H/D、喷嘴的直径、喷嘴形状、射流喷射角度、流体的湍流度等。被冲击的壁面正对喷嘴的地区称为滞止区，与射流中心对应的点为滞止点，这部分区域传热强度最高。冷却水与带钢的换热强度随着滞止点向四周逐渐下降。在以滞止点为圆心、半径为 r 的圆内，冷却水与带钢表面的平均换热系数通常采用式（4-39）进行计算：

$$hD/\lambda = Nu_D = f(H/D, r/D, Re, Pr) \tag{4-39}$$

式中，h 为流体对流传热系数，$W/(m^2 \cdot K)$；D 为喷嘴直径，m；λ 为静止流体导热系数，$W/(m \cdot K)$；H 为喷嘴距带钢表面距离，m；r 为带钢表面距滞止点的距离，m。

当喷嘴结构、距带钢表面的距离、射流介质相同的条件下，射流冲击换热区表面的换热系数与射流冲击速度直接相关。冲击表面的压力值越大，带钢表面换热速度越大，边界层越薄，换热能力越强。因此，喷嘴射流的压力和速度是直接影响冲击射流换热强弱的决定性因素。

在层流冷却过程中，层流冷却水在带钢表面形成核沸腾区、强制对流膜沸腾区，各个集管冲击作用相互作用，冷却区状态复杂。换热系数与水流状态、冷却水温度、钢板表面温度、带钢运行速度等因素相关。

4.3.4 高压射流水冷换热系数模型

工业应用中，为简化计算，通常采用理论统计模型得出水冷对流换热的等效换热系数。根据理论研究的结果，可以得出水冷等效对流换热系数 h_w 与其影响因素的函数关系，如下式所示：

$$h_W = f(d, T_w, T, F_D, V, p) \tag{4-40}$$

式中，d 为带钢厚度，m；T_w 为水温，K；T 为带钢表面温度，K；F_D 为水流密度，用于表征单位面积水流量，m/h；V 为带钢速度，m/s；p 为冷却水压力，MPa。

在轧制控温冷却和超快速冷却条件下，高压冷却水以一定角度冲击带钢表面，当带钢水量在一定范围内时，随着水流密度的增加，带钢表面换热系数逐渐增加。由式（4-40）可知，带钢表面换热系数与冷却水压力直接相关。当水量达到一定数值后，随着冷却水量的增加，换热能力变化不明显，换热系数维持在一定数值。带钢表面温度也是影响射流冲击换热的重要因素。带钢高温下，换热系数较低，随着温度的降低，换热系数逐渐增加，在 $200 \sim 300$℃ 之间达到最高值后，随着温度的降低，换热系数迅速减小。带钢速度的大小、冷却水水温均可影响到带钢表面换热系数。同时，由于带钢厚度方向存在热传导，带钢厚度也影响到带钢表面的综合换热系数。因此，在轧制控温冷却和超快冷换热系数模型的建立过程中，应考虑带钢厚度、带钢表面温度、冷却水压力、冷却水温度以及带钢速度的影响。本书轧制控温冷却和超快冷水冷换热模型采用回归模型形式，如式（4-41）所示：

$$\alpha_{wu} = \alpha A_1 \frac{Q_{sum}}{BL} \exp(-A_2(T - T_{aw})) \left(\frac{h}{h_0}\right)^{A_3} \left(\frac{T_0}{T_{aw}}\right)^{B_1} \left(\frac{V_{av}}{V_0}\right)^{B_2} \left(\frac{p_{ap}}{p_0}\right)^{B_3} \tag{4-41}$$

式中，A_1，A_2，A_3，B_1，B_2，B_3 为换热影响因子修正量，根据实际数据回归而得；α 为带钢宽度修正因子；Q_{sum} 为上下集管等效总流量，m³/h；B 为冷却集管宽度，m；L 为冷却样本长度，m；T 为带钢表面温度，K；T_{aw} 为冷却水实测温度，K；h 为带钢实测厚度，mm；T_0 为冷却水温度参考值，K；V_{av} 为带钢实测速度，m/s；V_0 为带钢速度参考值，m/s；p_{ap} 为冷却水实测压力，MPa；p_0 为冷却水压力参考值，MPa。

为实现温度的计算，此处需根据现场数据，对各种换热系数进行回归分析，得出适合现场生产的换热系数影响因子修正量 A_1、A_2、A_3、B_1、B_2、B_3。

4.3.5　低压层流水冷换热系数模型

低压层流冷却条件下，冷却水以常压（通常为 0.007MPa）状态，从一定高度降落到钢板表面平稳地向四周流动，实现对带钢的冷却。本书层流冷却换热系数模型采用回归模型形式，如式（4-42）所示：

$$\alpha_{wl} = \alpha A_1 \frac{Q_{sum}}{BL} \exp(-A_2(T - T_{aw})) \left(\frac{h}{h_0}\right)^{A_3} \left(\frac{T_0}{T_{aw}}\right)^{B_1} \left(\frac{V_{av}}{V_0}\right)^{B_2} \tag{4-42}$$

此处，需要根据现场实际数据，对 A_1、A_2、A_3、B_1、B_2 进行回归，得出不同钢种、不同厚度区间影响因子修正量。

4.4　换热系数自适应模型

4.4.1　换热系数自适应

带钢在冷却过程中，经历轧制控温冷却、超快速冷却、层流冷却以及空冷四种不同的冷却过程，随着正常生产过程中不同产品及同种产品不同规格的持续扩展，生产过程中外界条件随之发生改变。同时带钢冷却工艺设定温度的控制精度直接决定着产品性能的好坏。因此，为了使数学模型在实际生产过程中尽可能减少控制偏差，提高系统的自适应能力，引入换热系数自适应模型控制策略。

换热系数自适应模型的建立旨在消除模型本身计算时的偏差、因冷却过程外部条件变化而造成的计算偏差以及因仪表测量而造成的测量误差等对温度控制造成的影响，提高系统的自适应能力。在使用过程中，为了提高温度精度控制，采用换热系数自适应的方式，以减少温度计算偏差。在此，引入换热系数自适应学习系数 Z，在计算带钢样本段换热量时，则有：

$$Q = A(Z\alpha)(T - T_{\mathrm{w}})\mathrm{d}\tau \tag{4-43}$$

式中，Z 为换热系数自适应系数；α 为综合考虑水冷和空冷的换热系数。

根据带钢计算温度和实测温度等信息，创建自适应模型，对自适应系数 Z 进行修正。在实际生产过程中，需要对轧制控温冷却换热系数 α_{wm}、超快冷换热系数 α_{wu} 与层流冷却换热系数 α_{wl} 分别进行自适应计算，保证各轧件在不同冷却工艺下温度计算的准确性。

4.4.2　换热系数自适应模型建立

为了提高带钢温度控制精度，在控制过程中对带钢采用分段控制，如图 4-13 所示，以固定长度 L 为样本长度，对每个样本的温度分别进行控制。在换热系数自适应计算时，选取带钢样本温度作为自适应计算依据。如图 4-13 所示，样本 i 在通过冷却区 j 时，温度计算方程如式（4-44）所示：

$$T_j = T_{\mathrm{w}} + (T_{j+1} - T_{\mathrm{w}})\exp\left[-\frac{\alpha}{\rho hc_{\mathrm{p}}}(\tau_{j+1} - \tau_j)\right] \tag{4-44}$$

式中，T_j 为样本 i 进入冷却区 j 的温度，K；T_{j+1} 为样本 i 进入冷却区 $j+1$ 的温度，K；τ_j 为样本 i 进入冷却区 j 时刻，s；τ_{j+1} 为样本 i 进入冷却区 $j+1$ 时刻，s。

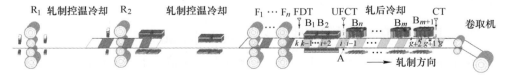

图 4-13　带钢分段控制

以样本的超快冷出口温度 UFCT 自学习控制为例，FDT 对应的冷却区为 k，UFCT 下对应的冷却区为 j。带钢样本 i 以 FDT 为开始冷却温度，自冷却区 k 经过连续冷却后到达冷却区 j，带钢表面温度为 UFCT，由式（4-44）可得。

T_{final}^{a} 为样本检测终冷温度，$T_{initial}^{a}$ 为样本检测开冷温度，T_{final}^{c} 为模型计算样本终冷温度，$T_{initial}^{c}$ 为模型计算样本开冷温度，τ_{w} 为样本水冷时间，τ_{a} 为样本空冷时间，则有：

$$- \alpha_{w}^{a} \sum_{water} \tau_{w} = \ln\left(\frac{T_{final}^{a} - T_{w}}{T_{initial}^{a} - T_{w}} \right) + \sum_{air} \alpha_{a} \tau_{a} \qquad (4\text{-}45)$$

$$- \alpha_{w}^{c} \sum_{water} \tau_{w} = \ln\left(\frac{T_{final}^{c} - T_{w}}{T_{initial}^{c} - T_{w}} \right) + \sum_{air} \alpha_{a} \tau_{a} \qquad (4\text{-}46)$$

式中，α_{w}^{a} 为实际水冷换热系数；α_{w}^{c} 为计算水冷换热系数。

令 $Z = \dfrac{\alpha_{w}^{a}}{\alpha_{w}^{c}}$，整理可得换热系数自适应模型如式（4-47）所示：

$$Z = \frac{\alpha_{w}^{a}}{\alpha_{w}^{c}} = \left[\ln\left(\frac{T_{final}^{a} - T_{w}}{T_{initial}^{a} - T_{w}} \right) + \sum_{air} \alpha_{a} \tau_{a} \right] \left[\ln\left(\frac{T_{final}^{c} - T_{w}}{T_{initial}^{c} - T_{w}} \right) + \sum_{air} \alpha_{a} \tau_{a} \right]^{-1} \qquad (4\text{-}47)$$

式中，Z 为换热系数自适应调整因子。

4.5 智能化温度控制策略

4.5.1 在线速度修正计算温度补偿策略

轧后冷却过程中，超快速冷却出口温度与卷取温度是热轧生产过程中最重要的控制参数之一，为了实现对 UFCT 与 CT 的高精度控制，在建立适用于现场应用的数学控制模型和采用多种控制策略的同时，需要对影响控制精度的诸多因素进行研究。在影响带钢温度控制精度的诸多因素之中，带钢速度具有时变性，特别是在变速轧制的情况下，带钢样本表面换热系数与样本通过各冷却区的冷却时间差别较大，系统需要对变速运动的带钢实现长度方向上温度的高精度控制。在常规热连轧产线的正常生产过程中，通常采用加速轧制工艺制度。因此，需要对带钢在加速条件下温度控制精度进行深入和系统的研究，建立带钢速度计算策略，精确计算带钢各样本在冷却区内运行历程，消除带钢速度变化对温度控制造成的波动。

4.5.1.1 TVD 曲线的预测计算方法

现代化的热连轧机通常采用二阶段升速轧制，典型的 TVD（time-velocity-distance）曲线如图 4-14 所示。当精轧机末机架咬钢，经过一段时间的延迟之后，开始一次加速；卷取机咬入经过一段的延迟之后，开始二次加速，加速到最大运行速度，然后保持恒速；当带钢尾部达到指定的减速机架时，开始进行减速，减速到抛钢速度，然后恒速抛钢；当带钢尾部到达卷取机前再次进行减速，减速到卷取机爬行速度。

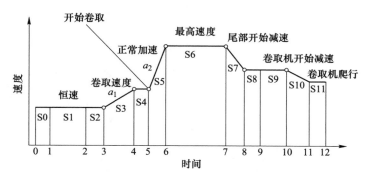

图 4-14　典型的 TVD 曲线

在精轧设定计算完成后，轧后冷却控制系统根据精轧的设定计算数据预测出带钢的 TVD 曲线；当带钢到达特定位置时，再次根据现场的实际速度、加速度等信息，对 TVD 曲线进行实时修正。

4.5.1.2　冷却区温度动态监控技术的开发

TVD 曲线的预测和修正计算在一定程度上提高了轧后冷却温度的控制精度，但是由于目前很多热轧线将调速作为控制终轧温度的手段之一，尤其是部分热轧线将调速作为控制终轧温度的唯一手段，易导致轧制速度随机性波动，增加轧后冷却温度控制难度。如果实现对冷却区内温度的实时监控，一旦速度发生随机波动，可及时做出相应的补偿措施，减轻温度闭环反馈控制系统的负荷。

4.5.1.3　轧后冷却多重速度补偿控温技术

以轧后冷却区温度的动态在线监控为基础，开发了速度随机波动条件下的多重补偿控温技术，如图 4-15 所示。以卷取温度的控制为例，理论上在冷却区各个位置都可以对这种偏差进行补偿，但是为了保证补偿过程中冷却策略的完整性，轧后冷却控制系统在层流冷却区域特定位置设置多重补偿，有效减轻了卷取温度闭环反馈系统的负荷，提高了速度随机波动条件下的卷取温度控制精度。

4.5.2　多目标温度自学习策略

自学习控制策略是控制系统根据实际控制对象变化特征，增强自我修正的一种自适应能力[14]。自学习控制策略是对被控对象数学模型实现精度控制的补充，

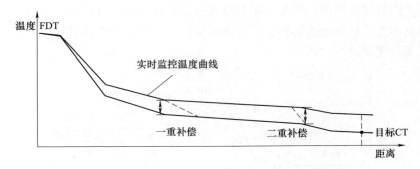

图 4-15　轧后冷却多重速度补偿控温方法

增强系统适应外部不确定因素的能力，消除不可预测扰动的有效控制策略。

以轧后冷却过程为例，控制系统需要在实现 UFCT 与 CT 的高精度控制的同时，还需增强系统对 UFCT 与 CT 控制的稳定性，消除外部不确定因素对控制过程造成的温度偏差。

UFCT 与 CT 的自学习控制策略，主要是根据 UFCT 与 CT 的目标值、UFCT 与 CT 的实际检测值，对水冷换热系数修正系数进行计算，分别对控制模型中的超快速冷却段换热系数 α_{wu} 与层流冷却段换热系数 α_{wl} 进行修正，提高对 UFCT 与 CT 的控制精度，增强多目标温度控制系统的稳定性。

带钢在正常轧制过程中，从带钢头部穿带开始到带钢尾部离开精轧机末机架，先后经历头部在末机架的穿带、升速轧制、高速轧制、尾部减速等阶段，带钢速度在实时变化。为了实现带钢长度方向温度的均匀性控制，本书自学习控制策略采用带钢头部、本体、尾部三部分五点学习的控制策略。由于带钢在精轧机末机架穿带过程中，容易导致头部温度变化较大；自精轧机末机架抛尾到带钢尾部离开冷却区，带钢速度变化较大，因此，在带钢头部区域与带钢尾部区域分别采用 2 点学习的控制策略；不在学习点的带钢部分，采用线性插值的控制策略。长度方向控制策略如图 4-16 所示。

带钢头部学习点分别为 n_{h1} 与 n_{h2}，在头部第一学习点与第二学习点处，均采用多样本多采样点进行学习，分别设置 m_{h1} 与 m_{h2} 个样本进行学习。带钢尾部学习点分别为 n_{t1} 与 n_{t2}，在尾部第一学习点与第二学习点分别对尾部 m_{t1} 个与 m_{t2} 个样本进行学习计算。带钢中间部分学习点为 n_b，同样对带钢本体部分 m_b 个样本进行学习控制。在非学习点的带钢样本采用线性差值的斜坡学习控制策略。$Z_{h1\to h2}^n$、$Z_{h2\to b}^n$、$Z_{b\to t2}^n$、$Z_{t2\to t1}^n$ 分别对应图 4-16 中从带钢头部到外部的四个区域 A、B、C、D 的学习系数计算值。则带钢长度方向非学习点的学习值计算算法可采用式（4-48）~式（4-51）：

$$Z_{h1\to h2}^n = Z_{head1} + \frac{Z_{head2} - Z_{head1}}{seg_{head2} - seg_{head1}}(seg_{track} - seg_{head1}) \tag{4-48}$$

$$Z_{h2 \to b}^{n} = Z_{head2} + \frac{Z_{body} - Z_{head2}}{seg_{body} - seg_{head2}} (seg_{track} - seg_{head2}) \tag{4-49}$$

$$Z_{b \to t2}^{n} = Z_{body} + \frac{Z_{tail2} - Z_{body}}{seg_{tail2} - seg_{body}} (seg_{track} - seg_{body}) \tag{4-50}$$

$$Z_{t2 \to t1}^{n} = Z_{tail2} + \frac{Z_{tail1} - Z_{tail2}}{seg_{tail1} - seg_{tail2}} (seg_{track} - seg_{tail2}) \tag{4-51}$$

式中，Z_{head1} 为带钢头部第一学习点学习值；Z_{head2} 为带钢头部第二学习点学习值；Z_{body} 为带钢本体学习点学习值；Z_{tail1} 为带钢尾部第一学习点学习值；Z_{tail2} 为带钢尾部第二学习点学习值；seg_{head1} 为带钢头部到头部第一学习点样本数量；seg_{head2} 为带钢头部第一学习点至第二学习点样本数量；seg_{body} 为带钢本体样本数量；seg_{tail1} 为带钢尾部到尾部第一学习点样本数量；seg_{tail2} 为带钢尾部第一学习点至第二学习点样本数量；seg_{track} 为跟踪计算样本数量。

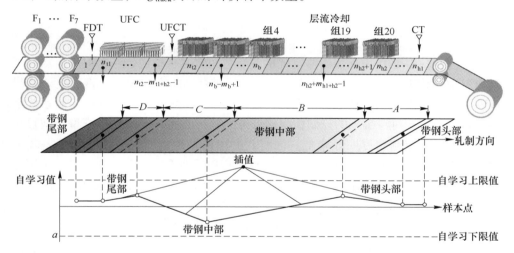

图 4-16 长度方向学习策略

n_{t1}：距离带钢尾部样本个数；n_{t2}：距离带钢尾部减速点样本个数；n_b：距离带钢尾部减速点样本个数；
n_{h2}：距离带钢头部点样本个数；n_{h1}：距离带钢头部样本个数

采用如上所述长度方向 5 点学习与非学习点线性差值的控制策略，在保证长度方向温度均匀性可控的同时，可以对带钢头部、尾部温度波动段进行适当调控。各控制参数如 n_{h1}、n_{h2}、n_b、n_{t1}、n_{t2} 以及 m_{h1}、m_{h2}、m_b、m_{t1}、m_{t2} 均根据带钢钢种、厚度、FDT、UFCT、CT 进行层别划分，存贮在数据库中，并根据 UFCT 与 CT 实际控制情况对各参数进行实时更新，以实现各钢种带钢长度方向温度的均匀性控制，增强多目标系统对外部条件的自适应能力与运行的稳定性。

在轧制控温冷却过程中，为实现板坯温度的精确稳定控制，可采用类似的自学习策略，满足工业化生产过程中稳定生产。

4.5.3　终冷温度智能 PID 反馈控制策略

　　工业化生产中，PID 控制器是控制回路中较为常见的控制器。该控制器通过对被控对象输出量偏差的比例（P）、积分（I）、微分（D）的控制，实现对被控对象的闭环控制，具有结构简单、鲁棒性好、可靠性高等特点，应用范围十分广泛。PID 控制器原理如图 4-17 所示。

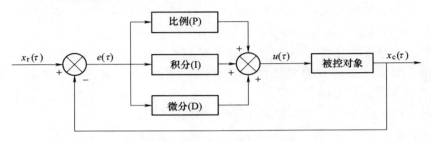

图 4-17　PID 控制器原理图

　　模糊自整定 PID 控制器能够实现增益参数的实时自整定，一定程度上提高了终冷温度（FCT）控制精度。然而，由于其模糊规则的不连续性，将产生"临界偏差"条件下控制回路稳定性偏低的问题。基于 Smith 预估器的反馈控制系统能够有效消除系统时滞带来的控制精度偏低等问题。然而，当其数学模型与被控对象不匹配时，控制精度明显降低。同时，上述两种控制器在温度初始偏差较大时，控制效果往往不够理想。针对目前 FCT PID 反馈控制器存在的不足，采用专家自整定抗时滞 PID 控制器，其原理如图 4-18 所示。该控制器主要由数据中心、

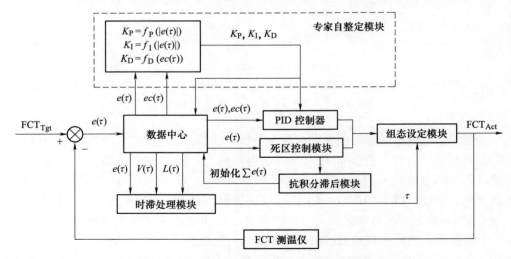

图 4-18　专家自整定抗时滞 PID 控制器原理图

专家自整定模块、PID 控制器、时滞处理模块、死区控制模块、抗积分饱和模块等组成。控制器将上述模块的最终计算结果下发至组态设定模块，后者则对轧后冷却组态进行修正，实现终冷温度 FCT 的反馈控制过程。

图 4-18 所示专家自整定模块主要用于 PID 控制器增益参数的实时自整定。由于 FCT 反馈控制器以嵌入式的方式存在于过程控制系统，其专家智能算法以软件形式实现，触发周期与过程控制系统跟踪模块触发周期相同，均为 50~200ms。PID 控制器参数专家自整定的原则为当 FCT 实测值与其目标值存在较大偏差时，P 控制和 D 控制占主导，I 控制不参与计算，使偏差得到高效消除且由 D 控制限制系统超调。当 FCT 实测值与其目标值偏差较小时，降低 P 控制的调节作用，I 控制和 D 控制占主导，用于稳定消除偏差。当 FCT 实测值与其目标值偏差处于死区范围时，P 控制和 D 控制不参与计算，I 控制用于消除系统的稳态误差，进一步提高终冷温度 FCT 控制精度。

专家自整定的算法来源于工业化实践，通过对大量实测数据的回归分析和计算，得出其智能自整定控制方程。

图 4-18 所示时滞处理模块用于对 FCT 反馈过程纯滞后特性的处理。时滞处理模块由数据中心请求 FCT 控制偏差、带钢实时速度 $V(\tau)$ 以及当前可用反馈集管距 FCT 测温点距离 $L(\tau)$ 等参数，通过运算得出控制器暂停时间 τ。控制器对组态设定模块计算的触发及计算结果的下发完全依赖于时滞处理模块计算结果，具有非周期性触发的特点。时滞处理模块的原则为当 FCT 实测值与其目标值存在较大偏差时，组态设定模块根据 PID 控制器输出结果，对 FCT 反馈集管组态大幅度修正，同时组态设定模块暂停响应，持续时间为 τ，以消除系统超调。当 FCT 实测值与其目标值偏差较小时，组态设定模块以最短为 50~200ms 的周期进行计算，使系统稳态误差得到高效消除。

FCT 反馈控制的纯时滞通过下式获得：

$$\tau_{\mathrm{D}} = \frac{L(\tau)}{V(\tau)} \tag{4-52}$$

由于时滞处理模块能够动态非周期触发组态设定模块，当系统存在较大偏差时，通过反馈集管组态的大幅度修正及适时的响应周期，在保证带钢 FCT 迅速趋于目标值的同时有效消除了控制器的超调现象。当系统偏差较小时，由于系统响应周期缩短，控制偏差能够得到高效消除。因此，时滞处理模块的引入能够使FCT 反馈控制器在保证纯滞后系统稳定性的同时显著提高其调节效率。

4.5.4　基于流程工业数据的温度智能自适应控制策略

常规热轧生产线换规格轧制时，首卷钢受工况波动、上游过程控制系统计算偏差等因素影响，工艺温度控制精度往往不够理想。增强轧后冷却控制系统工况冗余度是提高产品批次间工艺温度控制精度的有效手段。同时，在"降本增效"的大背景下，市场对热轧板卷长度方向利用率的要求不断提高，热轧带钢头部质量备受生产企业关注，产线对提高带钢头部工艺温度控制精度的策略和方法需求迫切。

由于工艺温度反馈控制存在时滞，反馈控制器对工艺温度的实时修正无法作用于带钢头部，带钢头部工艺温度的控制精度完全依赖于模型的前馈设定，其计算精度成为影响带钢头部温度控制精度的重要因素。大数据技术通过历史数据的积累，在出现新的对象时，系统具有更强的决策力和优化能力。利用全流程工业数据技术实现带钢工艺温度的智能自适应控制，能够充分利用轧线历史实测数据，指导当前轧件的生产，为进一步提高轧后冷却控制系统工况冗余度及前馈设定精度提供了有效手段。

常规热连轧线在带钢生产的各个环节均配置有大量传感器以及完备的数据记录系统，能够实时采集生产数据并完成记录，为工业数据技术的引入创造了必要条件。带钢历史数据完整地记录了其整个热加工过程的各项实测参数，能够准确反映设备工况、工艺冗余度等信息，为工业数据的真实性奠定了重要基础。

热轧带钢大数据以数据库为载体，存储于过程级服务器中。工艺温度智能自适应系统将带钢生产中的主要过程参数存入数据库中，并以此指导后续生产。大数据过程参数见表4-2。表4-2中，针对涉及温度的历史数据，自适应系统沿带钢长度方向定义3个采样区，分别位于带钢的头部、中部以及尾部，用于准确反映带钢实测温度的数值和趋势。主要化学元素包括 C、Si、Mn、Cr、Ni、Ne、Ti、V、B、Cu 及其他共 11 种。大数据中，独立参数采用一维结构体，并利用 ID 索引。例如，以 $I_f[i]$ 的形式表示 ID 为 i 的带钢加热炉编号。大数据中的一维参数采用二维结构体的形式，同样利用 ID 索引。例如，以 $t_{rs}[i][k]$（$k=0$，1，2）的形式表示 ID 为 i 且位置为 k 的采样区带钢粗轧开始温度。其中，$k=0$ 表示带钢头部采样区，$k=1$ 表示带钢中部采样区，$k=2$ 表示带钢尾部采样区。轧后冷却自适应系统通过索引大数据过程参数，配合智能算法提取对当前轧件及当前工况具有参考价值的信息，并利用自适应模型，得出当前轧件终冷温度自适应系数，用于其轧后冷却的温度计算过程。

表 4-2　工业数据过程参数

编号	参数名称	缩写	单位
1	信息索引号	ID	—
2	加热炉号	I_f	—
3	加热炉一次加热段时间	τ_{f1}	min
4	加热炉二次加热段时间	τ_{f2}	min

编号	参数名称	缩写	单位
5	均热段时间	τ_{fu}	min
6	出炉温度	t_f	℃
7	采样区带钢粗轧开始温度	$t_{rs}[3]$	℃
8	采样区带钢粗轧结束温度	$t_{re}[3]$	℃
9	采样区带钢精轧机入口温度	$t_{fs}[3]$	℃
10	采样区带钢精轧机出口温度	$t_f[3]$	℃
11	冷却策略编号	Pt	—
12	带钢主要化学元素含量	$Chem[11]$	%
13	板坯实测厚度	S_d	mm
14	板坯实测宽度	S_w	mm
15	中间坯实测厚度	MS_d	mm
16	中间坯实测宽度	MS_w	mm
17	带钢实测厚度平均值	P_d	mm
18	带钢实测宽度平均值	P_w	mm
19	带钢穿带速度	V_t	m/s
20	带钢最大速度	V_m	m/s
21	带钢目标工艺温度	t_{tc}	℃
22	冷却水温度	t_w	℃
23	带钢工艺温度自适应系数更新值	$L_n[3]$	—

4.5.5 满足多种产品需要的冷却策略

柔性化轧制的热轧带钢生产需要多样而且灵活的冷却策略，以适应新产品的开发以及同一产品不同规格钢种的生产，满足市场需求。依据产品所需微观组织不同，通过超快速冷却系统（UFC）和常规层流冷却系统的灵活配置，使冷却路径的选择更加灵活。同时，超快速冷却系统超强的冷却能力，提高了冷却过程中对带钢相变过程的控制能力。

轧后冷却过程冷却路径主要分为三个阶段，即一次冷却、二次冷却和三次冷却。根据钢种组织性能需求不同，三阶段冷却并非全部必需。一次冷却指从终轧温度到动态相变点的冷却。即根据钢种需求，采用超快速冷却技术对硬化的奥氏体进行细晶强化、析出强化，形成晶粒细小的组织。带钢结束一次冷却后，进入二次冷却和三次冷却。这两个阶段主要是控制相变时冷却温度、不同冷却阶段的冷却速度及终冷温度，以获得所需的微观组织。以超快速冷却技术为基础的轧后冷却过程十分复杂，冷却路径形式多样、控制灵活。

　　轧后冷却路径控制如图 4-19 所示。冷却路径的控制主要由超快速冷却和层流冷却灵活配置实现。在前置超快速段（UFC），根据钢种对冷却速率 CR_1 的要求不同，可灵活选择 a_1 与 a_2 两条冷却路径；根据钢种对 CR_2、CR_3 要求不同，可选择 b_1、b_2、b_3、b_4 四条冷却路径；根据钢种对终冷温度 T_2 要求的差别，可选择 c_1 和 c_2 两条冷却路径。

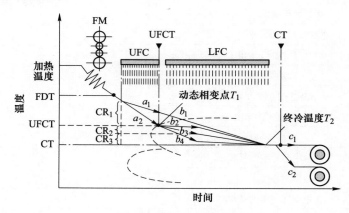

图 4-19　冷却路径控制

不同冷却路径控制适用钢种见表 4-3。

表 4-3　冷却路径应用

ID	冷却路径	适　用　钢　种
1	$a_1+b_1+c_1$	普碳钢、冷轧基板、高强钢、容器板、汽车板等
2	$a_1+b_1+c_2$	热轧双相钢生产等复相钢生产
3	$a_2+b_1/b_2/b_3+c_1$	细晶化、析出钢，如低成本普碳钢，高强钢等
4	$a_2+b_1/b_2/b_3+c_2$	热轧管线钢等低温卷取带钢的生产

　　冷却路径控制为多目标控制，在生产应用过程中，需根据工艺需求对各冷却目标设定优先级顺序，对各控制目标进行逐一控制。冷却路径控制优先级选择如下：首先，满足上游工艺温度控制需求；再满足下游工艺温度控制需求。如在采用冷却路径 $a_2+b_2+c_2$ 时，需先满足 UFCT 的温度控制需求，再满足卷取温度 CT 的温度控制需求。

参 考 文 献

[1] Jiang L Y, Zhao C J, Shi J H, et al. Hot rolled strip re-reddening temperature changing law

during ultra-fast cooling [J]. Journal of Iron and Steel Research International, 2015, 22 (8): 694~702.

[2] Zhi Y, Liu X H, Wang G D. Re-reddening on strip surface after water cooling [J]. Journal of Iron and Steel Research International, 2007, 14 (3): 26~29, 55.

[3] 刘相华, 于明, 支颖, 等. 板带钢快速冷却后表层返红现象 [J]. 钢铁研究学报, 2008, 20 (10): 25~28.

[4] 于明, 支颖, 王君, 等. 中厚板加速冷却后返红过程模拟计算 [J]. 轧钢, 2008, 25 (6): 4~7.

[5] 支颖, 刘相华, 王国栋. 热轧带钢层流冷却中的温度演变及返红规律 [J]. 东北大学学报 (自然科学版), 2006, 27 (4): 410~413.

[6] 孔祥谦. 有限单元法在传热学中的应用 [M]. 北京: 科学出版社, 1998: 6~30.

[7] 陈水宣. 热轧带钢温度建模和数值模拟 [D]. 杭州: 浙江大学, 2008.

[8] 杨世铭, 陶文铨. 传热学 [M]. 北京: 高等教育出版社, 1998.

[9] 刘伟嵬, 李海军, 王昭东, 等. 热轧带钢轧后冷却控制及其智能反馈控制方法 [J]. 钢铁研究, 2011, 39 (4): 20~23.

[10] 余海. 鞍钢 1780mm 热轧带钢厂简介 [J]. 轧钢, 1998 (4): 17~21.

[11] 范晓明, 张利, 蔡晓辉, 等. 模糊自整定 PID 参数控制器用于控制热轧带钢卷取温度 [J]. 钢铁研究学报, 2001, 13 (2): 59~61.

[12] Wang H, Rong Y, Wang T. Laminar cooling control based on fuzzy-PID controller [C]. The IEEE International Conference on Information Management and Engineering, 2010: 7~10.

[13] Liu E Y, Zhang D H, Sun J, et al. Algorithm design and application of laminar cooling feedback control in hot strip mill [J]. Journal of Iron and Steel Research International, 2012, 19 (4): 39~42.

[14] 王建辉, 顾树生. 自动控制原理 [M]. 北京: 清华大学出版社, 2007.

5 基于新一代控轧控冷的热连轧产线布置及产品工艺设计

5.1 工艺需求分析

随着当前资源和环境压力日趋增加、生产成本大幅度提高，在满足钢铁材料强韧性能和使用性能的前提下，降低合金使用量成为系列板带钢产品开发生产的必然。与以往钢铁产品生产工艺相比，新一代 TMCP 工艺不再以添加合金元素为调控其力学性能的主要手段，而是更加注重通过生产工艺手段来调整和控制产品最终显微组织结构，从而使其性能达到甚至超过以往同类产品的标准。由于降低了钢中合金元素添加量，在减少资源、能源消耗的同时，也使得钢铁产品的可回收和再利用性能显著增强，从而实现钢铁材料的绿色制造。

以超快速冷却为核心的热轧带钢新一代 TMCP 工艺技术，可综合利用细晶强化、析出强化、相变强化等强化机制，针对不同的钢种及规格，开发出差异化的超快冷工艺制度。通过系统开展强化机制研究，再造成分工艺体系，即从成分设计开始，及至冶炼、连铸、轧钢等工序，系统开展相关的工艺技术开发工作，实现全流程工艺过程的再造。由于热轧带钢生产线产品种类多、范围广，从量大面广的普碳钢系列，及至工艺技术要求复杂的高强钢、管线钢等产品系列，要充分挖掘工艺潜力，涵盖热轧板带钢 80% 以上的系列品种及规格产品开发应用工作，实现热轧带钢产品的低成本减量化生产，仍需要开展更为深入细致的基础理论研究和应用技术研究。

基于新一代 TMCP 的热连轧板带钢组织调控研究，主要内容及技术难点为：

（1）超快速冷却条件下钢铁材料强化机制的研究。针对超快冷和新一代 TMCP 的技术特点，研究超快速冷却条件下热轧板带钢材料的强化机制，包括细晶强化、析出强化、相变强化等。研究不同工艺条件下，各种强化机制对提高材料强度等性能的影响规律。

（2）综合性能最优化的工艺制度制定。制定合理的工艺路线和优化的工艺制度，充分发挥各种强化机制的强化效果，并获得最优的综合性能，以最大限度地挖掘钢铁材料的潜力，实现热轧板带钢材料的高性能化，满足各种不同使用条件对钢材性能的要求。

（3）新一代 TMCP 条件下系列化产品的开发。根据新一代 TMCP 的优势和特征，针对热轧板带钢产品的使用需求，开发性能优良、绿色安全、可循环、节省资源和能源的系列减量化热轧板带钢产品，满足社会需求，并引领社会可持续发展。

（4）新一代 TMCP 条件下的集约化轧制技术开发。基于新一代 TMCP 技术和已有的组织性能预测与优化平台，开发利用以控制冷却作为主要手段的材料组织性能调控技术，进行钢材的逆向优化和精细调控，解决大规模生产和用户个性化需求之间的矛盾，实现集约化的钢材生产。

（5）产品全生命周期评价技术开发。对原料-生产-用户使用等系列生产过程，在材料的全生命周期范围内，对材料生产、使用过程中涉及的能耗、成本、资源消耗、排放等进行综合评价，以判定材料对社会和环境的影响，以及生产工艺过程的优劣，促进材料生产过程的科学化。

5.2 超快冷工艺布置及工艺特点

5.2.1 粗轧控温轧制工艺

中间坯控温冷却系统根据工艺需求有三种工艺布置形式，如图 5-1 所示。一是可布置在粗轧机上，其目的在于实现在粗轧道次间即时冷却，通过冷却与轧制道次的有效结合，实现粗轧过程的即时控温，为轧制-冷却的一体化控制工艺提供支撑；二是可布置在粗轧机后，其目的在于对粗轧后的中间坯进行冷却，减少典型钢种的摆钢待温时间，且能利用进精轧机前的时间进行有效返红，确保中间坯的心表温度均匀性；三是可布置在精轧机前，经过中间坯冷却系统后，中间坯进精轧机前，返温时间较短，板坯厚度方向温度存在一定梯度，以实现精轧差温轧制工艺，促进中间坯心部变形，改善板带钢心部组织。

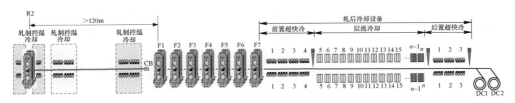

图 5-1 超快冷系统典型的工艺配置

粗轧控温轧制工艺具有如下优势：

（1）对精轧温度有特殊要求的钢种，如管线钢、IF 钢等，可减少中间坯空冷摆动待温时间，有效提高轧制节奏；

（2）通过增设均匀化冷却装置，提高钢板横向、纵向温度的均匀性，提高产品全板性能的稳定性和均匀性，减少切损；

（3）冷却过程可使轧件表面与心部存在温度差，形成轧制过程的差温轧制，进而促进心部变形，改善心部组织，提高产品综合力学性能；

（4）减少板坯头尾温差，尽可能实现热轧带钢轧制过程的匀速轧制，提高带钢通长方向的性能均匀性；

（5）实现轧制过程中的表面晶粒细化效果，提高产品的抗撕裂韧性，有助于开发表面细晶产品。

通过采用粗轧区域控温冷却技术实现控温轧制，针对部分中厚规格的钢板，产品力学性能可以提高 30~50MPa，或降低成本 30~50 元/吨钢。同时减少管线钢等典型钢种待温时间，使典型产品生产效率在现有基础上提高 10%~30%，每年可释放 10 万~15 万吨的产能。同时对于开发具有表面细晶效果的新产品，进一步提高和改善综合力学性能，均有重要意义。

5.2.2　轧后前置超快冷工艺

轧后前置超快冷工艺布置如图 5-1 所示，超快速冷却装置位于精轧机与层流冷却设备之间。该冷却工艺布置方式可实现超快速冷却与层流冷却的有机结合。开发和实现更为灵活的冷却路径控制，可以综合利用细晶强化、析出强化、相变强化等强化机制，生产性能优良的钢铁产品。

在工艺控制要求上，基于超快冷的热轧板带钢新一代 TMCP 工艺要求精确控制超快速冷却的终止点温度，即在达到动态相变点时及时终止超快速冷却。为满足现代化热连轧线生产过程的工艺自动化控制要求，基于超快冷的轧后冷却多目标控制系统需实现涵盖超快速冷却系统、层流冷却系统在内的高精度工艺温度控制需求。带钢终轧温度（FDT）在 800~950℃之间，多目标控制系统需根据带钢的实际速度、实测温度、厚度等信息，同时实现轧后冷却多位置的工艺温度，包括前置超快冷出口温度（UFCT）及卷取温度（CT）的高精度控制。

5.2.3　轧后后置超快冷工艺

轧后后置超快冷工艺布置如图 5-1 所示，超快速冷却装置位于层流冷却设备与卷取机之间。该冷却工艺布置方式需实现超快速冷却与层流冷却有机结合。采用灵活的冷却路径控制，利用相变强化机理，可用于多相高强度钢的生产，如DP540/590 热轧双相钢等产品。

5.3　典型布置方式下的产品工艺开发概况

5.3.1　高效粗轧控温轧制工艺

针对热连轧生产线，在粗轧机与精轧机之间增设中间坯控温冷却系统，可快速将中间坯进行冷却，管线钢等产品待温时间可减少 30~60s。另外，当热连轧线粗轧机与精轧机之间的装备布置空间受限时，由于板坯内部热传导有限，板坯表面存在较大的返红回温，仅仅利用单道次冷却难以达到高钢级管线钢精轧入口的控轧温度要求。为此，可结合管线钢粗轧过程生产工艺，在避免管线钢混晶组织的前提下，进一步采用粗轧道次间冷却系统进行快冷降温，粗轧结束后，利用中间坯冷却系统再次冷却，解决摆钢待温问题，满足精轧开轧温度要求，提高管线钢生产节奏。

中间坯冷却工艺除有效提高管线钢生产节奏外，可一定程度改善管线钢心部组织，提高管线钢力学性能。图 5-2 为中间坯冷却工艺下管线钢显微组织，相比

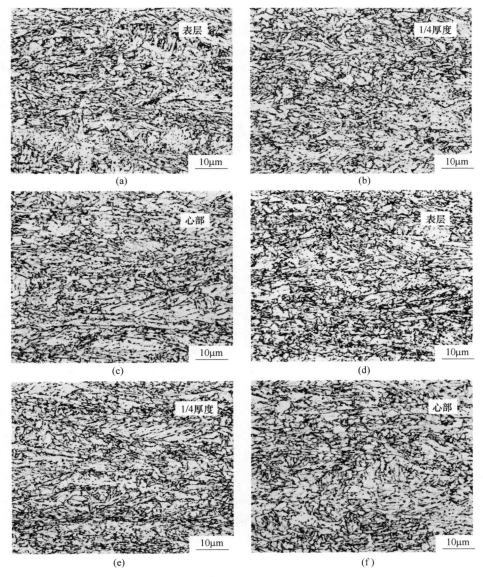

图 5-2　中间坯冷却工艺下 X70 管线钢显微组织（（a）~（c））；
常规工艺下 X70 管线钢显微组织（（d）~（f））

常规生产工艺心部组织产生了一定的细化。在不改变其他力学性能的基础上，屈服强度和抗拉强度各提升约 20MPa。

5.3.2　轧后 UFC-F 工艺

作为量大面广的钢铁材料产品，低合金钢在热轧板带钢生产中所占比例较大。以 Q345B 为例，在传统生产工艺条件下，为保证 Q345 热轧带钢的强韧性能，通常需添加 1.2%~1.6% 的 Mn 元素，部分厂家由于设备条件限制，甚至尚需添加少量微合金元素。此外传统 Q345 钢中的锰含量较高时，在连铸、轧制过程中还易于形成拉长的 MnS 夹杂物，导致纵、横向力学性能差异大、带状组织严重，从而使其应用范围受到限制。在一定程度上，开发内在质量优良、焊接性能以及成形性能更优的低合金钢生产工艺及产品已成为钢铁生产企业和市场的重要需求。

基于超快速冷却的新一代 TMCP 工艺，充分发挥超快速冷却的细晶强化作用，开发出低成本 Q345 生产工艺。与传统生产工艺相比，Mn 含量降低 0.5%~0.8%。金相组织检测表明，晶粒尺寸明显细化，由常规工艺生产下的 10 级提高至 11.5 级左右。实际生产的产品金相组织对比如图 5-3 所示。

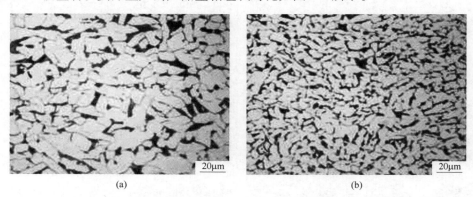

图 5-3　传统层流工艺与超快冷工艺组织对比
（a）传统层流冷却工艺下的显微组织；（b）超快冷工艺下的显微组织

减量化 Q345 系列产品，一方面可以减轻带状组织程度，改善 C-Mn 偏析，减小纵横向性能差异；另一方面，通过减少合金元素用量，降低碳当量，可提高钢材韧性和焊接性能。用户实际使用也充分证明，减量化的 Q345B 产品，在产品焊接性能、成形性能等方面明显优于常规工艺产品，得到了市场和用户的充分认可和肯定。

5.3.3　轧后 UFC-B 工艺

5.3.3.1　基于超快速冷却工艺的管线钢合金减量化

高钢级管线钢中较为理想的显微组织为准多边形铁素体/针状铁素体组织，

这样将赋予管线钢良好的强韧性。在常规层流冷却工艺下，为了提高奥氏体的淬透性、抑制多边形铁素体的转变，促进准多边形铁素体或针状铁素体的相变，管线钢中添加较高含量的 Cr、Mo 等元素。固溶的 Cr 可以对相界面产生明显的溶质拖曳作用，增强过冷奥氏体的稳定性。如图 5-4 和图 5-5 所示，Cr 含量增加可显著抑制铁素体相变，而贵重合金元素 Mo 对铁素体相变的抑制作用更为显著。因此，在高级别管线钢中，常添加较高含量的 Mo 元素以抑制高温铁素体的相变、促进中温针状铁素体或贝氏体相变。然而，高含量的 Mo 将显著提高合金成本，同时损害钢的焊接性能。

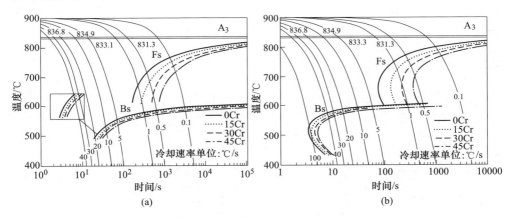

图 5-4　不同 Cr 含量对 CCT 和 TTT 曲线的影响

(a) CCT；(b) TTT

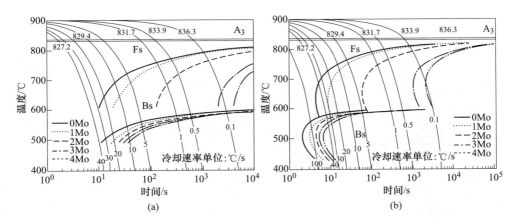

图 5-5　不同 Mo 含量对 CCT 和 TTT 曲线的影响

(a) CCT；(b) TTT

超快速冷却技术可将冷却速度提高到原有层流冷却的 2~5 倍，由 CCT 曲线可知，针对管线钢而言，在不添加或添加少量的 Mo（≤0.20%）情况下，热轧后的钢板可采用超快速冷却系统直接冷却至针状铁素体或贝氏体相变区（即 UFC-B 工艺），避开粗大等轴的铁素体相变，获得细小均匀的低碳贝氏体铁素体或针状铁素体组织。因此，可以大幅减少高钢级管线钢中淬透性元素 Mo、Cr、Cu、Ni 及微合金元素 Nb 的用量，合金成本显著降低。

　　UFC-B 工艺下，典型规格 X70/X80 的金相组织如图 5-6~图 5-9 所示，其组织为典型的针状铁素体（AF）+准多边形铁素体（QF）+少量的粒状贝氏体（GB）组织。即使是超厚规格的 25.4mm 管线钢，厚度方向上的 1/4 处及 1/2 处的显微组织也较为一致，即厚度方向的组织均匀性较好，因而具有优异的强韧性。

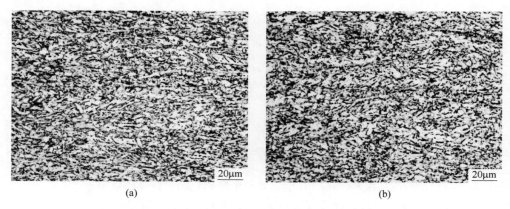

图 5-6　UFC-B 工艺下 17.5mm X70 管线钢的金相组织
（a）1/4 位置；（b）1/2 位置

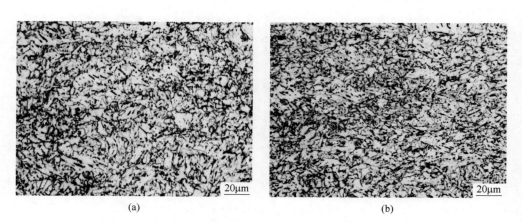

图 5-7　UFC-B 工艺下 25.4mm X70 管线钢的金相组织
（a）1/4 位置；（b）1/2 位置

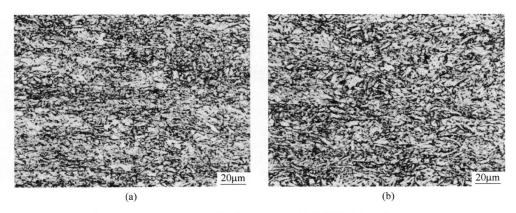

图 5-8 UFC-B 工艺下 18mm X80 管线钢的金相组织
（a）1/4 位置；（b）1/2 位置

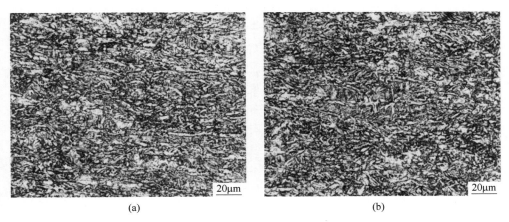

图 5-9 UFC-B 工艺下 22mm X80 管线钢的金相组织
（a）1/4 位置；（b）1/2 位置

工业实践表明，针对 X70/X80 管线钢，依据不同厚度规格，Mo、Cr、Cu、Ni 和 Nb 等元素可降低 30% 以上，吨钢成本降低 150~300 元，实现了显著的降本增效。基于超快速冷却系统高效冷却能力、高均匀冷却性能及高精度温度控制，采用 UFC-B 工艺生产的高钢级管线钢，不但具有低的成本、优异且稳定的综合力学性能，而且板形明显优于常规 TMCP 工艺生产的管线钢。

5.3.3.2 超快速冷却工艺对超厚规格管线钢低温韧性的改善效果

管线钢主要用于输送天然气、石油等，不仅要求高的强度，还需良好的低温韧性。一般而言，随着强度的提高及产品厚度的增加，管线钢的韧性显著下降。因此，低温韧性成为厚规格/超厚规格高级别管线钢稳定开发生产的瓶颈。在常规热连轧生产线上生产厚规格/超厚规格管线钢时，常规层流冷却系统冷却能力的不足更加凸显，导致钢板心部组织粗大或得不到针状铁素体组织，最终导致落锤性能不合等性能问题。迁钢 2160mm 热连轧生产线上的生产试验及工业化批量生产表明，采用 UFC-B 工艺技术，显著改善管线钢的落锤性能，特别是厚规格管线钢，超快速冷却的工艺优势更为凸显。生产实践表明，采用 UFC-B 工艺，25.4mm 超厚度规格 X70 管线钢 DWTT 性能合格率及稳定性显著提高，对于特定成分的超厚规格管线钢 DWTT 性能可由原层冷条件下的 35%~85% 提高到 80%~100%。

与传统层流冷却相比，超快速冷却工艺为带钢贝氏体相变提供了更多的形核位置及相变驱动力，较大的冷却速度抑制了 C 原子的扩散及微合金碳氮化物的长大。因此，超快速冷却下所形成的针状铁素体、贝氏体铁素体及 M/A 岛尺寸更为细化，由此引起以针状铁素体及贝氏体铁素体晶界为代表的大角度晶界含量及所占百分比增加。值得指出的是，对于 25.4mm 超厚规格 X70 管线钢而言，由于带钢厚度较大，带钢表面冷却速度与带钢心部冷却速度存在一定冷速梯度。传统层流冷却下，带钢冷却能力不足，这种冷却能力不足往往体现在厚规格带钢心部组织演变上。在层流冷却下，冷却速度不足对贝氏体铁素体尺寸及其所占百分比产生影响，导致带钢心部组织不理想，最终致使管线钢 DWTT 性能不稳定甚至不合格。超快速冷却工艺的应用，提高了厚规格带钢表面冷却速度同时，在厚度方向形成大的温度梯度，从而提高了厚规格带钢心部冷却速度。在带钢表面至心部的冷却速度梯度范围内，组织均以针状铁素体以及贝氏体铁素体为主，而带钢心部冷却速度的提高，能够细化心部显微组织，使心部组织晶界数量增大，相应的大角度晶界数量增多。细小的针状铁素体相互交织的特点，使裂纹扩展至晶界处发生偏转或终止，消耗裂纹扩展能量，对裂纹扩展起到阻碍作用，使管线钢表现出优良 DWTT 性能。因此，超快速冷却工艺下，由于带钢冷却速度的提高，尤其是带钢心部冷速提高，带钢全厚度横截面上显微组织发生细化、大角度晶界数量及所占百分比提高，改善了管线钢 DWTT 性能。

25.4mm 超厚规格 X70 管线钢显微组织表征结果可知，在传统层流冷却与超快速冷却两种工艺下，带钢显微组织由针状铁素体、贝氏体铁素体及硬相 M/A 岛组成，该三种组织在管线钢中的各自所占百分比、尺寸大小及形貌特征随冷却工艺不同有所差别。图 5-10 的 OM 表明，在超快速冷却工艺下，沿着带钢横截面分布的粗大贝氏体铁素体百分比减小，针状铁素体细化，等轴状细小铁素体晶粒增多。图 5-11 的 SEM 表明，超快速冷却工艺下硬相 M/A 岛组织主要呈颗粒状，这些粒状 M/A 岛组织弥散分布于铁素体晶界处及晶粒内部。图 5-12、图 5-13 的 EBSD 表明，超快速冷却工艺下，管线钢厚度 1/4 处及带钢心部组织中组织细化，晶粒间大角度晶界百分比增多，这种现象在带钢心部组织表现更为明显。图 5-14 的 TEM 检测结果表明，超快速冷却工艺下，组织中 α 铁素体板条细小。

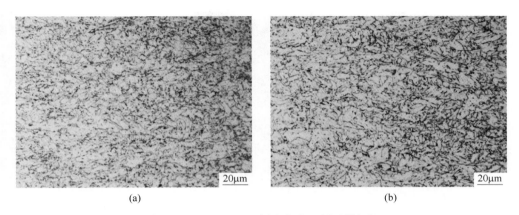

图 5-10 25.4mm X70 厚度方向心部显微组织

（a）层流冷却；（b）超快速冷却

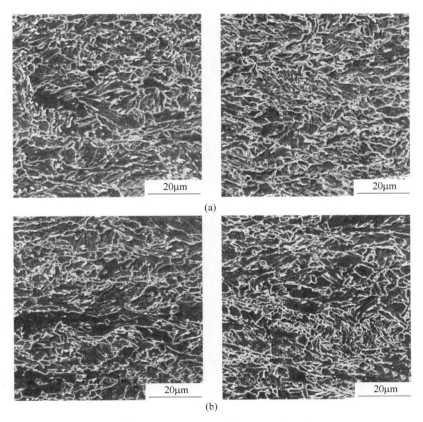

图 5-11 25.4mm X70 横截面形貌照片

（a）心部（左-层冷，右-超快冷）；（b）厚度 1/4 处（左-层冷，右-超快冷）

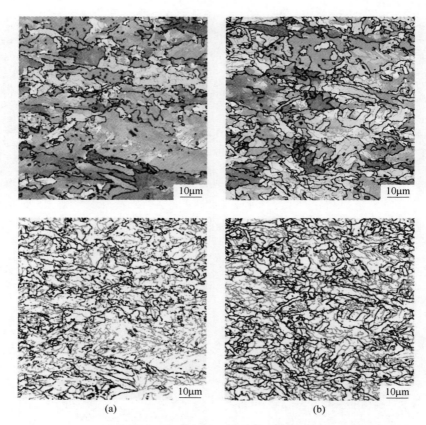

图 5-12   25.4mm X70 厚度 1/2 处 EBSD
（a）层流冷却；（b）超快速冷却
（扫书前二维码看彩图）

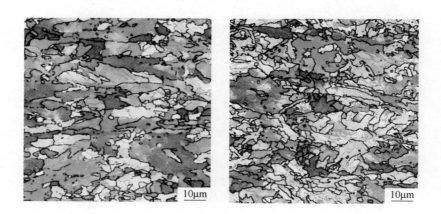

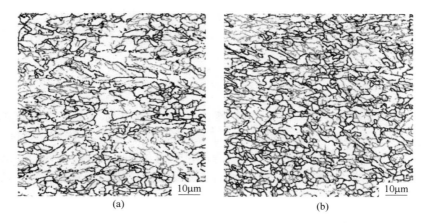

图 5-13 25.4mm X70 厚度 1/4 处 EBSD

(a) 层流冷却;(b) 超快速冷却

(扫书前二维码看彩图)

图 5-14 25.4mm X70 TEM

(a) 层流冷却;(b) 超快速冷却

25.4mm 超厚规格 X70 管线钢表现出的良好显微组织特征及力学性能与带钢的控制轧制与控制冷却工艺密切相关。在相同的控制轧制工艺下,冷却速度、超快速冷却出口温度、卷取温度等冷却参数对带钢微观组织及亚结构的调控起到决定性作用。经终轧后的变形奥氏体组织,在超快速冷却工艺下,变形带、孪晶带、位错等晶体缺陷会"冻结"至贝氏体相变温度区间,产生较大过冷度。"冻结"的缺陷为贝氏体相变提供了足够多的形核位置,超快速冷却产生的较大过冷度为贝氏体相变提供了足够的相变驱动力,针状铁素体会以晶粒内部的第二相为核心而发生相变。与此同时,晶粒内局部区域 C 原子发生短程扩散,使未转变的奥氏体因富碳而稳定化,富碳奥氏体在随后的冷却过程中部分发生马氏体相变而形成 M/A 岛组织，M/A 岛以细小粒状分布于贝氏体铁素体晶界处。这种以细小针状铁素体为主，弥散分布着细小 M/A 岛的理想组织，在提高管线钢强度的同时显著改善了其低温韧性。

5.3.4　轧后 UFC-M 工艺

双相钢（dual phase steel）是由铁素体（F）和马氏体（M）构成的先进高强钢（AHSS）。双相钢的组织特征决定了其具有优异的力学性能：良好强塑性、低屈强比、高初始加工硬化率、良好烘烤硬化性能及抗疲劳性能等，因而满足了汽车多种部件的应用条件，尤其是其所具有的高强度可使汽车质量减轻，从而兼顾了汽车的安全性与节能性。

5.3.4.1　经济型热轧双相钢连续冷却相变行为

热轧双相钢开发的基本思想是在普通钢板中调整化学成分并配合控制轧制与控制冷却工艺，直接热轧成双相钢。图 5-15 为经济型 C-Mn 实验钢的动态连续冷却转变曲线（CCT 曲线）。由图 5-15 的 CCT 曲线可知，实验钢存在三个相变区，且三个相变区在 CCT 曲线图中所占的区域由大到小依次为铁素体转变区、贝氏体转变区、珠光体转变区。当冷速由 0.5℃/s 增加至 40℃/s 时，铁素体开始转变温度由 810℃ 左右降低至 735℃ 左右。连续冷却条件下，实验钢并未获得理想的双相组织，如图 5-16 所示。

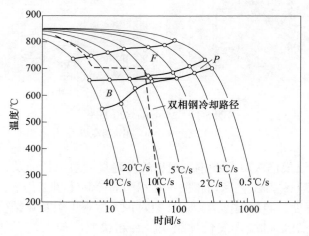

图 5-15　实验钢的动态 CCT 曲线

5.3.4.2　经济型热轧双相钢分段冷却相变行为

连续冷却实验表明，对于经济型 C-Mn 系双相钢而言，采用连续冷却的方式

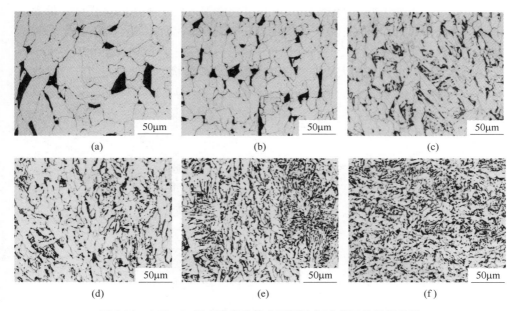

图 5-16　C-Mn-Cr 钢变形奥氏体在不同冷却速率下的显微组织

(a) 0.5℃/s；(b) 2℃/s；(c) 5℃/s；(d) 10℃/s；(e) 20℃/s；(f) 40℃/s

难以获得理想的 F-M 双相组织。依据双相钢的组织特征及性能要求，采用热轧工艺生产双相钢需要满足以下条件：

（1）热轧后快速形成足够体积分数的铁素体组织；

（2）在马氏体相变前避免珠光体及贝氏体的转变；

（3）在卷取前或卷取后完成马氏体相变。

因此，在实际的热轧生产中，需在有限的冷却线上依次完成奥氏体向铁素体、奥氏体向马氏体的相变，同时避免奥氏体向珠光体或贝氏体的相变。为了在较短时间内获得大量细小均匀的铁素体，热轧后可直接加速冷至铁素体相变区后缓冷或空冷，然后再快速冷却至 M_s 以下，实现马氏体相变，冷却路径如图 5-15 所示。

对于分段冷却模式，缓冷或空冷前的温度将直接决定双相钢的铁素体组织，如图 5-17 所示。当前段冷却温度为 740℃时，铁素体相变驱动力较小，仅能在原奥氏体晶界处形核长大，铁素体体积百分含量为 15% 左右。当温度降至 660 ~ 700℃时，过冷度的增加加速了铁素体的形核、促进铁素体转变，铁素体含量提高。当温度低于 620℃时，组织中含有多边形铁素体、准多边形铁素体和针状铁素体，而 580℃时，出现大量贝氏体。图 5-18（a）为多边形铁素体百分含量与中间温度的变化关系。

经济型 C-Mn 钢 700℃时不同空冷时间下的显微组织如图 5-19 所示。试样冷却至700℃后直接淬火的室温组织并未观察到铁素体而是单相的马氏体，保温3s后淬火组织中含有6%的铁素体，说明试样冷却至Ar_3温度以下仍需经过一段孕育期后才可形核长大。当空冷时间延长至40s时，铁素体含量增加至92%左右，马氏体的分布形态由原来的大块群岛状演变为弥散孤岛状。

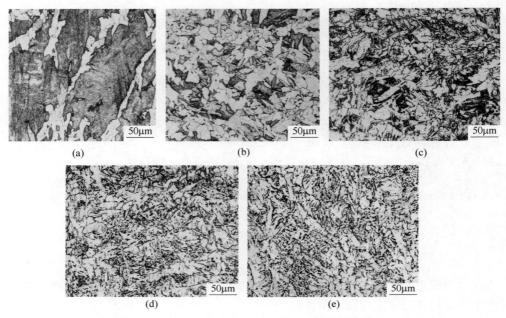

图5-17　C-Mn-Cr钢不同中间温度下试样的显微组织
（a）740℃；（b）700℃；（c）660℃；（d）620℃；（e）520℃

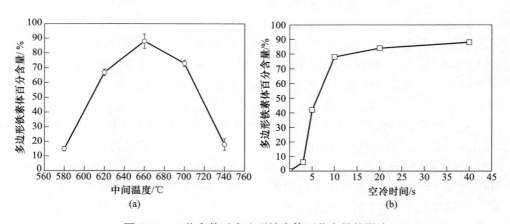

图5-18　工艺参数对多边形铁素体百分含量的影响
（a）中间温度；（b）空冷时间

图 5-18（b）为铁素体转变量随时间的变化关系。由曲线可知，开始时刻铁素体转变比较缓慢；当相变积累到一定时间，转变速率急剧增大，直到铁素体含量达到一定值时转变又趋于缓慢，即铁素体转变量与时间的关系曲线呈"S"型，这与依据 Johnson-Mehl 方程绘制的动力学曲线一致。因此，为了保证获得足够量的多边形铁素体及稳定的性能，热轧双相钢在生产冷却过程中除了需控制合理的中间温度外，空冷时间应予保证。

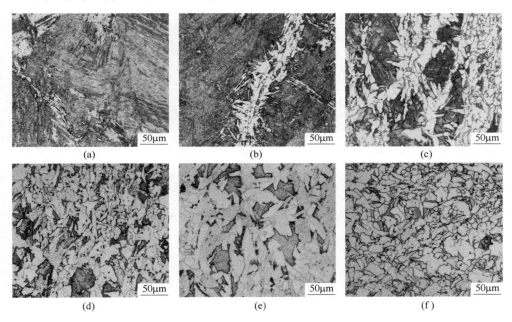

图 5-19　C-Mn-Cr 钢不同空冷时间下试样的显微组织

（a）0s；（b）3s；（c）5s；（d）10s；（e）20s；（f）40s

5.3.4.3　热轧双相钢层流冷却生产中存在问题及后置超快速冷却的应用

采用层流冷却开发生产的热轧双相钢主要以 3~6mm 厚度规格的 DP540~DP600 为主，且存在以下主要问题：

（1）因受轧线冷却系统设备能力以及冷却段设备长度的限制，卷取温度难以达到 M_s 以下或冷却路径进入贝氏体相变区。因此，为了获得 F+M 的双相组织，需添加 Mo 或高含量的 Cr 等合金元素以抑制珠光体、贝氏体的形成，降低获得马氏体组织所需的临界冷速。然而，采用较高的合金成分设计，不但提高了成本而且还恶化了钢的焊接性能。

（2）产线能批量生产应用的热轧双相钢产品以不超过 6mm 为主，生产厚规格热轧双相钢时，由于生产线冷却强度有限，难以避免珠光体、贝氏体等非马氏体组织的形成，即难以经济地获得铁素体+马氏体的双相组织的热轧双相钢。

　　为了解决上述问题，满足汽车企业对于热轧双相钢强度及厚度规格的需求，著者团队从热轧双相钢的组织调控机理出发，开发了具有国际领先水平的热轧板带钢新一代后置式超快速冷却系统，很好地解决了上述问题，在制备低成本高质量厚规格热轧双相钢方面具有显著的技术优势。后置式超快速冷却系统的布置如图 5-20 所示，超快速冷却系统布置在卷取机之前、常规层流冷却系统之后。

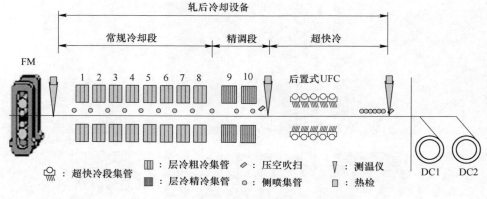

图 5-20　后置超快速冷却系统配置

6 低成本普碳钢开发应用（TMCP-F）

6.1 基于超快冷的 C-Mn 钢组织调控机理

6.1.1 超快冷条件下的晶粒细化

新一代 TMCP 技术轧后依赖于超快速冷却可实现冷却路径的灵活控制，当终冷温度在铁素体及珠光体相变区时，称为 TMCP-F 工艺。该工艺下的晶粒细化包括两个层面：（1）原始奥氏体晶粒的细化。具体地，钢材首先在高温奥氏体区域，包括完全再结晶区域和未再结晶区域进行控制轧制，以获得尽可能细小的硬化奥氏体，随即快速冷却至低温相变区域，避免奥氏体晶粒在冷却过程中发生静态再结晶、长大过程或软化。如此一来可以获得缺陷密度较大的细小奥氏体晶粒，可为后续铁素体相变提供更多的形核位置。（2）铁素体晶粒的细化。具体地，钢材控制轧制后进行超快速冷却，因冷却能力较强，可以直接冷却至铁素体中低转变温度，从而提高形核率和相变驱动力，同时高的冷却速度使得 CCT 曲线右移，抑制了高温铁素体相变。最终有利于获得细小均匀的铁素体晶粒。

采用 TMCP-F 工艺，上述两个优点均有利于细化铁素体晶粒，以下通过热模拟和热轧实验从组织和性能两个方面进行验证。实验钢成分为 0.17C-0.07Si-0.33Mn（质量分数,%），热模拟工艺示意图如图 6-1 所示。

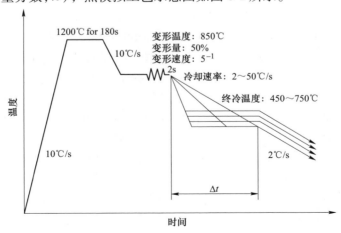

图 6-1 热模拟工艺示意图

　　图 6-2 显示出了热模拟试样的硬度。当冷却温度为 750℃ 时，随着冷却速率从 2℃/s 增加到 50℃/s，硬度略有增加（从 126HV 增加到 132HV）。但是，当冷却温度低于 750℃ 时，硬度随冷却速率的增幅更大。例如，当冷却速率从 2℃/s 增加到 50℃/s 时，硬度在 650℃ 的温度下从 128HV 增加到 145HV，在 450℃ 的温度下从 130HV 增加到 155HV。此外，硬度随着冷却温度的降低而增加。冷却速率越高，效果越好。例如，当冷却温度从 750℃ 降低到 450℃ 时，硬度在 2℃/s 的速度从 126HV 增加到 130HV，在 50℃/s 的情况下从 131HV 增加到 155HV。因此，该结果说明了普通 C-Mn 钢的机械性能同时受到冷却速度和冷却温度的影响。

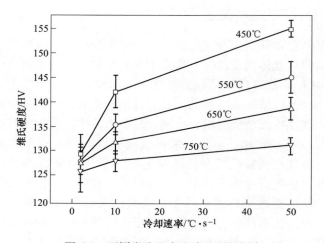

图 6-2　不同卷取温度和冷速下的硬度

　　图 6-3 显示了在不同冷却速率和冷却温度下实验钢的微观结构。可以看出，图 6-3 可以分为两个区域：区域 A 和 B。在区域 A 中，冷却温度-冷却速率为 750℃-2℃/s，750℃-10℃/s，750℃-50℃/s，650℃-2℃/s，550℃-2℃/s 和 450℃-2℃/s 的样品显微结构由较大尺寸的多边形铁素体和珠光体组成，且组织尺寸对冷却速度或温度变化不敏感。在该区域，铁素体晶粒尺寸几乎恒定（12～13.5μm），这是硬度随冷却速率和冷却温度而略有变化的根本原因。在区域 B 中，显微组织受到冷却速率和冷却温度的强烈影响。当冷却温度为 650℃ 时，冷却速度从 2℃/s 增加到 50℃/s 时，每单位面积的铁素体晶粒数量从 4527mm² 增加到 11370mm²。在区域 B 随着冷却速率的增加，多边形铁素体晶粒的尺寸显著减小（见图 6-4）。当冷却速率为 50℃/s 时，冷却温度从 550～450℃ 降低时，组织由小尺寸的多边形铁素体、贝氏体和针状铁素体组成。贝氏体和针状铁素体有望增强普通 C-Mn 钢的强度。在区域 B 中，随着冷却速率的增加和冷却温度的降低，铁素体的晶粒尺寸减小，贝氏体的体积分数增加，从而导致硬度增加。

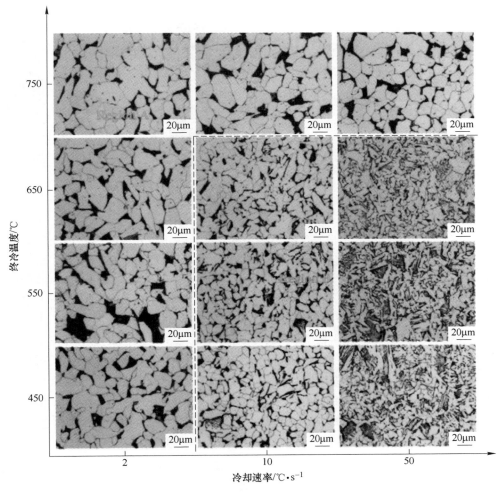

图 6-3 不同卷取温度和冷速下的组织结构

从上述结果可以看出，合理利用超快冷调控冷却路径将有利于充分细化铁素体晶粒，从而提高力学性能。

6.1.2 超快冷条件下的亚结构细化

TMCP-F 工艺不仅对铁素体晶粒有细化作用，而且对组织中的亚结构，包括珠光体片层间距、析出相尺寸等均有较大的影响[1~4]。如上所述，超快速冷却能抑制高温铁素体相变，促进铁素体大量均匀地形核长大，可将奥氏体晶粒分割为更小的区域，在后续发生珠光体相变时有利于得到更小尺寸的珠光体团（片层珠光体或粒状珠光体）。如图 6-4 所示，650℃终冷温度下，10℃/s 冷速下组织中铁素体及珠光体团尺寸较 2℃/s 冷速明显更细。珠光体片层间距或粒度与合金成

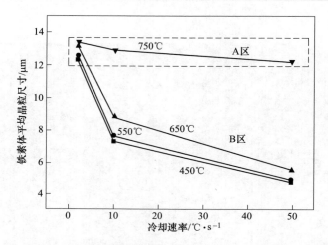

图 6-4　不同卷取温度和冷速下的铁素体平均晶粒尺寸

分、形成温度和奥氏体尺寸均有较大关系，采用超快速冷却工艺可以在短时间内实现任意终冷温度的调控，有利于获得片层间距更细的组织，进而提高力学性能。针对析出相，采用 TMCP-F 工艺后可抑制或减少合金元素在奥氏体相中的析出，使得析出发生在铁素体相变过程中。同时由于冷速较大，实验钢将快速穿过高温铁素体相变区域，可以抑制高温铁素体内的析出，进而获得细小弥散的析出类型。以下部分针对析出类型进行设计，研究了 TMCP-F 工艺下的 Ti 元素析出行为。实验钢为 0.05Ti 低碳钢，化学成分按质量百分比为：0.063C-0.31Si-1.5Mn-0.48Cr-0.05Ti-0.03Al-0.003P-0.002S-0.004N。热轧之后，钢板在传送辊道上采用不同的冷却路径控制冷却，工艺如图 6-5 所示。分别采用空冷（AC）、层流冷却（LC）系统和前置超快速冷却（UFC）系统将实验钢冷却至 710℃，然后空冷至 660℃，最后采用后置超快速冷却系统将其冷却至 150℃。冷却后的钢板放置

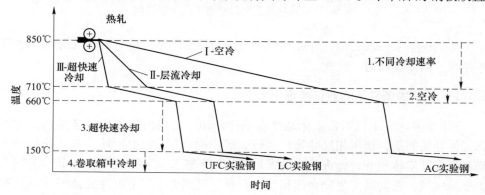

图 6-5　控制冷却工艺图

在石棉保温箱中模拟卷取过程。前段冷却过程中，空冷、层流冷却和超快速冷却的平均冷速分别为 1.8℃/s、40℃/s 和 240℃/s。为了便于描述，将三种实验钢分别简称为 AC、LC 和 UFC 实验钢。

如图 6-6~图 6-8 的 TEM 微观组织所示，在三种实验钢的铁素体基体中均观察到纳米析出相。考虑到 TiN 一般在液相或奥氏体中就已析出，且在 TEM 下观察一般呈矩形状。因此，这些球形的纳米析出相为 TiC 粒子。三种实验钢铁素体基体中的纳米 TiC 析出相的分布形态、数量密度以及粒子尺寸均存在显著差异。如图 6-6 所示，在 AC 实验钢中，粒子平均直径约为 10nm，而且存在两种分布形态：排列状分布的相间析出和弥散随机分布的过饱和弥散析出。其中，相间析出的行间距在 45~70nm 之间。

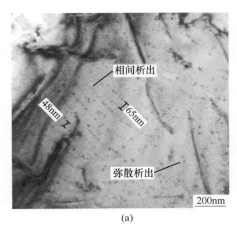
(a)

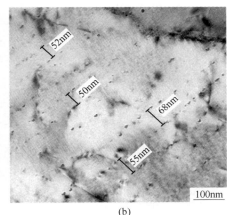
(b)

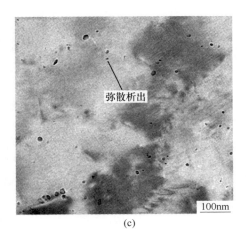
(c)

图 6-6　AC 实验钢铁素体基体中的析出形貌

（a）相间析出；（b）相间析出；（c）弥散析出

如图 6-7 所示，在 LC 实验钢的铁素体晶粒中，也可同时观察到相间析出和过饱和弥散析出。但是在 LC 实验钢中，析出粒子的数量密度明显高于 AC 实验钢，而且粒子平均直径减小，约为 4.5nm。值得注意的是，LC 实验钢相间析出的行间距分布范围比 AC 实验钢大，为 15~65nm（见图 6-7（a）和图 6-7（b））。

在 UFC 实验钢的铁素体基体中，观察不到相间析出，仅存在弥散析出，如图 6-8 所示。而且，析出粒子平均直径与 LC 实验钢基本一致，约为 4.5nm。如图 6-8（b）和图 6-8（c）中的箭头所示，在 UFC 实验钢的铁素体晶粒中，析出粒子除了均匀分布外，还存在位于晶界和晶内的线状分布。其中，晶内的线状分布可能为位错线上的析出。

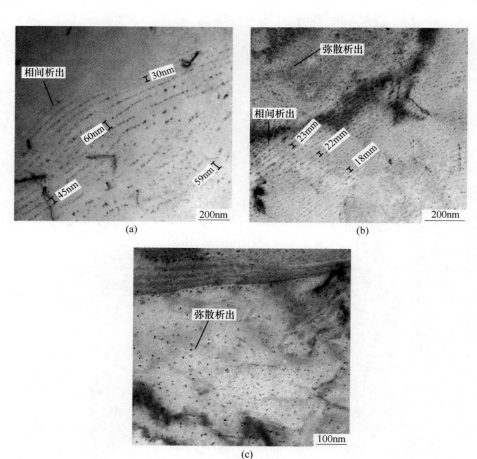

图 6-7　LC 实验钢铁素体基体中的析出形貌

（a）相间析出；（b）相间析出；（c）弥散析出

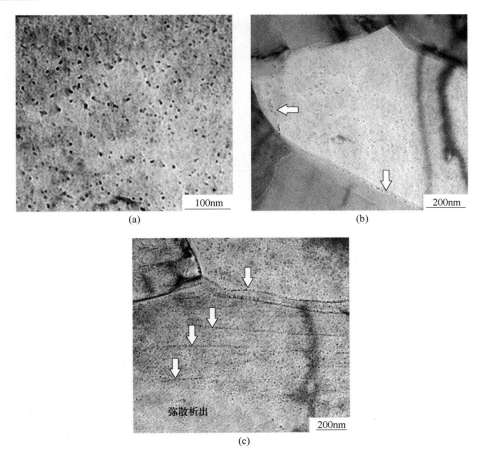

图 6-8 UFC 实验钢铁素体基体中的弥散析出形貌

6.2 基于超快冷的细晶强化机制

晶粒细化是同时提高钢材强度与韧性的唯一手段，因此，材料显微组织的精细化控制对于高品质钢铁材料的开发具有重要意义。研究表明，随着热轧后冷却速率的增加及冷却终止温度的降低，C-Mn 钢将依次通过粗晶区、细晶作用区及极限细晶区。热轧后冷却过程中 C-Mn 钢的组织调控原理图示如图 6-9 所示。在低冷却速率及高冷却终止温度区域，晶粒粗大且晶粒尺寸受工艺的影响不显著（粗晶区）；当冷却速率继续增大且冷却终止温度继续降低时，晶粒尺寸将随着冷却速率的增大及冷却终止温度的降低而显著减小（细晶作用区）；然而，当晶粒细化至一定程度时，晶粒尺寸将不再随着冷却速率的增加及冷却终止温度的降低而显著减小，而是基本保持稳定而细小的尺寸，即达到极限尺寸（极限细晶区）[1]。

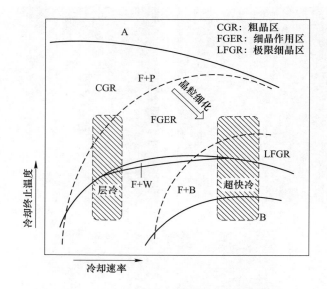

图 6-9　冷却过程中 C-Mn 钢组织调控原理

　　在基于常规层流冷却的传统 TMCP 工艺条件下，由于轧后冷却速率较低，冷却速率及冷却终止温度处于如图 6-9 所示的粗晶区或细晶作用区，晶粒尺寸随着冷却终止温度的降低及冷却速率的增加而减小。但由于层流冷却的冷却速率的限制，难以接近或达到极限细晶区。因此，为了进一步细化晶粒，常通过添加微合金元素提高钢材的再结晶温度扩大未再结晶区；或降低轧制温度，在未再结晶区进行低温大压下。通过添加微合金或"低温大下"使材料内部形成大量的变形带、亚晶、位错等晶体"缺陷"，这些"缺陷"在后续的相变中成为铁素体形核的核心。"缺陷"的大量存在，造成后续相变中材料内部大量形核，进而可以细化材料的晶粒尺寸，实现细晶强化效果。

　　如何能够降低对"低温大压下"及"微合金化"传统工艺路线的过度依赖是低成本高效地生产 C-Mn 系钢的重要方向。以超快速冷却为核心的新一代 TMCP 技术很好地解决了这个问题。图 6-9 所示，采用超快速冷却工艺并配合合理的冷却终止温度的控制，可使钢材处于极限细晶区，获得细小且稳定的晶粒，实现大幅度的晶粒细化，从而适当降低了对"低温大压下"及"微合金化"的过度依赖。轧后超快速冷却可以抑制硬化奥氏体的回复与再结晶，保持奥氏体处于含有大量"缺陷"的高能硬化状态，随后通过控制超快速冷却的终止温度，使其进入极限细晶区，进而获得稳定细小的晶粒。以超快速冷却为核心的新一代 TMCP 技术还可根据材料组织性能需求的差异，控制超快速冷却的终止温度，使得富含"缺陷"的硬化状态奥氏体被保存至不同的相变区间内，进而实现特定组织的细化效果，实现细晶强化与组织强化的双重调控[5,6]。

6.3 超快冷工艺在普碳钢中的工业应用及成效

对于普碳低合金钢，在传统层流冷却工艺条件下，为保证热轧板带钢的强韧性能，通常需添加较高含量的 Mn（1.30%~1.6%），部分厂家由于设备条件限制，尚需添加适量的 Nb、V、Ti 等微合金元素。此外传统普碳低合金钢中的锰含量较高时，在连铸、轧制过程中还易于造成碳锰偏析或形成拉长的 MnS 夹杂，导致心部带状组织严重、纵横向力学性能差异大等问题。而基于超快速冷却技术，针对普碳低合金钢开发的 UFC-F 工艺，可明显增加铁素体的形核率，并抑制晶粒长大，实现明显的晶粒细化，在提高强度的同时仍然保证良好的延伸性能，同时可大幅降低 Mn 含量，实现减量化。

图 6-10 为减量化低 Mn 普碳低合金钢超快速冷却工艺及常规层流冷却工艺下的冷却路径示意图。超快速冷却工艺条件下，热轧后的钢板采用超快速冷却+层流冷却的组合冷却模式进行冷却。层流冷却及超快速冷却工艺条件下，Mn 含量不超过 0.4% 的减量化普碳低合金钢典型的力学性能见表 6-1。层流冷却工艺条件下获得的减量化普碳低合金热轧板带钢的屈服强度、抗拉强度及延伸率分别为 313MPa、421MPa 及 39%，性能未达到 Q345 性能要求。超快速冷却工艺下获得的减量化普碳低合金热轧板带钢屈服强度及抗拉强度分别提高至 391MPa 及 504MPa，且仍然保持较高的延伸率（35.5%），性能完全满足 Q345 的力学性能要求。

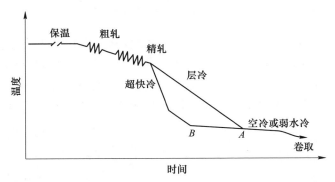

图 6-10 超快速冷却工艺及常规层流冷却工艺下的普碳钢冷却路径

表 6-1 层流冷却与超快速冷却工艺条件下减量化低 Mn 普碳热轧板带钢力学性能

工艺	屈服强度/MPa	抗拉强度/MPa	伸长率/%
层流冷却	313	421	39.0
超快速冷却	391	504	35.5

　　图 6-11 为层流冷却与超快速冷却工艺条件下减量化普碳低合金热轧板带钢显微组织。层流冷却工艺条件下，热轧板带钢的组织由铁素体和珠光体构成，铁素体平均晶粒尺寸约为 6μm（见图 6-11（a））。而超快速冷却工艺可明显增加铁素体的形核率，并抑制晶粒长大，因此可实现明显的晶粒细化。如图 6-11（b）所示，由超快速冷却工艺获得的热轧板带钢，组织仍然主要由铁素体和珠光体构成，但铁素体晶粒得到显著的细化，晶粒尺寸约为 3μm。由 Hall-Petch 关系可知，当晶粒尺寸由 6μm 减小至 3μm 时，强度可升高约 90MPa。可见，采用 UFC-F 工艺技术，可进一步挖掘普通 C-Mn 钢的性能潜力，通过细晶强化作用，实现钢板强度级别的升级或降低钢中的合金用量，提高资源利用率。

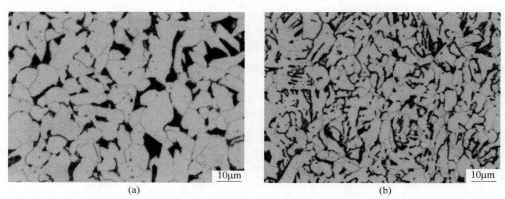

图 6-11　层流冷却与超快速冷却工艺条件下减量化低 Mn 普碳热轧板带钢显微组织
(a) 层流冷却工艺；(b) 超快速冷却工艺

　　随着新一代 TMCP 工业化生产技术研究的深入，采用 UFC-F 工艺生产的资源节约型 Q345 钢板已大批量稳定供货。UFC-F 工艺条件下典型规格的减量化 Q345 热轧板带钢产品的显微组织如图 6-12 所示。与常规层流冷却工艺相比，UFC-F 工艺条件下生产的 4.0~22.0mm 系列厚度规格的 Q345 热轧板带钢，Mn 含量

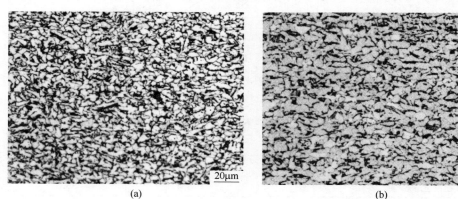

(a)　　　　　　　　　　　　　　　(b)

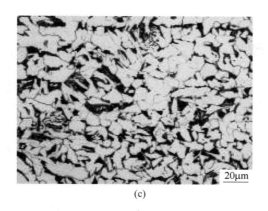

(c)

图 6-12　减量化 Q345 典型规格显微组织

（a）8mm 厚度规格；（b）12mm 厚度规格；（c）22mm 厚度规格

可降低 20%~50%。基于 UFC-F 工艺开发的资源节约型普碳低合金热轧带钢产品，低的碳当量及合金用量不但提高了钢材韧性和焊接性能，还可减轻带状组织程度，减小纵横向性能差异。

参 考 文 献

［1］ Li C N, Yuan G, Ji F Q, et al. Mechanism of microstructural control and mechanical properties in hot rolled plain C-Mn steel during controlled cooling［J］. ISIJ International, 2015, 55（8）: 1721~1729.

［2］ Fribourg G, Bréchet Y, Deschamps A, et al. Microstructure-based modelling of isotropic and kinematic strain hardening in a precipitation-hardened aluminium alloy［J］. Acta Materialia, 2011, 59（9）: 3621~3635.

［3］ Beladi H, Kelly G L, Hodgson P D. Ultrafine grained structure formation in steels using dynamic strain induced transformation processing［J］. International Materials Reviews, 2013, 52（1）: 14~28.

［4］ Kang J, Li C N, Yuan G, et al. Improvement of strength and toughness for hot rolled low-carbon bainitic steel via grain refinement and crystallographic texture［J］. Materials Letters, 2016, 175: 157~160.

［5］ 王国栋. 以超快速冷却为核心的新一代 TMCP 技术［J］. 上海金属, 2008, 30（2）.

［6］ 王国栋. 新一代控制轧制和控制冷却技术与创新的热轧过程［J］. 东北大学学报: 自然科学版, 2009（7）: 913~922.

7 经济型高性能厚规格管线钢开发(TMCP-B)

7.1 开发背景

随着世界经济的快速发展，石油、天然气作为国民经济不可或缺的重要战略资源需求量急剧增加。伴随着石油、天然气消费市场的不断扩大，其运输手段的高效性与低成本性受到科研工作者广泛关注。目前，从经济性、安全性方面考虑，大口径、长输管道成为石油、天然气运输管道发展的重要方向。增大管径是提高管道输送效率的首选方式[1]。在相同输送压力下，管径的增加会不可避免地使钢管壁厚成比例增加，例如，随着输送管道管径由1219mm增加至1422mm，X80级管线钢的壁厚由18.4mm增加至21.6mm，见表7-1。因此，厚规格管线钢的开发成为管线用钢研发的热点。

表 7-1 我国代表性天然气长输管道主要参数

管道名称	钢级	管径/mm	一级地区壁厚/mm	设计压力/MPa	输气量/亿立方米·年$^{-1}$
靖西线	X52	426	6.0	4.5	10
陕京线	X60	660	7.1	6.4	33
西一线	X70	1016	14.6	10	170
西二线	X80	1219	18.4	12/10	300
拟建试验段	X80	1422	21.6	12	450

管线钢壁厚的增加会给其生产带来难题。对于直缝埋弧焊而言，保证上述厚规格管线钢的落锤撕裂性能（drop-weight tear test，DWTT）不是问题。但对于螺旋焊管而言则是严峻的挑战，壁厚的增加会使管线钢DWTT性能难以满足生产要求[2]。对于热轧管线钢带钢而言，由于精轧机组入口处中间坯厚度限制的要求，管线钢的二阶段控制轧制相对复杂。特别是在生产厚规格管线钢产品时，精轧阶段变形量难以保证，增加了其工艺控制难度。另外，热连轧生产线较快的轧制节奏使其后续的冷却能力受到限制。在传统工艺下生产厚规格管线钢产品时，由于中间坯厚度及轧后冷却能力的限制，使得厚规格管线钢组织中针状铁素体（AF）含量偏低、组织相对粗大，导致所生产的厚壁管线钢DWTT性能易出现不稳定、

合格率低的问题。

为了解决这一问题，通常存在两种方法来保证材料的 DWTT 性能。一种是通过添加合金元素，以改变材料的物理冶金学行为。例如，添加有利于组织细化的元素来获得理想、细小的微观组织，如 Nb、Mo 元素等，进而保证材料的 DWTT 性能。但该方法在增加合金元素消耗、提高成本的同时还会对管线钢环缝焊接性能产生一定影响。厚规格螺旋焊管是否能在大输量天然气管道上成功获得应用，成本问题是决定性的因素，并且，管线钢环缝焊接性能的评估是管线钢热轧带钢重要的力学性能指标之一，通过添加合金元素含量以满足管线钢 DWTT 性能的思路并不可取。另一种方法则是在保持合金元素不变或适量减少合金元素用量的前提下，通过控轧控冷（thermo-mechanical controlled processing，TMCP）来提高管线钢的 DWTT 性能。该方法在保证管线钢具有优良的强、韧性能匹配及 DWTT 力学性能的同时，确保甚至改善管线钢的后续焊接性能。基于该研究与开发思路，将以超快冷为核心的新一代 TMCP 技术应用于厚规格高钢级管线钢的开发与生产，通过优化控制冷却路径实现组织方面的改善，解决厚规格管线钢 DWTT 性能不稳定的问题，实现提质增效。

基于上述背景，本研究以厚规格 X70、X80 管线钢带钢为研究对象，围绕超快冷下厚规格管线钢的组织均匀性、韧化及止裂机制展开研究。同时，对超快冷工艺下厚规格管线钢的微观组织细化机制及组织调控机理展开系统研究，旨在为进一步优化厚规格管线钢的 TMCP 工艺提供实验及理论参考。

7.2　超快冷下厚规格管线钢组织均匀性研究

7.2.1　厚规格管线钢组织均匀性表征

7.2.1.1　微观组织及亚结构特征

管线钢中的 AF 被认为是以在形变奥氏体内部形核并长大的方式相变，通常呈长条状及细小晶粒状，而 BF 则认为是以在形变奥氏体晶界处形核并长大的方式相变，通常呈大块状[3]。在本研究中，以上述组织特征差异为判定原则对管线钢中的 AF 及 BF 组织进行区分。图 7-1 所示为 TMCP-UFC 及 TMCP-LC 工艺下实验钢厚度方向上不同位置处的金相组织照片。由图可知，两种工艺下实验钢组织均由 AF、BF 及第二相 M/A 岛组成。对于 TMCP-UFC 管线钢而言，实验钢心部组织中 BF 含量相对较多，组织相对粗大；随着观察位置向厚度 1/4 方向移动，组织中粗大的 BF 含量减少，AF 含量增多，且 AF 尺寸逐渐减小；在试样近表面位置处，AF 含量进一步增加，且尺寸进一步减小。对于 TMCP-LC 管线钢而言，沿厚度方向上其组织中的 AF、BF 组织形态及尺寸的变化规律同上述 TMCP-UFC 实验钢变化规律相同，实验钢心部位置组织相对粗大，近表面位置 AF 含量较多且组织更加细小。

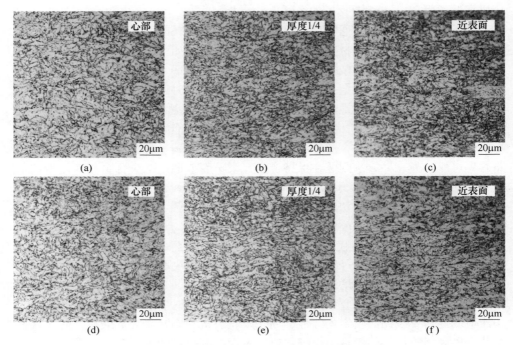

图 7-1　不同冷却工艺下沿厚度方向金相组织
（a）~（c）TMCP-UFC 工艺；（d）~（f）TMCP-LC 工艺

　　图 7-2 进一步给出了 TMCP-UFC 及 TMCP-LC 工艺下实验钢厚度不同位置处的 SEM 形貌照片。由图可知，在两种工艺下实验钢组织的 SEM 形貌主要以横纵比较小的长条状组织为主（AF），局部区域能够观察到形态呈块状的组织（BF）。TMCP-UFC 工艺下，随着观察位置由试样心部向近表面处移动，组织中呈块状的 BF 组织含量减少，而呈长条状的 AF 组织增多。并且，组织中呈长条状的 AF 组织尺寸减小，表明近表面处组织中 AF 含量增多且组织发生细化。相比之下，对于 TMCP-LC 管线钢而言，随着观察位置由试样心部向近表面处移动，尽管组织中 AF 含量逐渐增多，但其组织细化程度不像前者那样显著。另外，通过对比 TMCP-UFC 及 TMCP-LC 实验钢的 SEM 形貌可知，在不同厚度处，TMCP-LC 管线钢组织中 BF 含量较多，且尺寸相对粗大。依据上述 AF 及 BF 判定原则，利用统计学软件 IPP（Image-Pro-Plus）对两种工艺下实验钢中的 AF 及 BF 百分含量进行统计，其结果见表 7-2。由表可知，对于两种工艺下所生产的管线钢而言，在不同厚度位置处所统计的 AF 及 BF 百分含量变化规律同上述规律相同，验证了试样近表面位置处 AF 百分含量较大，且与传统 TMCP-LC 管线钢相比，相同观察位置处 TMCP-UFC 工艺下实验钢组织中 AF 含量更多，表明超快冷工艺的应用促进了 AF 的形成。

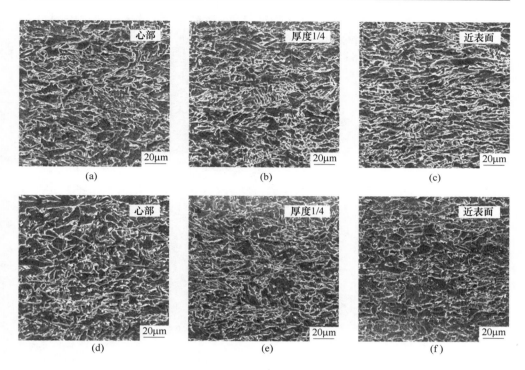

图 7-2 不同冷却工艺下沿厚度方向 SEM 形貌照片

(a)~(c) TMCP-UFC 工艺；(d)~(f) TMCP-LC 工艺

表 7-2 不同冷却工艺下 25.4mm X70 不同厚度位置组织百分比

工 艺	心部		厚度 1/4		近表面	
	AF/%	BF/%	AF/%	BF/%	AF/%	BF/%
TMCP-UFC	85	15	90	10	92	8
TMCP-LC	75	25	85	15	83	17

图 7-3 所示为两种 TMCP 工艺下厚度不同位置处实验钢亚结构照片。对于 TMCP-UFC 管线钢而言，在心部、厚度 1/4 位置及近表面位置其亚结构均为细小块状铁素体及长条状纺锤形铁素体，在纺锤形铁素体尖端能够观察到位错胞亚结构，如图 7-3（a）~图 7-3（c）所示。对于 TMCP-LC 管线钢而言，其心部及厚度 1/4 处亚结构呈小块状，而近表面处亚结构由细小块状铁素体及纺锤形铁素体晶粒组成，如图 7-3（d）~图 7-3（f）所示。TMCP-UFC 工艺下 25.4mm X70 管线钢这种细小的纺锤形及小块状亚结构有利于材料强度、韧性等综合力学性能的提升。形变过程中，细小亚结构间的小角晶界及纺锤形铁素体尖端的位错胞能够有

效阻碍位错滑移，起到强化基体作用。而 AF 间大角晶界能够通过阻碍断裂过程中裂纹的扩展，提高材料的低温韧性及止裂性能。

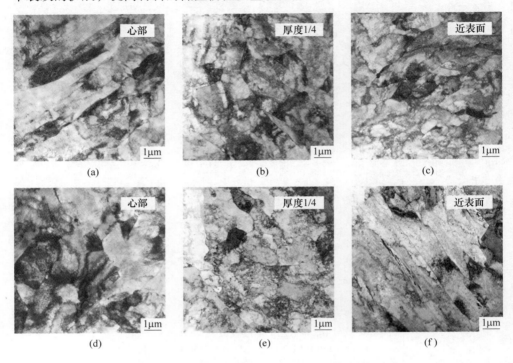

图 7-3　不同冷却工艺下沿厚度方向 TEM 亚结构照片
（a）~（c）TMCP-UFC 工艺；（d）~（f）TMCP-LC 工艺

7.2.1.2　有效晶粒尺寸

一般认为，取向差大于 15°的晶界为大角晶界，而大角晶界是构成材料有效晶粒尺寸的有效晶界，在本研究中将 15°取向差作为区分大小角晶界的临界值。有效晶粒的晶界能够在材料断裂过程中阻碍裂纹的扩展路径，消耗裂纹的扩展能量，进而有利于材料的冲击韧性及止裂性能。图 7-4 给出了 TMCP-UFC 及 TMCP-LC 工艺下厚度不同位置处管线钢的 EBSD 检测结果。由于组织中 AF 及 BF 呈不规则形状特征，为了更加合理、准确地表征材料的有效晶粒尺寸，本研究采用等效面积圆法对其有效晶粒尺寸进行计算。表 7-3 列出了两种 TMCP 工艺下厚度不同位置处实验钢的有效晶粒尺寸大小。由计算结果可知，两种工艺下实验钢心部组织的有效晶粒尺寸要大于表面组织的有效晶粒尺寸，而 TMCP-UFC 工艺下不同厚度处实验钢的有效晶粒尺寸均要小于 TMCP-LC 管线钢相应位置组织的有效晶粒尺寸，表明超快冷工艺的应用有利于管线钢组织的细化。

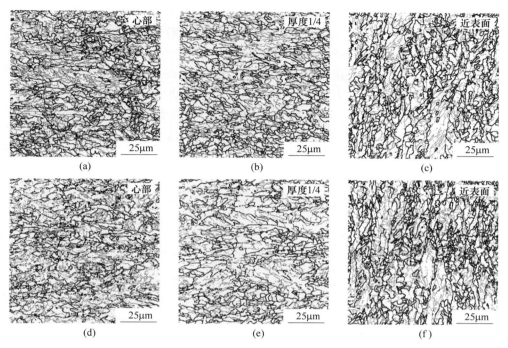

图 7-4 不同 TMCP 工艺下厚度方向晶界勾勒图（黑线代表大角晶界，红线代表小角晶界）

(a)~(c) TMCP-UFC 工艺；(d)~(f) TMCP-LC 工艺

（扫书前二维码看彩图）

表 7-3 两种冷却工艺下 25.4mm X70 厚度不同位置有效晶粒尺寸

工 艺	有效晶粒尺寸/μm		
	心部	厚度 1/4 位置	近表面
TMCP-UFC	3.10	2.46	2.48
TMCP-LC	4.42	3.45	3.55

7.2.1.3 宏观硬度分布

宏观硬度是管线钢的重要力学性能指标之一，过高的硬度不利于管线钢热带后续的成型性能，因此，在进行管线钢的拉伸及 DWTT 落锤等性能调控的同时，合理地控制其宏观硬度范围是重要研究目标。图 7-5 给出了 TMCP-UFC 及 TMCP-LC 工艺下管线钢厚度方向上不同位置处宏观硬度分布图。硬度检测过程中首先将实验钢厚度方向均分为 11 等份，对 12 个不同位置处实验钢宏观硬度进行检测，每个位置检测 3 个硬度值，结果取 3 个硬度均值。由检测结果可知，对于 TMCP-UFC 管线钢，其厚度方向的硬度值均满足 API SPEC X70 管线钢硬度标准（小于 265HV），且硬度整体上呈现出表面硬度偏高、中间硬度偏低的趋势，其中硬度最高点及最低点分别为 251HV 及 236HV。对于 TMCP-LC 管线钢而言，其厚度方向上的硬度同样满足 API SPEC X70 管线钢硬度标准，硬度分布呈现表面位置硬度偏高、中间硬度偏低的趋势，且其硬度最高点及最低点分别为 250HV 及 228HV。相比较而言，两种 TMCP 工艺下实验钢硬度均匀性相差无几，对于 TMCP-UFC 管线钢，其最大硬度差值约为 15HV，而对于 TMCP-LC 管线钢，其最大硬度差值约为 22HV。

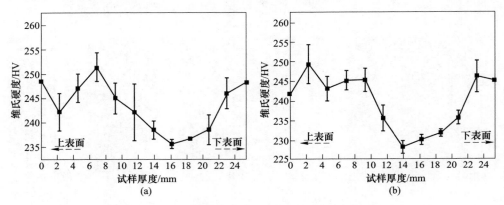

图 7-5　不同 TMCP 工艺下 25.4mm X70 厚度方向硬度分布
（a）TMCP-UFC 工艺；（b）TMCP-LC 工艺

7.2.2　厚规格管线钢强化机制

7.2.2.1　拉伸、Charpy 冲击及 DWTT 性能

表 7-4 给出了 TMCP-UFC 及 TMCP-LC 工艺下 25.4mm X70 管线钢的拉伸、Charpy 冲击及 DWTT 落锤性能。由表可知，两种工艺下实验钢的拉伸性能均满足 API SPEC 5L 标准，且屈服强度、抗拉强度等性能指标相差无几。在 DWTT 落锤性能方面，TMCP-UFC 管线钢具有更加优良的性能，其韧性剪切面积值均值为 92.5%，满足 API SPEC 5L 性能标准。相比之下，TMCP-LC 管线钢韧性剪切面积均值仅为 62%，不满足上述性能标准。

在 Charpy 冲击性能方面，两种 TMCP 工艺下实验钢-20℃冲击性能均满足上述性能标准，相比之下 TMCP-UFC 冲击性能更加优良。综合上述实验结果可知，TMCP-UFC 工艺下厚规格管线钢实现了强韧性能及止裂性能的良好匹配。

7.2.2.2　厚规格管线钢析出行为

图 7-6 所示为 TMCP-UFC 及 TMCP-LC 工艺下管线钢厚度不同位置处典型析

表 7-4　不同 TMCP 工艺下 25.4mm X70 管线钢力学性能

工艺	拉伸性能			DWTT（-15℃）/%			冲击功（-20℃）/J		
	$R_{t0.5}$/MPa	R_m/MPa	伸长率/%	试样1	试样2	均值	试样1	试样2	均值
TMCP-UFC	549.5	687	21	90	95	92.5	439	388	413.5
TMCP-LC	538	680	23	50	74	62	340	378	359
API SPEC X70	500~625	570~700	≥16	单值≥80，均值≥85			单值≥160，均值≥200		

出粒子照片。由图可知，对于 TMCP-UFC 管线钢，在实验钢心部及厚度 1/4 处存在大量尺寸小于 20nm 的纳米级析出粒子以及一定量的尺寸大于 60nm 的形变诱导析出粒子，如图 7-6（a）和图 7-6（b）所示。在实验钢近表面处只观察到尺寸大于 60nm 的形变诱导析出粒子，未观察到尺寸小于 20nm 的纳米级析出粒子，如图 7-6（c）所示。对于 TMCP-LC 管线钢，在实验钢心部及厚度 1/4 处同样观察到大量尺寸小于 20nm 的析出粒子，而在实验钢近表面处仅观察到形变诱导析出粒子，形变诱导析出粒子尺寸在 40nm 左右，如图 7-6（d）~图 7-6（f）所示。

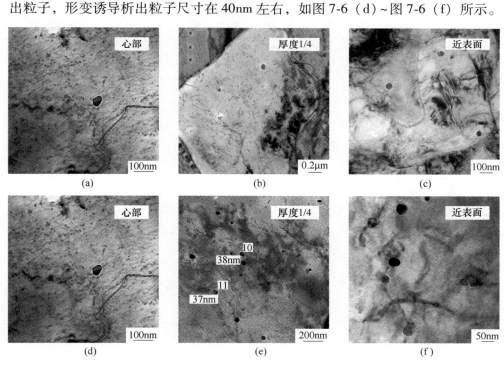

图 7-6　不同冷却工艺下厚度方向析出粒子形貌
（a）~（c）TMCP-UFC 工艺；（d）~（f）TMCP-LC 工艺

　　为了研究纳米级析出粒子的形成机制，进一步对 TMCP-UFC 管线钢中的纳米析出粒子进行研究。图 7-7 给出了 TMCP-UFC 管线钢心部位置析出粒子的形貌、暗场及相应选区衍射结果。由图可知，在 α 相基体上特别是高密度位错处存在大量尺寸在 10nm 左右碳氮化物析出粒子，结合析出物明暗场可知，大量细小析出处于相同晶体学取向，如图 7-7（a）~图 7-7（b）所示。进一步利用选区衍射技术分析析出物与 α 相基体间晶体学取向关系可知，析出物与 α 基体间保持 Baker-Nutting（B-N）取向关系，如图 7-7（c）所示，表明细小的纳米尺寸碳氮化物在 α 相保温过程中析出。图 7-8 所示为 TMCP-UFC 管线钢近表面位置处形变诱导析出粒子照片。由图可知，α 相基体上能够观察到尺寸在 40~60nm 范围内的析出物，而很难观察到尺寸在 10nm 左右的细小析出。进一步利用能谱分析发现，析出粒子为 Nb、Ti（C，N）（见图 7-8（b））。

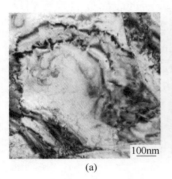 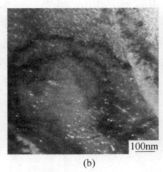 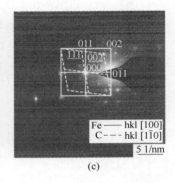

|(a)|(b)|(c)|

图 7-7　TMCP-UFC 管线钢心部析出观察

（a）析出物形貌观察；（b）析出物暗场；（c）析出物与基体取向关系

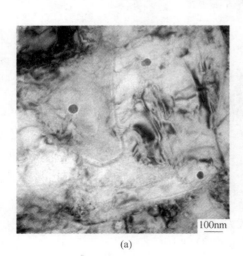 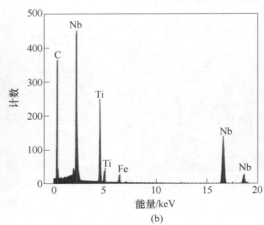

(a)　　　　　　　　　　　　　(b)

图 7-8　TMCP-UFC 管线钢近表面应变诱导析出形貌及能谱分析

（a）管线钢析出物形貌；（b）析出物能谱

一般地，管线钢采用高 Nb 成分设计，较高的 Nb 含量为后续纳米尺寸 Nb、Ti(C, N) 粒子的析出控制提供了条件。通常情况下，影响管线钢析出行为的主要因素包括元素固溶度积、保温温度及保温时间等，而 TMCP 工艺下厚规格管线钢中的析出是各个因素相互作用的结果。图 7-9 给出了通过 Thermal-Cal 热力学计算软件所得到的厚规格 X70 管线钢中 Nb、Ti(C, N) 相、渗碳体相及 Nb、Ti、C、N 元素在热力学稳定条件下随温度降低的变化趋势图。由图可知，在控制轧制阶段（图中虚线标记所示），其 Nb、Ti(C, N) 相及 Nb、Ti、C、N 元素析出量大约在 70%，而在 800℃ 以下温度区间，管线钢中易于形成渗碳体（见图 7-9(a)）。由于管线钢中的纳米级析出粒子主要在温度相对较低的区间形成，因此，在经过应变诱导析出区间后，大约有 30% 的 Nb、Ti(C, N) 用于形成纳米析出粒子，而纳米析出粒子能否充分析出则取决于温度场。结合本研究工艺参数可知，实验过程中目标卷取温度为 400℃，尽管相对较低的卷取温度不利于纳米粒子的析出，但对于厚规格管线钢而言，TMCP 生产过程中带钢本身具有"返红"的特性。轧后冷却至卷取过程中，由于带钢本身的"返红"及热传导、热对流等过程使其厚度方向经历了复杂的温度场变化，在冷却及后续的卷取过程中，细小的纳米析出粒子在 α 相区间析出，较低的卷取温度不利于其粗化，使得后续带钢厚度心部及 1/4 处观察到纳米析出粒子。但是对于近表面位置试样而言，由于表面冷却速率相对较大，冷却过程中实验钢快速冷却至目标卷取温度，使得纳米析出粒子来不及析出，并在近表面位置处只能观察到在 γ 相内形成的形变诱导析出粒子。

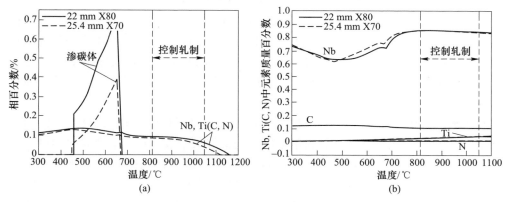

图 7-9 Thermo-Calc 软件计算结果
(a) 相百分比随温度变化规律；(b) 元素质量百分数随温度变化规律

7.2.2.3 强化机制计算

通常情况下，材料的强化机制主要包括细晶强化、固溶强化、位错强化及析出强化，其中，材料的屈服强度与各强化机制引起的强度贡献值存在一定函数关系，即满足加和法则，如式（7-1）所示[4]：

$$\sigma_y = \sigma_0 + \sigma_{ss} + \sigma_{sg} + \sqrt{\sigma_\rho^2 + \sigma_p^2} \tag{7-1}$$

式中，$\sigma_0 + \sigma_{ss}$ 为固溶强化引起的强度贡献值，MPa；σ_{sg} 为细晶强化引起的强度贡献值，MPa；σ_ρ 为由位错强化引起的强度贡献值，MPa；σ_p 为析出强化引起的强度贡献值，MPa。

为了阐明两种工艺下管线钢强化机制，依据相关理论模型及实验结果对相应强化机制所引起的强度贡献值进行计算。对于具有不规则晶粒形状的组织，由细晶强化、固溶强化引起的强度贡献值可依据改进的 Hall-Petch 理论求得，如式（7-2）所示[5]：

$$\Delta\sigma_g(\text{MPa}) = 15.4\{3.5 + 2.1[\text{Mn}] + 5.4[\text{Si}] + 23N_f + 1.13d^{-1/2}\} \tag{7-2}$$

式中，[Mn] 为 Mn 元素百分含量，[Si] 为 Si 元素百分含量；N_f 为固溶氮元素的百分含量；d 为材料的有效晶粒尺寸，m。在本研究中管线钢的成分体系含有一定量的微合金元素，如 Nb、V、Ti 等。由于微合金元素与 N 元素具有较强的亲和力，固溶在基体中的 N 元素会与微合金元素相互作用而析出，使基体中固溶的 N 元素几乎全部消耗，因此，式（7-2）中的 N_f 可以忽略不计。由式（7-2）计算所得的晶粒细化及固溶强化引起的强度贡献值相当于式（7-1）中的 $\sigma_0 + \sigma_{ss}$。

由纳米析出强化引起的强度贡献值可利用经典的 Ashby-Orowan 公式计算求得，如式（7-3）所示[6]：

$$\sigma_p = (0.538Gbf^{0.5}/X) \times \ln X/2b \tag{7-3}$$

式中，G 为剪切模量，GPa；b 为伯氏矢量，nm；f 为析出粒子体积分数；X 为析出粒子平均尺寸，nm。通常认为只有尺寸小于 20nm 的析出粒子才能够起到强化材料基体作用[7]。依据图 7-7 中尺寸小于 20nm 析出粒子的统计结果，确定了 25.4mm X70 管线钢不同厚度处析出粒子的平均尺寸及体积百分比用于析出强化贡献值的计算。

依据上述理论公式，结合两种 TMCP 工艺下厚规格管线钢的组织特征参数，确定了不同强化机制在两种管线钢厚度不同位置处强度贡献值，如图 7-10 所示。由图可知，对于 TMCP-UFC 管线钢而言，由细晶强化与固溶强化引起的强度贡献值在试样心部、厚度 1/4 处及近表面处强度贡献值分别为 367MPa、392MPa 及 397MPa；在厚度相应位置处由析出强化引起的强度贡献值分别为 72MPa、41MPa、16MPa；在厚度相应位置处由位错强化引起的强度贡献值分别为 111MPa、117MPa 及 137MPa。相比较而言，对于 TMCP-LC 管线钢，在试样心部、厚度 1/4 处及近表面处由细晶强化与固溶强化引起的强度贡献值偏小；由析出强化引起的强度贡献值偏大；由位错强化引起的强度贡献值相当。两种工艺下沿厚度不同位置处均表现出近表面位置处细晶强化、位错强化强度贡献值相对较

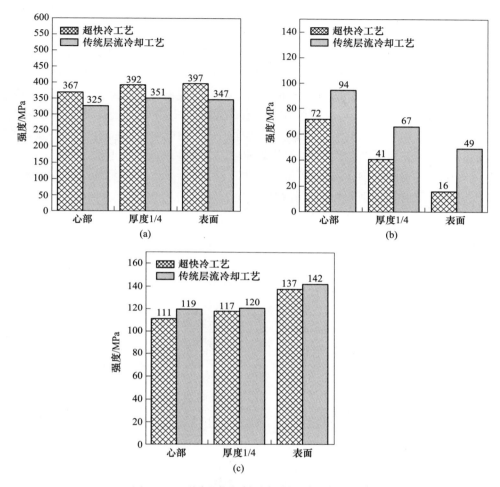

图 7-10　不同强化机制对实验钢的强度贡献值
（a）固溶强化+细晶强化；（b）析出强化；（c）位错强化

大，而靠近试样心部位置析出强化强度贡献相对较大的特点。

7.2.3　冷却速率对组织均匀性及 DWTT 性能的影响

从微观组织、表面形貌、有效晶粒尺寸及宏观硬度方面分别对 TMCP-UFC 及 TMCP-LC 工艺下厚规格管线钢厚度方向组织均匀性进行研究发现：与 TMCP-LC 管线钢组织均匀性相比，TMCP-UFC 管线钢在上述不同方面组织均匀性均良好。经过进一步对两种工艺下厚度不同位置处由不同强化机制引起的强度增量进行计算，发现两种工艺下强度增量变化规律相近。综合上述实验结果可知，针对实验用 X70 管线钢，尽管超快冷较高的冷却速率会引起厚规格管线钢厚度方向温度场的变化，TMCP-UFC 工艺下实验钢组织仍保持着良好的均匀性。究其原因主要与厚规格管线钢本身的相变行为有关。

　　研究表明，带钢冷却过程中返红温度及带钢心表温差主要受冷却速率及带钢本身厚度影响。对同一厚度的管线钢而言，冷却速率的提高会增加厚规格管线钢的返红程度及心表温差，冷却速率对不同工艺下管线钢返红温度及心表温差的影响规律如图 7-11 所示[8]。由图可知，与传统层流冷却工艺相比，超快冷工艺的引入会增加带钢的返红温度，同时，超快冷工艺下不同冷却速率对带钢心表温差影响同样较大，表明在生产厚规格管线钢时，冷却过程中由于返红、热传导、热对流等传热过程的影响，带钢内部温度场变化相对复杂，这种复杂的温度场变化会不可避免地对管线钢的相变过程产生一定影响。

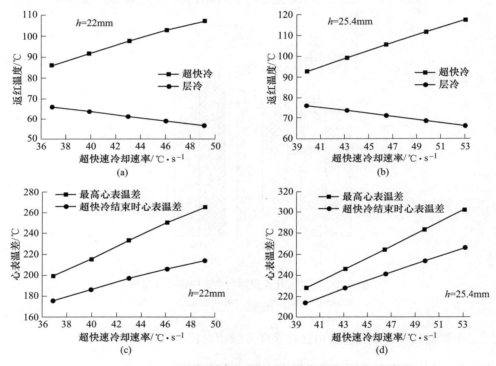

图 7-11　不同冷却工艺下带钢返红温度及心表温差
（a）~（b）不同工艺下返红温度；（c）~（d）超快冷工艺下心表温差

　　为了进一步对 TMCP-UFC 及 TMCP-LC 工艺下厚规格管线钢的组织均匀性进行研究，借助管线钢的动态连续冷却相变规律曲线对其组织演变特征进行深入研究。图 7-12（a）给出了典型 X70 管线钢的动态连续冷却转变曲线（CCT 曲线）。TMCP-UFC 及 TMCP-LC 工艺下生产厚规格管线钢的主要差异在于厚度方向上冷却速率的差异，对于 TMCP-LC 工艺而言，其整个厚度截面上冷却速率相对较小，而 TMCP-UFC 管线钢整个厚度截面冷却速率相对较大，两种工艺下均在厚度方向产生一定的温度梯度及冷却速率梯度。结合管线钢的 CCT 曲线，将两种工艺下厚规格管线钢作用区域标记于 CCT 曲线，如图 7-12（b）所示。其中，阴影标记区域代表 TMCP-LC 作用区域，实心矩形标记区域代表 TMCP-UFC 作用区域，尽管 TMCP-UFC 下厚度方向整体冷却速率偏高，但其在带钢表面与心部引起的冷却速率差（相变过冷度差）与 TMCP-LC 相比无明显差异，见图中 ΔT_{LC} 及 ΔT_{UFC}。由该管线钢动态连续冷却转变规律可知，在较大的冷却速率窗口内，管线钢组织均以 AF 为主。TMCP-UFC 工艺下，冷却速率的增加未影响厚规格管线钢的组织均匀性，其主要原因在于超快冷较高的冷却速率能够同时提高带钢心部及近表面处 AF 的相变驱动力，增加相变形核率，在细化近表面位置处微观组织的同时对其心部组织同样产生细化作用。另外，TMCP-LC 工艺下，由于带钢轧后的冷却能力不足，管线钢厚度不同位置处组织中 BF 含量较多，组织有效晶粒尺寸相对粗大，不利于材料的 DWTT 性能。相比之下，TMCP-UFC 工艺下厚规格管线钢厚度不同位置处微观组织中 AF 百分含量较高，有效晶粒尺寸更加细小，有利于材料的 DWTT 落锤性能。

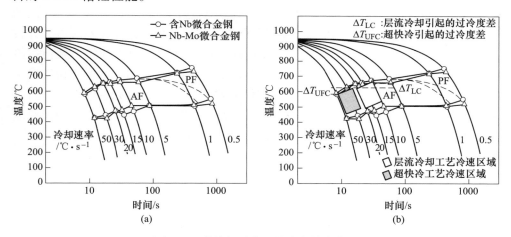

图 7-12　管线钢动态连续冷却转变曲线
（a）管线钢 CCT 曲线；（b）TMCP-LC 及 TMCP-UFC 工艺冷却区域图

综上所述，对于实验用 X70 厚规格管线钢而言，TMCP-UFC 工艺下沿其厚度方向上的组织均匀性良好，超快冷工艺的引入增加了厚规格管线钢全厚度截面组织中的 AF 百分含量，减小了其有效晶粒尺寸，有利于其关键 DWTT 落锤性能的改善。

7.2.4　冷却策略对硬度均匀性的影响

由于实验用 X70 管线钢本身具有 AF 形成工艺窗口较宽的相变行为特点，与传统 TMCP 工艺下厚规格管线钢组织均匀性相比，超快冷工艺下厚规格管线钢的微观组织均匀性、力学性能均匀性均良好。然而，在利用超快冷工艺生产合金含量较高的管线钢过程中，可能会产生厚规格管线钢表层硬度过高的问题，该问题会对管线钢后续加工性能产生影响。

研究表明，厚规格管线钢表层产生硬度偏高问题的主要原因在于管线钢表层组织中形成了硬度较高的 M 组织，而该硬化层中 M 组织的形成主要与超快冷工艺下冷却控制策略有关。为了模拟超快冷工艺下轧后冷却策略对管线钢表层硬度分布规律的影响，制定了图 7-13 所示的对比实验工艺，轧后冷却过程中分别设计了三种典型冷却路径，分别命名为 LC、Uit-Med UFC 及 Med-Uit UFC。其中，LC 用于模拟传统层流冷却工艺，Uit-Med UFC 用于模拟超快冷极限冷却能力加中等冷却能力工艺，Med-Uit UFC 用于模拟超快冷中等冷却能力加超快冷极限冷却能力工艺。LC 工艺下钢板表面冷却速率约为 9℃/s，Med-Uit UFC 工艺下钢板表面平均冷却速率约为 58℃/s，而 Uit-Med UFC 工艺下，冷却初期钢板表面冷却速率达到了约 108℃/s，而同一时间钢板 1/8 厚度处冷却速率仅约为 44.9℃/s，厚度方向冷却速率差别较显著。因此，当采用 Uit-Med UFC 工艺下超快冷极限冷却模式时，钢板表面易出现冷却速率过高区。利用该冷却策略生产合金含量较高的厚规格管线钢时，一方面，由于管线钢合金含量偏高，其淬透性相对较好，导致组织中易于形成 M 组织；另一方面，超快冷系统较强的极限冷却能力致使过冷奥氏体快速通过铁素体、贝氏体等相变区间而进入 M 相变区间，为 M 相变发生创造了条件。在上述两方面作用下，导致厚规格管线钢表层形成 M 组织。图 7-14 所示为 Uit-Med UFC 工艺下厚规格管线钢表层形成的 M 组织 SEM 形貌及厚度方向硬度分布情况，由于 M 组织所引起的硬度偏高趋势较明显，如图 7-14（b）所示。

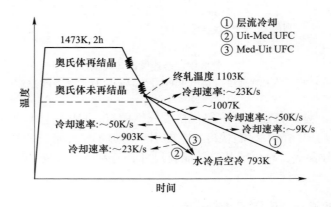

图 7-13　不同冷却策略实验方案

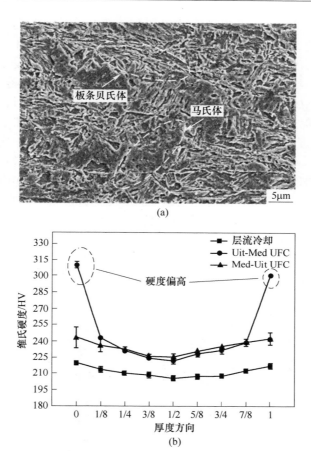

图7-14 厚规格管线钢表层组织及硬度分布

（a）管线钢表层SEM形貌；（b）厚度方向硬度分布

上述实验结果表明，在利用超快冷工艺生产厚规格管线钢的过程中，针对不同成分体系的管线钢，合理地制定、使用超快冷冷却控制策略以使管线钢获得理想的组织均匀性及力学性能均匀性的同时，能够实现厚度方向上微观组织的细化。另外，为了防止表面硬度过高引起的硬度不均匀问题发生，可通过采用"慢冷+快冷"的超快冷冷却控制策略，避免钢板表面冷却速率过大，减小厚度方向冷却速率差，增加厚规格管线钢冷却速率渗透性，实现理想组织的调控。

7.3 超快冷下厚规格管线钢韧化及止裂机制研究

7.3.1 厚规格管线钢韧化及止裂机制

Charpy 冲击及 DWTT 实验过程中，材料的断裂行为与材料的微观组织密切相关。图 7-15 和图 7-16 表示了两种工艺冲击韧性的对比。如前所述，AF 组织由于具有更加细小的有效晶粒尺寸，更有利于材料的止裂性能提升。由实验结果可知，超快冷及未再结晶区大压下量共同作用促进了 AF 相变的发生，并且得到细小的微观组织。超快冷工艺主要通过增加形变奥氏体的相变过冷度，进而为 AF 相变提供足够高的相变驱动力，促进 AF 的形成[9~11]。与此同时，未再结晶区较大的变形量能够增加形变奥氏体内部的晶体缺陷密度，如变形带、位错等，从而为 AF 相变提供足够多形核位置。因此，在 TMCP-UFC 工艺下，实验钢的心部能够获得足够多的 AF 组织，有效晶粒尺寸更为细小。为了研究微观组织对实验钢断裂行为的影响，采用较低的冷却速率及较高的终冷温度（TMCP-LC 工艺）生产了具有不同微观组织类型的对比实验钢。对比实验钢组织主要由大量的 QPF、DP、BF 以及少量的 AF 组成，其有效晶粒尺寸要小于 TMCP-UFC 工艺下实验钢的晶粒尺寸，约为 4.0μm。

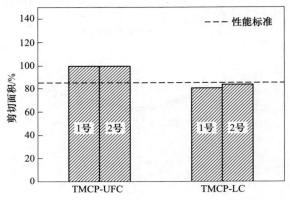

图 7-15　TMCP-UFC 及 TMCP-LC 工艺下实验钢 DWTT 韧性剪切面积

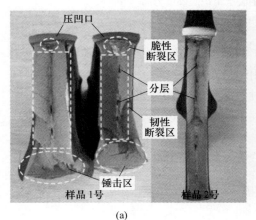
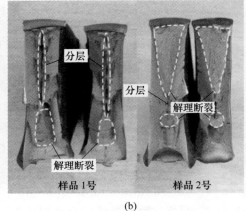

(a)　　　　　　　　　　　　　　　　　(b)

图 7-16　-15℃ DWTT 冲击试样表面照片

(a) TMCP-UFC；(b) TMCP-LC

通常情况下，Charpy 冲击及 DWTT 断裂主要可分为两个过程，分别命名为裂纹形成过程及裂纹扩展过程[12,13]。裂纹能够于硬质颗粒处或者硬度较高的第二相处以微孔合并的方式形成。经典的 Griffith 理论如方程（7-4）所示：

$$\sigma'_c = \left(\frac{\pi E \gamma'}{(1 - \nu^2) d_0} \right)^{1/2} \tag{7-4}$$

式中，d_0 为材料的有效晶粒尺寸；ν 为泊松比；σ' 为裂纹形成所需要的临界应力。依据 Griffith 理论可知，裂纹萌生临界应力与 d_0 呈倒数关系，表明硬质颗粒或者第二相的尺寸越小，裂纹形成过程中所需的临界应力越大。

图 7-17 所示为两种工艺下实验钢断裂过程中裂纹形成功与裂纹扩展功与测试温度之间关系。其中，裂纹形成功与裂纹扩展功主要是通过采集 Charpy 冲击实验过程中"力-时间-能量"关系曲线所标定，详细标定方法见参考文献[10]。TMCP-UFC 工艺及 TMCP-LC 工艺下裂纹形成功与裂纹扩展功随测试温度降低而变化的趋势相似，当温度降低至某一临界值时，相应裂纹形成功及裂纹扩展功均降低。对于 TMCP-UFC 实验钢，在 $-80 \sim -20$℃ 范围内裂纹形成功约为 50J，当测试温度降低至 -100℃ 时，裂纹形成功降低至约 3J。在 $-6 \sim -20$℃ 范围内，裂纹扩展功约为 250J，当测试温度降低至 -80℃ 时，裂纹扩展功约为 60J。相比之下，对于 TMCP-LC 实验钢，在 $-20 \sim 20$℃ 范围内裂纹形成功约为 50J，在 20℃ 裂纹扩展功约为 224J。两种工艺下，裂纹形成功及裂纹扩展功的变化趋势差异主要体现在韧脆转变温度的不同。对于 TMCP-LC 实验钢，裂纹形成功及裂纹扩展功的韧脆转变温度分别约为 -40℃ 及 -20℃。而对于 TMCP-UFC 实验钢，其韧脆转变温度分别约为 -80℃ 及 -80℃。表明 TMCP-UFC 工艺下实验钢韧脆转变温度更有利于材料的低温韧性。

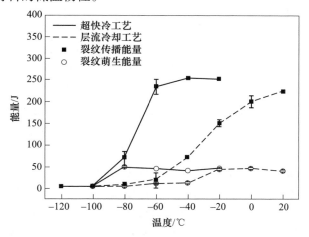

图 7-17　裂纹形成功与裂纹扩展功随测试温度变化趋势

材料的韧脆转变温度主要受材料的有效晶粒尺寸影响，如公式（7-5）所示[14]：

$$DBTT = A - Kd^{-1/2} \tag{7-5}$$

式中，d 为材料有效晶粒尺寸；K 为回归系数；A 为与材料拉伸性能有关的常数（与晶粒尺寸无关）。由公式可知，材料的韧脆转变温度与 $d^{-1/2}$ 呈线性关系，表明材料的有效晶粒尺寸越小，其韧脆转变温度越低。本研究中，与 TMCP-LC 工艺相比（韧脆转变温度：−30℃），TMCP-UFC 工艺下实验钢有效晶粒尺寸更加细小，其韧脆转变温度更低（韧脆转变温度：−75℃）。另外，对于两种工艺下实验钢而言，在韧性断裂过程中，裂纹形成过程所消耗的能量相差无几，而裂纹扩展过程中所消耗的能量差异是引起材料冲击能量差异的主要原因。

图 7-18 所示为冲击试样冲击断裂过程中裂纹扩展路径图片。如前所述，裂纹形成过程与硬质颗粒及第二相颗粒的参数有关，比如颗粒的体积百分含量、尺寸、硬度等。在 TMCP-UFC 工艺下，实验钢主要由 AF、BF 及细小 M/A 岛组成，其中，M/A 是被认为裂纹萌生的主要位置。图 7-18（a）进一步给出了裂纹在第二相 M/A 岛处萌生的实验证据。由图可知，许多微孔于 M/A 岛组织与 AF 基体的晶界处萌生（如箭头所指）并相互合并，进而形成裂纹。由此可知，依据 Griffith 理论，TMCP-UFC 工艺下细小 M/A 岛组织是引起材料具有较高裂纹形成功的主要原因。在韧性断裂过程中，裂纹形成过程中所消耗能量达到约 50J，如图 7-17 所示。相比之下，TMCP-LC 实验钢在韧性断裂过程中其裂纹形成所需能量同样约为 50J，表明引起裂纹萌生的硬质颗粒尺寸与 TMCP-UFC 实验钢中硬质颗粒尺寸相类似。通常情况下 M/A 岛沿着 BF 晶界或在 BF 基体上形成，由于其比 AF 及 BF 组织硬度要高，是裂纹萌生的主要位置。类似地，QPF 周围形成的 DP 组织由于含碳量较高，硬度较大，同样是易引起裂纹萌生的主要位置。在 TMCP-LC 钢中，DP 组织硬度要高于 QPF、AF 及 BF 组织，M/A 岛及 DP 组织均有可能作为裂纹萌生的主要位置。然而，考虑到 TMCP-LC 钢韧性断裂过程中，裂纹形成所消耗的能量约为 50J 以及 DP 组织尺寸相对较大，可以初步猜测 TMCP-LC 钢裂纹的萌生位置同样为 M/A 岛。该假设进一步通过图 7-18（d）加以证实，在该图中可见，TMCP-LC 实验钢裂纹同样萌生于 M/A 岛处而非 DP。

依据上述实验结果可知，在裂纹扩展过程中所消耗的能量多少是决定材料 Charpy 冲击性能的主要因素。一般认为晶界取向差大于 15° 的晶界为大角晶界，大角晶界可通过偏转材料断裂过程中裂纹扩展的路径进而提高裂纹扩展的能量[15]。在 TMCP-UFC 实验钢中，当裂纹扩展过程中与 AF 及 M/A 岛相遇时会改变扩展方向，如图 7-18 所示，而该过程会有效增加裂纹扩展过程所消耗的能量。类似地，在 TMCP-LC 实验钢中，当扩展裂纹与 QPF、BF、M/A 及 DP 组织相遇时，裂纹扩展方向同样会发生偏转并消耗一定能量，如图 7-18（d）~图 7-18（f）

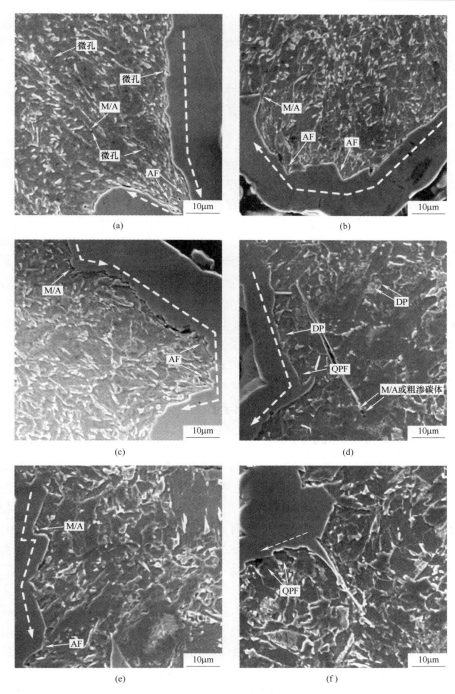

图 7-18 断口裂纹扩展路径图

(a)~(c) TMCP-UFC 工艺；(d)~(f) TMCP-LC 工艺

所示。实验钢的有效晶粒尺寸越细小，大角晶界与扩展裂纹相遇的概率就会增加，而裂纹扩展过程所消耗的能量就会增加。对于 TMCP-UFC 钢而言，实验钢中 AF 组织百分比越多，材料的有效晶粒尺寸越细小，材料的低温韧性会更加优良。因此，在开发具有优良低温韧性及止裂性能的厚规格管线钢时，可通过降低材料的有效晶粒尺寸，提高单位面积大角晶界长度来实现。

7.3.2　厚规格管线钢断口分离机制

有研究指出，材料的断口分离现象可以在材料发生脆性断裂过程中起到韧化材料作用。然而，由于断口分离现象能够引起管线钢材料力学性能的各向异性，并在一定程度上恶化材料韧性，因此，在合金成分设计及 TMCP 工艺制定方面都会尽量避免材料在断裂过程中发生断口分离现象。因此，针对材料冲击过程中断口分离现象，一些报道提出了相应的消除措施，比如通过控制轧制规程来提高材料的组织均匀性[16, 17]。在本节，首先讨论了影响断口分离的主要因素，并基于对比试验研究 DWTT 冲击过程中断口分离的主要机制。如图 7-15 及图 7-16 所示，与 TMCP-LC 实验钢相比（平均韧性剪切面积：83%），TMCP-UFC 实验钢具有更加优良的 DWTT 性能（平均韧性剪切面积：100%）。并且，在 TMCP-LC 实验钢 DWTT 试样断口上存在更加严重的断口分离现象。

通常情况下，在 Charpy 冲击及 DWTT 实验过程中，影响断口分离现象的主要因素包括：晶体学取向方面因素（织构）、带状组织、应力状态方面因素[16, 18, 19]。首先，织构主要是通过形成平行于断口表面的（001）解理面来促进断口的分离，裂纹会沿着垂直于断口表面的（001）解理面迅速扩展，最终导致断口分离。图 7-19 和图 7-20 为实验钢断口附近晶体学（001）解理面及微观织构检测结果。利用图 7-19 和图 7-20 实验结果研究晶体学取向对实验钢断口分离的影响。结果表明，对于 TMCP-UFC 钢及 TMCP-LC 钢而言，两种钢中立方织构组分强度、旋转立方织构组分强度及平行于断口表面的（001）晶面组分强度均相差无几。与此同时，对于两种实验钢而言，DWTT 实验前后，实验钢中包含（001）晶面的织构组分强度（λ 特征线织构组分）略有增强，综合上述实验结果可以发现（001）解理面强度并不是导致 TMCP-LC 钢出现严重断口分离现象的主要因素，因为与 TMCP-UFC 钢相比，其（001）解理面组分强度几乎相当。

另外，实验钢心部的带状组织能够引起实验钢组织的不均匀，在外加载荷下，不均匀组织的加工硬化作用会进一步导致断口分离[18]。图 7-21 给出了 TMCP-UFC 钢及 TMCP-LC 钢心部光学显微组织照片。由图可见，在 TMCP-LC 钢的心部能够观察到一定程度的宏观偏析带。利用 SEM 对偏析带组织进一步观察发现偏析带组织部分包含大量的 BF 组织，如图 7-21（b）所示。进一步利用电子探针对两种工艺下实验钢的心部组织元素分布情况进行检测与分析，其检测结

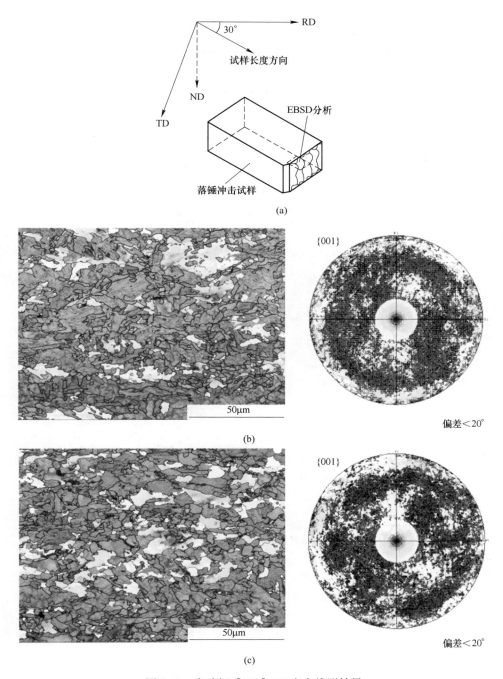

图 7-19　实验钢［001］//Z 方向检测结果

（a）EBSD 检测取样位置示意图；（b）TMCP-UFC 实验钢；（c）TMCP-LC 实验钢

（扫书前二维码看彩图）

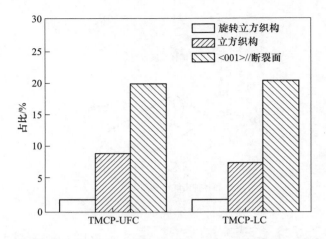

图 7-20　不同微观组织组分及<001>//断口表面组分面积百分含量

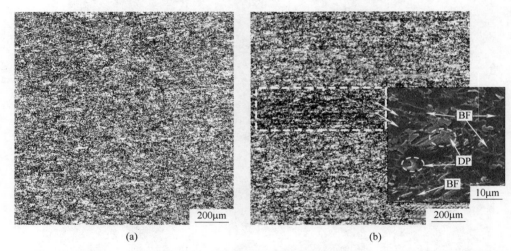

(a)　　　　　　　　　　　　　　　　(b)

图 7-21　实验钢心部位置低倍组织照片

(a) TMCP-UFC 钢；(b) TMCP-LC 钢

果如图 7-22 所示。检测结果表明，两种工艺下，在实验钢心部均存在不同程度的 Mn、C、Mo 元素偏聚现象。TMCP-LC 实验钢心部元素偏聚程度要比 TMCP-UFC 钢更大，如图 7-22（b）所示。通常情况，Mn 元素易于在铸坯的心部富集，而通过再加热的办法很难彻底消除 Mn 元素的这种偏析现象。

　　偏析元素能够提高心部形变奥氏体的淬透性，增加相变过程中奥氏体的稳定性。另外，厚规格实验钢的厚度方向上存在一定程度的冷却速率梯度，心部位置的冷却速率要低于厚度方向上其他位置的冷却速率。对于 TMCP-LC 钢而言，冷却过程中其冷却速率较低（冷却速率：20℃/s），易于在实验钢表面获得 QPF、

DP 等高温相变产物。在 QPF、DP 相变过程中，自实验钢表面至心部的冷却速率梯度会推动元素 C、Mn、Mo 等扩散至中心部位。在这种情况下，元素的偏聚现象会更加严重，如图 7-22（b）所示。当 C，Mn，Mo 等元素在实验钢心部发生明显偏聚时，奥氏体的淬透性会提高，进而促进 BF 组织相变，因此，心部组织中 BF 百分含量要高于 1/4 厚度处 BF 百分含量，见表 7-2。这就是为何在 TMCP-LC 钢中心部位置易于形成带状组织的原因。然而，尽管在 TMCP-UFC 钢中同样存在厚度方向上的温度梯度及 Mn 元素的偏析现象，却很难在实验钢心部位置发现由元素偏析引起的带状组织，如图 7-21（a）所示。对 TMCP-UFC 钢而言，冷却过程中采用了超快冷及较低的终冷温度。由于 AF 及 BF 相变发生在相对较低的温度区间，相变速度要明显高于 QPF 及 DP 组织。在 AF 及 BF 相变区间内，C、Mn、Mo 等元素的扩散速度相对较小，元素在实验钢心部的富集程度并不显著，如图 7-22（a）所示。由于元素偏聚引起的奥氏体淬透性增加程度不足以引起板条贝氏体或马氏体相变，因此，在厚度方向实验钢组织均匀性良好，如图 7-21（a）所示。TMCP-LC 钢中心部位置的带状组织在断裂过程中会引起加工硬化，进而促进断口分离现象。

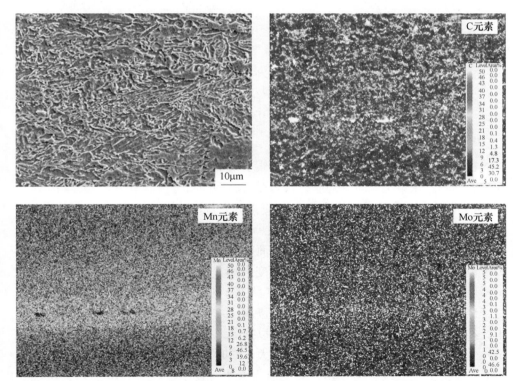

(a)

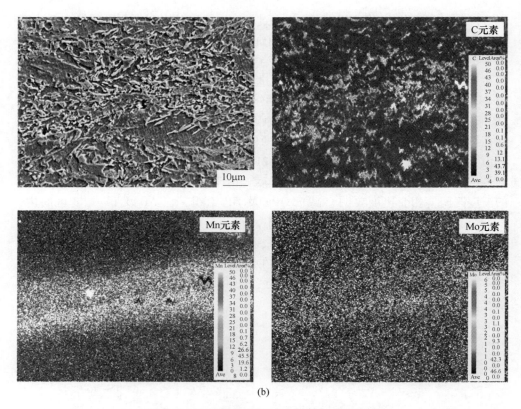

图 7-22　实验钢心部位置元素分布检测结果

（a）TMCP-UFC 钢；（b）TMCP-LC 钢

（扫书前二维码看彩图）

　　在 DWTT 冲击实验过程中，缺口尖端前沿的应力状态主要包括平面应力及平面应变两种，缺口尖端所受的应力状态对实验钢断口分离具有一定的影响[20, 21]。图 7-23 所示为缺口尖端塑性变形区及应力分布场示意图。由图可知，对于厚规格试样，断裂过程中厚度方向应力状态并不相同，如图 7-23（a）所示。在靠近试样边缘附近，试样所受应力状态为平面应力状态，此时，在自由面处所受的应力可以忽略，试样受二维应力及三维应变作用，如图 7-23（b）所示。然而，在试样厚度的中心部位，试样力平面应变状态，沿厚度方向上应变可以忽略，此时，试样受二维应变及三维应力作用，见图 7-23（c）。考虑到 DWTT 实验过程中，不同区域所受的应力状态不同，可以推测，试样边缘受平面应力作用，此时试样受二维应力及三维应变，变形量较大。同时，由于心部区域在平面应变作用下受二维应变及三维应力作用，其变形程度相对较小。如图 7-16 所示，所观察到的 DWTT 冲击断口宏观特征与预测特征相一致，在 DWTT 冲击断口边缘部分的变形程度要大于冲击断口中心处变形程度。

图 7-23 （d）所示为 DWTT 冲击试样示意图。其中，裂纹扩展方向、断口分离扩展方向以及厚度方向分别命名为 Y、Z、X 方向。依据参考文献所述，22mm 实验钢 DWTT 试样的心部位置主要受平面应变应力状态。在平面应变条件下，加载应力在 X 及 Z 方向上的应力强度随着试样厚度的增加而变化。对于实验钢而言，存在一个临界厚度值，当试样厚度大于临界值时，法向应力 σ_X 大于 σ_Z。相反地，当试样厚度小于临界值时，法向应力 σ_X 要低于 σ_Z。尽管实验钢的临界厚

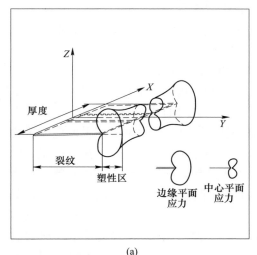

(a)

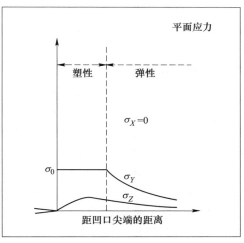

(b)

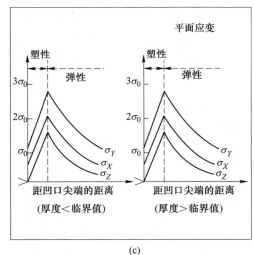

(c)

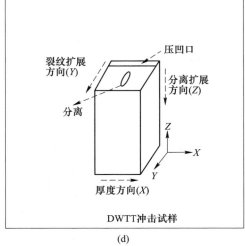

(d)

图 7-23　断口附近应力分布图

（a）裂纹尖端应力状态示意图；（b）平面应力状态应力场分布示意图；
（c）平面应变状态应力场分布示意图；（d）DWTT 试样示意图

度值并不确定，但无论法向应力 $\sigma_X > \sigma_Z$ 或 $\sigma_X < \sigma_Z$，DWTT 试样断裂过程中，其中心层均受三维应力作用，这意味着试样要同时承受着 X 方向拉应力以及 Z 方向上剪切应力。如前所述，实验钢的分离现象主要发生在 DWTT 试样的心部，如图 7-16 所示。进一步将试样中心部位所受的应力场与微观组织特征、晶体学取向结合起来以研究材料的断口分离机制。

对于 TMCP-UFC 实验钢而言，其心部位置组织比较均匀。在沿着 X 方向拉伸应力及 Z 方向剪切应力的作用下，断口分离会沿着心部位置的 {001} 解理面形成。在材料发生断裂过程中，在应力场的作用下垂直于断口表面的 {001} 晶面能够作为解理面而发生分离，这种分离形成方式为 TMCP-UFC 钢解理分离的主要机制，如图 7-24（a）所示。然而，对于 TMCP-LC 钢，由于微观组织因素的影响，其断口分离机制并不相同。一方面，与 TMCP-UFC 钢中断口分离形成的机制类似，裂纹会在三轴应力的作用下沿着 Z 方向的 {001} 解理面形成并扩展，最终形成分离。另一方面，在 X 方向的拉应力及 Z 方向的剪切应力作用下，裂纹会沿着实验钢心部的带状组织处形成并扩展。带状组织在实验钢心部平面应变应力场作用下使心部位置出现了断口分离，如图 7-24（b）所示。值得注意的是，断口分离现象在 TMCP-LC 钢中 −40℃ Charpy 冲击试样的断口上同样能够观察到。影响 Charpy 冲击试样断口分离发生的主要因素与上述影响因素类似，主要包括晶体学取向因素、带状组织及应力场。对于 Charpy 冲击试样而言，在断口附近的应力场随着断裂模式的不同而发生变化，韧性断裂下，裂纹尖端受平面应力状态，而脆性断裂情况下，裂纹尖端受平面应变应力状态[15]。对于 TMCP-UFC 钢 −40℃ Charpy 冲击试样而言，由于材料断裂模式为韧性断裂，此时变形在二维应力及三维应变状态下发生，断口分离不会形成。相比之下，对于 TMCP-LC 钢

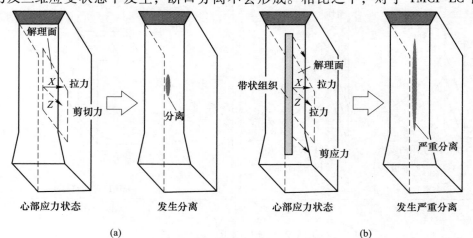

图 7-24　断口分离形成机制示意图

（a）TMCP-UFC 钢；（b）TMCP-LC 钢

−40℃ Charpy 冲击试样而言，由于材料断裂模式为韧性断裂及脆性断裂的混合模式，此时试样受平面应变应力作用，裂纹会在三维应力及二维应变下沿｛001｝解理面形成并扩展，最终形成断口分离，其形成机制示意图如图 7-24（b）所示。

综上所述，影响 DWTT 断裂过程中断口分离的主要因素包括晶体学取向因素（｛001｝//断口表面织构组分百分比）、带状组织及断裂过程中实验钢心部所受应力分布情况。因此，对于厚规格管线钢而言，在 Charpy 冲击及 DWTT 实验过程中，可以通过控制带状组织含量及有利晶体学取向组分强度方法来改善及消除断口分离现象。

7.4　高冷速下厚规格管线钢组织细化行为研究

7.4.1　组织演变规律研究

7.4.1.1　冷却速率对相变开始温度的影响

图 7-25 ~ 图 7-27 所示为实验钢在不同变形条件下连续冷却过程中温度与膨胀量间关系曲线。由图 7-25 可知，在静态连续冷却条件下，随着冷却速率的增加，相变开始温度主要分布在 3 个典型的温度区间，分别为 1℃/s 冷却速率下的 564℃ 左右区间、10 ~ 20℃/s 冷却速率下 497 ~ 508℃ 区间、以及 30 ~ 50℃/s 冷却速率下 459 ~ 468℃ 区间，见虚线标记处。另外，在连续冷却过程的低温阶段，膨胀量随温度降低呈线性变化，表明在连续冷却过程的高温阶段相变基本完成。

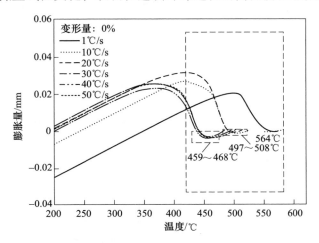

图 7-25　静态连续冷却条件下实验钢"温度-膨胀量"曲线

图 7-26 为 30% 变形量及不同冷却速率下实验钢温度与膨胀量间关系曲线。由图可知，随着变形量的引入，不同冷却速率下相变开始温度均增加，且并未像

静态连续冷却实验结果一样存在明显的相变温度区间。当冷却速率为 1℃/s 及 10℃/s 时，相变开始温度分别为 729℃ 及 635℃；当冷却速率为 20~50℃/s 时，其相变开始温度分布在 594~614℃区间，见图中右侧虚线标记部分。另外，在连续冷却的低温区间内，当冷却速率在 10~50℃/s 范围内时，膨胀量并未随着温度的降低而呈线性变化，表明该过程相变较缓慢，见图中左侧矩形框标记部分。

　　图 7-27 为 60%变形量及不同冷却速率下实验钢温度与膨胀量间关系曲线。由图可知，随着变形量的进一步增加，不同冷却速率下实验钢的相变开始温度提高。当冷却速率为 1℃/s 时，相变开始温度约为 800℃；当冷却速率为 10℃/s 时，相变开始温度约为 658℃；当冷却速率在 20~50℃/s 范围内时，其相变开始温度分布在 588~631℃区间，见图中虚线标记处。另外，在连续冷却过程的低温区间，冷却过程中膨胀量与温度间并未保持较好的线性关系，表明在该冷却过程

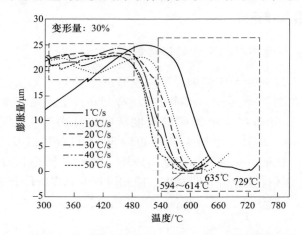

图 7-26　30%变形量连续冷却条件下实验钢"温度-膨胀量"曲线

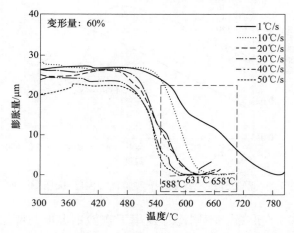

图 7-27　60%变形量连续冷却条件下实验钢"温度-膨胀量"曲线

中相变在缓慢发生。

综上所述，根据不同变形程度及不同冷却速率下实验钢的"温度-膨胀量"关系曲线可知，随着变形量的增加，不同冷却速率下实验钢的相变开始温度均不同程度地增加。并且，依据静态连续冷却实验结果中不同冷却速率所对应的三个相变开始温度区间的大小可以初步判断实验钢相变产物为典型的高温、中温及低温相变产物。而随着变形量增加至30%及60%，在20~50℃/s冷却速率范围内，实验钢的相变开始温度集中在580~630℃区间内。为了进一步研究不同变形量及不同冷却速率下实验钢的相变行为，对其微观组织特征进行进一步研究。

7.4.1.2　微观组织及连续冷却相变行为

图7-28~图7-30所示为不同变形量及不同冷却速率条件下实验钢的金相组织照片。其中，图7-28所示为静态连续冷却相变条件下实验钢的金相组织照片，由图可知，当冷却速率为1℃/s时，实验钢组织呈典型粒状贝氏体组织特征，第

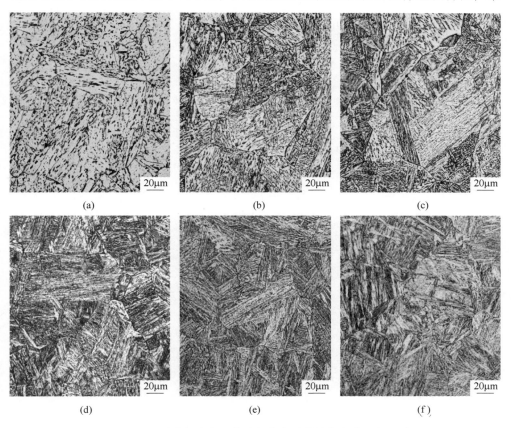

图7-28　不同冷却速率下实验钢静态连续冷却相变金相照片

(a) 1℃/s；(b) 10℃/s；(c) 20℃/s；(d) 30℃/s；(e) 40℃/s；(f) 50℃/s

二相 M/A 岛呈粒状及长条状分布在 α 铁素体基体上，如图 7-28（a）所示；随着冷却速率增加至 10℃/s，实验钢组织呈板条贝氏体（LB）组织特征，铁素体板条以束状形式分布在原奥氏体晶粒内，如图 7-28（b）所示；随着冷却速率进一步增加至 20℃/s 及 30℃/s，组织仍然保持 LB 组织特征，且奥氏体晶粒内板条束形状更加明晰，不同板条束将奥氏体晶粒分为不同区域，如图 7-28（c）和图 7-28（d）所示；当冷却速率进一步增加至 40℃/s 及 50℃/s 时，实验钢组织呈马氏体（M）组织特征，呈束状的平行马氏体板条将奥氏体晶粒分割为不同区域，如图 7-28（e）和图 7-28（f）所示。

    图 7-29 所示为 30%变形量及不同冷却速率下（1~50℃/s）实验钢连续冷却相变金相组织照片。由图可知，当冷却速率为 1℃/s 时，实验钢组织中能够观察到一定量的准多边形铁素体（QPF）及 DP 组织，此时实验钢由 QPF+DP+GB+AF 的混合组织组成，如图 7-29（a）所示；随着冷却速率增加至 10℃/s，QPF、DP 组织消失，实验钢组织主要以 AF 及 GB 组成，如图 7-29（b）所示；当冷却

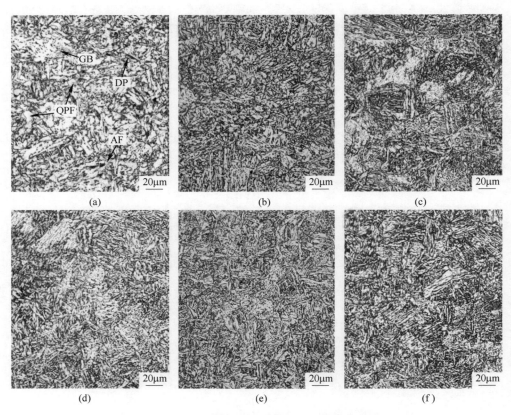

图 7-29　30%变形量不同冷却速率下实验钢金相照片

（a）1℃/s；（b）10℃/s；（c）20℃/s；（d）30℃/s；（e）40℃/s；（f）50℃/s

速率进一步提高至 20~50℃/s 时，实验钢组织同样为 AF 及 GB 的混合组织，如图 7-29（c）~图 7-29（f）所示。

图 7-30 所示为 60% 变形量及不同冷却速率下实验钢的金相组织照片。由金相组织可知，实验钢组织形态与变形量为 30% 所对应的不同冷却速率下实验钢组织形态类似。当冷却速率为 1℃/s 时，实验钢组织中同样能够观察到高温相变产物多边形铁素体（PF）及珠光体（P）组织，且 PF 组织所占百分比较大，如图 7-30（a）所示；当冷却速率增加至 10℃/s 时，实验钢组织由 AF 及 BF 组成，且 AF 百分比较大，如图 7-30（b）所示；当冷却速率进一步增加至 20~50℃/s 时，组织同样由细小的 AF 及 BF 组成，如图 7-30（c）~图 7-30（f）所示。

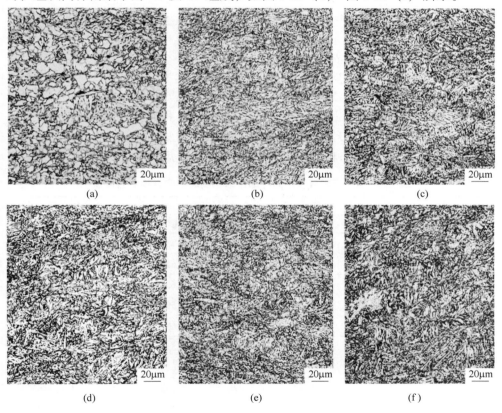

图 7-30　60% 变形量不同冷却速率下实验钢金相照片
（a）1℃/s；（b）10℃/s；（c）20℃/s；（d）30℃/s；（e）40℃/s；（f）50℃/s

基于"温度-膨胀量"曲线实验结果，采用切线法标定出不同变形量及不同冷却速率下实验钢临界相变点，其标定结果见表 7-5。结合上述不同变形量及不同冷却速率下实验钢的金相组织照片，绘制不同变形量下实验钢的连续冷却相变曲线，如图 7-31 所示。由图可知，静态连续冷却实验条件下实验钢的淬透性较好，当冷却速率为 1℃/s 时，组织保持 GB 组织特征，当冷却速率达到 30℃/s 以上时，实验钢组织以板条马氏体为主，如图 7-31（a）所示。随着变形量增加，实验钢的淬透性降低。在 30% 变形量条件下，当冷却速率为 1℃/s 时，实验钢组织为 QPF 及 PF 混合组织，当冷却速率增加至 30℃/s 甚至 50℃/s 时，组织为 AF 及 BF 的混合组织，如图 7-31（b）所示。当变形量进一步增加至 60% 时，组织在较高的冷却速率区间内（30~50℃/s）由 AF 及 BF 构成，实验钢仍表现出较低的淬透性，如图 7-31（c）所示。图 7-31（d）对奥氏体区不同变形程度下实验钢的连续冷却转变曲线进行对比，结果表明，随着变形量的增加，实验钢的 CCT 曲线向左上方移动。与静态连续冷却曲线相比，变形明显提升了实验钢的相变开始温度，且在较低冷却速率条件下（1℃/s）促进了 QPF、DP 及 PF 组织的转变。

　　综合上述实验结果可知，奥氏体晶粒形态（变形）对实验钢连续冷却转变行为的影响比较显著。例如，在某些冷却速率下，变形可促进 AF、BF 等组织的转变，降低原奥氏体的淬透性。对于实验用管线钢成分体系而言，该实验结果进一步明确了变形量在管线钢的组织调控中所扮演的重要角色。为了进一步研究变形及冷却速率对实验钢物理冶金学规律的影响，在相变过冷度、有效晶粒尺寸方面对不同变形量及不同冷却速率下实验钢的组织演变规律进行研究。

表 7-5　不同变形量及不同冷却速率下实验钢临界相变温度点

变形量	0%		30%		60%	
冷却速率/℃·s⁻¹	相变温度/℃					
1	B_s	561	F_s	734	F_s	797
			F_f	652	F_f	669
	B_f	503	B_s	652	B_s	669
			B_f	507	B_f	537
10	B_s	506	B_s	635	B_s	651
	B_f	421	B_f	515	B_f	520
20	B_s	497	B_s	613	B_s	639
	B_f	437	B_f	485	B_f	463
30	M_s	456	B_s	604	B_s	624
	M_f	365	B_f	471	B_f	474
40	M_s	458	B_s	600	B_s	613
	M_f	364	B_f	465	B_f	474
50	M_s	463	B_s	596	B_s	594
	M_f	375	B_f	463	B_f	479

7.4.1.3 冷却速率对相变过冷度影响

对于金属材料的固态相变而言，相变过冷度是一个涉及相变动力学（相变开始、相变发展）的重要参数。一方面，相变过冷度为新相核坯的形核提供了一定能量，是相变核心形核的必要条件；另一方面，相变过冷度为相变的发展提供了驱动力。原奥氏体晶粒形态（变形量）对实验钢的相变行为影响比较显著，但对于管线钢而言，冷却速率在其生产工艺的制定过程中同等重要。因此，本节基于图 7-31 所示实验结果，将不同冷却速率下实验钢的相变开始温度加以分析，从相变过冷度方面研究冷却速率对实验钢物理冶金学行为的影响。

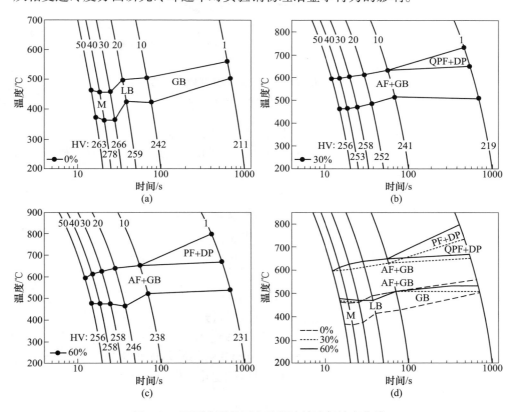

图 7-31 不同变形量下实验钢连续冷却转变曲线

（a）无变形；（b）30%变形；（c）60%变形；（d）不同变形量对比

相变过冷度一般用热力学平衡状态下的相变转变温度（A_{r3}）与实际相变开始温度之间的差值来表征，实际相变开始温度越低，则表示相变过冷度越大。图 7-32 所示为实验钢相变开始温度与冷却速率及奥氏体变形量间的对应关系。由图 7-32 （a）可知，奥氏体状态对实验钢的相变开始温度影响较大，随着变形量的增加，其相变开始温度显著提高。图 7-32（b）表明在相同变形量条件下，随着冷却速率的增加，实验钢相变开始温度降低。

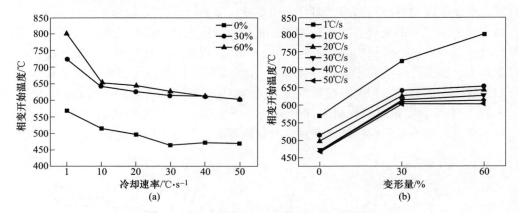

图 7-32　变形量及冷却速率对相变开始温度的影响
（a）不同变形量；（b）不同冷却速率

　　变形功对相变温度的影响可通过热力学公式推导得出。

　　在某一温度 T 及压力 p 条件下，当体系中两相 α、β 达到平衡时，体系摩尔自由焓存在如下关系[22]：

$$G_{\alpha} = G_{\beta} \tag{7-6}$$

当压力及温度发生变化后，两相自由焓变量分别为

$$dG_{\alpha} = dG_{\beta} \tag{7-7}$$

热力学公式如下所示[22]：

$$\left.\begin{array}{l} dG_{\alpha} = -S_{\alpha}dT + V_{\alpha}dp - dW \\ dG_{\beta} = -S_{\beta}dT + V_{\beta}dp \end{array}\right\} \tag{7-8}$$

将热力学公式（7-8）代入公式（7-7），可得

$$\Delta V_{\beta\alpha}dp + dW = \Delta S_{\beta\alpha}dT \tag{7-9}$$

式中，dW 为变形功增量；$\Delta V_{\beta\alpha} = V_{\beta} - V_{\alpha}$ 为相变时的摩尔体积增量；$\Delta S_{\beta\alpha} = S_{\beta} - S_{\alpha}$ 为相变时摩尔熵的增量；由于发生相变时体积变化量较小，体积变形功可以忽略不计，因此有：

$$dW = \Delta S_{\beta\alpha}dT \tag{7-10}$$

由于两相一直处于相互平衡状态，有[22]：

$$\Delta S_{\beta\alpha} = \frac{\Delta H}{T} \tag{7-11}$$

将式（7-11）代入式（7-10），得

$$dW = \frac{\Delta H}{T}dT \tag{7-12}$$

式中，ΔH 为摩尔相变潜热，相变过程中 ΔH 随温度变化较小，可视为常数。将式（7-12）积分后得

$$\int \mathrm{d}W = W = \Delta H \int_{T_0}^{T} \frac{\mathrm{d}T}{T} = \Delta H \ln \frac{T}{T_0} \tag{7-13}$$

进一步进行推导，可得

$$T = T_0 \exp\left(\frac{W}{\Delta H}\right) \tag{7-14}$$

由公式（7-14）可以看出，随着变形功的增加，相变开始温度会升高。

另外，通过图 7-32（a）不难发现，当奥氏体变形量为 30% 及 60%、冷却速率在 $10\sim 50℃/s$ 范围内时，相变开始温度与冷却速率间保持近似线性关系。为了便于预测相近实验条件下实验钢的相变开始温度，构建了实验钢相变起始温度与相变条件的关系模型。采用线性拟合法对 30% 及 60% 变形条件下相变开始温度进行线性回归，采用最小二乘法对 0% 变形量条件下实验钢相变开始温度进行回归，回归结果如图 7-33 所示。所构建的实验钢相变开始温度数学模型如式（7-15）所示。

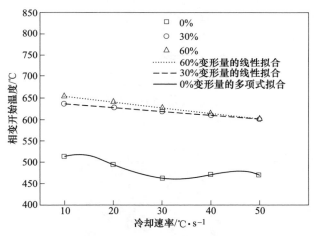

图 7-33　对不同变形量下实验钢
相变开始温度进行拟合与回归

$$\begin{cases} T_\mathrm{s}(60\%) = 667 - 1.32v,\ 10 < v < 50℃/s \\ T_\mathrm{s}(30\%) = 646.4 - 0.92v,\ 10 < v < 50℃/s \\ T_\mathrm{s}(0\%) = 344 + 34.791667v - 2.29375v^2 + 0.05608v^3 - 0.0004625v^4,\ 10 < v < 50℃/s \end{cases} \tag{7-15}$$

式中，T_s 为相变开始温度，℃；v 为冷却速率，℃/s。利用所构建的不同奥氏体状态下实验钢相变开始温度预测模型可以较理想地预测实验及生产过程中不同冷却速率

下管线钢的相变起始温度，进而为管线钢相变过程及组织形态的控制提供参考。

7.4.1.4　不同冷却速率下实验钢有效晶粒尺寸

材料的有效晶粒尺寸与其强度、冲击韧性等力学性能密切相关。根据 Hall-Petch 公式可知，细小的有效晶粒尺寸可以提高材料的强度，即经典的细晶强化理论。与此同时，较小的有效晶粒尺寸有助于增加组织中单位面积大角晶界长度。由于大角晶界能够增加材料断裂过程中裂纹扩展所消耗的能量，而大角晶界构成了材料的有效晶粒，因此细小的有效晶粒尺寸有利于提高材料的冲击韧性。奥氏体晶粒状态及冷却速率对材料的相变行为具有显著影响，并且相同奥氏体形态下较大冷却速率能够增加 AF 相变过程中的相变过冷度。本节进一步研究了实验钢有效晶粒尺寸随变形量及冷却速率的变化规律，为不同变形量及冷却速率下管线钢微观组织细化机制的讨论奠定实验基础。

一般认为大角晶界（取向差>15°）对裂纹的扩展能够起到一定的阻碍作用，是构成材料有效晶粒尺寸的有效晶界[23]。利用 EBSD 技术对不同奥氏体形态下实验钢的晶体学取向信息进行采集，并对其大角晶界进行标定（以 15°作为区分大小角晶界的临界取向差）。图 7-34 和图 7-35 分别为静态及 60%变形条件下，不同冷却速率下获得的实验钢所对应的晶界勾勒图。

由图 7-34 可知，在静态连续冷却条件下，随着冷却速率的增加，大角晶界所勾勒的大块状晶粒减少，条束状晶粒百分比增加。由图 7-35 可知，在 60%变形条件下，随着冷却速率的增加，大角晶界勾勒的块状晶粒百分比降低，针状晶粒百分比增加，但呈束状的晶粒较少。

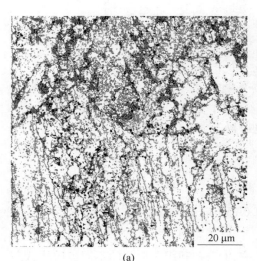
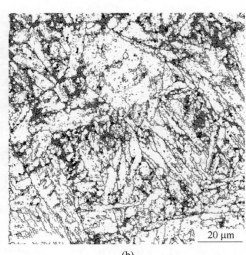

(a)　　　　　　　　　　　　　　　　　　　(b)

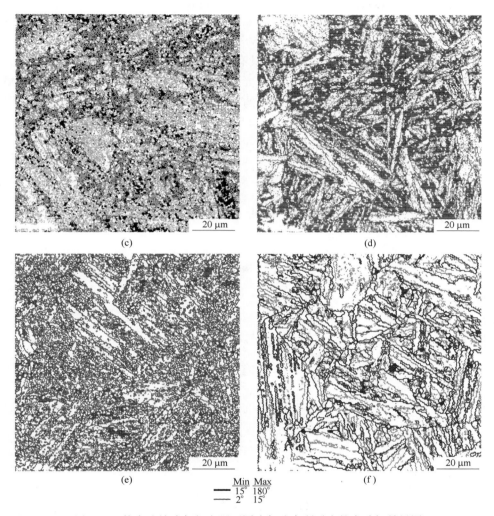

图 7-34 静态连续冷却相变下不同冷却速率所对应的实验钢晶界图
(a) 1℃/s；(b) 10℃/s；(c) 20℃/s；(d) 30℃/s；(e) 40℃/s；(f) 50℃/s
(扫书前二维码看彩图)

图 7-36 为不同变形程度及不同冷却速率下实验钢有效晶粒尺寸统计图。由图可知，60%变形及不同冷却速率下实验钢的有效晶粒尺寸要普遍小于相同冷却速率无变形条件下实验钢的有效晶粒尺寸。在无变形和60%变形条件下，实验钢的有效晶粒尺寸均随着冷却速率的增加而减小。无变形条件下，当冷却速率由1℃/s 增加至50℃/s 时，实验钢有效晶粒尺寸由 7.8μm 减小至 4.9μm；在60%变形条件下，当冷却速率由1℃/s 增加至50℃/s 时，实验钢有效晶粒尺寸由 6.8μm 减小至 2.9μm。实验钢有效晶粒尺寸的变化规律主要是材料微观组织的宏

观反映。在无变形条件下，实验钢淬透性较好，随着冷却速率的增加，组织发生由 GB 向 LB 及 M 组织的转变。而在 60%变形条件下，实验钢淬透性降低，组织中形成大量的 AF 组织。由于 AF 组织具有更加细小的有效晶粒尺寸，表现出变形后组织的有效晶粒尺寸要普遍小于未变形组织的有效晶粒尺寸。那么为何在相同变形条件下，随着冷却速率增加组织的有效晶粒尺寸会降低？这个问题结合以下研究内容进行讨论。

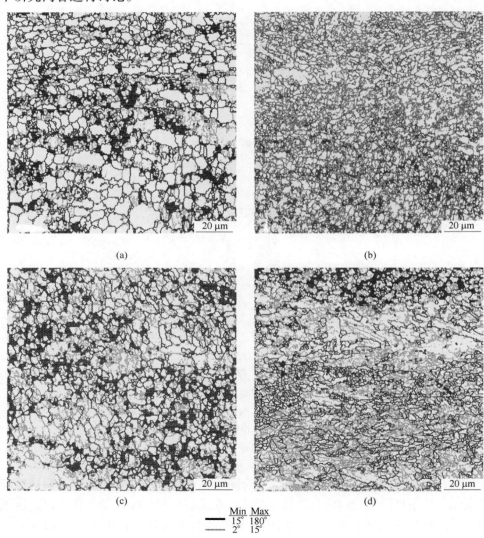

图 7-35　60%变形量、不同冷却速率条件下实验钢晶界图

（a）1℃/s；（b）10℃/s；（c）20℃/s；（d）30℃/s

（扫书前二维码看彩图）

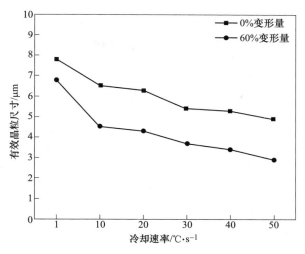

图 7-36 实验钢有效晶粒尺寸与冷却速率间关系

7.4.2 高冷速下管线钢微观组织细化机制

7.4.2.1 晶体学取向特征

变形量提高了实验钢相变开始温度，促进了 AF 及 BF 相变，而抑制了 LB 及 M 相变；在变形量一定的情况下，较高的冷却速率能够提高 AF 及 BF 相变过冷度，细化材料的微观组织，并增加单位面积大角晶界的长度，有效降低材料的有效晶粒尺寸。本节将在相变晶体学方面研究管线钢的组织演变规律，并进一步分析大变形及高冷却速率下管线钢的微观组织细化机制。

图 7-37 所示为无变形不同冷却速率条件下实验钢的取向成像图。由图 7-37（a）可知，在冷却速率为 1℃/s 条件下，实验钢具有相似晶体学取向的粒状区域较多，如图中箭头所指处，部分原奥氏体晶粒被不同晶体学区域所分割。结合实验钢连续冷却相变过程中膨胀量与温度关系曲线及金相组织照片可知，在该条件下实验钢的组织为粒状贝氏体组织。由此说明在粒状贝氏体相变过程中，奥氏体内部晶粒长大具有择优取向的特性；当冷却速率为 10℃/s 时，组织为板条贝氏体与少量粒状贝氏体的混合组织，此时组织中块状粒状贝氏体的择优取向较明显，而板条贝氏体组织的择优取向相对较弱，如图 7-37（b）所示；随着冷却速率进一步增加至 30℃/s 及 50℃/s，组织呈马氏体组织特征，在马氏体内部的不同区域处呈现出不同晶体学取向，相变过程中的择优取向性进一步减弱，如图 7-37（c）和（d）所示。

图 7-38 则进一步对无变形不同冷却速率下实验钢晶粒形态信息进行统计，

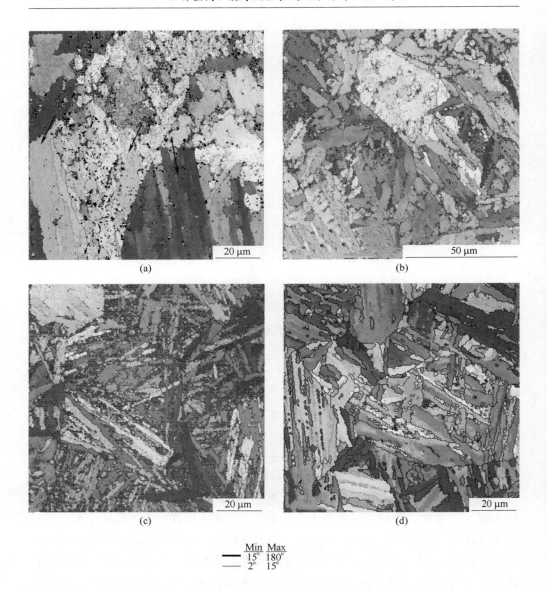

图 7-37　无变形、不同冷却速率下实验钢取向成像图

(a) 1℃/s；(b) 10℃/s；(c) 30℃/s；(d) 50℃/s

（扫书前二维码看彩图）

其中不同区域颜色代表不同晶粒尺寸的横纵比比值。由统计结果可知，在低冷却速率条件下（1℃/s），绿色区域所代表的晶粒尺寸横纵比在 0.206~0.381 范围内的晶粒较多，晶粒形状更加趋近于等轴晶粒；随着冷却速率增加至 10℃/s，晶粒尺寸横纵比分布在 0.101~0.248 范围内的晶粒数量增多，表明长条状的晶粒百

分比增加；随着冷却速率进一步增加至 30℃/s 及 50℃/s，晶粒尺寸横纵比分布在 0.206~0.381 范围内的晶粒百分比减少，而尺寸横纵比分布在 0.06~0.22 范围内的晶粒百分比更高。由此可以表明随着冷却速率的增加，条状晶粒的数量增多而趋向于等轴晶状的晶粒更少，单位面积大角晶界长度增加，材料有效晶粒尺寸更加细小。

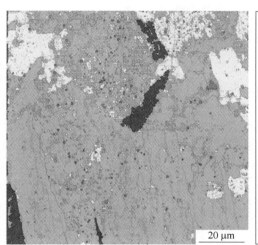

(a)

(b)

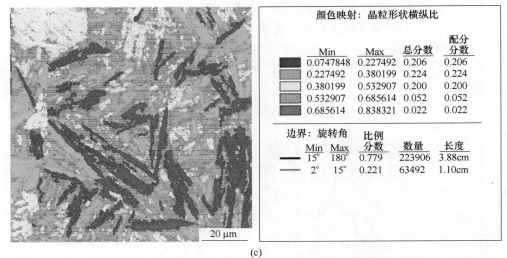

(c)

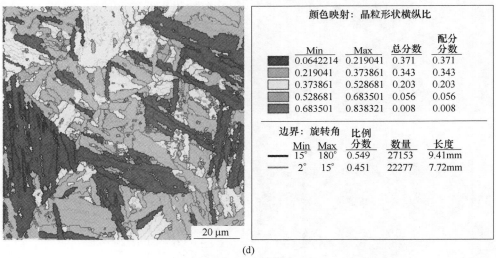

(d)

图 7-38　无变形、不同冷却速率下实验钢晶粒图

（a）1℃/s；（b）10℃/s；（c）30℃/s；（d）50℃/s

（扫书前二维码看彩图）

　　图 7-39 为 60%变形量及不同冷却速率条件下实验钢的取向成像图。变形对实验钢相变行为影响较显著。在 60%变形条件下，当冷却速率为 1℃/s 时，实验钢由 PF、DP、AF 组成，且 PF 组织百分比较高；冷却速率在 10~50℃/s 时，实验钢组织主要由 AF 及 BF 组成。依据不同工艺下所得实验钢的组织类型，进一步对图 7-39 所示的晶体学取向信息进行分析。由图 7-39（a）可知，取向成像图中呈块状的晶粒为 PF 组织，且单独 PF 晶粒具有相同的晶体学取向；在冷却速

率为10℃/s条件下，组织由 AF 及 BF 组成，其中整个 BF 晶粒内部具有相似晶体学取向，而不同晶粒 AF 间具有不同晶体学取向，如图 7-39（b）所示；随着冷却速率进一步增加，BF 百分含量减小，AF 含量增多，组织中晶体择优取向的晶粒百分比降低，如图 7-39（c）和（d）所示。

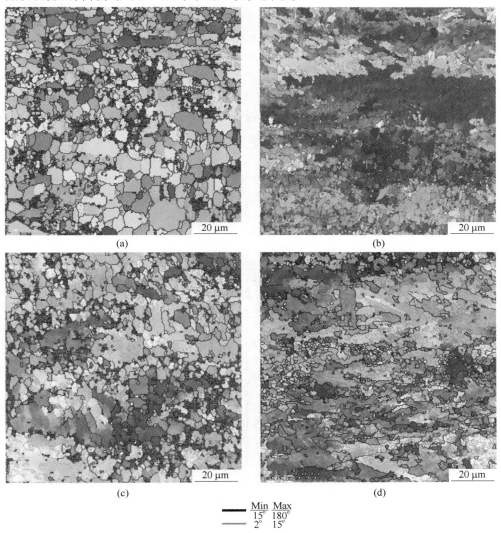

(a)

(b)

(c)

(d)

	Min	Max
▬	15°	180°
—	2°	15°

图 7-39　60%变形量不同冷却速率下实验钢取向成像图

（a）1℃/s；（b）20℃/s；（c）40℃/s；（d）50℃/s

（扫书前二维码看彩图）

图 7-40 进一步给出了 60%变形量及不同冷却速率下实验钢的晶粒形态信息统计结果，不同颜色代表具有不同横纵比比值的晶粒形状。由图 7-40（a）可知，

在1℃/s冷却速率下，实验钢晶粒尺寸横纵比大部分分布在0.418~0.698范围内，更加趋近于等轴化，结合金相组织结果可知，该部分晶粒主要为PF晶粒；图7-40（b）所示为20℃/s冷却条件下实验钢晶粒形状信息，由结果可知，晶粒尺寸横纵比分布在0.113~0.405范围内的晶粒百分比增加，晶粒形状更加趋近于长条状。结合金相结果可知，BF及AF组织的存在使晶粒形状更加趋近于长条状；图7-40（c）和（d）分别为40℃/s及50℃/s冷却条件下实验钢晶粒形态信息统计结果，由图可知，随着冷却速率的提高，横纵比比值较低的晶粒（蓝色及绿色标注区域）百分比提高，且分布更加均匀。上述实验结果表明，在60%变形条件下，随着冷却速率的提高，组织中AF百分比增加，而相应的BF百分比降低，趋于长条状的晶粒百分比增加，晶粒更加趋于细化。

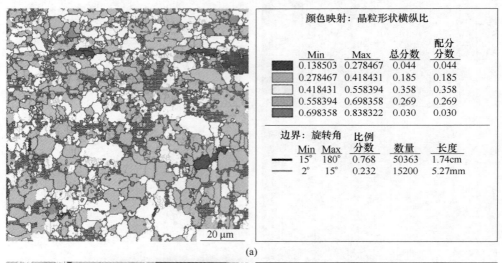

(a)

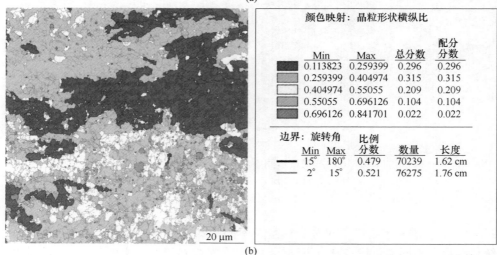

(b)

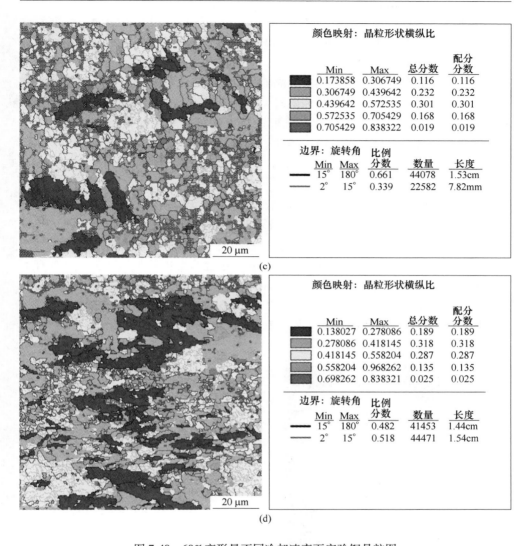

图 7-40　60%变形量不同冷却速率下实验钢晶粒图

（a）1℃/s；（b）20℃/s；（c）40℃/s；（d）50℃/s

（扫书前二维码看彩图）

综合上述实验结果可知，在静态连续冷却及 60%变形连续冷却条件下，随着冷却速率的提高，不同组织的百分比随之变化，如 PF、LB、M、AF、BF 等。由于相变过程中不同组织具有不同晶体学择优取向，对组织的晶粒形状及大角晶界长度产生一定的影响。在静态连续冷却条件下，对于 GB、LB、M 组织而言，冷却速率的提高促进了 M 组织的形成，而弱化了晶体学择优取向的程度，使得晶粒形状趋于长条化的同时，降低了单位面积内大角晶界长度，减小了有效晶粒尺寸；类似地，在 60%变形及连续冷却条件下，对于 AF 及 BF 组织而言，随着冷却速率的增加，组织中 AF 含量增加，BF 含量降低，由于 BF 组织具有更加相似的晶体学取向，其晶粒形状趋于长条状，但晶粒尺寸过于粗大，会导致单位面积大角晶界数量降低，增加材料的有效晶粒尺寸，而 AF 由于具有更弱的晶体学择优取向，其晶粒形状趋于长条状的同时会增加单位面积大角晶界的长度，减小材料的有效晶粒尺寸。由于晶体学择优取向是影响材料晶粒形状及尺寸的本质因素，接下来主要对不同变形及冷却条件下晶体的择优取向性进行研究。

7.4.2.2　变体选择性对组织细化的影响

图 7-41~图 7-43 所示为无变形不同冷却速率下实验钢局部晶粒取向成像图及相应 {001} 极图。由图 7-41 可知，当冷却速率为 1℃/s 时，实验钢相变过程中变体选择性较强，组织中存在取向比较单一的大块状区域。随着冷却速率增加至10℃/s，组织中变体选择强度有所减弱，取向相近的大块状组织减少，而具有不同取向且相互交织的长条状及小块状晶粒增多。随着冷却速率进一步增加至50℃/s，具有不同晶体学取向且相互交织的长条状及小块状晶粒百分比增多，表明此时相变过程中变体的选择性相对较弱，晶粒按不同方向随机生长的概率增加。

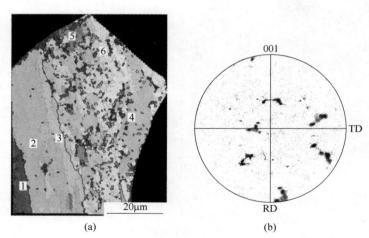

(a)　　　　　　　　　　　　　　　(b)

图 7-41　无变形、冷却速率 1℃/s 条件下实验钢 EBSD 结果
(a) 取向成像图；(b) {001} 极图
（扫书前二维码看彩图）

为了进一步证明母相奥氏体与新相变体之间的晶体学选择性关系，将图 7-41~图 7-43 中数字所标记部位组织的晶体学取向信息进行计算，其结果见表 7-6。由于实验用管线钢含碳量较低，相变过程中残余奥氏体不足以稳定而保留至室温。

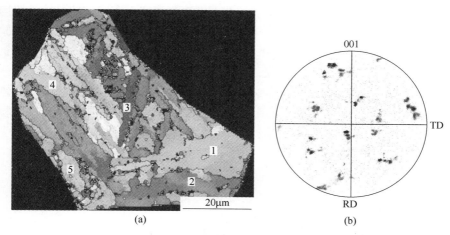

图 7-42　无变形、冷却速率 10℃/s 条件下实验钢 EBSD 结果

（a）取向成像图；（b）｛001｝极图

（扫书前二维码看彩图）

因此，为了研究相变变体与母相奥氏体间晶体学取向关系，通过计算不同变体间的晶体学取向关系，并与表 7-7 所示的 24 种 K-S 晶体学取向关系表进行对比[24]。由表 7-6 所示的计算结果可知，在同一奥氏体晶粒内，相邻晶粒晶体学关系满足 K-S 关系。在 1℃/s 冷却条件下，相变变体包括 V6、V10、V12、V19；在 10℃/s 冷却条件下，相变变体包括 V9、V10、V14、V19、V21；在 50℃/s 冷却条件下，相变变体包括 V3、V17。实验结果表明，尽管随着冷却速率增加相变变体种类减少，但变体选择性发生弱化，同一奥氏体内不同方向变体数量增加，从而使组织中大角晶界增加，有效晶粒尺寸降低。

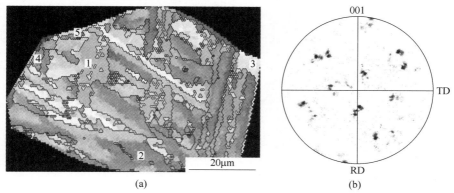

图 7-43　无变形、冷却速率为 50℃/s 条件下实验钢 EBSD 结果

（a）取向成像图；（b）｛001｝极图

（扫书前二维码看彩图）

采用相同研究方法，对 60% 变形量及不同冷却速率下实验钢的晶体学取向关系进行分析与计算。图 7-44 和图 7-45 分别为 20℃/s 及 50℃/s 冷却条件下实验钢取向成像图及相应 {001} 极图，由图可知，当冷却速率为 20℃/s 时，实验钢相变过程中变体选择性相对较强，组织中存在晶体取向相近的区域，如图 7-44 (a) 中蓝色块状区域所示。随着冷却速率增加至 50℃/s，组织中变体选择性有所降低，大块状取向相近的组织相对较少，具有不同晶体学取向的晶粒增多。不同冷却条件下组织中不同晶粒间的晶体学取向关系计算结果见表 7-8。通

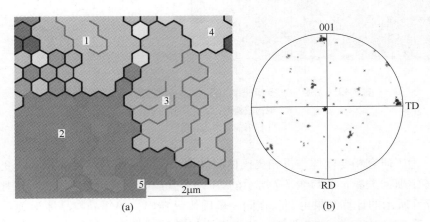

图 7-44　变形量 60%、冷却速率 20℃/s 条件下实验钢 EBSD 结果

(a) 取向成像图；(b) {001} 极图

（扫书前二维码看彩图）

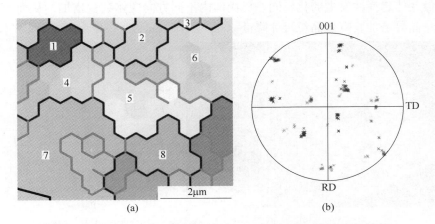

图 7-45　变形量 60%、冷却速率 50℃/s 条件下实验钢 EBSD 结果

(a) 取向成像图；(b) {001} 极图

（扫书前二维码看彩图）

过与表 7-7 对比可知，在 20℃/s 冷却条件下，实验钢相变过程中相变变体均为 V17，而在 50℃/s 冷却条件下，相变变体产物主要包括 V9、V17、V18、V20。由此可见，在 60% 变形及不同冷却速率冷却条件下（冷却速率>10℃/s），相变产物与母相奥氏体间同样保持 K-S 关系，且随着冷却速率增加，相变变体选择性减弱，组织中大角晶界增加，有效晶粒尺寸减小。

基于实验结果可知，冷却速率对管线钢相变行为及组织演变的影响主要体现在相变过冷度及相变过程中新相与母相之间变体选择性两方面。因此，高冷却速

表 7-6 无变形、不同冷却速率下组织间晶体学取向关系

冷却速率	位置编号	变体晶体学取向	变体晶体学关系	变体类型
1℃/s	1	$(2\bar{3}2)$ $[22\bar{1}]$	—	—
	2	$(\bar{4}\bar{4}1)$ $[33\bar{2}]$	$[-0.41, -0.41, 0.82], 19.4$	V10
	3	(021) $[\bar{1}00]$	$[-0.51, 0.17, -0.85], 49.4$	V19
	4	(239) $[13\bar{3}2]$	$[0.70, 0.078, -0.70], 48.2$	V6
	5	(120) $[\bar{1}06]$	$[-0.81, -0.32, -0.49], 52.5$	V12
10℃/s	1	$(0\bar{2}3)$ $[732]$	—	—
	2	$(\bar{1}15)$ $[1\bar{4}1]$	$[-0.49, 0.49, -0.73], 60.6$	V10&V14
	3	(322) $[\bar{2}13]$	$[-0.20, 0.78, -0.59], 51.1$	V9&V19
	4	$(\bar{2}\bar{3}1)$ $[10\bar{3}]$	$[-0.16, 0, -0.99], 19.2$	V21
	5	$(0\bar{1}3)$ $[031]$	$[0.59, -0.20, -0.78], 45.7$	V9&V19
50℃/s	1	$(\bar{1}10)$ $[118]$	—	—
	2	$(\bar{1}13)$ $[332]$	$[-0.67, 0.67, -0.33], 52.4$	V17
	3	(421) $[\bar{2}23]$	$[0.14, -0.70, 0.70], 58$	V3
	4	$(\bar{3}24)$ $[232]$	$[0.69, -0.23, -0.69], 52.9$	V17
	5	$(01\bar{2})$ $[\bar{2}31]$	$[-0.67, -0.33, 0.67], 44.6$	V17

表 7-7 24 种 K-S 关系变体取向关系

变体	平行面	平行方向	变体 1 旋转操作	角度/(°)
V1		$[\bar{1}01]_{fcc}//[\bar{1}\bar{1}1]_{bcc}$	—	—
V2		$[\bar{1}01]_{fcc}//[\bar{1}1\bar{1}]_{bcc}$	$[0.58 -0.58 0.58]$	60.0
V3	$(111)_{fcc}//(011)_{bcc}$	$[01\bar{1}]_{fcc}//[\bar{1}\bar{1}1]_{bcc}$	$[0.0 -0.71 -0.71]$	60.0
V4		$[01\bar{1}]_{fcc}//[\bar{1}1\bar{1}]_{bcc}$	$[0.0 0.71 0.71]$	10.5
V5		$[1\bar{1}0]_{fcc}//[\bar{1}\bar{1}1]_{bcc}$	$[0.58 0.71 0.71]$	60
V6		$[1\bar{1}0]_{fcc}//[\bar{1}1\bar{1}]_{bcc}$	$[0.0 -0.71 -0.71]$	49.5

变体	平行面	平行方向	变体 1 旋转操作	角度/(°)
V7		$[10\bar{1}]_{fcc}//[\bar{1}\bar{1}1]_{bcc}$	$[-0.58\ -0.58\ 0.58]$	49.5
V8		$[10\bar{1}]_{fcc}//[11\bar{1}]_{bcc}$	$[0.58\ -0.58\ 0.58]$	10.5
V9		$[\bar{1}10]_{fcc}//[\bar{1}\bar{1}1]_{bcc}$	$[-0.19\ 0.77\ 0.61]$	50.5
V10	$(111)_{fcc}//(011)_{bcc}$	$[\bar{1}10]_{fcc}//[11\bar{1}]_{bcc}$	$[-0.49\ -0.46\ 0.74]$	50.5
V11		$[011]_{fcc}//[\bar{1}\bar{1}1]_{bcc}$	$[0.35\ -0.93\ -0.07]$	14.9
V12		$[011]_{fcc}//[11\bar{1}]_{bcc}$	$[0.36\ -0.71\ -0.60]$	57.2
V13		$[0\bar{1}1]_{fcc}//[\bar{1}\bar{1}1]_{bcc}$	$[0.93\ 0.35\ 0.07]$	14.9
V14		$[0\bar{1}1]_{fcc}//[11\bar{1}]_{bcc}$	$[0.74\ 0.46\ -0.49]$	50.5
V15		$[10\bar{1}]_{fcc}//[\bar{1}\bar{1}1]_{bcc}$	$[-0.25\ -0.63\ -0.74]$	57.2
V16	$(\bar{1}11)_{fcc}//(011)_{bcc}$	$[10\bar{1}]_{fcc}//[11\bar{1}]_{bcc}$	$[-0.66\ 0.66\ 0.36]$	20.6
V17		$[110]_{fcc}//[\bar{1}\bar{1}1]_{bcc}$	$[-0.66\ 0.36\ -0.66]$	51.7
V18		$[110]_{fcc}//[11\bar{1}]_{bcc}$	$[-0.3\ -0.63\ -0.72]$	47.1
V19		$[\bar{1}10]_{fcc}//[\bar{1}\bar{1}1]_{bcc}$	$[-0.61\ -0.19\ -0.77]$	50.5
V20		$[\bar{1}10]_{fcc}//[11\bar{1}]_{bcc}$	$[-0.36\ -0.6\ -0.71]$	57.2
V21		$[0\bar{1}1]_{fcc}//[\bar{1}\bar{1}1]_{bcc}$	$[0.96\ 0.0\ -0.30]$	20.6
V22	$(11\bar{1})_{fcc}//(011)_{bcc}$	$[0\bar{1}1]_{fcc}//[11\bar{1}]_{bcc}$	$[0.72\ 0.3\ -0.63]$	47.1
V23		$[101]_{fcc}//[\bar{1}\bar{1}1]_{bcc}$	$[0.74\ -0.25\ 0.063]$	57.2
V24		$[101]_{fcc}//[11\bar{1}]_{bcc}$	$[0.91\ -0.41\ 0.0]$	21.1

表 7-8　60%变形量不同冷却速率下 AF 间晶体学取向关系

冷却速率	组织编号	晶体学取向	变体间取向关系	变体分类
	1	$(15\bar{6})\ [\bar{2}\bar{1}\bar{1}]$	—	—
	2	$(010)\ [001]$	$[-0.67,\ 0.33,\ 0.67],\ 47$	V17
20℃/s	3	$(0\ \bar{3}\bar{2})\ [\bar{2}2\bar{3}]$	$[-0.69,\ 0.23,\ 0.69],\ 58.5$	V17
	4	$(\bar{1}\bar{3}8)\ [601]$	$[0.43,\ 0.64,\ 0.64],\ 54.4$	V17
	5	$(010)\ [001]$	$[-0.33,\ -0.67,\ 0.67],\ 45.1$	V17
	1	$(\bar{2}\bar{1}1)\ [35\bar{1}]$	—	—
	2	$(1\bar{2}0)\ [21\bar{7}]$	$[0.37,\ 0.74,\ -0.56],\ 46.8$	V18
	3	$(\bar{1}5\bar{4})\ [\bar{2}\bar{1}1]$	$[0.53,\ 0.27,\ -0.80],\ 44.8$	V9
50℃/s	4	$(2\bar{5}\bar{1})\ [01\bar{6}]$	$[-0.33,\ 0.67,\ 0.67],\ 55.5$	V17
	5	$(3\bar{6}\bar{1})\ [\bar{1}09]$	$[-0.37,\ 0.56,\ 0.74],\ 53.9$	V20
	6	$(251)\ [0\bar{1}5]$	$[0.23,\ -0.69,\ 0.69],\ 58.5$	V17
	7	$(\bar{1}79)\ [332]$	$[0.27,\ 0.53,\ 0.80],\ 46.3$	V9
	8	$(\bar{1}01)\ [232]$	$[0.17,\ 0.51,\ 0.85],\ 45.1$	V9

率下实验用管线钢的微观组织细化机制主要体现在增加相变过冷度及弱化相变过程变体选择两方面：

（1）高冷却速率通过增加相变过冷度细化管线钢微观组织。较高的冷却速率能够降低 AF 的相变开始温度，增加其相变过冷度，为贝氏体相变形核提供足够大的形核驱动力，进而提高贝氏体相变形核率，细化材料的微观组织，具体细化机制示意图如图 7-46 所示。

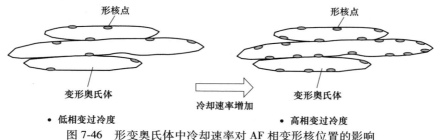

图 7-46　形变奥氏体中冷却速率对 AF 相变形核位置的影响

（2）高冷却速率通过弱化相变过程中变体选择性而细化管线钢的微观组织。管线钢中 AF 及 BF 相变过程中新相与母相奥氏体间保持 K-S 取向关系。当冷却速率较低时，奥氏体内局部区域满足相变条件，此时相变变体选择性比较强，新相易于在某一方向或部分方向生长，组织中易于形成晶体取向相近的区域，导致组织中小角晶界较多，大角晶界较少，材料组织相对粗大。随着冷却速率的增加，在奥氏体内局部满足贝氏体相变的区域内变体选择性较弱，变体可同时沿不同方向随机形核并长大。由于不同变体间呈大角晶界，且变体的选择性弱化会增加变体数量，进而增加组织中大角晶界含量，减小其有效晶粒尺寸，该细化机制示意图如图 7-47 所示。

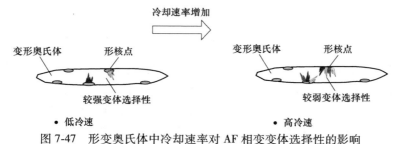

图 7-47　形变奥氏体中冷却速率对 AF 相变变体选择性的影响

7.5　厚规格管线钢组织调控策略研究

7.5.1　管线钢相变动力学行为

图 7-48 为 580℃ 等温相变过程中的实验钢相变动力学曲线。其中，图 7-48（a）是将 580℃ 等温相变过程中体积膨胀量最大值作为相变终止点（由于

存在相变停滞现象，未考虑等温相变以后冷却过程中发生的下贝氏体或马氏体相变），并利用杠杆定律归一化计算获得。图 7-48（b）是通过将图 7-48（a）中不同冷却速率下的相变体积分数求一阶导数，做出相变速率与时间关系曲线而求得。由图 7-48（a）可知，由于在 1℃/s 冷却条件下，组织中存在 PF、DP 等高温相变产物，其相变方式与 AF、BF 等低温区间形成的组织具有一定差异，因此，本节未对 1℃/s 冷却条件下实验钢相变动力学进行讨论。将相变进行 90% 时的相变点作为相变终止点，并标定其相变终止时间点，结果如图 7-48 所示。可以发现，当实验钢以 10~20℃/s 速度冷却至 580℃时，相变发生 90% 时所需要的时间为 51.6~56.4s；当实验钢以 30~50℃/s 速度冷却至 580℃时，相变发生 90% 时所需要的时间为 39.9~48.6s。对其相变速率进行进一步分析发现，随着冷却速率增加，相变速度峰值出现的时间向左方向移动，表明冷却速率的增加使得相变更易达到速度峰值点。

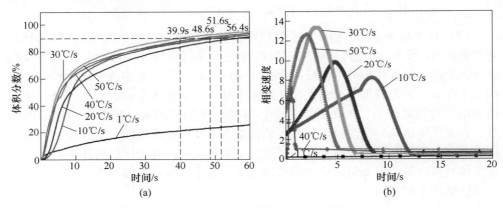

图 7-48　580℃等温相变动力学曲线
（a）相变体积分数与时间关系；（b）相变速度与时间关系

　　图 7-49、图 7-50 及图 7-51 分别为 510℃、440℃及 370℃等温相变条件下实验钢的相变动力学曲线，其获取方法同上述图 7-48 获取方法相同。将 510℃等温相变进行 90% 时的相变点作为相变终止点，标定其相变完成时间，其结果如图 7-49（a）所示。由实验结果可以发现，当实验钢以 10℃/s 速度冷却至 510℃时，相变发生 90% 时所需要的时间为 62s；当实验钢以 20~50℃/s 速度冷却至 510℃时，相变发生 90% 时所需要的时间为 43.5~47.3s。对其相变速率进行进一步分析发现，随着冷却速率增加，相变速率峰值出现的时间同样向左方向移动，表明冷却速率的增加使相变开始阶段速率更大，相变更易达到速度峰值点。
　　将 440℃等温相变条件下相变发生 90% 时的相变点作为相变终止点，标定其相变完成时间，其结果如图 7-50（a）所示。可以发现，当实验钢以 10℃/s 速度冷却至 440℃时，相变发生 90% 时所需要的时间为 76.0s；当实验钢以 20~50℃/s

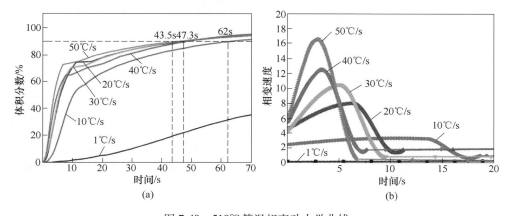

图 7-49 510℃等温相变动力学曲线
（a）相变体积分数与时间关系；（b）相变速度与时间关系

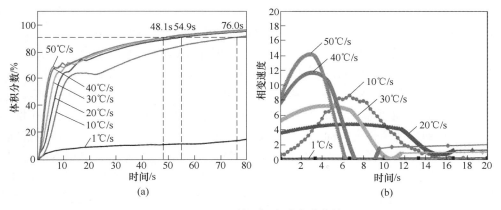

图 7-50 440℃等温相变动力学曲线
（a）相变体积分数与时间关系；（b）相变速度与时间关系

速度冷却至440℃时，相变发生90%时所需要的时间分布在48.1~54.9s。对其相变速率进行进一步分析，同样发现，随着冷却速率的增加，相变速率峰值出现的时间向左方向移动，较高的冷却速率使相变更易达到速度峰值点。

图7-51（a）所示为370℃等温相变条件下相变进行90%时的相变动力学曲线。由结果可知，当实验钢以10℃/s速度冷却至370℃时，相变发生90%时所需要的时间为98.6s；当实验钢以20~50℃/s速度冷却至370℃时，相变发生90%时所需要的时间分布在70.2~77.1s。进一步对其相变速率进行分析发现，随着冷却速率增加，相变速率峰值出现的时间向左方向移动，同样得出了冷却速率的增加能够使相变速度更易达到速度峰值点的结论。

综合上述实验结果可知，在580~370℃进行等温相变时，随着等温温度的降低相变完成时间延长。例如，在20~50℃/s冷却速率条件下，实验钢在510℃等

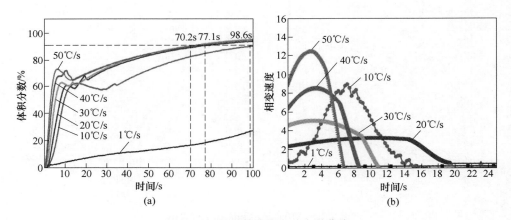

图 7-51　370℃ 等温相变动力学曲线
（a）相变体积分数与时间关系；（b）相变速度与时间关系

温时发生 90% 相变时间约为 43.5~47.3s，而在 370℃ 等温温度下相变时，发生 90% 相变时间分布在 70.2~77.1s。管线钢等温相变过程中出现该现象可从两方面进行考虑：（1）温度的降低能够延缓管线钢的相变速度。根据贝氏体扩散相变学派理论可知，新相的长大过程主要通过界面的迁移实现。本研究中，随着等温温度由 580℃ 降低至 370℃，碳原子或合金原子的扩散能力减弱，在相变初期，AF 以较快速度发生相变，而剩余残余奥氏体来不及充分相变而保留至低温区间并转变为 BF。由于合金元素扩散能力的减弱，导致更低温度下完成相变的时间更长。反映在本研究中则表现为更低等温温度下完成 90% 相变所需要的时间更长；（2）温度的降低能够进一步促进残余奥氏体的转变。尽管由实验结果可知，当等温温度低于 510℃ 时，"温度-膨胀量"曲线表明实验钢不存在明显的相变停滞现象。但考虑到实验用管线钢本身相变行为特点，不排除在相变前期相变速度较快，剩余奥氏体百分含量较低，而少量的残余奥氏体发生相变时未清晰体现在"温度-膨胀量"曲线中。因此，随着等温温度的降低相变完成时间延长这一现象可通过相变停滞机制解释。对于实验钢而言，存在相变停滞现象主要有两方面原因：一方面，某一温度下，AF 及 BF 相变过程中晶粒与残余奥氏体发生碰撞，实现了机械稳定效应，增加了残余奥氏体的稳定性。另一方面，相变过程中，碳原子向周围残余奥氏体中扩散，使残余奥氏体发生相变的临界温度 T_0 降低，残余奥氏体更加稳定。为了使相变继续发生，需要进一步降低温度，为相变提供足够多的相变驱动力。反映在本实验中则表现为随着等温温度的降低，相变能够持续发生。

　　由本研究可知，轧后较高的冷却速率能够促进过冷奥氏体快速相变。对于 510℃ 温度以下等温相变过程，在 3s 左右时相变速度达到最大，并且在 5s 左右时实验钢相变已经完成约 70%。在 5s 以后的冷却过程中，无论后续的冷却速率多大，相变速度均减慢，并且随着温度的降低，相变会继续缓慢发生，且温度越低，完成相变所需时间越长。因此，对于实验用管线钢相变过程而言，组织的调控应以控制轧后冷却开冷阶段为主。

7.5.2 管线钢中 AF 及 BF 相变行为

7.5.2.1 Avrami 指数 n 值变化规律

根据整体相变动力学方程可知，贝氏体相变过程主要与新相的形核与长大有关。其中，Johnson-Mehl-Avrami（JMA）模型可用于描述整体相变动力学行为，其表达式如式（7-16）所示[25]。

$$f = 1 - \exp(-k(t - t_0)^n) \tag{7-16}$$

式中，f 为相变实际体积分数；t 为等温时间；n 为 Avrami 指数；t_0 为等温相变孕育时间。由于 JMA 动力学方程主要描述了扩展体积分数与实际体积分数间关系，很大程度上可独立于描述相变机制的特征模型[26]。假设 Avrami 在整个相变过程中为定值，n 值即为 $\ln[-\ln(1-f)]$ 与 $\ln(t)$ 线性关系的斜率，见式（7-17）。

$$\ln[-\ln(1-f)] = n\ln(t) + \ln k \tag{7-17}$$

Avrami 指数 n 可以反映相变过程中新相形核和长大机制，其可用来判断等温相变过程中相变的形核与长大机制。Christian 根据实验数据整理了不同相变条件下 n 值，见表 7-9[27]。在界面控制生长条件下，当 $n>4$ 时，相变模式为三维生长模式；当 $2<n<3$ 时，相变模式为晶界形核位置饱和二维生长模式；当 $1<n<2$ 时，相变以一维生长模式长大。在扩散控制相变生长条件下，Avrami 指数 n 大于 2.5 时，表明形核速率增加；当形核速率为 0 时，$1<n<1.5$，此时新相从细小原始尺寸以任意维数长大；相变过程中，当新相之间发生完全碰撞之后，新相以长圆柱或大块状体的增厚方式相变时，n 值为 1 或 0.5[28]。

图 7-52 所示为不同等温温度条件下实验钢的 n 值变化规律。由图 7-52（a）可知，在 580℃等温相变条件下，冷却速率为 1℃/s 或在 10~50℃/s 范围内时，实验钢的 n 值变化规律完全不同。由于 1℃/s 冷却条件下实验钢的相变方式与 10℃/s 以上冷却条件下实验钢的相变方式不同，而在 10℃/s 及 20℃/s 冷却条件下，实验钢相变过程中 n 值变化规律相似，在相变初期 n 值分别为 2.42 及 2.15，而在相变后期，其 n 值分布在 0.60~0.78 范围内。在 30~50℃/s 冷却条件下，实验钢相变过程中 n 值变化规律相似，在相变初期，其 n 值分布在 1.37~1.80 范围内，相变后期其 n 值同样分布在 0.60~0.78 范围内。图 7-52（b）所示为 510℃等温相变条件下实验钢相变过程中的 n 值变化规律。由图可知，在 510℃等温相变条件下，由于相变方式的不同，1℃/s 冷却条件下实验钢 n 值变化规律与其他冷却速率下不同。在 10℃/s 冷却条件下，在相变初期实验钢 n 值约为 1.97，

而在相变后期，其 n 值分布在 0.60~0.77 范围内。在 20~50℃/s 冷却速率范围内，相变初期实验钢 n 值分布在 1.37~1.71 范围内，在相变后期 n 值分布在 0.60~0.77 范围内。图 7-52（c）所示为 440℃ 等温相变条件下实验钢 n 值的变化规律。在 10℃/s 冷却条件下，n 值变化规律与 20~50℃/s 冷却速率下 n 值变化规律略有差异。相变开始阶段，在 10℃/s 冷却条件下，n 值约为 1.90，在 20~50℃/s 冷却条件下，n 值分布在 1.24~2.00 范围内。在相变后期，在 10~50℃/s 冷却速率范围内，n 值分布在 0.59~0.65 范围内。图 7-52（d）所示为 370℃ 等温相变条件下实验钢 n 值的变化规律。由图可知，该冷却条件下实验钢 n 值变化规律同 440℃ 条件下 n 值变化规律类似。相变初期，在 10℃/s 冷却条件下，n 值约为 1.79，在 20~50℃/s 冷却条件下，n 值分布在 1.68~3.31 范围内。相变后期，在 10~50℃/s 条件下，n 值分布在 0.50~0.74 范围内。

表 7-9　不同相变条件下 Avrami 方程中的 n 值

相变条件	相变情况	n 值
多型相变、非连续沉淀，共析分解，界面控制长大等	形核率增加	>4
	形核率为恒值	4
	形核率减小	3~4
	零形核率	3
	晶界面形核（饱和后）	1
	晶粒棱边形核（饱和后）	2
	新相由小尺寸长大，形核率增加	$>2\frac{1}{2}$
	新相由小尺寸长大，形核率为恒值	$2\frac{1}{2}$
扩散控制长大	新相由小尺寸长大，形核率减小	$1\frac{1}{2}\sim2\frac{1}{2}$
	新相由小尺寸长大，零形核率	$1\frac{1}{2}$
	原始具有相当尺寸长大	$1\sim1\frac{1}{2}$
	针状、片状新相具有有限长度	
	两相远离	1
	长柱体（针）的加厚（端际完全相遇）	1
	很大片状新相的加厚（边际完全相遇）	$\frac{1}{2}$
	薄膜	1
	丝	2
	位错上沉淀（很早期）	约 $\frac{1}{2}$

　　将上述 n 值结果进行统计并列于图 7-53 中。对上述不同 n 值所对应的相变模式进行对比后发现，实验钢在不同温度下进行等温相变时其可能的相变机制为相变受扩散控制长大，相变前期新相由小尺寸以任意维数长大，且形核率逐渐减

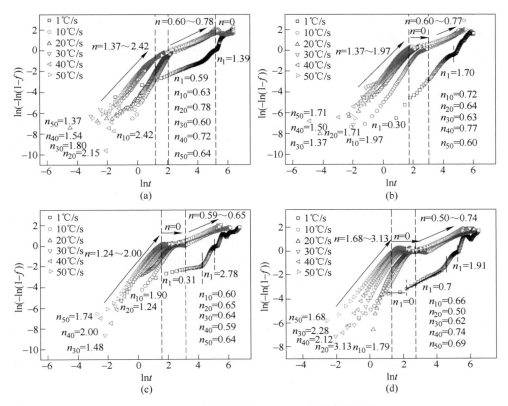

图 7-52 不同等温温度下 Avrami 指数变化规律

（a）580℃；（b）510℃；（c）440℃；（d）370℃

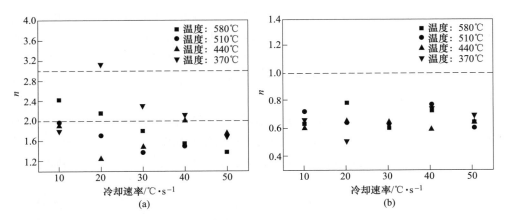

图 7-53 不同冷却速率及等温温度下 n 值分布图

（a）相变前期；（b）相变后期

小；随着相变的进行，相变后期主要发生长柱体（针）的加厚（端际完全相遇）或大片状新相的加厚（边际完全相遇）。结合金相组织可以发现，AF 相变过程中在形变奥氏体晶界处形核，并以任意维数向晶内生长，由于晶粒的不断增长，为晶粒提供形核位置的晶界位置逐渐减少，相应的形核率会逐渐减小。相变后期，由于已经形成的 AF 组织间发生相互碰撞（端际完全相遇或边际完全相遇），AF 形核与长大已不具备条件，此时主要发生 AF 本身的加厚以及沿奥氏体晶界处新相的增厚与长大。因此，对于本实验用钢相变过程而言，其相变方式更加符合以扩散机制控制长大的模式。

7.5.2.2　AF 及 BF 形成机制

不同实验条件下实验钢的微观组织存在一定差异，在 580℃ 等温相变条件下，由于相变具有停滞性，当冷却速率在 10～50℃/s 范围内时，组织中均存在 AF、BF、M 及一定数量的 GB 组织。随着等温温度降低至 510℃ 时，组织中大部分过冷奥氏体已发生转变。在该等温温度下，当冷却速率相对较低时（10～30℃/s），实验钢组织由 AF、BF 以及一定量的大块状 GB 组成，而当冷却速率增加至 40～50℃/s 时，大块状 GB 组织消失，组织主要由 AF、BF 及少量的 GB 组成。综合上述实验结果可知，在 510℃ 以下温度进行等温相变时，较低的冷却速率下易于大块状 GB 组织形成，而当冷却速率增加至 30℃/s 时，在 510～370℃ 等温温度范围内，组织同样由 AF、BF、GB 组织构成，但组织中 GB 尺寸相对较小，且百分含量较低。实验钢在不同冷却速率及等温温度下之所以表现出不同组织特征主要与其组织中 AF 及 BF 的相变行为有关。

由实验钢相变动力学可知，当等温温度低于 510℃ 时，冷却速率在 10～50℃/s 条件下，实验钢相变初期相变速度较快，所有试验条件下相变在 10s 内几乎完成 70%，而当等温温度为 580℃ 时，实验钢相变具有明显的相变停滞现象。为了验证相变前期主要形成何种相变产物，对 580℃ 等温相变后试样的金相组织进行分析发现，相变前期主要发生 AF 相变。该结果进一步表明，实验钢中的 BF 组织主要形成于 AF 相变之后。相变初期，核坯主要由小尺寸按任意维数形式长大，且随着相变的发生形核率逐渐减小；随着相变的进行，相变后期主要发生长柱体（针）的加厚（端际完全相遇）或大片状新相的加厚（边际完全相遇）。综合上述可以推测，实验钢相变过程中相变前期及后期主要对应着 AF 及 BF 组织的形成过程。

AF 相变过程中，AF 核坯于晶界及亚晶界处形核，并以切变基元反复形成与长大的方式切变生长或以台阶反复形成的界面控制方式生长，其相变需要满足形核位置条件以及能量条件。其中，形核位置主要通过施加足够大的变形量，引入一定量的形变奥氏体晶界、亚晶界、位错等晶体缺陷。而相变驱动力则主要通过相变过冷度提供。冷却速率的增加能够降低实验钢相变开始温度，进而增大相变过冷度，提高相变驱动力。因此，提高冷却速率是增加相变驱动力的有效手段之一。结合本实验结果可知，当等温温度为 510℃、440℃、370℃ 时，在较高冷却速率下，实验钢中的 AF 组织百分比较大，组织更加细小，表明冷却速率在一定程度上能够促进 AF 相变。

图 7-54 所示为等温温度为 370℃、冷却速率为 30℃/s 条件下实验钢的金相组织照片。通过进一步分析发现，AF 在形变奥氏体晶界处以晶界形核及自催化形核的方式相变特征较明显。在 AF 末端能够观察到不同 AF 晶粒间相互碰撞迹象，其对相变后期动力学特点产生一定影响。同样道理，对于 BF 而言，由于形变奥氏体中局部区域不满足 AF 形成条件，使该部分残余奥氏体保留至相变后期而形成 BF 或 GB 组织。相变后期，BF 形成同样需要形核位置及相变驱动力两个条件。此时，形核位置受前期 AF 相变情况影响，前期形变奥氏体中密度较大且分布均匀的 AF 为 BF 形核提供的位置相对均匀，有利于 BF 组织的细化。在某一等温温度下，不稳定奥氏体转为 BF 及 M/A 岛组织，同时，由于相变停滞现象，剩余奥氏体热力学稳定，不足以发生完全相变，或溶质的拖拽效应会继续阻止残余奥氏体发生完全相变，使实验钢表现出随着保温温度降低，继续发生相变停滞现象。

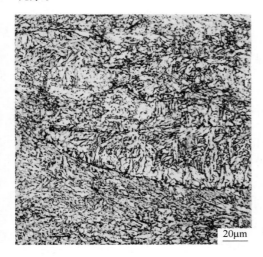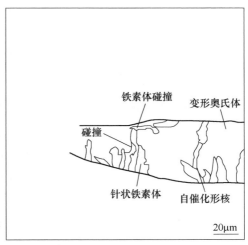

图 7-54　实验钢中 AF 相变示意图

7.5.2.3　管线钢组织控制策略

依据上述等温相变实验结果可知，对于实验用厚规格管线钢相变过程而言，其相变主要分为两阶段：（1）相变开始阶段，AF 在晶界及晶内亚晶界处形核，并以较高的相变速度进行相变；（2）AF 相变后，组织中剩余的残余奥氏体向 BF 或 GB 转变。研究表明，对于管线钢中 AF 组织的相变应以控制相变前期冷却速率及冷却终止温度为主，而组织中 BF 及 GB 的形态主要受相变前期 AF 相变程度的影响。

在充分硬化的形变奥氏体晶粒内部，较高的冷却速率下，AF 会在奥氏体晶界及晶粒内部的亚晶界处形核及长大。当冷却速率相对较小时，相变过冷度相对较低，此时组织中 AF 形核率相对较低，过冷奥氏体局部区域不满足 AF 相变条件，因此，会导致剩余奥氏体在局部区域以大块状形式存在。在管线钢相变过程的第二阶段，该大块状残余奥氏体会继续转变为大块状的 BF 或 GB 组织，最终，使得管线钢组织相对粗大；相比之下，当冷却速率相对较大时，相变过冷度较大，为组织中 AF 形核及长大提供了相对较大的驱动力，此时，形变奥氏体内会充分发生 AF 相变。在较高冷却速率下，AF 相变过程中变体选择性发生弱化，变体会沿着不同方向随机生长。该种情况下，AF 会充分分割过冷奥氏体，使大块状残余奥氏体消失。在相变过冷的第二阶段，这种被充分分割的残余奥氏体会转变为 BF 或 GB 组织。最终，使得管线钢组织会相对细小。

因此，在厚规格管线钢实际生产中，为了获得理想、细小的微观组织，保证较高的冷却速率及足够低的终冷温度是关键。合理地控制 AF 相变过程是控制后续 BF 或 GB 相变的有效手段。只有 AF 发生充分相变，较大尺寸的 BF 或 GB 组织才能在一定程度上得到抑制，进而保证管线钢具有以 AF 组织为主的细小组织。因此，基于研究结果可知，对于实验用厚规格管线钢成分体系，为了获得理想、细小的微观组织，要保证其冷却速率大于 30℃/s，且冷却终止温度低于 510℃。

7.5.3　组织控制策略在工业生产中的应用

基于上述管线钢组织控制策略，在国内某热连轧生产线上进行管线钢组织调控工艺研究，具体冷却工艺参数见表 7-10。其中，两种 TMCP 工艺下控制冷却过程均采用超快冷与层流冷却相结合的方式进行，超快冷出口冷却温度分别为 500℃ 及 420℃，超快冷阶段冷却速率分别为 32℃/s 及 41℃/s。

表 7-10　TMCP 冷却工艺参数

工艺	钢级	规格/mm	冷却方式	终冷温度/℃		超快冷冷却速率/℃·s⁻¹
				T_{UFC}	T_{CT}	
工艺 1	X80	22	UFC+LC	500	390	32
工艺 2	X80	19.65	UFC+LC	420	370	41

图 7-55 和图 7-56 分别为两种 TMCP 工艺下实验钢的微观组织照片。由图可知，两种工艺下管线钢沿厚度方向组织均由 AF、BF 及 M/A 岛的混合组织构成，

近表面组织相对细小，心部组织相对粗大。结合管线钢整体相变动力学规律及 AF 及 BF 相变机制可知，管线钢相变初期相变速度较大，该过程主要以 AF 快速相变为主，AF 在形变奥氏体晶粒内部以晶内形核的方式相变。相变后期，被 AF 充分分割的剩余奥氏体转变为 BF 组织，该相变过程中新相在奥氏体晶界处以层状加厚的方式进行长大，相变速度相对较慢。

工业化生产试验过程中，管线钢中间坯经精轧后快速进入超快冷区域，由于超快冷系统具有相对较强的冷却能力，在工艺 1 及工艺 2 下超快冷阶段冷却速率分别达到了 32℃/s 及 41℃/s，经精轧后充分变形的奥氏体晶粒在超快冷区域进行着快速 AF 相变。对于工艺 1 实验钢而言，由于超快冷阶段冷却终止温度为 500℃，此时管线钢相变停滞现象不会出现，避免了组织中 M、PF 等非理想组织的形成。经超快冷后的带钢在随后层流冷却作用下冷却至卷取温度，该过程主要形成 BF 组织。对于工艺 2 实验钢而言，该工艺下超快冷阶段冷却速率相对较大、终冷温度相对较低。如前所述，较高的冷却速率会促进管线钢第一阶段的相变过程（AF 相变过程），因此，该工艺下管线钢中 AF 相变速度相对较快，与工艺 1

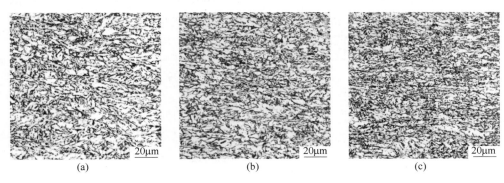

图 7-55 工业化试制 22mm X80 管线钢典型微观组织

（a）试样心部；（b）厚度 1/4 处；（c）近表面位置

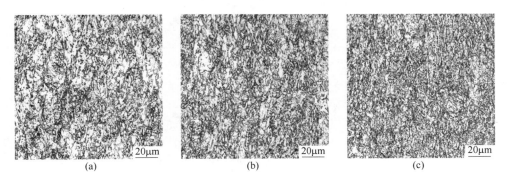

图 7-56 工业化试制 19.65mm X80 管线钢典型微观组织

（a）试样心部；（b）厚度 1/4 处；（c）近表面位置

下管线钢组织相比，该工艺下组织中 AF 尺寸会更加细小（见图 7-56）。综上所述，工业化试验结果表明，在确保冷却阶段足够大的冷却速率（高于 30℃/s）以及足够低的冷却终止温度（低于 510℃）前提下，即可使管线钢获得以 AF 为主的理想微观组织，该工业化试验结果进一步为上述管线钢组织调控理论提供了实验支撑。

7.6　基于超快冷的高钢级厚规格管线钢工业开发与生产

基于实验室研究，某钢厂进行了 22mm X80 管线钢的超快冷技术应用，验证了各工艺参数对 X80 组织性能的影响。应用超快冷工艺后，实现了 22mm X80 热轧卷板的低 Mo 合金的批量生产，Mo 含量降低约 20%。图 7-57 所示为批量生产的 22mm X80 板卷的拉伸性能。从图中可以看出，X80 的平均屈服强度为 569.6MPa（范围 555 ~ 640MPa），平均抗拉强度为 670.9MPa（范围 625 ~ 825MPa），平均延伸率为 25.63%（不低于 17.5%）。22mm X80 管线钢的-20℃平均冲击功值为 374.9J（范围-20℃时不低于 180J），平均硬度为 229.2HV（范围不超过 265HV），-15℃落锤韧性剪切面积值均值为 95%（不低于 85%）。低成本 22mm X80 管线钢的性能满足 API 标准要求。

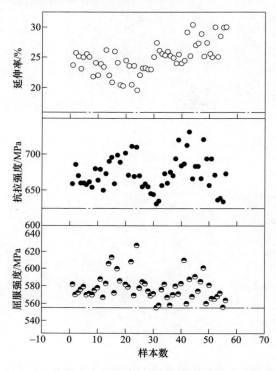

图 7-57　批量生产的 22mm X80 管线钢板卷力学性能

图 7-58 所示为 22mm X80 管线钢板带制管前后性能的对比结果。从图中可以看出，板卷 20°方向的屈服强度为 580MPa，制管后取横向三个样品的平均屈服强度 603MPa，纵向三个样品的平均屈服强度为 636MPa，如图 7-58（a）所示。板卷 20°方向检验抗拉强度为 664MPa，制管后取横向三个样品平均抗拉强度 691MPa，纵向三个样品的平均抗拉强度为 716MPa，如图 7-58（b）所示。从延伸率来看，制管前后变化不大，如图 7-58（c）所示。板卷-20℃检验的落锤性能结果为 98%，制管后横向和纵向检验落锤结果均为 100%，如图 7-58（d）所示。从制管性能来看，超快冷工艺下低 Mo 成分设计的 22mm X80 板卷制管后性能波动较小，满足钢管性能要求。

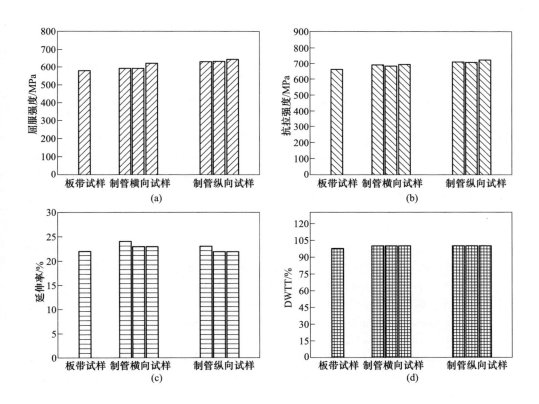

图 7-58　22mm X80 管线钢板带制管前后性能对比
（a）屈服强度；（b）抗拉强度；（c）延伸率；（d）DWTT 性能

针对厚规格热轧卷板管线钢 X80 合金元素 Mo 含量添加高的问题，某钢厂通过超快冷工艺的开发，实现了 22mm X80 热轧卷板低 Mo 成分设计的批量生产，板卷和制管后的性能均满足 API 标准要求，提高了厚规格 X80 管线钢的竞标能力。

参 考 文 献

[1] 王晓香. 浅谈石油天然气管道建设对管线钢的技术需求 ［N］. 世界金属导报，2014-05-13（B15）.

[2] 王晓香. 当前管线钢管研发的几个热点问题 ［J］. 焊管，2014，37（4）：5~13.

[3] Sung H, Lee S, Shin S. Effects of start and finish cooling temperatures on microstructure and mechanical properties of low-carbon high-strength and low-yield ratio bainitic steels ［J］. Metallurgical and Materials Transactions A, 2014, 45A：2004~2013.

[4] Kim B, Boucard E, Sourmail T, et al. The influence of silicon in tempered martensite：understanding the microstructure-properties relationship in 0.5~0.6 wt. % C steels ［J］. Acta Materialia, 2014, 68：169~178.

[5] Pickering F B. Physical metallurgy and the design of steels ［M］. London：Applied Science Publishers Ltd, 1978.

[6] Gladman T. Precipitation hardening in metals ［J］. Material Science and Technology, 1999, 15：30~36.

[7] Gladman T. The physical metallurgy of microalloyed steels ［M］. London：The Institute of Materials, 1997.

[8] 江连运. 热轧带钢超快速冷却技术的研究与应用 ［D］. 沈阳：东北大学，2014.

[9] Wang B, Wang Z, Wang B, et al. The relationship between microstructural evolution and mechanical properties of heavy plate of low-Mn steel during ultra fast cooling ［J］. Metallurgical and Materials Transactions A, 2015, 46A：2834~2843.

[10] 江潇，王学强，牛涛，等. 首钢迁钢 2160mm 热轧超快冷技术的开发与应用 ［N］. 世界金属导报，2015-12-22（B04）.

[11] Zhao J, Wang X, Hu W, et al. Microstructure and mechanism of strengthening of microalloyed pipeline steel：ultra-fast cooling（UFC）versus laminar cooling（LC）［J］. Journal of Materials Engineering and Performance, 2016, 25（6）：2511~2520.

[12] Hwang B, Shin S Y, Lee S, et al. Effect of microstructure on drop weight tear properties and inverse fracture occurring in hammer impacted region of high toughness X70 pipeline steels ［J］. Materials Science and Technology, 2008, 24（8）：945~956.

[13] Fang J, Zhang J, Wang L. Evaluation of cracking behavior and critical CTOA values of pipeline steel from DWTT specimens ［J］. Engineering Fracture Mechanics, 2014, 124~125：18~29.

[14] Pickering F B. Constitution and Properties of Steels ［J］. Material science and technology, 1993, 7：45~94.

[15] Diaz-Fuentes M, Iza-Mendia A, Gutierrez I. Analysis of different acicular ferrite microstructures in low-carbon steels by electron backscattered diffraction：study of their toughness behavior ［J］. Metallurgical and Materials Transactions A, 2003, 34A（11）：2505~2516.

[16] Yang X, Xu Y, Tan X, et al. Relationships among crystallographic texture, fracture behavior and Charpy impact toughness in API X100 pipeline steel ［J］. Materials Science and Engineering：A, 2015, 641：96~106.

［17］ Nafisi S, Arafin M A, Collins L, et al. Texture and mechanical properties of API X100 steel manufactured under various thermomechanical cycles ［J］. Materials Science and Engineering: A, 2012, 531: 2~11.

［18］ Joo M S, Suh D W, Bae J H, et al. Role of delamination and crystallography on anisotropy of Charpy toughness in API-X80 steel ［J］. Materials Science and Engineering: A, 2012, 546: 314~322.

［19］ Shin S Y, Hong S, Bae J H, et al. Separation phenomenon occurring during the charpy impact test of API X80 pipeline steels ［J］. Metallurgical and Materials Transactions A, 2009, 40A（10）: 2333~2349.

［20］ Shin S Y, Hong S, Bae J H, et al. Separation phenomenon occurring during the charpy impact test of API X80 pipeline steels ［J］. Metallurgical and Materials Transactions A, 2009, 40A（10）: 2333~2349.

［21］ Knott J F. Fundamentals of fracture mechanics ［M］. New York: John Wiley & Sons, 1973.

［22］ 任学平，唐获，张海冰，等. 变形功与冷却速度对金属组织细化的影响 ［J］. 金属学报, 2002, 38（3）: 295~298.

［23］ Bramfitt B L, Speer J G. A perspective on the morphology of bainite ［J］. Metallurgical and Materials Transactions A, 1990, 21A: 817~829.

［24］ Morito S, Tanaka H, Konishi R, et al. The morphology and crystallography of lath martensite in Fe-C alloys ［J］. Acta Materialia, 2003, 51（6）: 1789~1799.

［25］ Avrami M. Kinetics of phase change. I general theory ［J］. The Journal of Chemical Physics, 1939, 7: 1103~1112.

［26］ 兰亮云. 焊接热循环下 Q690CF 钢的贝氏体相变特征与断裂微观机制 ［D］. 沈阳: 东北大学, 2013.

［27］ 方鸿生. 贝氏体相变 ［M］. 北京: 科学出版社, 1999.

［28］ Christian J W. The theory of transformations in metals and alloys ［M］. Elsevier Science Ltd, 2002.

8 低内应力型高钢级
管线钢开发(TMCP-B)

8.1 开发背景

随着我国经济的快速发展，石油和天然气的需求量不断增加，对高钢级管线钢的需求旺盛。在传统工艺下，通常采用低温卷取工艺（见图 8-1 工艺路径 II 所示）来生产厚规格高钢级管线钢，如 X70、X80，导致管线钢存在较大的内应力[1~5]，在开卷时出现弹开的现象，造成钢卷内表面挫伤，深度可达 1.2mm，严重影响其表面质量。同时，开卷弹开后的管线钢的加工过程更加困难。如国内某钢厂承接出口 19.65mm X70 热轧卷板管线钢订单，按照工艺设计，采用低温卷取工艺，板卷存在较高的内应力，开卷过程中出现外圈和整卷严重回弹如图 8-2 所示。制管企业开卷设备能力不足，X70 管线钢内应力大，开卷过程中出现回弹导致松卷，造成制管企业开卷上料困难。同时，厚规格钢卷松卷之后出现层间划伤，制管企业需对划伤进行打磨处理，耗费较多的人力和资源，严重制约了制管企业的生产效率。

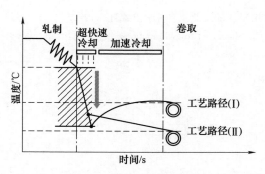

图 8-1　采用超快冷工艺生产 X70 管线钢的工艺示意图

针对上述不足之处，科研团队提出采用如图 8-1 所示的单一超快冷工艺冷却路径 I 来解决开卷弹开的问题。在轧制变形后采用 UFC 工艺直接冷却至较低温度，由于冷速较高，钢卷可充分进行返红，产生自回火现象，依靠卷取余热有效地消除了钢卷内的残余应力，从而保证钢卷在开卷时不产生弹开现象。

(a)　　　　　　　　　　　　　　　　　(b)

图 8-2　回弹后的 X70 钢卷

（a）外圈松卷的 X70；（b）通卷松卷的 X70

8.2　高钢级管线钢内应力模拟及强化机制研究

8.2.1　管线钢不同卷取温度下的应力模拟

为研究管线钢不同卷取温度下的应力分布，采用 ProCAST 软件模拟 X70 钢板冷却到不同温度时的应力分布。考虑钢板的对称性，建模尺寸为 19.65mm×70mm×100mm，模型设定终轧温度为 820℃，相关研究的换热系数参考文献 [6，7]。

通过 ProCAST 软件，模拟钢板表面温度分别冷却至 550~600℃、450~500℃和 340~390℃ 三个区间，得到钢板厚度方向不同温度区间的温度场和应力分布，如图 8-3 所示。从图中可以看出，当钢板表面温度冷却至 550~600℃ 时，其心部温度约为 760℃，沿厚度方向的应力从表面到心部逐渐升高，心部应力最高达120MPa 左右，整个钢板厚度方向应力差较小。当钢板表面温度冷却至 450~500℃ 时，其心部温度约为 700℃，应力沿厚度方向从表面到心部逐渐升高，心部应力最高达 160MPa 左右，整个钢板厚度方向应力差较小。当钢板表面温度冷却至 340~390℃ 的低温度区间时，应力沿厚度方向从表面到心部也呈现升高的趋势，但其心部应力明显增大，达到 240MPa 以上，表层和心部存在较大的应力差。

图 8-4 所示为钢板不同温度下的心部和表层的应力分布。从图中可以看出，随着卷取温度的降低，钢板心部和表层应力逐渐增大，同时，表层和心部的应力差逐渐增大。这表明，卷取温度越低，板卷应力越大，越容易出现开卷散卷现象。

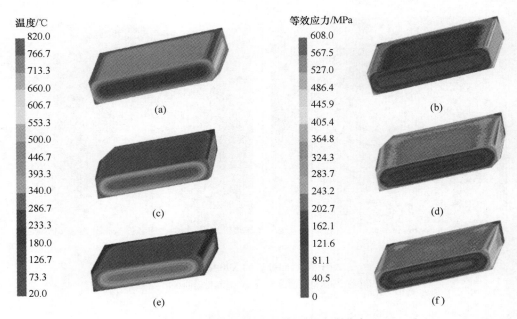

图 8-3　钢板不同冷却温度时的应力分布

（a）550~600℃的温度分布；（b）550~600℃的应力分布；（c）450~500℃的温度分布；
（d）450~500℃的应力分布；（e）340~390℃的温度分布；（f）340~390℃的应力分布

（扫书前二维码看彩图）

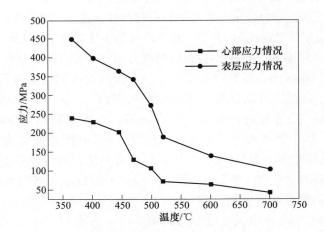

图 8-4　钢板不同冷却温度下表层和心部的应力分布

　　模拟实验结果表明，更低的冷却温度造成钢板内应力的增加，而较高冷却温度，钢板内应力明显下降。该结果解释了管线钢传统低温卷取开卷回弹严重的现象。同时，使用超快冷冷却后的钢板表面温度约为 400℃，带钢表面温度返红可提升至500℃，有利于降低钢板的内应力。

8.2.2　低内应力管线钢影响因素研究及分析

以现场层流冷却工艺下 X70 管线钢的批量试制来研究内应力情况。相同轧制工艺的 19.65mm 和 16.87mm X70 实验钢在钢卷库和缓冷坑静置48h后，对板卷进行人工吊卷松卷，通过松卷回弹圈数表征内应力的大小。不同厚度不同工艺下 X70 钢卷回弹圈数的统计结果如图 8-5 所示。

如图 8-5（a）所示，19.65mm X70 卷取温度在 520℃ 以下时，回弹圈数在 8 圈以上，卷取温度在 520℃ 以上时，回弹圈数在 6 圈以内。在普通层流冷却工艺下，采用 520℃ 以下的低卷取温度，缓冷工艺较正常冷却工艺，钢卷回弹问题略有减轻。综合来看，当卷取温度高于 520℃ 时，钢卷回弹现象明显减轻。"普通层流冷却+高温卷取"和"普通层流冷却+高温卷取+缓冷"两种工艺相比，缓冷工艺对钢卷回弹影响较小。

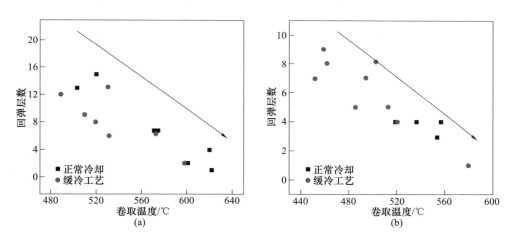

图 8-5　X70 不同卷取温度工艺下的回弹情况
（a）19.65mm 厚度的 X70；（b）16.87mm 厚度的 X70

16.87mm X70 管线钢的松卷圈数与卷取温度存在明显的对应关系，卷取温度越低、松卷圈数越多。在 520℃ 以下卷取时，钢卷回弹圈数在 5 圈以上，当卷取温度高于 520℃ 时，钢卷回弹圈数在 4 圈以内，如图 8-5（b）所示。图 8-6 所示为 19.65mm X70 管线钢在卷取温度为 560℃ 工艺下的钢卷回弹情况。在高温卷取工艺下，钢卷的内应力小，回弹圈数较少。

X70 管线钢不同厚度、卷取温度及缓冷工艺的热连轧工业实验结果表明，在普通层流冷却工艺下，随着带钢厚度增加，钢卷回弹越严重、内应力越大；随着卷取温度升高，钢卷回弹情况减轻、内应力降低；采用缓冷工艺，回弹情况略有改善，但不能有效解决回弹问题。综上，卷取温度是影响厚规格管线钢内应力的主要因素。因此，降低厚规格管线钢板卷内应力的核心是提高卷取温度。

8.2.3 低内应力管线钢热模拟实验分析

为研究不同 TMCP 工艺下管线钢的晶粒细化及析出行为，进行了不同超快冷和卷取温度下的热模拟实验。通过"超快冷＋高温卷取"工艺的探索，为低内应力高钢级厚规格热轧卷板管线钢的开发提供实验及理论参考，具体参数见表 8-1。热模拟实验钢成分见表 8-2。

图 8-6　19.65mm X70 高温
卷取工艺下的回弹情况

表 8-1　热模拟实验参数　　　　　　　　　（℃）

低温卷取		高温卷取		超高温卷取	
UFCT	CT	UFCT	CT	UFCT	CT
360	360	460	460	420	560
360	380	370	480	500	560
380	380	430	480	460	580
380	400	480	480	460	640
—	—	360	520	480	640
—	—	460	520	—	—
—	—	400	540	—	—

表 8-2　实验钢成分　　　　　　　　　　（%）

元素	C	P	S	Mn	Si	Nb+Cr+Ti	Mo+Cu+Ni	Al
质量分数	0.05	0.005	0.002	1.78	0.26	0.12	0.8	0.03

8.2.3.1 显微组织分析

为研究管线钢不同卷取温度下的微观组织演变规律，将实验钢的卷取温度划分为 3 个区间，卷取温度在 360~420℃范围内的低温区间、卷取温度在 460~

540℃范围内的高温区间以及卷取温度在 560~640℃范围内的超高温区间。图 8-7
所示为实验钢低温卷取 360~420℃温度区间的微观组织照片。由图可知，实验钢
的组织主要由针状铁素体（AF）及贝氏体铁素体（BF）混合组织构成，且组织
主要以针状铁素体（AF）为主。依据管线钢理想微观组织标准，低温卷取工艺
区间的实验钢组织特征满足管线钢组织要求。

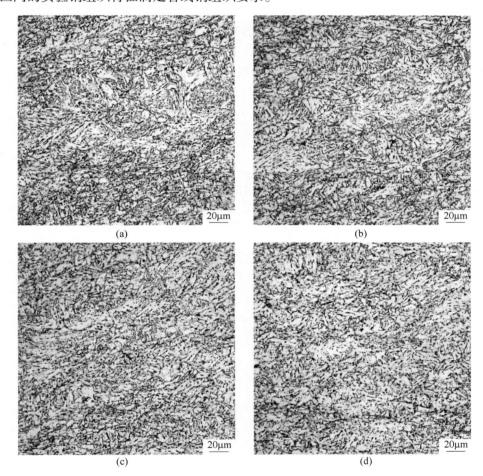

图 8-7   实验钢不同超快冷低温卷取工艺下的微观组织
（a）UFCT：360℃，CT：360℃；（b）UFCT：360℃，CT：380℃；
（c）UFCT：380℃，CT：380℃；（d）UFCT：380℃，CT：400℃

图 8-8 所示为 X70 实验钢高温卷取 460~520℃温度区间的微观组织照片。由
图可知，X70 实验钢组织同样由 AF 与 BF 构成，AF 含量所占百分比较高。对比
图 8-7 所示的低温卷取工艺下的实验钢组织，随着卷取温度由低温到高温区间，
管线钢的微观组织特征未发生变化，仍为理想的 AF+BF 混合组织。图 8-9 所示

为 X70 实验钢超高温卷取 560~640℃温度区间的微观组织照片，由图可知，X70 实验钢的组织主要以 AF 及 BF 混合组织构成。与低温和高温卷取工艺相比，超高温卷取工艺下，X70 实验钢组织中 BF 含量较高，AF 含量有所降低。

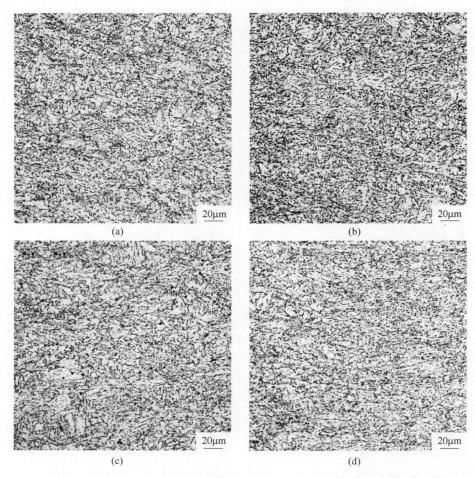

图 8-8　高温卷取工艺下实验钢不同超快冷卷取温度的微观组织
（a）UFCT：460℃，CT：460℃；（b）UFCT：480℃，CT：480℃；
（c）UFCT：360℃，CT：520℃；（d）UFCT：460℃，CT：520℃

由以上结果可知，在低温及高温卷取工艺区间内（360~540℃），实验钢微观组织均符合 X70、X80 组织特征。在超高温卷取温度范围内（560~640℃），实验钢微观组织中 BF 含量较高，AF 含量较少[8]。由相关报道可知，影响管线钢中 AF 含量的主要因素为冷却终止温度。当冷却终止温度高于 510℃时，存在相变不完全现象，即部分过冷奥氏体仍未发生相变，该部分奥氏体经过进一步碳原子配分后，稳定性增加，易在随后冷却过程中形成硬质马奥岛（M/A）。

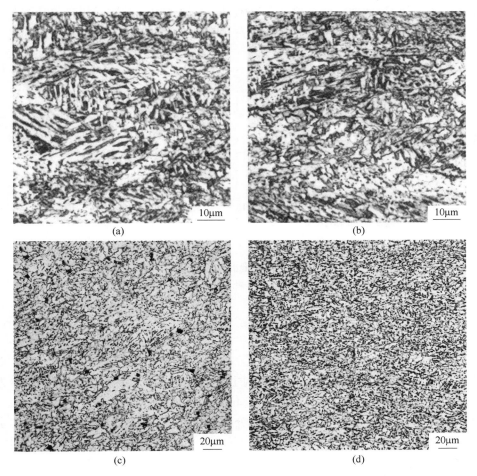

图 8-9 超高温卷取工艺下实验钢不同超快冷卷取温度的微观组织

(a) UFCT：460℃，CT：560℃；(b) UFCT：460℃，CT：580℃；

(c) UFCT：460℃，CT：640℃；(d) UFCT：480℃，CT：640℃

综上所述，在低温和高温卷取工艺下，超快冷终冷温度均低于510℃，实验钢在模拟卷取工艺过程中，过冷奥氏体有充足时间发生 AF 相变，两种工艺均获得 AF 为主的理想组织。然而，在超高温卷取工艺实验条件下，尽管实验钢冷却终冷温度在420~480℃范围内，冷却后再一次加热至560~640℃范围内，导致 AF 相变不充分，未来得及转变的过冷奥氏体转变为 BF 组织，使组织中 BF 百分含量增加。

采用 EBSD 分析计算出试样的有效晶粒尺寸，图 8-10 所示为实验钢有效晶粒尺寸与超快冷终冷温度及卷取温度关系。由图可知，不同热模拟工艺参数下，实验钢有效晶粒尺寸随超快冷终冷温度及卷取温度变化并未呈明显线性关系，主要分布在 2.2~3.2μm 间，硬度值分布较随机，表明实验钢硬度受超快冷终冷温度及卷取温度影响较小。

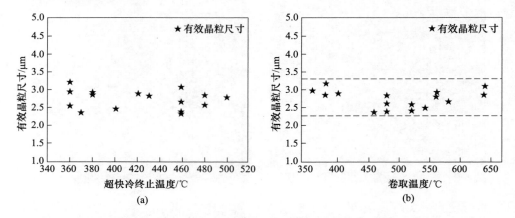

图 8-10   实验钢不同超快冷终冷温度及卷取温度下有效晶粒尺寸分布
（a）不同超快冷终冷温度下的有效晶粒尺寸；（b）不同卷取温度的有效晶粒尺寸

8.2.3.2   析出行为分析

图 8-11 所示为实验钢低温卷取工艺（UFCT：360℃，CT：360℃）下的典型 TEM 照片。由图可知，实验钢的亚结构主要以纺锤形铁素体及小块状铁素体为主，在铁素体基体上能够观察到高密度位错胞，如图 8-11（a）和（b）所示。同时，对实验钢该工艺下析出粒子进行分析，结果表明，在低温卷取工艺下，实验钢的主要析出为尺寸大于 40nm 的析出粒子，未观察到尺寸小于 20nm 的纳米析出粒子，如图 8-11（c）所示。

图 8-12 所示为实验钢高温卷取工艺下（UFCT：360℃，CT：520℃）典型 TEM 照片。由图可知，与低温卷取工艺下实验钢亚结构特征相比，高温卷取工艺下实验钢亚结构同样以纺锤形及小块状铁素体为主，在纺锤形铁素体基体上能够观察到高密度位错胞，如图 8-12（a）和（b）所示。进一步对析出粒子进行观察，发现在铁素体基体上除了观察到尺寸在 40nm 以上的形变诱导析出粒子外，在高密度位错处能够发现尺寸小于 20nm 的纳米级析出粒子，如图8-12（c）所示。结合微合金管线钢物理冶金学规律可知，该类析出粒子主要形成于形变奥氏体相变后的保温区间内。

图 8-13 所示为实验钢超高温卷取工艺下（UFCT：420℃，CT：560℃）典型 TEM 亚结构照片。由图可知，实验钢的亚结构主要为纺锤形及块状铁素体，铁素体尺寸相对粗大，如图 8-13（a）和（b）所示。在铁素体基体上能够观察到尺寸在 40nm 以上的应变诱导析出以及尺寸小于 20nm 的纳米级析出粒子。

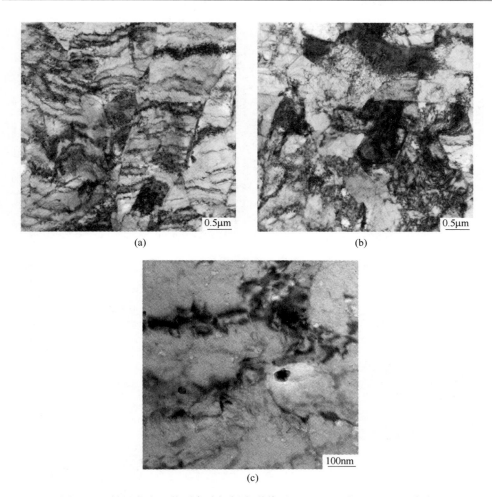

图 8-11　低温卷取工艺下实验钢析出形貌（UFCT：360℃，CT：360℃）
（a），（b）管线钢的组织结构；（c）管线钢的析出物形貌

8.2.3.3　宏观硬度测试

图 8-14 所示为实验钢宏观硬度与超快冷终冷温度、卷取温度间的对应关系。由图可知，实验钢随超快冷终冷温度的变化不明显，宏观硬度主要分布在 230～255HV 范围内，如图 8-14（a）所示。实验钢硬度随卷取温度的变化可划分为两个阶段，如图 8-14（b）所示。首先，在卷取温度为 350～525℃范围内时，实验钢组织由 AF、BF 以及少量析出组成（见图 8-11 和图 8-12），其各相含量略有差异，但是该温度区间析出强化效果较低，因此，造成实验钢硬度仅小幅度的波动，硬度值稳定在 235～250HV。

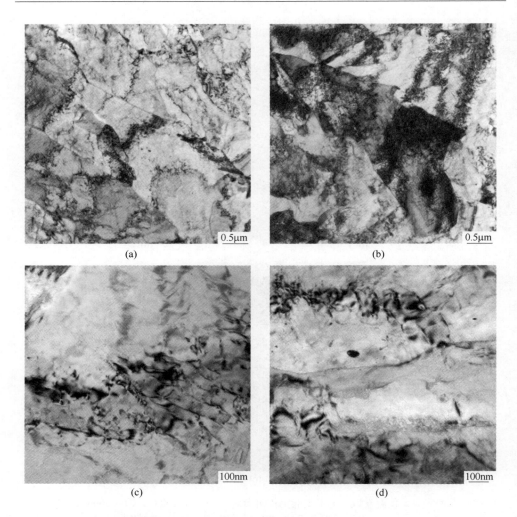

图 8-12   高温卷取工艺下实验钢 TEM 照片（UFCT：360℃，CT：520℃）

(a),(b) 管线钢的组织结构；(c),(d) 管线钢的析出物形貌

当卷取温度进一步增加至 550℃ 及以上时，实验钢的硬度明显提高，增加至 265HV 以上。由图 8-13 可知，在 550℃ 以上卷取时铁素体基体上大量分布着弥散、细小的 Nb、Ti 复合析出物，析出强化作用相较于低温卷取明显，因此试样硬度增幅明显。

8.2.4   基于超快冷的"细晶-析出"耦合强化机制讨论

通过控轧控冷工艺进行细晶强化、位错强化、析出强化来保证材料性能，高钢级厚规格管线钢采用低温轧制和卷取工艺获得细晶和位错强化保证性能。高钢

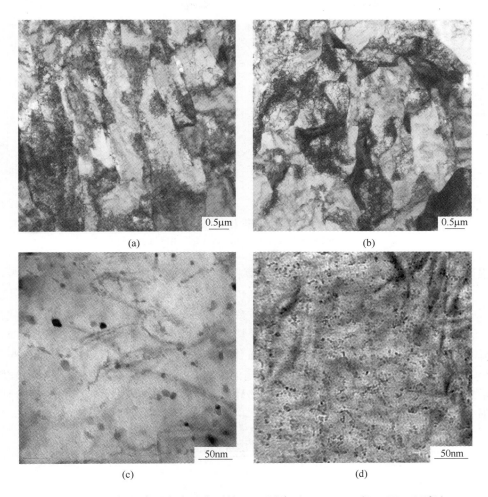

图 8-13 实验钢超高温卷取工艺下的 TEM 照片（UFCT：420℃，CT：560℃）

（a），（b）管线钢的组织结构；（c），（d）管线钢的析出物形貌

级厚规格管线钢采用低温卷取工艺带来的问题为板卷内应力大，不利于制管用户的开卷及生产。提高卷取温度是减小板卷内应力最有效的方法，与卷取温度息息相关的是管线钢的析出强化。本节主要讨论管线钢"细晶-析出"耦合强化机制，通过挖掘析出强化来弥补高温卷取工艺位错强化降低引起的强度损失，为管线钢"超快冷+高温卷取"低内应力工艺开发奠定研究基础。

就细晶强化而言，典型低温卷取工艺下实验钢有效晶粒尺寸分别为 2.95μm、3.19μm、2.87μm 及 2.92μm；高温卷取工艺下所得实验钢有效晶粒尺寸分别为 2.34μm、2.83μm、2.38μm、2.48μm；超高温卷取工艺下实验钢有效晶粒尺寸分别为 2.9μm、2.64μm、3.08μm 及 2.86μm。通常情况下，由晶粒细化引起的

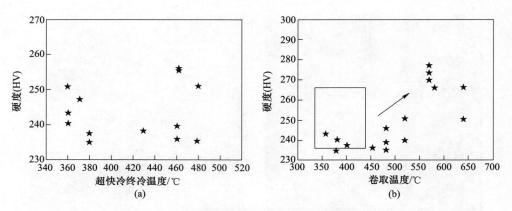

图 8-14 实验钢不同冷却温度下的宏观硬度

（a）超快冷终冷温度与硬度的关系；（b）卷取温度与硬度的关系

强度贡献可通过经典 Hall-Petch 理论计算得出[9]，具体公式如下：

$$\sigma_s = \sigma_0 + k_y d^{-1/2} \tag{8-1}$$

式中，σ_0 为晶格内应力，MPa；k_y 为常数；d 为有效晶粒尺寸，μm。低温卷取工艺下，由细晶强化引起的强度增量分别为 324.6MPa、314.3MPa、328.4MPa、326MPa；高温卷取工艺下，由细晶强化引起的强度增量分别为 357.9MPa、330.3MPa、355.3MPa、349.2MPa；超高温卷取工艺下，由细晶强化引起的强度增量分别为 327MPa、340.1MPa、318.9MPa、328.9MPa。不同卷取工艺下细晶强化强度贡献值如图 8-15 所示。

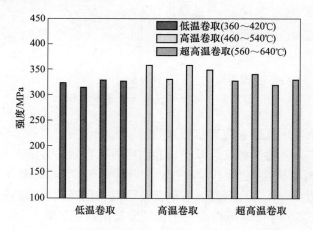

图 8-15 不同卷取工艺下由晶粒细化引起的强度增量

进一步地，由纳米析出粒子引起的析出强化贡献值可通过改进的 Ashby-Orowan 理论公式计算[10, 11]，具体公式如下：

$$\sigma_Y = (0.538Gbf^{0.5}/X) \times \ln X/2b \tag{8-2}$$

式中，G 为剪切模量，GPa；b 为伯氏矢量，nm；f 为析出粒子体积百分比，%；X 为析出粒子平均尺寸，μm。本研究中，G、b 取值参考管线钢强化机制计算的相关报道[12, 13]，其中，$G = 64$GPa，$b = 0.25$nm。另外，采用析出粒子面积百分比近似替代其体积百分比。由 Orowan 析出强化理论可知，只有尺寸小于 20nm 的析出粒子才能起到析出强化作用[14, 15]。为计算实验钢中不同卷取工艺下由纳米析出粒子引起的强度贡献值，选取低温、高温及超高温卷取工艺的透射照片各 10 张。采用 Image-Pro-Plus 统计软件，对不同工艺下尺寸小于 20nm 的析出粒子的面积百分数及平均粒子尺寸进行统计。

在低温卷取工艺下，由于实验钢组织中只存在尺寸大于 40nm 的形变诱导析出粒子，析出粒子强化作用可忽略。高温卷取工艺下，经统计可知纳米析出粒子面积百分比约为 0.07%，纳米析出粒子的平均尺寸约为 11.2nm，根据公式 (8-2)，计算由纳米析出粒子引起的强度增量约为 63.2MPa。在超高温卷取工艺下，除形变诱导析出粒子外，存在大量尺寸小于 20nm 的纳米析出粒子，平均析出粒子尺寸约为 10.6nm，粒子面积百分比约为 0.16%，由纳米析出粒子引起的强度增量约为 99.2MPa。

图 8-16 所示为实验钢不同卷取和超快冷温度下的强化示意图，由图可知，将卷取温度范围分为低温卷取、高温卷取及超高温卷取三个温度区间。结合上述实验结果可知，在低温卷取工艺下，实验钢强化机制主要以细晶强化（强）、位错强化（强）为主，而由微合金碳氮化物引起的析出强化效果可以忽略不计。从图 8-16 中可以看出，随着卷取温度升高，组织中位错密度相对减小，所形成的少量尺寸小于 20nm 的析出粒子起到一定析出强化效果。

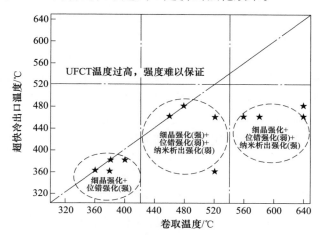

图 8-16　不同卷取工艺下实验钢强化机制示意图

高温卷取工艺下，实验钢强化机制主要为细晶强化（强）、位错强化（弱）及纳米析出强化（弱）。随着卷取温度进一步升高，组织中位错密度进一步降低，与此同时，由于析出粒子析出驱动力增加，组织中形成大量尺寸小于 20nm 的析出粒子。在超高温卷取工艺下，实验钢强化机制主要为细晶强化、位错强化（弱）及纳米析出强化（强）。因此，基于超快冷的高温卷取工艺的纳米析出强化可以弥补位错强化的降低，保证管线钢的强度，这为基于超快冷的低内应力管线钢开发提供了理论基础。

8.3　基于超快冷的低内应力管线钢热轧工艺研究

实验材料采用 Nb-V-Ti-Mo 的 X80 管线钢成分体系，具体合金成分见表 8-3。实验钢经 150kg 真空感应炉冶炼后，开坯锻造成横截面尺寸为 110mm×80mm 的方坯。控轧控冷实验在东北大学轧制技术及连轧自动化国家重点实验室 450mm 双辊可逆轧机（配备超快冷系统）上进行。

表 8-3　实验钢成分　　　　　　　　　　　（%）

元素	C	P	S	Mn	Si	Nb+V+Ti	Cu+Ni	Mo+Cr	Fe
质量分数	0.051	0.012	0.0002	1.78	0.26	0.13	0.3	0.47	平衡

图 8-17 所示为 TMCP 工艺示意图。从图中可以看出，将实验钢置于高温箱式加热炉，保温 3h，加热温度 1180~1200℃。在控制轧制过程中，采用二阶段控轧工艺进行粗轧和精轧的模拟轧制（γ 再结晶区轧制和 γ 未再结晶区轧制）。实验钢粗轧轧制温度区间为 1150 ~ 1100℃，各道次轧制压下规程为 110mm—92mm—75mm—60mm—50mm—44mm，粗轧压下率为 60%。实验钢精轧轧制温度区间为 950~830℃，各道次轧制压下规程为 44mm—37mm—29mm—22mm，轧制目标厚度为 22mm，精轧压下率 50%。

为模拟实际卷取工艺，考虑带钢"返红"对卷取温度的影响。在控制冷却过程中，实验钢采用"超快冷+层流冷却空冷"方式模拟不同卷取温度的冷却工艺，将冷却后的实验钢放置于不同温度的箱式电阻炉中，保温 3h。实验钢的超快冷终冷温度分别为 339℃、450℃ 及 516℃，相应的返红温度分别为 356℃、520℃ 及 605℃，箱式电阻炉设定温度分别为 350℃、500℃ 及 500℃。具体的控轧控冷参数如图 8-17 所示。

8.3.1　不同卷取温度下的力学性能及显微组织

图 8-18 所示为不同超快冷终冷和卷取温度工艺下实验钢的拉伸及 Charpy 冲击性能。由图可知，随着超快冷终冷温度及卷取温度的提高，实验钢屈服强度降低，但最小屈服强度仍满足 API SPEC 5L 性能标准。在卷取温度为 356℃、超快

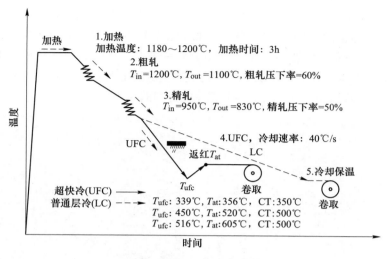

图 8-17 TMCP 工艺示意图

冷终冷温度为 339℃ 工艺下，实验钢的屈服强度为 586MPa。在卷取温度为 500℃、超快冷终冷温度分别为 516℃ 和 450℃ 工艺下，实验钢的屈服强度分别为 559MPa 和 576MPa，如图 8-18（a）所示。

随着超快冷终冷温度及卷取温度的提高，实验钢冲击性能提高。实验钢卷取温度为 350℃ 工艺下的上平台冲击吸收功约为 276J。在卷取温度为 500℃、超快冷终冷温度分别为 516℃ 和 450℃ 工艺下，实验钢的上平台冲击吸收功分别为 305J 及 327J，如图 8-18（b）所示。在超快冷工艺下，实验钢卷取温度由 350℃ 增加至 500℃ 时，尽管材料强度有所下降，但仍满足管线钢的力学性能要求。该实验结果进一步证明，高钢级厚规格管线钢采用"超快冷+高温卷取"工艺生产低内应力管线钢具有可行性。

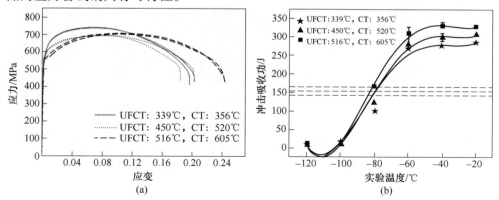

图 8-18 不同超快冷和卷取温度工艺下的实验钢力学性能
（a）拉伸性能；（b）Charpy 冲击性能

为研究管线钢"超快冷+高温卷取"工艺下的微观组织特征，观察了实验钢超快冷终冷温度 T_{ufc} 为 516℃工艺下的组织形貌，如图 8-19 所示。由图可知，实验钢厚度 1/4 处及心部位置处的组织主要由针状铁素体（AF）、贝氏体铁素体（BF）及马氏体/奥氏体（M/A）岛混合组织构成。实验钢心部位置及厚度 1/4 位置处的 AF 及 BF 百分含量均相近，表明实验钢厚度方向的组织均匀性良好。

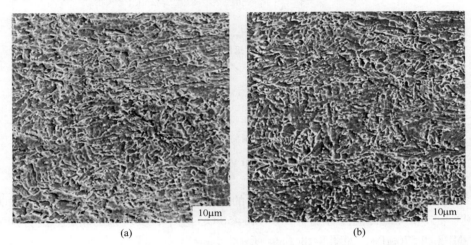

(a)　　　　　　　　　　　　　　　(b)

图 8-19　T_{ufc} 为 516℃下实验钢不同厚度位置处组织形貌照片

（a）厚度 1/4 位置；（b）心部位置

图 8-20 所示为实验钢超快冷终冷温度 T_{ufc} 为 339℃工艺下的组织形貌。从图中可以看出，实验钢不同位置处的显微组织主要由 AF 和 GB 组成，M-A 岛亦分

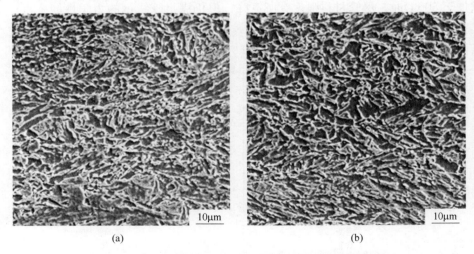

(a)　　　　　　　　　　　　　　　(b)

图 8-20　T_{ufc} 为 339℃下实验钢不同厚度位置处组织形貌照片

（a）厚度 1/4 位置；（b）心部位置

布于晶界和亮白色的基体上，多呈点状和针状。从实验钢厚度方向的组织特征来看，厚度 1/4 位置处的 AF 及 BF 百分含量略高于心部位置。与超快冷终冷温度 T_{ufc} 为 516℃工艺的实验钢组织相比，采用 339℃低温卷取工艺实验钢的晶粒尺寸更加细小。

图 8-21 和图 8-22 所示为实验钢超快冷终冷温度 T_{ufc} 为 516℃和 339℃工艺下的 EBSD 分析结果。由图可知，两种实验钢取向差主要分布在 0~10°及 50°~60°范围内。在超快冷终冷温度 T_{ufc} 为 516℃工艺下，实验钢组织中大角晶界百分含量约为 52.4%。在超快冷终冷温度 T_{ufc} 为 339℃工艺下，实验钢组织中大角晶界

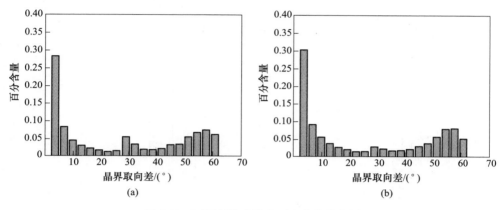

图 8-21 不同超快冷温度下取向差分布图

（a）T_{ufc} = 516℃；（b）T_{ufc} = 339℃

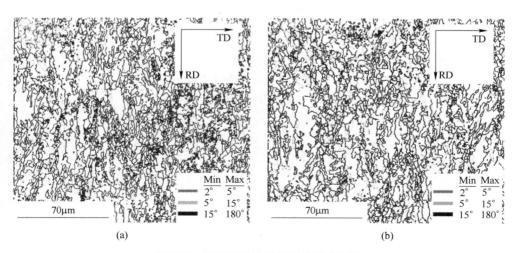

图 8-22 不同超快冷温度下晶界分布图

（a）T_{ufc} = 516℃；（b）T_{ufc} = 339℃

（扫书前二维码看彩图）

百分含量约为 51.5%，两种工艺下，实验钢大角晶界百分比相差无几。众所周知，材料组织中大角晶界百分含量及有效晶粒尺寸是影响材料强韧性能的主要因素。由 EBSD 分析结果可知，低温和高温卷取工艺下实验钢的大角晶界百分含量、有效晶粒尺寸等关键组织特征参数差异较小。这进一步表明，实验钢采用"超快冷+高温卷取"工艺获得理想的组织具有可行性。

图 8-23 所示为实验钢的有效晶粒尺寸大小和分布图。由图可知，实验钢的超快冷终冷温度 T_{ufc} 为 516℃ 时，其有效晶粒尺寸为 1~6μm 范围内的晶粒百分含量较大。超快冷终冷温度 T_{ufc} 为 339℃ 的实验钢，其有效晶粒尺寸大小为 2~8μm 范围内的晶粒百分含量较大。然而，进一步统计可知，两种工艺下实验钢有效晶粒尺寸同样相差不大，有效晶粒尺寸分别为 1.43μm 及 1.52μm。

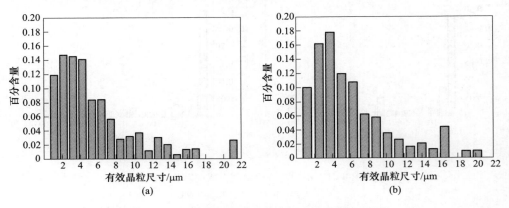

图 8-23　不同超快冷温度下有效晶粒尺寸分布图
(a) $T_{ufc} = 516℃$；(b) $T_{ufc} = 339℃$

图 8-24 所示为超快冷终冷温度 T_{ufc} 为 516℃ 工艺下的实验钢 TEM 亚结构照片。由图 8-24（a）可知，实验钢亚结构主要由纺锤形铁素体构成，纺锤形铁素体的平均宽度分布在 373~960nm 范围内；纺锤形铁素体尖端能够观察到高密度位错胞，如图 8-24（b）所示。同时，实验钢铁素体基体上能够观察到大量纳米尺寸析出。进一步通过能谱分析可知，析出粒子主要为 Nb，Ti(C) 粒子，如图 8-24（c）所示。

带钢的力学性能与其显微组织特征及具体热轧工艺密切相关。在超快冷工艺下，较高的冷却速率会增加管线钢 AF 相变过冷度，为 AF 相变提供更大相变驱动力。当超快冷终冷温度 T_{ufc} 为 516℃ 时，能够保证实验钢最终的组织中获得以 AF、BF 及 M/A 岛的混合组织，如图 8-19 所示。同时，由于带钢本身"返红"及较高的卷取温度，实验钢相变产物基体中形成大量纳米级（Nb，Ti）C 析出粒子，如图 8-24（c）所示。

在超快冷终冷温度 T_{ufc} 为 516℃、卷取 CT 为 500℃ 的高温卷取工艺下，进一

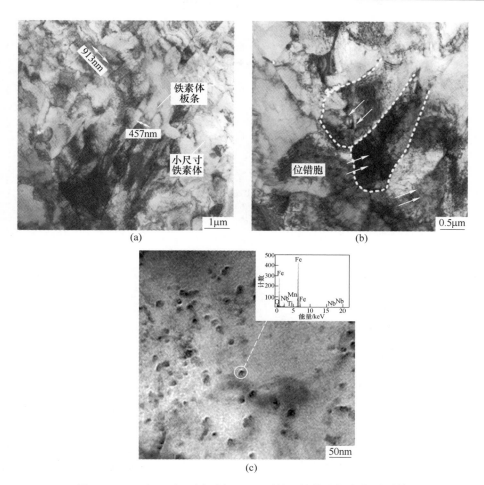

图 8-24 T_{ufc} 为 516℃下实验钢 TEM 下的亚结构和析出粒子形貌

(a),(b) 亚结构形貌;(c) 析出粒子形貌及能谱

步随机选取 20 张实验钢透射照片,统计析出粒子尺寸及百分含量,结果如图 8-25 所示。从图中可以看出,采用"超快冷+高温卷取"工艺,实验钢小于 20nm 纳米级析出粒子尺寸占比超过 90%。在超快冷终冷温度 T_{ufc} 为 339℃的低温卷取工艺下,低温区间析出粒子较少,析出粒子尺寸普遍在 40nm 以上,如图 8-26 所示,该结果与 8.2 节所述的实验结果相对应。

随着卷取温度的升高,由于形变材料基体发生回复,基体中的位错密度会不可避免地降低。同时,基体中的可动位错密度降低,这点进一步通过图 8-18(a)中的应力-应变曲线加以说明。在超快冷终冷温度 T_{ufc} 为 516℃工艺下,实验钢的连续屈服现象弱化。因此,高温卷取工艺下的实验钢位错密度降低,位错强化在材料强化方面的作用会相应降低。管线钢"超快冷+高温卷取"工艺与低温卷取

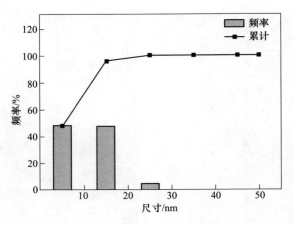

图 8-25 实验钢的析出粒子统计

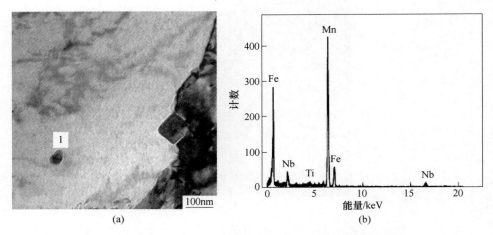

(a) (b)

图 8-26 T_{ufc} 为 339℃下实验钢 TEM 下的析出粒子形貌及能谱

（a）析出粒子形貌；（b）析出粒子能谱

工艺的强化机制不同。高温卷取工艺主要为细晶强化、位错强化及析出强化相结合的综合强化机制。低温卷取工艺主要以细晶强化及位错强化机制为主。

8.3.2 不同强化机制贡献量

为揭示实验钢"超快冷+高温卷取"工艺下的强化机制，依据上述实验结果，计算实验钢高温工艺下即 T_{ufc} 为 516℃不同强化机制的贡献量。对低碳微合金钢而言，材料屈服强度的贡献主要由包括了细晶强化、固溶强化、位错强化及纳米析出强化等不同强化机制引起的强度增量累计获得。

材料的屈服强度与不同强化机制增量间存在如下关系[16]：

$$\sigma_y = \sigma_0 + \sigma_{ss} + \sigma_{sg} + \sqrt{\sigma_\rho^2 + \sigma_p^2} \tag{8-3}$$

式中，$\sigma_0 + \sigma_{ss}$ 为固溶强化引起的强度增量，MPa；σ_{sg} 为细晶强化引起的强度增量，MPa；σ_ρ 为位错强化引起的强度增量，MPa；σ_p 为析出强化引起的强度增量，MPa。

为进一步阐明不同强化机制引起的强度增量贡献值，分别依据相应强化机制理论进行计算。依据 Pickering 推导的经验公式计算由细晶强化及固溶强化引起的强度贡献值，具体公式如下所示[17]：

$$\Delta\sigma_g(MPa) = 15.4\{3.5 + 2.1pctMn + 5.4pctSi + 23pctN_f + 1.13d^{-1/2}\} \tag{8-4}$$

式中，pctMn 为 Mn 元素质量分数；pctSi 为 Si 元素质量分数；$pctN_f$ 为固溶态 N 元素质量分数；d 为材料有效晶粒尺寸。由于 N 元素与微合金元素 Nb、V、Ti 具有较强的结合能力，因此实验钢中固溶态 N 元素百分含量可忽略不计。依据实验钢具体合金成分及实验结果计算可知，由固溶强化及细晶强化引起的强度增量约为 378MPa。

由析出强化引起的强度增量，可根据改进的 Ashby-Orowan 公式而求得，具体公式如下所示[18]：

$$\sigma_p = (0.538Gbf^{0.5}/X) \times \ln X/2b \tag{8-5}$$

式中，G 为剪切模量；b 为伯氏矢量；f 为析出粒子体积百分含量；X 为析出粒子平均尺寸。

依据图 8-25 中实验钢析出粒子的统计结果可知，尺寸小于 20nm 的析出粒子其平均粒子尺寸及体积百分比分别约为 10.6nm 及 0.19%。依据统计结果和上述计算公式可知，实验钢由纳米析出粒子引起的强度增量约为 108MPa。另外，实验钢由屈服应力推算的位错强化引起的强度贡献值约为 145MPa。实验钢不同强化机制对强度增量贡献值的分布，如图 8-27 所示。

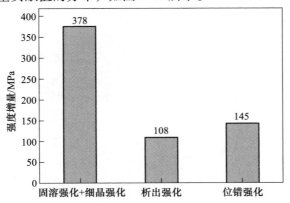

图 8-27　不同强化机制计算

8.3.3　低内应力管线钢工艺的温度模拟

与传统工艺相比，超快冷工艺能够促进管线钢厚度方向的 AF 组织转变，细化心部组织。为研究超快冷和传统层冷工艺下管线钢厚度方向的温度分布，模拟了 19.65mm X70 管线钢两种工艺下带钢厚度方向的温度场，两种实验钢的卷取温度均为 550℃，带钢表面和心部温度变化曲线如图 8-28 所示。

从图中可以看出，工艺 1 为模拟实验钢的"超快冷+高温卷取"工艺路线，带钢经超快冷时，带钢表面温度和心部温度温差大，但心部冷速仍要远高于普通高温卷取工艺，通过返红实现带钢的自回火；工艺 2 为模拟实验钢普通层流冷却的高温卷取。相对普通层流冷却的高温卷取工艺，超快冷工艺克服了普通层流冷却初期冷速缓慢问题，抑制高温相变组织。

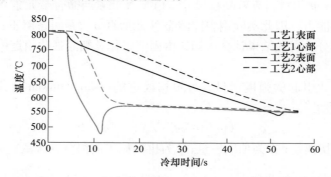

图 8-28　模拟超快冷和普通层流冷却高温卷取工艺带钢温度变化情况

图 8-29 所示为带钢"超快冷+高温卷取"工艺下厚度方向的温度模拟分布

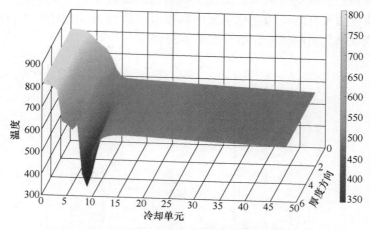

图 8-29　超快冷高温卷取模拟工艺下的带钢厚度方向的温度分布

（扫书前二维码看彩图）

图。从图中可以看出，实验钢经精轧后，超快冷工艺提高了带钢冷却速率，表面和心部温度温差增大。经过超快冷冷却后，普通层流冷却段冷却水不开启，此阶段开始发生返红，卷取完成后可进一步返红并温度均匀化。

8.3.4 低内应力型管线钢工业试制

基于实验室热模拟和轧制实验，结果表明，采用"超快冷+高温卷取"工艺生产高钢级管线钢具有可行性。为进一步验证超快冷工艺生产低内应力管线钢的可行性，在国内某热连轧生产线，采用"超快冷+高温卷取"工艺试制了19.65mm X70 热轧卷板管线钢。在冷却过程中，与传统层流冷却低温卷取工艺不同，带钢经轧后超快冷快速冷却至目标温度，后经空冷，依靠带钢本身"返红"特性控制卷取温度。实验钢的超快冷终冷温度 T_{ufc} 及卷取温度 CT 分别为 450℃及 560℃。

表 8-4 所示为工业试制的低内应力 19.65mm X70 管线钢各项力学性能。由表可知，采用"超快冷+高温卷取"工艺的实验钢，其拉伸性能、Charpy 冲击韧性（-20℃）及 DWTT（-15℃）止裂性能良好，且均满足 API SPEC X70 管线钢性能标准。

表 8-4 19.65mm X70 管线钢高温卷取工艺下的力学性能

工艺	拉伸性能			DWTT（-15℃）/%			冲击功（-20℃）/J		
	$R_{t0.5}$/MPa	R_m/MPa	伸长率/%	试样 1	试样 2	均值	试样 1	试样 2	均值
高温卷取	545	670	40	100	100	100	319	312	315.5
API SPEC 5L	485~635	570~760	≥16	单值≥80，均值≥85			单值≥160，均值≥200		

图 8-30 所示为试制的低内应力型 X70 管线钢的金相组织照片。由图可知，X70 管线钢不同厚度位置处金相组织主要由 AF、BF 及细小 M/A 岛混合组织构成，其中，厚度 1/4 处的 AF 百分含量较多，且组织相对细小，相比之下，实验钢心部位置 BF 含量相对较多，AF 相对粗大。如图 8-28 和图 8-29 可知，厚规格热轧卷板管线钢厚度方向存在温度梯度及冷却速率梯度，这会影响带钢不同位置处 AF 及 BF 的相变过程，使得不同厚度位置处的组织百分含量及尺寸存在差异。从采用"超快冷+高温卷取"工艺试制的管线钢组织来看，实验钢厚度 1/4 处及心部位置均为 X70 管线钢的理想微观组织。

采用超快冷并结合厚规格带钢"返红"特性获得高的卷取温度，开发了高钢级厚规格 X70 管线钢"超快冷+返红+高温卷取"低内应力生产工艺。基于超快冷试制的低内应力 X70 管线钢，其微观组织及各项力学性能均满足 API SPEC 5L 标准。结果表明，"超快冷+高温卷取"工艺生产低内应力型高钢级厚规格热轧卷板管线钢具有可行性。

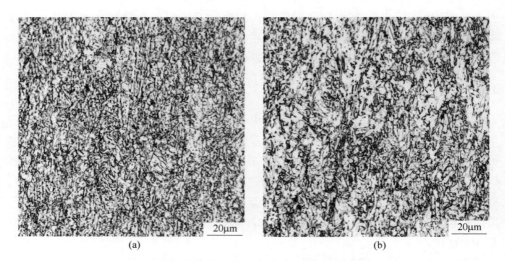

图 8-30　试制的低内应力型 X70 管线钢微观组织

（a）近表面 1/4 位置；（b）心部位置

8.4　热连轧低内应力管线钢的工业化生产

基于实验室研究，科研团队在国内某钢厂超快冷产线完成了低应力 X70 管线钢的批量生产与稳定供货。以下为现场生产的 X70 管线钢应力、组织及性能分析。

8.4.1　低内应力型 19.65mm X70 热轧板卷应力情况

采用普通层流冷却 300～400℃ 的低温卷取工艺生产，钢卷存在较大的内应力。图 8-31（a）所示为 19.65mm X70 低温卷取工艺下内应力大造成的开卷回弹。从图中可以看出，低温卷取工艺下，钢卷存在较大的内应力，造成钢卷外圈或通卷出现回弹、松卷现象。在制管过程中，X70 板卷外圈的回弹、松卷及划伤严重影响了用户使用，甚至出现无法生产问题。

针对低温卷取工艺下高钢级厚规格管线钢内应力集中的问题，实验室研究和工业试制结果表明"超快冷+高温卷取"工艺生产低内应力管线钢具有可行性。基于上述研究，在 X70 成分不变的条件下，采用"超快冷+高温卷取"工艺，优化超快冷终冷目标温度 UFCT 及卷取温度 CT 分别为 450℃ 及 520℃，进行了批量低内应力 19.65mm X70 管线钢的工业化生产。

采用"超快冷+高温卷取"工艺后，19.65mm X70 管线钢的性能均满足 API 标准要求。同时，钢卷的内应力明显降低，解决了用户开卷过程中管线钢内应力大造成的回弹散卷、划伤及无法使用的问题，如图 8-31（b）所示，产品质量获得用户认可。

(a)   (b)

图 8-31　不同工艺下管线钢 X70 板卷回弹情况

（a）传统工艺生产的 X70 板卷；（b）低内应力工艺生产的 X70 板卷

8.4.2　低内应力型 19.65mm X70 热轧板卷管线钢性能

图 8-32 所示为"超快冷+高温卷取"工艺批量生产的低内应力 19.65mm X70 管线钢板卷的力学性能统计结果。从图中可以看出，19.65mm X70 管线钢的屈服强度分布在 520~555MPa 范围内，抗拉强度分布在 605~675MPa 范围内，断后延伸率分布在 30%~50% 范围内，-20℃冲击功值基本为 400J 以上，-15℃横向落锤在 90% 以上。图 8-33 所示为 19.65mm X70 管线钢系列温度的低温韧性分布图，从图中可以看出，冲击和落锤性能良好。

8.4.3　低内应力型 19.65mm X70 热轧板卷性能均匀性研究

为研究"超快冷+高温卷取"低内应力生产工艺对 19.65mm X70 管线钢板卷头中尾性能的影响，对 X70 板卷进行头中尾取样，研究头、中、尾性能的一致性。同时，为研究低内应力生产工艺对制管性能的影响，进行了 X70 钢管头中尾冲击和落锤性能的研究，具体性能如图 8-34 所示。

从拉伸性能来看，X70 管线钢板卷内圈、中部和外圈的屈服强度在 539~570MPa 区间，抗拉强度在 635~675MPa 区间，均满足性能要求，头中尾的性能一致性较好，如图 8-34（a）所示。从制管后的系列冲击性能来看，X70 板卷内圈、中部和外圈均满足要求，-60℃低温冲击功值均在 240J 以上，如图 8-34（b）所示。从制管后的系列落锤性能来看，X70 板卷内圈、中部和外圈制管后的 -10℃落锤性能为 100%，均满足性能要求，如图 8-34（c）所示。

针对热连轧厚规格管线钢低温卷取后内应力大的问题，开发了 19.65mm X70

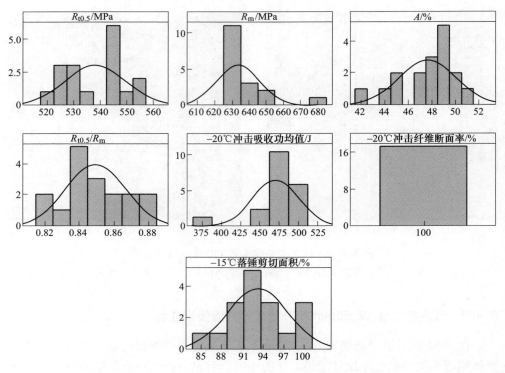

图 8-32　批量生产的 19.65mm X70 管线钢力学性能

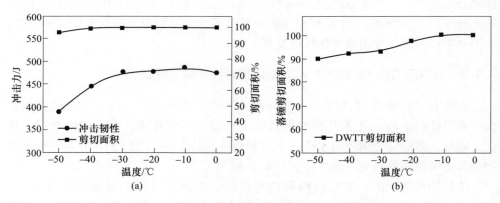

图 8-33　19.65mm X70 管线钢系列温度的低温韧性

（a）冲击和剪切面积；（b）落锤性能

　　管线钢"超快冷+高温卷取"的低内应力生产工艺。X70 板卷和制管后的性能均满足 API 标准要求，板卷开卷后的回弹现象大幅减轻、内应力降低，解决了制管用户开卷过程中板卷内应力大造成外圈散卷以及无法开卷上料的问题。

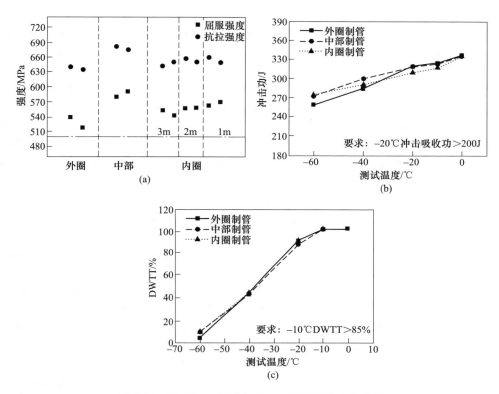

图 8-34 19.65mm X70 高温卷取工艺下的力学性能

（a）板卷拉伸性能；（b）系列温度下钢管的冲击吸收功；（c）系列温度下钢管的 DWTT 落锤性能

参 考 文 献

［1］王学强，辛艳辉，王凤美，等．一种超厚规格热轧卷板的超快冷工艺及卷取方法：中国，CN105603170B［P］．2017-08-11.

［2］Shougang Corporation. Hot rolled processing of X80 pipeline strip：China，CN104726665A［P］.

［3］Kim Y M，Lee H，Kim N J. Transformation behavior and microstructural characteristics of acicular ferrite in linepipe steels［J］. Materials Science and Engineering：A，2008，478（1~2）：361~370.

［4］Wang B，Lian J. Effect of microstructure on low-temperature toughness of a low carbon Nb-V-Ti microalloyed pipeline steel［J］. Materials Science and Engineering：A，2014，592：50~56.

［5］邱增帅．热轧带钢轧后板形演变规律研究［D］．北京：北京科技大学，2017.

［6］Yuan Guo，Li Zhenlei，Li Haijun，et al. Control and application of cooling path after rolling for hot strip based on ultra fast cooling［J］. Journal of Central South University，2013，20（7）：

1805~1811.

[7] Maroni T, Dawson B, Barnett K, et al. Effectiveness of hand cooling and a cooling jacket on post-exercise cooling rates in hyperthermic athletes [J]. European Journal of Sport Science, 2018, 18 (4): 441~449.

[8] 赵金华. 厚规格高钢级管线钢带钢增韧机理研究 [D]. 沈阳：东北大学，2017.

[9] Heslop J, Petch P N. The ductile-brittle transition in the fracture of α-iron [J]. Philosophical Mgazine, 1958, 34 (3): 1089~1097.

[10] Bailey J E, Hirsch P B. The dislocation distribution, flow stress, and stored energy in cold-worked polycrystalline silver [J]. Philosophical Magazine, 1960, 53 (5): 485~497.

[11] 雍岐龙. 钢铁材料中的第二相 [M]. 北京：冶金工业出版社，2006.

[12] Charleux M, Poole W J, Militzer M, et al. Precipitation behavior and its effect on strengthening of an HSLA-Nb/Ti steel [J]. Metallurgical and Materials Transactions a-Physical Metallurgy and Materials Science, 2001, 32 (7): 1635~1647.

[13] Gilormini P, Bacroix B, Jonas J J. Theoretical analyses of <111> pencil glide in b. c. c. crystals [J]. Acta Metallurgica, 1988, 36: 231~256.

[14] Lee W B, Hong S G, Park C G, et al. Influence of Mo on precipitation hardening in hot rolled HSLA steels containing Nb [J]. Scripta Materialia, 2000, 43 (4): 319~324.

[15] Gladman T. The physical metallurgy of microalloyed steels [M]. London: The Institute of Materials, 1997.

[16] Kim B, Boucard E, Sourmail T, et al. The influence of silicon in tempered martensite: Understanding the microstructure-properties relationship in 0. 5~0. 6wt. % C steels [J]. Acta Materialia, 2014, 68: 169~178.

[17] Pickering F B. Physical metallurgy and the design of steels [M]. London: Applied Science Publishers Ltd, 1978.

[18] Gladman T. Precipitation hardening in metals [J]. Material Science and Technology, 1999, 15: 30~36.

⑨ 系列低成本热轧双相钢 开发(TMCP-M)

9.1 开发背景

近年来，国内外的钢铁企业都在积极追求绿色化及可持续发展，致力于高效、低耗的高附加值钢材的开发。热轧 F-M 双相钢是直接通过控制轧制与控制冷却工艺生产的先进高强钢（Advanced High Strength Steel，AHSS），是最为典型的"环境友好"型产品[1,2]。在设计理念方面，热轧双相钢通过相变强化代替传统的合金强化，以低的资源消耗获得优异的力学性能。在生产工艺方面，取消了后续的冷轧、热处理、连续退火等工艺，实现了工艺的减量化，提高生产效率、降低能源消耗。在产品应用方面上，热轧双相钢因具有优异的综合力学性能，如抗拉强度高、屈强比低、加工硬化率高以及成形性能良好等，已成为汽车或商用卡车轻量化的首选钢材，是汽车"以薄代厚""以热代冷"的理想材料。例如，采用 DP600 将汽车的后纵梁由 6.7mm 减薄至 5.5mm 即可减重 17.9%[3]。因此，热轧双相钢自 20 世纪 70 年代诞生以来，一直受到广泛关注，成为目前用量最大的汽车用先进高强钢。

当前，汽车结构材料的发展趋势仍然是轻量化与功能化，低成本和高性能的汽车用钢仍然具有较大的市场需求[4~6]。热轧双相钢巨大的市场潜力吸引了钢铁企业（尤其是国内企业）的注意，众多企业进行了热轧双相钢工艺和产品的复制、调试与生产，促进了我国热轧双相钢的发展。但是，近几年来也暴露出诸多问题，如产品性能稳定性差、高度同质化、产品级别单一等。在应用方面，虽然热轧双相钢具有高强度及良好的塑性，但也普遍存在强度级别无法满足汽车用钢的新需求、韧性差、延伸凸缘性能差等共性的性能缺陷，阻碍了其进一步的应用与推广。

基于以上背景，有必要对热轧双相钢的组织调控机理展开研究，从根本上认识控制轧制与控制冷却的主要工艺过程对 F-M 双相组织形成的影响机理，为热轧双相钢成分和工艺设计提供理论指导，同时也为解决生产过程中出现的组织不良、性能不稳定等问题提供思路。针对目前热轧双相钢存在的共性性能缺陷以及产品同质化严重的问题，从强韧化机制方面展开研究。只有在"工艺-显微组织-强韧性"的协同调控下，才能更好地改善热轧双相钢的性能或开发出个性化的高附加值产品。

9.2 经济型热轧普碳 F-M 双相钢组织调控机理

与常规热轧普碳钢相似，热轧普碳双相钢也是以 C-Mn 系成分为主。不同的是，热轧普碳双相钢采用 TMCP 工艺直接调控出 F-M 双相组织，依靠马氏体的相变强化大幅提高强度，兼具经济性与高强度的特征。在 TMCP 工艺过程中，控制轧制可将奥氏体形态调控到预期的物理冶金状态。在控制轧制对奥氏体组织形态的影响方面，前人已经做了大量研究[7~15]，相关理论也获得广泛认可，因而该部分将不再赘述，而是重点研究奥氏体形态对热轧双相钢后续组织调控的影响，以提供更为共性的热轧双相钢控制轧制基础理论依据。

9.2.1 奥氏体稳定元素对热轧双相钢相变行为的影响

采用表 9-1 所列的三种实验钢，研究热轧双相钢中常见的奥氏体稳定元素 Cr 和 Mn 对组织演变行为的影响。实验在全自动相变仪 Formaster-F Ⅱ 上进行，工艺如图 9-1 所示。试样在真空状态下以 10℃/s 的速率升温到 1200℃ 保温 3min，使试样完全奥氏体化，再以 10℃/s 的冷速冷却至 850℃，保温 20s 后分别以 0.5℃/s、1℃/s、2℃/s、5℃/s、10℃/s、20℃/s、40℃/s、80℃/s 的冷速冷却至室温。

表 9-1 实验钢的化学成分（质量分数）   （%）

成分	C	Si	Mn	Cr	P	S
1.0Mn	0.071	0.30	1.07	—	0.0031	0.0025
1.0Mn-0.3Cr	0.070	0.30	1.02	0.30	0.003	0.0022
1.5Mn-0.5Cr	0.065	0.31	1.50	0.47	0.0028	0.0019

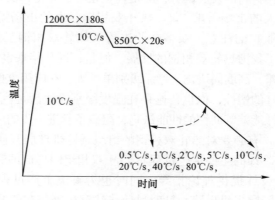

图 9-1 实验工艺图

1.0Mn 实验钢未变形奥氏体的 CCT 曲线如图 9-2 所示。由图可知，1.0Mn 实验钢在 0.5~20℃/s 的冷速范围内，均发生铁素体相变，且在 0.5~2℃/s 范围内出现

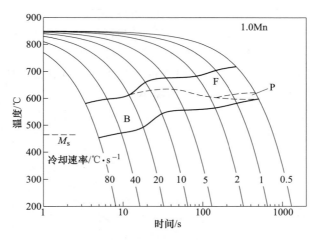

图 9-2 1.0Mn 实验钢中未变形奥氏体的 CCT 曲线

珠光体相变。在 0.5~10℃/s 的冷速范围，铁素体相变开始温度随着冷速的增加而略有降低。当冷速由 10℃/s 提高至 20℃/s 时，相变开始温度急剧降低，这主要是由于相变机制由扩散型的铁素体相变过渡至半扩散型的贝氏体相变。随着冷速的增加，贝氏体相变区域扩大，当冷速大于 20℃/s 时，以贝氏体相变为主。

添加 0.3% 的 Cr 元素后，实验钢的 CCT 曲线发生明显变化，如图 9-3 所示。铁素体相变区的冷速区间缩小至 0.5~10℃/s，而且铁素体相变开始温度随着冷速的提高而显著降低。在 0.5℃/s 的冷速下已发生贝氏体相变。当冷速大于 2℃/s 时，基体以贝氏体组织为主。当冷速达到 40℃/s 时可观察到马氏体组织。这表明 Cr 元素提高了奥氏体稳定性，抑制铁素体相变、促进马氏体相变。

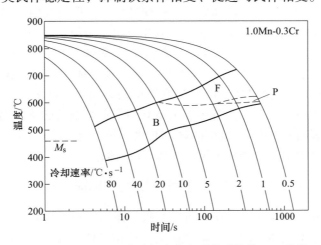

图 9-3 1.0Mn-0.3Cr 实验钢中未变形奥氏体的 CCT 曲线

进一步提高 Mn 含量和 Cr 含量，奥氏体的稳定性更高，将导致奥氏体向铁素体的相变受到严重抑制。如图 9-4 的 CCT 曲线所示，1.5Mn-0.5Cr 实验钢的铁素体相变区的冷速范围缩小至 0.5~5℃/s。冷速由 2℃/s 增加至 5℃/s 时，由于相变类型的转变，相变开始，温度大幅降低。与 1.0Mn-0.3Cr 相比，当冷速大于 40℃/s 时，显微组织中贝氏体板条更为细小。

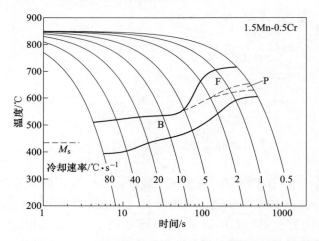

图 9-4　1.5Mn-0.5Cr 实验钢中未变形奥氏体的 CCT 曲线

图 9-5 所示为三种实验钢典型冷速下的相变分数-温度曲线。0.5℃/s 的低冷速下，三种实验钢的相变类型主要为铁素体相变，相变分数-温度曲线基本一致。由此可知，低冷速下，Mn 和 Cr 元素对铁素体相变动力学的影响不大。但是，当冷速提高至 10℃/s 时，三种实验钢的相变分数-温度曲线出现明显的差异。如图 9-5（b）所示，Cr 元素的添加推迟了相变过程，使得曲线向左移，而且进一步提高 Mn、Cr 含量，曲线继续向左移。结合金相显微组织可知，1.0Mn、1.0Mn-0.3Cr 和 1.5Mn-0.5Cr 三种实验钢在 10℃/s 的连续冷却过程中分别发生铁素体（占主导）-贝氏体相变、贝氏体（占主导）-铁素体相变和贝氏体相变。该条件下，Mn、Cr 元素主要是通过改变相变类型来影响相变动力学。当冷速提高至 80℃/s 时，1.0Mn-0.3Cr 实验钢和 1.5Mn-0.5Cr 实验钢的相变分数-温度曲线较为接近，但二者与 1.0Mn 实验钢的区别较大。该冷速下，1.0Mn 实验钢发生贝氏体相变，而其他两实验钢发生了贝氏体-马氏体相变。

9.2.2　奥氏体晶粒尺寸对热轧双相钢相变行为的影响

选用 1.0Mn-0.3Cr 实验钢作为研究对象，通过控制不同的奥氏体化温度获得不同尺寸的初始奥氏体组织。实验也在全自动相变仪 Formaster-FII 上进行，具体实验工艺如图 9-6 所示。将试样分别加热至 1200℃、1050℃ 及 900℃ 三个不同温

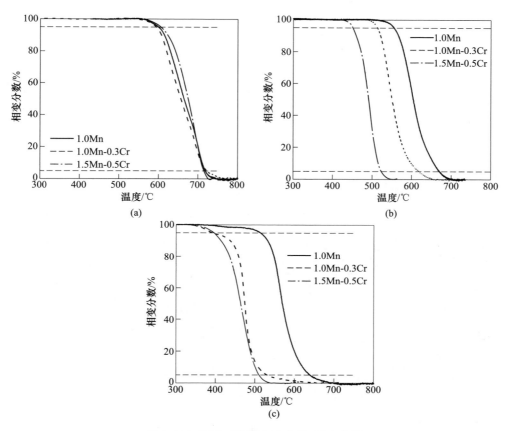

图 9-5　不同实验钢的相变分数-温度曲线

(a) 0.5℃/s；(b) 10℃/s；(c) 80℃/s

度，等温 3min，冷却至 850℃等温 20s 后直接淬火至室温，使奥氏体完全转变为马氏体。

图 9-7 为 1.0Mn-0.3Cr 实验钢分别在 1200℃、1050℃及 900℃奥氏体化时的奥氏体形态。通过截线法测得，三种实验钢的原奥氏体晶粒平均直径（D_γ）分别为（316±31）μm、（78±9）μm 和（17±2）μm。

对比图 9-3 和图 9-8 的 CCT 曲线可知，D_γ 由 316μm 降低至 78μm 时，实验钢的相变类型基本不变。冷速由 0.5℃/s 提高至 80℃/s 时，相变类型分别为铁素体-珠光体、铁素体-贝氏体和贝氏体相变。但是，奥氏体晶粒的细化可显著提高相变开始温度，改变各相变区的分布。如图 9-8 所示，D_γ 减小至 78μm 后，铁素体相变的冷速范围扩大至 0.5~40℃/s，而贝氏体相变区缩小，开始出现贝氏体的冷速由小于 0.5℃/s 提高至 2℃/s。冷速为 40℃/s 时，D_γ = 316μm 的实验钢组织为贝氏体+马氏体，而 D_γ = 78μm 的实验钢组织中仍然含有少量的铁素体，且观

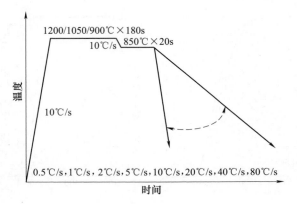

图 9-6　实验工艺图

图 9-7　1.0Mn-0.3Cr 实验钢在不同奥氏体化温度下奥氏体形态

(a) 1200℃；(b) 1050℃；(c) 900℃

察不到任何的马氏体。这表明，细化奥氏体晶粒，可降低奥氏体稳定性，显著促进铁素体相变、抑制贝氏体和马氏体相变。

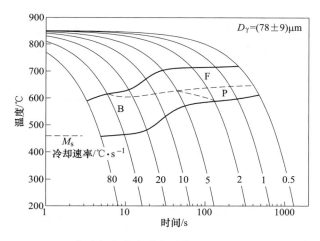

图 9-8 1.0Mn-0.3Cr 实验钢中未变形奥氏体（$D_\gamma = (78 \pm 9) \mu m$）的 CCT 曲线

当 D_γ 减小至 $17 \mu m$ 时，实验钢的 CCT 曲线将出现显著的变化。如图 9-9 所示，铁素体相变区进一步扩大，覆盖了 $0.5 \sim 80 ℃/s$ 的冷速范围；而且随着冷速的增加，铁素体相变开始温度并未出现显著的降低。另外，形成珠光体组织的冷速范围也扩大至 $0.5 \sim 20 ℃/s$。值得注意的是，该奥氏体晶粒尺寸条件下，在 $0.5 \sim 80 ℃/s$ 的冷速范围内，CCT 曲线中并未出现贝氏体相变区。

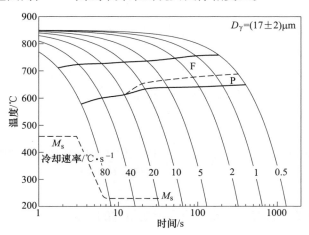

图 9-9 1.0Mn-0.3Cr 实验钢中未变形奥氏体（$D_\gamma = (17 \pm 2) \mu m$）的 CCT 曲线

图 9-10 为三种 D_γ 下实验钢典型的相变分数-温度曲线。在冷速为 $0.5 ℃/s$ 的连续冷却过程中，实验钢均以铁素体相变为主。图 9-10 （a）显示，细化原奥氏体晶粒，可使该冷速的相变分数-温度曲线整体右移，即细化奥氏体晶粒可显著促进铁素体相变。对于 D_γ 为 $17 \mu m$ 的实验钢，冷速对相变分数-温度曲线的影响

不明显。但是，对于 D_γ 为 78μm 及 316μm 的实验钢，随着冷速增大，曲线明显向左移。这主要是因为相变机制由扩散型相变向半扩散相变转变。由此可见，连续冷却条件下，减小奥氏体晶粒尺寸可降低冷速对相变类型和相变动力学的影响。

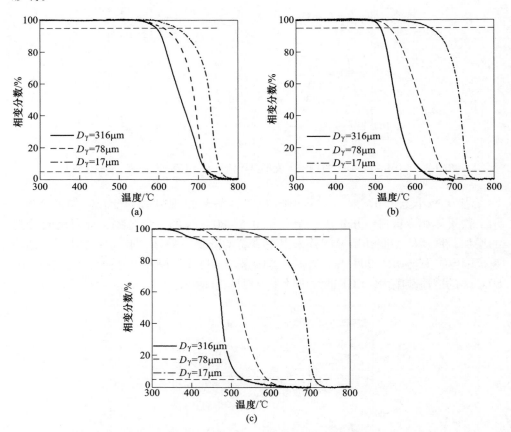

图 9-10　1. 0Mn-0. 3Cr 实验钢在不同奥氏体尺寸下的相变分数-温度曲线

(a) 0. 5℃/s；(b) 10℃/s；(c) 80℃/s

9.2.3　奥氏体硬化状态对热轧双相钢相变行为的影响

为了研究奥氏体硬化状态对热轧双相钢相变行为的影响规律，在发生铁素体相变前的奥氏体未再结晶区，给奥氏体施加压缩变形，形成硬化奥氏体。在 Gleeble-3800 热模拟试验机上以 1.5Mn-0.5Cr 实验钢为材料进行实验。实验工艺与图 9-1 所示工艺相似，不同的是在连续冷却前（即 850℃等温 20s 后）对试样进行压缩变形，如图 9-11 所示。变形阶段压下率为 50%，应变速率为 5s^{-1}。为了确定压缩变形对奥氏体形态的影响，对 850℃等温 20s 后的无变形试样及压缩变形试样分别进行淬火，并进行原始奥氏体晶粒组织的腐蚀与观察。

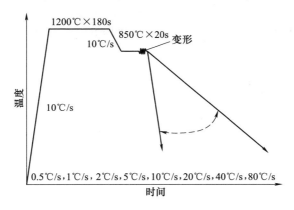

图 9-11 实验工艺图

图 9-12 为 1.5Mn-0.5Cr 实验钢未变形奥氏体与在 850℃施加 50%压缩变形的硬化奥氏体形貌对比。由图可知，未变形奥氏体呈等轴状，晶界较为光滑平直。变形后的奥氏体晶粒明显被"拉长"，呈"饼形"，晶界为"锯齿状"或微小的"弓出状"。

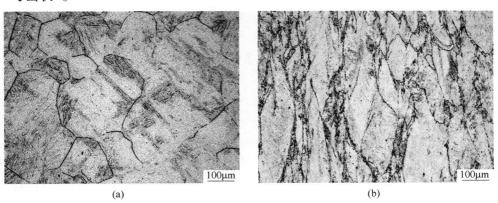

图 9-12　1.5Mn-0.5Cr 实验钢未变形及变形奥氏体的形态对比
（a）未变形奥氏体；（b）变形奥氏体

图 9-13 为变形奥氏体的 CCT 曲线。与未变形奥氏体的 CCT 曲线相比（见图 9-4），变形奥氏体的 CCT 曲线同样存在铁素体、珠光体和贝氏体相变区，但是二者各相变区所占比例明显不同。如图 9-13 所示，变形奥氏体的铁素体相变区间明显扩大，而贝氏体相变区大幅缩小。与未变形奥氏体相比，变形奥氏体发生铁素体相变的冷速范围由 0.5~5℃/s 扩大至 0.5~80℃/s，而贝氏体相变的冷速范围由 0.5~80℃/s 缩小至 40~80℃/s，这有利于热轧双相钢铁素体基体的调

控，同时避免贝氏体的形成。值得注意的是，该成分及奥氏体状态下，存在一个特殊的冷速工艺窗口（冷速在 5~20℃/s 范围），在该窗口范围内，变形奥氏体可转变成大量的铁素体组织，同时还可避免珠光体和贝氏体相变，最终形成 F-M 双相组织。

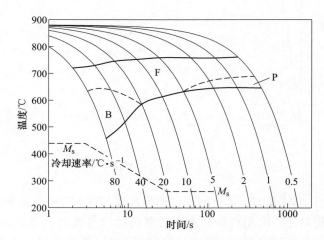

图 9-13　1.5Mn-0.5Cr 实验钢中变形奥氏体的 CCT 曲线

由金相组织观察可知，当冷速为 0.5℃/s 和 1℃/s 时，组织由铁素体基体和珠光体构成。当冷速增大至 2℃/s 时，部分珠光体被马氏体代替，形成铁素体基体+珠光体/马氏体第二相的混合组织。当冷速达到 5℃/s 时，珠光体消失，组织为 F-M 双相组织。直到冷速增大至 40℃/s 时才出现明显的贝氏体组织。由此可见，在 5~20℃/s 冷速范围内可得到较为理想的 F-M 双相组织。

如上文所述，铁素体往往在奥氏体晶隅、棱边、晶界面和晶粒内部形核。实验钢在奥氏体未再结晶区变形后，奥氏体晶界弓出或形成锯齿状，晶界总量大幅增加，从而增加了铁素体形核位置。而且，硬化的奥氏体内常存在大量的变形带，这些变形带可促进晶内形核。另外，硬化状态的奥氏体中的变形储能可为铁素体相变提供驱动力，促进铁素体的形核。与细化奥氏体晶粒效果相似，硬化奥氏体将会使相变分数-温度曲线向右移（见图 9-14），同时降低冷速对相变类型和相变动力学的影响。

9.2.4　铁素体等温相变及对未转变奥氏体相变行为的影响

热轧双相钢在控制冷却过程中先发生奥氏体向铁素体转变，然后未转变奥氏体再转变为马氏体。由于铁素体可固溶的碳含量远低于奥氏体，因此奥氏体向铁素体相变过程中或相变后，C 原子将由铁素体扩散至未转变的奥氏体，使未转变奥氏体富集较高含量的 C 原子，从而影响后续相变。为了实现热轧 F-M 双相组

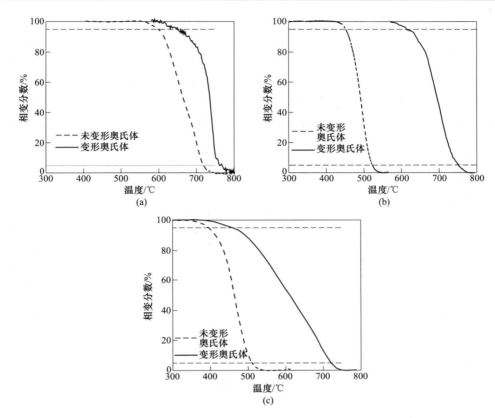

图 9-14 1.5Mn-0.5Cr 实验钢在不同硬化奥氏体状态下的相变分数-温度曲线

(a) 0.5℃/s；(b) 10℃/s；(c) 80℃/s

织的稳定调控，研究了分段冷却模式下热轧双相钢的组织演变行为。实验选用 1.0Mn-0.3Cr 实验钢作为研究对象，在全自动相变仪 Formaster-FⅡ上进行，工艺如图 9-15 所示。试样以 10℃/s 的速率加热至 1050℃，进行完全奥氏体化后，冷却至 850℃等温 20s 均匀化处理，然后以 40℃/s 的冷速冷却至 725℃等温 300s，使形成一定含量的铁素体后再分别以 0.5℃/s、1℃/s、2℃/s、5℃/s、10℃/s、20℃/s、40℃/s、80℃/s 的冷速冷却至室温。

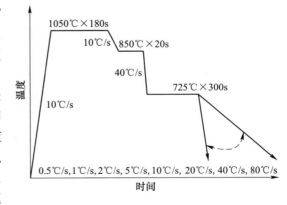

图 9-15 实验工艺图

图 9-16 为分段冷却下 1.0Mn-0.3Cr 实验钢的热膨胀曲线。由图可知，实验钢从 1050℃ 冷却至 725℃ 的过程中热膨胀量与温度呈线性关系，表明未发生任何相变。但是在 725℃（铁素体相变区）等温时，热膨胀量增大，表明发生了铁素体相变。在等温后期，膨胀曲线又趋于水平的直线，铁素体相变随时间延长而减缓或停止，此时的组织由铁素体和未转变的奥氏体构成。通过后续冷却过程中的膨胀曲线，即可确定出这部分未转变奥氏体的相变温度及特性，如图 9-16（b）所示。

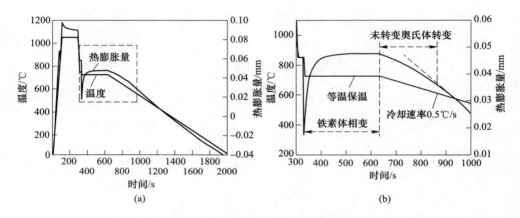

图 9-16　1.0Mn-0.3Cr 实验钢在分段冷却模式下的相变行为
（a）全过程的热膨胀曲线；（b）后段冷却相变区的热膨胀曲线

由金相测试可知 1.0Mn-0.3Cr 实验钢冷速在 0.5~2℃/s 范围内，组织由铁素体基体和珠光体第二相构成。由图 9-17（a）的膨胀曲线可知，等温相变后，以 0.5℃/s 的冷速冷却时，未转变奥氏体在开始冷却时刻即可发生相变，直至所有奥氏体完全转变。当冷速增大至 5℃/s 时，出现贝氏体组织。在 10℃/s 的冷速下，基体以外的第二相以贝氏体为主（见图 9-17（b））。观察 5~10℃/s 冷速下的热膨胀曲线发现，该冷速范围内出现了两次"分离"的相变过程。图 9-17（b）所示为 10℃/s 下的热膨胀曲线，在 630~725℃ 温度范围内，热膨胀量与温度偏离线性关系，即发生了第一次相变，结合显微组织可判断为铁素体或珠光体相变；在 560~630℃ 温度范围内，热膨胀量与温度呈线性关系，表明该区间为无相变区间，即为亚稳奥氏体区；在 500~560℃ 的温度范围内，热膨胀量与温度再次偏离线性关系，发生第二次相变，由组织类型可推断出该相变为贝氏体相变。

Waterschoot 等[16]根据 Thermocalc 计算结果指出，双相钢中铁素体固溶 C 的最大含量为 0.006%。因而，发生铁素体相变后，几乎所有的 C 富集于未转变的奥氏体中，增强奥氏体稳定性，在特定的冷速及温度区间下无法发生相变，从而

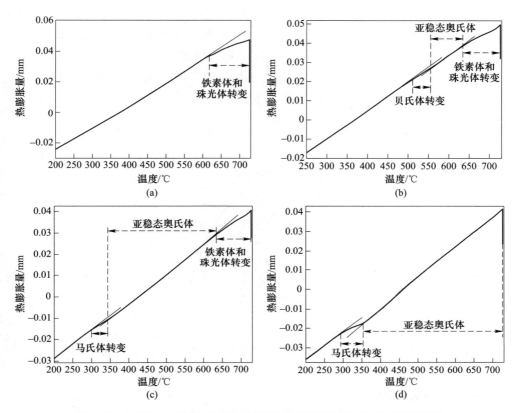

图 9-17　1.0Mn-0.3Cr 实验钢铁素体相变后连续冷却过程中的膨胀曲线

(a) 0.5℃/s；(b) 10℃/s；(c) 20℃/s；(d) 40℃/s

形成亚稳奥氏体区。表现在 CCT 曲线上，将是出现贝氏体相变区与铁素体/珠光体相变区的分离。当冷速增大至 20℃/s 时，珠光体相变被完全抑制，第二相组织由贝氏体和马氏体构成。与冷速为 10℃/s 的热膨胀曲线相似，20℃/s 冷速下的热膨胀曲线也表现出两次分离相变的特征（见图 9-17（c）），但不同的是，第二次相变的温度区间更低，为 285~340℃。由此可知，马氏体仅能在第二次相变过程形成，而贝氏体极有可能是在第一次相变过程中形成。如图 9-17（d）所示，冷速在 40℃/s 时，仅出现一次相变，在 360~725℃ 范围内热膨胀量与温度保持良好的线性关系，表明该区域为亚稳奥氏体区，因此，最终的组织为 F-M 双相组织。仅发生一次相变的条件下，生成的马氏体含量约为 30%。这意味着等温阶段结束后组织由约 70% 的铁素体和约 30% 的未转变奥氏体构成。

　　综合以上相变特征分析，可做出 1.0Mn-0.3Cr 实验钢铁素体相变后，未转变奥氏体的 CCT 曲线，如图 9-18 所示。对于原始组织为约 70% 铁素体+约 30% 未转变奥氏体的组织，在低冷速（0.5~2℃/s）下存在铁素体和珠光体相变区，且二者相邻。随着冷速增大，珠光体相变区缩小，出现贝氏体相变区，而且贝氏体相变区被"分离"，其与铁素体/珠光体相变区之间存在亚稳奥氏体区。当冷速继续增大时，被"分离"的贝氏体相变区消失，出现"分离"的马氏体相变区。冷速约为20℃/s时，存在与铁素体相变区相邻的贝氏体区。当冷速达到40℃/s以上时，剩余的未转变奥氏体仅能发生马氏体相变。

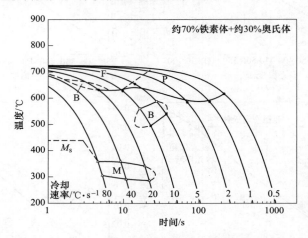

图 9-18　1.0Mn-0.3Cr 实验钢发生铁素体相变后的 CCT 曲线

9.2.5　F-M 双相组织调控机理

由图 9-8~图 9-10 的 CCT 曲线及相应的显微组织可知，对于 C 含量约为 0.07%、Mn 含量为 1.0%~1.5%、Cr 含量≤0.5% 的实验钢，连续冷却条件下，1200℃ 奥氏体化的无变形奥氏体均不能形成 F-M 双相组织，其组织形成过程如图 9-19 的左半部分所示。在较小的冷速下虽然形成足够量的铁素体基体，但很难避

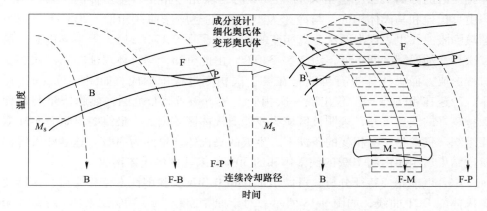

图 9-19　连续冷却条件下热轧双相钢组织调控机理

免珠光体的生成。增大冷速后，可获得贝氏体硬质相，但铁素体含量不足，冷速再增大时，甚至出现无铁素体生成的情况。连续冷却条件下，为获得 F-M 双相组织，应满足以下两个条件：

（1）在马氏体相变前需形成足够含量的铁素体。这就要求奥氏体在高温区（即铁素体相变区）具有较低的稳定性，易于发生奥氏体向铁素体的转变。

（2）铁素体相变后，未转变奥氏体需转变成马氏体组织，而且还要避免贝氏体的生成。这就要求未转变奥氏体还需具有较高的低温稳定性，避免贝氏体的转变。

综上所示，对于热轧双相钢而言，最为理想的奥氏体稳定性应为"高温不稳定、低温稳定"。对于奥氏体"高温不稳定"，一方面可通过成分设计实现，例如采用低 C 成分设计、添加 Si 或 Al 等促进铁素体形成的元素。研究可知，细化奥氏体晶粒或增强奥氏体硬化状态均可降低奥氏体的高温稳定性，从而获得足够含量的铁素体基体。如图 9-19 的右半部分所示，细化奥氏体晶粒或增强奥氏体的硬化状态可使铁素体相变区向左上方扩展，扩大了铁素体基体形成的工艺窗口。

奥氏体"低温稳定性"决定了获得马氏体组织并避免贝氏体形成的难易程度，本质上是指发生奥氏体/铁素体转变后未转变的部分奥氏体的稳定性。增加未转变奥氏体 C 含量或奥氏体稳定性合金元素（如 Mn、Si、Cr、Mo 等）含量均可提高其稳定性，有利于避免贝氏体相变、促进马氏体相变。未转变奥氏体中的 C 含量除了与初始成分有关外，还与前一阶段铁素体相变总量及 C 的扩散情况有关。铁素体晶粒的溶 C 能力较低，因此铁素体相变过程中或相变后 C 原子将会扩散至未转变奥氏体。铁素体含量越高、尺寸越小、在铁素体区停留时间越长，未转变奥氏体的富碳程度越高，其稳定性越强。平均晶粒尺寸为 $17\mu m$ 的奥氏体，在冷速为 20℃/s 时可形成马氏体第二相的主要原因在于其铁素体含量较高、尺寸较为细小，而且具有较大的铁素体相变温度区间，利于 C 原子的扩散。对于 Mn 和 Cr 对奥氏体稳定性的影响，可通过马氏体临界冷速定性判断。Tanaka 等[17]给出了双相钢（碳含量为 0.05%）的临界冷速计算公式：

$$\log_{10}(CR) = 3.95 - 1.7(w(Mn) + 0.26w(Si) +$$
$$3.5w(P) + 1.3w(Cr) + 2.67w(Mo)) \tag{9-1}$$

可知，Mn、Cr、Si、Mo 均可明显降低马氏体的临界冷速，这也是 1.5Mn-0.5Cr 实验钢变形奥氏体在 5～20℃/s 的冷速下也能形成马氏体第二相的重要原因之一。当未转变奥氏体的低温稳定性较高时，将出现如图 9-9 和图 9-13 所示的亚稳奥氏体+马氏体的冷速工艺窗口。在连续冷却条件下，只要冷速控制在工艺窗口范围内，即可获得理想的 F-M 双相组织。

在 TMCP 工艺过程中，控制奥氏体尺寸及硬化状态主要通过控制轧制实现。

关于控制轧制过程中奥氏体晶粒尺寸及硬化状态的控制机理的研究已有大量报道[9~14]。根据奥氏体形态控制机理的不同，控制轧制主要分为两个阶段：（1）再结晶型控制轧制，即在奥氏体再结晶温度区间的轧制，主要作用是通过再结晶细化奥氏体晶粒，轧制温度一般在 1000℃ 以上，主要通过粗轧阶段进行控制；（2）未再结晶型控制轧制，即在奥氏体未再结晶温度区间的轧制，主要功能是形成硬化奥氏体组织，轧制温度根据化学成分的不同而有差异，一般在 950℃ ~ A_3 温度区间。在再结晶区增加总压下量或道次压下量均可细化奥氏体晶粒，而降低未再结晶区的轧制温度及提高道次或总压下量可促进"饼形"硬化奥氏体的形成，降低奥氏体高温稳定性，促进铁素体基体的形成，从而形成如图 9-19 中所示虚线阴影区的 F-M 双相工艺窗口。热轧后，将冷速控制在图中所示的工艺窗口范围内，即可实现热轧 F-M 双相钢的生产。

虽然通过 TMCP 工艺，理论上采用连续冷却的方式也可实现热轧 F-M 双相钢的调控，但是这种生产方式具有以下不足：

（1）为了细化奥氏体晶粒并获得硬化状态的奥氏体组织，需采用较为严格的控制轧制工艺，比较适合在常规热连轧生产线进行。对于薄板坯连铸连轧生产线或薄带连铸生产线而言，由于连铸坯的厚度较薄，而且部分生产线无粗轧机组，不利于控制轧制的实现，难以获得如图 9-19 所示的冷却工艺窗口。

（2）在控制冷却上，连续冷却工艺往往具有相对小的工艺窗口。图 9-13 所示的工艺下，冷速窗口为 5~20℃/s。不同的成分或奥氏体状态，对应的工艺窗口不同，因而控制冷却工艺较难确定。尤其是对于合金含量高的高强度热轧双相钢，奥氏体高温稳定性较高，很难再通过控制轧制获得理想的铁素体相变窗口。

（3）连续冷却工艺下 F-M 双相组织的调控高度依赖于化学成分、奥氏体晶粒尺寸及奥氏体的硬化状态。在冶炼及连铸阶段，影响化学成分的因素繁多；热轧阶段，连铸坯的加热温度、加热时间、开轧温度、道次压下量、间隔时间、终轧温度等均会影响奥氏体尺寸及硬化状态。在多因素的影响下，工业化生产中将难以实现组织性能的稳定控制。

与连续冷却相比，分段冷却模式具有更强的工艺适应性，可减轻热轧双相钢对成分及热轧工艺的依赖，其工艺调控原理如图 9-20 所示。热轧后将钢板快速冷却至铁素体相变区，然后缓冷或等温，使奥氏体转变为铁素体基体，同时 C 可从铁素体充分扩散至奥氏体。对于高合金含量的高强度热轧双相钢，由于铁素体具有相对充分的相变时间，避免了连续冷却条件下铁素体含量不足的问题。奥氏体/铁素体的充分相变以及 C 原子的有效扩散使得未转变奥氏体富碳程度增加，具有较高的低温稳定性。如图 9-20 的右半部分所示，部分奥氏体高的富碳程度将使得贝氏体区缩小并与其他相变区分离，形成较宽的马氏体相变工艺窗口。

与连续冷却工艺相比，分段冷却工艺具有以下优势。

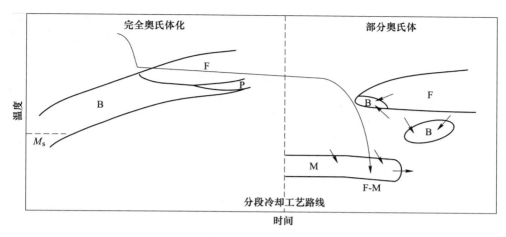

图 9-20　分段冷却条件下热轧双相钢组织调控机理

（1）分段冷却工艺通过对铁素体相变温度和相变时间的控制，可实现铁素体含量的控制，降低对奥氏体尺寸及硬化状态的要求，解放控制轧制工艺。尤其适用于控轧能力较弱的短流程生产线或合金含量较高的高强度热轧双相钢的生产。通过前段工艺的控制，可获得更宽的马氏体相变区间，实现理想的 F-M 双相组织调控。因此，该工艺条件下具有更宽的热轧、冷却工艺窗口，提升钢材力学性能的稳定性。

（2）热连轧生产线的轧后冷却控制系统可对冷却温度进行较为精确的控制，而对冷速的控制几乎为空白。分段冷却工艺的工业化控制思路在于控制前段冷却温度及后续的空冷或缓冷时间（无需对冷速进行严格控制），然后再快冷至 M_s 点以下即可，更容易在生产线上实现。另外，在实际生产过程中，还可通过控制铁素体相变温度或相变时间，实现马氏体含量的有效控制，开发出个性化的热轧双相钢产品。

9.3　纳米析出强化型热轧双相钢组织性能调控及开发

开发 DP780 及以上级别的高强度热轧双相钢，对于扩大热轧双相钢的应用范围和促进汽车用钢板"以热代冷""以薄代厚"具有重要的意义。根据 Ashby-Orowan 关系式，添加 0.10% 左右的 Ti 元素时，纳米 TiC 析出相的析出强化效果可达 220~320MPa。这预示着，在热轧双相钢中引入纳米 TiC 的析出强化，其强度级别可得到大幅提高。而且，Ti 元素储量丰富，价格便宜，因此基于析出强化热轧双相钢不但具有高的强度，而且合金成本较低。此外，汽车底盘用钢或车轮钢往往要求具有良好的延伸凸缘性能。传统双相钢通过马氏体的强化虽然可提高强度降低屈强比，但由于软相铁素体与硬相马氏体的硬度差较大，导致塑性变形过程中容易在两相界面处萌生微孔或裂纹。因此，传统热轧 F-M 双相钢的延伸凸缘性能较差。为了获得较好的延伸凸缘性能，需将热轧双相钢中的马氏体替换为贝氏体，即热轧 F-B 双相钢。但这样也将会使强度大幅降低，需通过添加合金的方式补偿强度的损失。除了降低硬质第二相的硬度外，提高软相铁素体基体的硬度也可降低双相钢两相硬度差，改善延伸凸缘性能。因此该部分设研究含 Ti 析出型热轧双相钢的组织演变行为和析出强化机制，为开发新型高延伸凸缘型热轧 F-M 双相钢产品提供理论指导。

9.3.1　含 Ti 热轧双相钢组织演变规律研究

实验钢采用 160kg 真空感应炉冶炼，其化学成分为：0.062C-0.30Si-1.51Mn-0.51Cr-0.10Ti（质量分数，%）。控制轧制与控制冷却实验在配备有轧后水冷系统的二辊可逆 ϕ450mm 实验热轧机组上进行，工艺如图 9-21 所示。先将 70mm 厚的钢坯加热至 1250℃ 保温 1h，然后经过 9 道次连续热轧至 5mm。开轧温度为 1150℃，终轧温度分别为 880℃ 和 850℃。热轧后，钢板在输送辊道上先水冷至 700℃，分别空冷 20s 和 40s 后再水冷至 150℃，最后置于石棉保温箱中模拟卷取过程。各实验钢的冷却工艺参数见表 9-2。

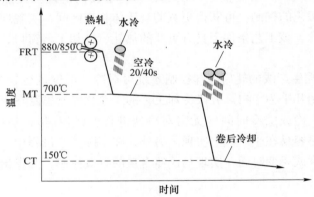

图 9-21　TMCP 工艺示意图

表 9-2　TMCP 工艺控制冷却工艺参数

工艺	终轧温度/℃	中间温度/℃	空冷时间/s	卷取温度/℃
A	850	700	20	150
B	880	700	20	150
C	880	700	40	150

9.3.1.1　含 Ti 热轧双相钢显微组织

图 9-22 为采用 TMCP 工艺获得的 0.10Ti 热轧双相钢光学金相显微组织。实

验钢的组织均由铁素体基体和马氏体岛构成，但不同终轧温度及空冷时间下的显微组织区别较大。终轧温度为850℃且空冷时间为20s的实验钢，铁素体平均晶粒尺寸为3.5μm，马氏体百分含量为14%。当终轧温度升高至880℃时，平均晶粒尺寸提高至4.7μm，马氏体百分含量增加至34%，而且在大块状的马氏体岛内部可能还会存在少量的贝氏体。较高终轧温度下，奥氏体的变形程度降低，有效晶界、晶内变形带及位错减少，导致铁素体形核点减少；另外，提高终轧温度不但会降低变形储能，而且可促进硬化奥氏体的回复，降低铁素体的形核能力。因此，高温终轧时，铁素体含量较少且尺寸相对较大。高温终轧下，可通过延长空冷时间，使铁素体充分形核与长大，从而获得足够量的铁素体基体。如图9-22（c）所示，880℃终轧时，空冷时间延长至40s后实验钢的马氏体含量降低至9%，铁素体平均晶粒尺寸略增大至5.1μm。

图 9-22　实验钢的显微组织（OM）
（a）A 钢；（b）B 钢；（c）C 钢

　　图 9-23 为透射电子显微镜下三种实验钢的马氏体微观形貌。A、B 两实验钢的马氏体均为板条马氏体（见图 9-23（a）和图 9-23（b）），TEM 下观察不到孪

晶马氏体。在传统的热轧双相钢中，当马氏体含量小于30%时，马氏体常以孪晶马氏体为主。因为铁素体基体在前段冷却或空冷过程中形成后，未转变的奥氏体将会富集大量的碳原子，促进孪晶马氏体的形成。在含 Ti 热轧双相钢中，TiC 的析出消耗一定含量的碳，使得未转变奥氏体的富碳程度降低，从而更容易形成板条马氏体甚至是贝氏体组织。如图 9-23（a）和图 9-23（b）所示，与 880℃终轧相比，850℃的终轧温度下马氏体板条更为细小。这可能是由于 850℃终轧时，铁素体相变更为充分，未转变奥氏体的富碳程度更高。延长空冷时间后，铁素体基体的充分形核与长大使得未转变奥氏体被分割成更为细小的奥氏体岛。这些细小

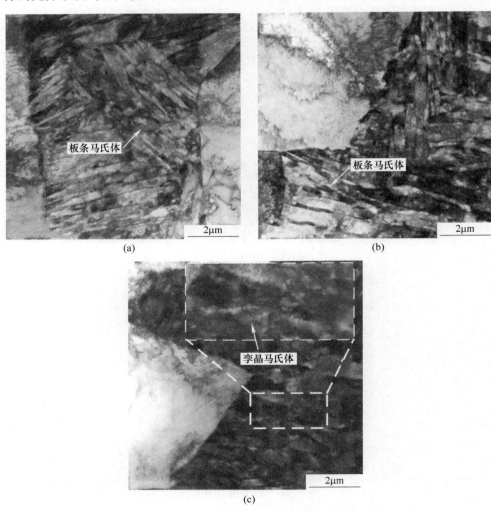

图 9-23　实验钢的马氏体微观结构（TEM）
(a) A 钢；(b) B 钢；(c) C 钢

的未转变奥氏体富碳程度大幅提高，因此容易形成孪晶马氏体。如图 9-23（c）所示，在 C 实验钢中可观察到孪晶马氏体。

9.3.1.2 含 Ti 热轧双相钢纳米析出相

图 9-24 为不同终轧温度及空冷时间下铁素体基体中析出相的形貌。由图可知，三种实验钢的铁素体基体中均存在大量的纳米 TiC 析出相，终轧温度及空冷时间对析出粒子尺寸无显著影响，析出粒子平均直径为 4~4.5nm。

透射电子显微镜下，可同时观察到相间析出和弥散析出两种形态。但是，880℃终轧的试样比 850℃终轧的试样更容易观察到相间析出。由此可见，热轧过程会影响 TiC 的析出行为，其可能原因是，850℃轧制造成奥氏体内更多的缺陷结构，从而提高了铁素体相变的驱动力和形核率，导致 α/γ 界面移动速率过快而不能满足相间析出的形核条件，因此主要以过饱和弥散析出机制析出。

由图 9-24（b）和图 9-24（d）可知，不同终轧温度下，弥散析出的形态及分布不同。在 850℃终轧的试样中，析出相的分布不均匀，且部分析出呈蠕虫状。如图 9-24（b）的箭头所示，850℃热轧时，部分析出相呈团簇状或线形分布。但是，在 880℃终轧的实验钢中，弥散析出粒子呈球形，而且均匀弥散地分布在铁素体基体中。由此可知，过饱和弥散析出行为也受到热轧温度的影响。热轧具有促进位错及位错胞形成的作用，且随着终轧温度的降低，这种作用更加显著。而位错为具有较低热力学稳定性的原子错排区，原子在位错区域的扩散更为容易，因而在位错上容易形成 TiC 析出相。因此，降低终轧温度可促进 TiC 粒子在位错线或位错胞上析出，从而出现如图 9-24（b）所示的线形或团簇状分布的过饱和析出相。

由图 9-24（e）和图 9-24（f）可知，将空冷时间延长至 40s 时，铁素体基体中析出粒子的尺寸、数量密度及形态并无显著差别。这意味着在 TMCP 工艺过程中，空冷 20s 时，纳米 TiC 粒子析出较为充分，获得良好的析出强化效果。后续章节中的析出强化效果研究也进一步证明了空冷 20s 内，纳米 TiC 粒子得到了充分地析出。

9.3.1.3 含 Ti 热轧双相钢的力学性能

三种实验钢拉伸过程中的工程应力-应变曲线如图 9-25 所示，均表现出连续屈服特征，相应的各项力学性能见表 9-3。B 实验钢具有最高的强度和较低的延伸率，因为其马氏体含量最高。B 实验钢的屈服强度、抗拉强度及断后延伸率分别为 571MPa、823MPa 及 19%。当终轧温度降低至 850℃时，由于马氏体含量的降低，实验钢的强度降低同时延伸率提高。A 实验钢屈服强度及抗拉强度分别降低至 550MPa 和 785MPa，但断后延伸率提高至 21%。除了降低终轧温度外，延

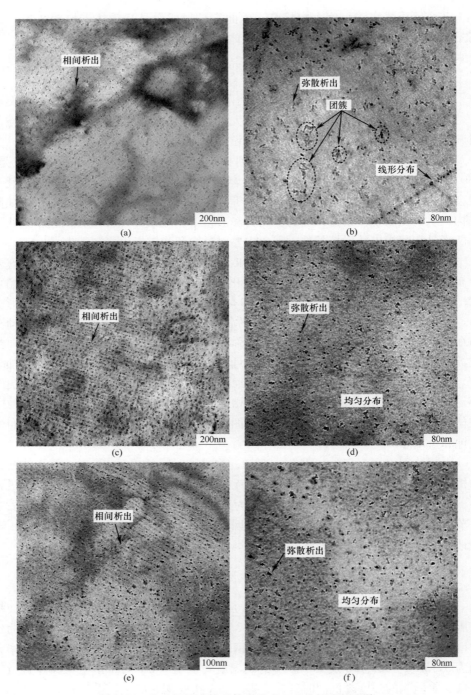

图 9-24　实验钢铁素体基体中纳米 TiC 的析出相形貌

（a）,（b) A 钢；（c）,（d) B 钢；（e）,（f) C 钢

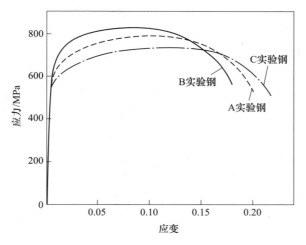

图 9-25　实验钢的工程应力-应变曲线

长空冷时间也可使强度降低、断后延伸率提高。880℃终轧且空冷时间由 20s 延长至 40s 时，实验钢的屈服强度及抗拉强度分别降低至 540MPa 及 728MPa，断后延伸率提高至 23%。A、B 两实验钢满足 GB 20887.3—2010 中 DP780 热轧双相钢的性能标准要求。

表 9-3　实验钢力学性能

实验钢	屈服强度/MPa	抗拉强度/MPa	屈强比	伸长率/%	n 值
A	550	785	0.70	21	0.145
B	571	823	0.69	19	0.155
C	540	728	0.74	23	0.130
DP780（GB 20887.3—2010）	450~610	≥780	—	≥14	≥0.11

与常规无析出型热轧双相钢相比，本实验钢具有较高的屈强比（屈强比≥0.69）以及较小的加工硬化能力（n 值≤0.155）。传统无析出型的热轧双相钢，因铁素体基体较软而具有低的屈服强度。而且，铁素体/马氏体大的两相硬度差导致常规热轧双相钢还具有高的加工硬化能力，因而屈强比较低。当热轧双相钢的铁素体基体被纳米 TiC 粒子强化后，屈服强度将大幅提高，而且较小的铁素体/马氏体两相硬度差使得加工硬化能力降低，从而导致屈强比明显升高。

9.3.2　热轧过程中含 Ti 热轧双相钢组织调控机理

为开发低成本纳米析出强化型热轧双相钢，在普通 C-Mn 热轧双相钢中添加 Ti 元素后，其组织演变行为将发生显著变化。与常规无析出的热轧双相钢相比，含 Ti 析出强化型热轧双相钢奥氏体的稳定性发生明显变化，主要体现在以下两点：

（1）Ti 元素提高高温奥氏体的稳定性，抑制奥氏体/铁素体相变，促进奥氏体/贝氏体相变，不利于铁素体基体的形成。

（2）TiC 的析出消耗了固溶的 C 原子，降低未转变奥氏体的低温稳定性，不利于马氏体的形成。

以上两点均与热轧双相钢"高温不稳定、低温稳定"的奥氏体稳定性要求相违背。在成分设计上，针对高温奥氏体的高稳定性问题，含 Ti 热轧双相钢常采用低碳设计（C 含量≤0.1%），以促进铁素体相变。为了进一步降低高温奥氏体稳定性，还可添加 Si 元素或 Al 元素，促进铁素体基体的形成。例如，目前报道的含 Ti 热轧双相钢大多添加了 1.5% 左右的 Si 元素[18~20]。针对奥氏体低温稳定性低的问题，含 Ti 热轧双相钢常添加奥氏体稳定元素，以提高未转变奥氏体的稳定性，利于马氏体的获得。例如，可将 Mn 含量提高至 1.8%。

含 Ti 热轧双相钢的铁素体相变、纳米 TiC 的析出以及马氏体相变均要在轧后冷却辊道上完成。因此，TMCP 工艺，尤其是轧后控制冷却路径，对该类热轧双相钢的开发及生产较为关键。图 9-26 为含 Ti 纳米析出强化型热轧双相钢 TMCP 工艺控制及组织演变示意图。由于含 Ti 热轧双相钢高温奥氏体稳定性较高，为了在有限的轧后冷却辊道上完成铁素体相变和纳米 TiC 粒子的析出，控制轧制阶段可适当提高未再结晶区的总压下量或降低终轧温度，以增加奥氏体的有效晶界和晶内变形带，增加铁素体形核位置。热轧后直接冷却至铁素体相变区，避免硬化奥氏体回复，提高相变驱动力，使铁素体在晶界及晶内变形带快速、大量地形核。然后采用缓冷或空冷以便获得足够量的铁素体基体，并使纳米 TiC 粒子充分析出。最后再快速冷却至 M_s 点以下进行卷取，使未转变的

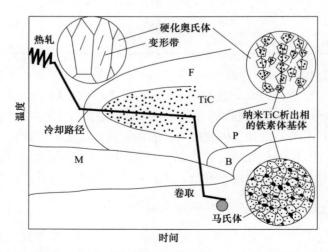

图 9-26　纳米 TiC 析出强化型热轧双相钢的 TMCP 工艺及组织演变示意图

奥氏体转变为马氏体，从而获得具有纳米 TiC 析出相的铁素体基体+马氏体岛的热轧双相组织。与传统热轧双相钢相比，含 Ti 热轧双相钢未转变奥氏体具有更低的低温奥氏体稳定性。因此，卷取前需要以高的冷速冷却至 M_s 点以下以避免贝氏体的形成。

9.3.3   热轧双相钢中的析出强化及其对马氏体相变强化的影响

传统热轧双相钢的强化机制主要包括固溶强化、位错强化、细晶强化及相变强化等。在铁素体基体中引入纳米 TiC 后，将会产生较强的析出强化效果。析出强化对强度的贡献可采用 Ashby-Orowan 关系式估算，析出粒子的平均直径为 4.0~4.5nm，纳米 TiC 对屈服强度的贡献为 233~248MPa。

表 9-4 列出了纳米析出强化型热轧双相钢及传统热轧双相钢的强度对比结果。其中 C-Mn-Cr-Ti 热轧双相钢为本研究获得的 B 实验钢和 C 实验钢，C-Mn-Cr 热轧双相钢为普通 C-Mn 类热轧双相钢。两种实验钢的化学成分除了 Ti 元素外，其他合金元素基本一致，因此为方便讨论，忽略二者固溶强化的差异。由表可知，在晶粒尺寸约为 5.0μm、马氏体含量为 9% 的 I 类热轧双相钢中，增加纳米 TiC 析出强化后，屈服强度的增量为 240MPa，与由 Ashby-Orowan 关系式估算的结果吻合。这表明，在 TMCP 工艺过程中，Ti 元素可充分、有效地析出并实现强化。但是，析出强化对抗拉强度的贡献明显小于对屈服强度的贡献。如表 9-4 所示，抗拉强度仅由 575MPa 提高至 728MPa，即析出强化对抗拉强度的贡献仅为 153MPa。这是导致纳米析出强化型热轧双相钢的屈强比高于普通 C-Mn 热轧双相钢的主要原因。

对于 B 实验钢和 C 实验钢而言，二者的合金元素、生产工艺、晶粒尺寸以及纳米 TiC 的析出形态基本一致，因此可认为其固溶强化、位错强化以及细晶强化对强度的贡献基本一致。二者强度的差别主要来源于马氏体相变强化的作用。大量研究表明，双相钢的强度随着马氏体含量的增加而升高，并且与马氏体的含量符合混合定律。可表示为：

$$YS = YS_0 + k_{YS} f_M \quad \text{或} \quad TS = TS_0 + k_{TS} f_M$$

式中，$YS(TS)$ 为屈服（抗拉）强度，$YS_0(TS_0)$ 为马氏体相变强化以外的强化机制对屈服（抗拉）强度的贡献；$k_{YS}(k_{TS})$ 为马氏体相变强化系数，表征马氏体相变强化的贡献程度；f_M 为马氏体百分含量。如表 9-4 所示，当马氏体含量由 C 钢的 9% 提高至 B 钢的 34% 时，屈服强度和抗拉强度分别提高了 31MPa 和 95MPa，由此可得 k_{YS} 和 k_{TS} 分别为 1.24MPa/% 和 3.80MPa/%。然而，无析出化的热轧双相钢的 k_{YS} 和 k_{TS} 分别为 3.60MPa/% 和 6.47MPa/%。可见，析出强化型热轧双相钢的 k_{YS} 和 k_{TS} 远小于无析出的 C-Mn 热轧双相钢。这表明，在热轧双相钢中析出强化将影响马氏体相变强化效果，降低马氏体相变强化对屈服强度及抗拉强度的贡献。

表 9-4　析出强化型热轧双相钢与传统热轧双相钢的强度对比

钢种	$GS/\mu m$	$MVF/\%$	YS/MPa	TS/MPa	$\Delta YS/MPa$	$\Delta TS/MPa$	$k_{YS}/MPa \cdot \%^{-1}$	$k_{TS}/MPa \cdot \%^{-1}$
C-Mn-Cr-Ti	5.1	9	540	728	31	95	1.24	3.80
	4.7	34	571	823				
C-Mn-Cr	5.0	9	300	575	54	97	3.60	6.47
	4.8	24	354	672				

注：GS 为晶粒尺寸，MVF 为马氏体体积百分含量；YS 为屈服强度；TS 为抗拉强度；C-Mn-Cr 热轧双相钢的成分见第 2 章，除了 Ti 元素的含量外，两类热轧双相钢其他合金元素含量基本一致。

9.3.4　高延伸凸缘型热轧 F-M 双相钢的设计与开发

9.3.4.1　设计理念

汽车车轮、底盘等形状复杂的零部件在生产过程中，一般都经过拉伸翻边、弯曲及扩孔等严苛的冷成型工序，因此要求所用钢材具有良好的成型性能，尤其是延伸凸缘性能。传统热轧双相钢由软相铁素体和硬相马氏体构成，延展性良好的软相铁素体基体使得双相钢具有低的屈服强度及良好的延伸率，而硬相马氏体赋予高的抗拉强度。但是，铁素体和马氏体两相的硬度差较大，变形协调性不好。因此，塑性变形（尤其是翻边、扩孔）过程中，裂纹容易在界面处形核并沿着界面扩展或穿过塑性较差的马氏体，导致延伸凸缘性能较差。由此可知，改善双相钢延伸凸缘性能可从两方面着手：一是降低铁素体/马氏体两相硬度差；二是减少塑性较差的马氏体含量。

在热轧双相钢的铁素体基体中引入纳米 TiC 析出相后，铁素体基体的硬度显著提高，铁素体/马氏体两相硬度差减小。而且析出强化降低了热轧双相钢强度对马氏体相变强化的依赖，即马氏体含量的减少对强度的影响降低。因此，在热轧双相钢中引入析出强化的同时降低马氏体含量，仍可能还保持着较高的强度。铁素体/马氏体两相硬度差的降低以及延展性差的马氏体相的减少，将会显著改善热轧双相钢的延伸凸缘性能。

9.3.4.2　成分及工艺设计

基于含 Ti 热轧双相钢物理冶金原理、TMCP 调控工艺及强化机理，设计新的热轧双相钢成分，并将在 CSP 生产线上开发新型高延伸凸缘型热轧 F-M 双相钢。在成分设计上，主要考虑以下几点：

（1）采用低碳设计（0.05%~0.08%）。低的碳含量可使钢材保持良好的塑性、减轻中心偏析程度、避开包晶区，保证连铸稳定、顺利地进行；同时，低的碳含量也利于获得铁素体基体。工业化生产中，也可根据实际的组织性能情况，添加少量的 Cr 元素（不超过 0.3%）调节奥氏体的稳定性，控制马氏体含量。

（2）采用低的 Mn 含量设计（0.7%~1.1%）。高的 Mn 含量容易形成 MnS 夹杂，或导致形成显著的马氏体带状组织。将 Mn 含量由原来的 1.6% 降低至 1.0% 后，固溶强化对强度的贡献约降低 30MPa。相同工艺条件下，Mn 含量的降低将引起热轧双相钢马氏体含量的减少，进一步导致强度的降低，最终将会使抗拉强度降低 50~70MPa。

（3）在钢中添加 Ti 元素。通过纳米 TiC 的析出强化提高强度，补偿 Mn 含量降低而导致的强度损失。析出强化还可降低铁素体/马氏体两相硬度差，有效改善钢板的延伸凸缘性能。在降低 Mn 含量的基础上开发 DP590 热轧双相钢，设计纳米 TiC 析出强化的效果应需达到 140MPa 左右。由 Ashby-Orowan 关系式，假设纳米析出粒子的直径约为 4nm 时，需添加 0.03% 的有效 Ti 元素。而钢中存在的 0.004% 左右的 N 元素将大概消耗 0.014% 的 Ti 元素生成 TiN。因此，Ti 元素的含量设计为 0.045%。

在生产工艺上，基于 CSP 生产线，采用的工艺与常规热轧双相钢相似，主要工艺过程包括：钢水预处理→转炉顶底复合吹炼→LF 精炼处理→薄板坯连铸→隧道炉均热→F1~F7 七机架热连轧机组连轧→层流冷却系统冷却→超快速冷却系统冷却→卷取。具体工艺设计如下：

（1）连铸坯出铸机后，送入隧道炉均热，在炉时间为 10~25min，出炉温度控制为不低于 1080℃；

（2）采用 F1~F7 七机架热连轧机组进行热连轧，开轧温度≥1050℃，F1 轧机机架压下率≥40%，F2 轧机机架压下率≥33.3%，控制终轧温度 840~860℃；

（3）热轧后先采用层流冷系统冷却，冷却模式为前段集管集中开启而后段集管关闭进行空冷，空冷后温度控制在 650~690℃ 范围内；

（4）空冷后采用后置超快速冷却系统进行冷却，然后卷取，卷取温度控制在 150~250℃ 范围内。

9.3.4.3　高延伸凸缘型热轧 F-M 双相钢的显微组织及析出形貌

根据新设计的成分及工艺，在国内某 CSP 生产线上进行高延伸凸缘型热轧 F-M 双相钢的试制及生产。随机选取工业化生产中某卷热轧双相钢，在板宽的 1/4 处切取金相试样，显微组织如图 9-27 所示。

由图 9-27（a）和图 9-27（b）可知，新开发的热轧双相钢显微组织均匀分布，板厚心部并未出现带状组织。板厚心部与 1/4 处的显微组织一致，均由多边形铁素体和细小的马氏体岛组成。其中，铁素体晶粒尺寸约为 4.3μm，马氏体百分含量约为 6%。

相同工艺条件下，传统热轧双相钢的显微组织如图 9-28 所示。由图可知，

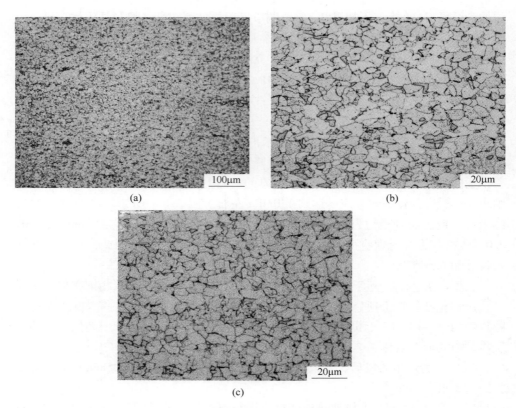

图 9-27　新开发热轧双相钢的显微组织
（a），（b）板厚心部；（c）板厚 1/4 处

其组织也由铁素体和马氏体构成，其中，铁素体平均晶粒尺寸约为 4.7μm，马氏体含量约为 15%。但是板厚的心部与 1/4 的显微组织存在一定程度的差异，板厚心部的马氏体含量相对较高，且出现典型的马氏体带状组织。热轧双相钢中，严重的马氏体带状组织将会恶化钢板的成型性能。由此可见，与传统的热轧双相钢相比，新开发的热轧双相钢马氏体含量明显少于传统热轧双相钢。这主要是因为 Mn 含量大幅降低，高温奥氏体稳定性降低；而且，Ti 元素具有扩大奥氏体未再结晶区的作用，促进热轧过程中形成硬化奥氏体，从而加速奥氏体向铁素体的转变。

　　图 9-29 为新开发的热轧双相钢典型的 TEM 显微照片。由图 9-29 可知，新开发的热轧双相钢的铁素体基体中，存在大量的球形纳米 TiC 析出相，析出粒子的平均直径约为 4.5nm。这些纳米 TiC 粒子将通过析出强化作用，提高铁素体强度，降低铁素体/马氏体两相硬度差，从而提高热轧双相钢的强度并改善其延伸凸缘性能。通过微观硬度测试可知，图 9-28 所对应的传统热轧双相钢及新开发

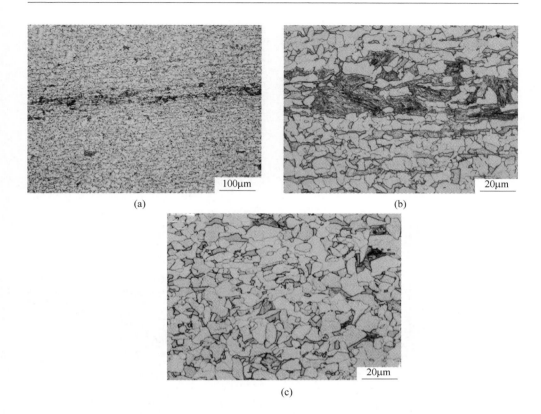

图 9-28 传统 C-Mn 系热轧双相钢的显微组织
(a),(b) 板厚心部;(c) 板厚 1/4 处

的热轧双相钢的铁素体基体平均维氏硬度分别为（151±4.8）HV 和（179±6.2）HV，马氏体平均维氏硬度分别为（345±12.1）HV 和（361±10.2）HV，二者的铁素体/马氏体两相的硬度之比分别为 0.44 和 0.50。

由图 9-29（c）可知，在新开发的热轧双相钢中，可观察到尺寸约为 40～80nm 的矩形析出粒子。该类析出为 TiN 析出相，主要在液相或高温奥氏体相中析出，起到一定的晶粒细化作用。如图 9-29（d）所示，在马氏体附近的铁素体基体内，可观察到大量的位错。与 Ti 含量较高（如 0.10%Ti）的热轧双相钢相比，新开发的热轧双相钢的马氏体并未出现显著的板条特征，其 TEM 形貌与 C-Mn 系热轧双相钢马氏体形貌相似，为孪晶马氏体，原因可能是该类热轧双相钢马氏体含量较低、富碳程度较高。

综上所述，新开发的热轧双相钢的组织调控达到预期目标，具有以下特征：

（1）铁素体基体中存在大量的纳米 TiC 析出强化相；

（2）马氏体含量比常规热轧双相钢低；

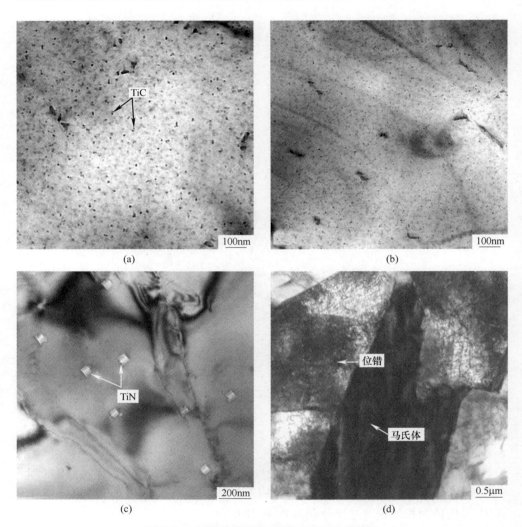

图 9-29　新开发的热轧双相钢 TEM 显微照片

（a），（b）铁素体基体中的纳米 TiC 析出相；（c）铁素体基体中的 TiN 析出相；（d）马氏体及位错

（3）铁素体/马氏体两相硬度差较小。

9.3.4.4　高延伸凸缘型热轧 F-M 双相钢的力学性能

新型热轧双相钢与传统热轧双相钢的工程应力-应变曲线如图 9-30 所示。新开发的热轧双相钢屈服行为与传统热轧双相钢相似，均为连续屈服，利于钢板的成型。工业化批量生产的新型热轧双相钢的力学性能见表 9-5。与传统热轧双相钢相比，新开发的析出强化型热轧双相钢具有相对高的屈强比（不低于 0.65），且 n 值相对较小（不超过 0.17）。主要原因为：其一，在铁素体中析出的纳米

TiC 显著提高铁素体硬度，提高屈强比；其二，与传统热轧双相钢相比，马氏体含量较低且两相硬度差较小，使应变硬化指数 n 值减小。

表 9-5 批量化生产的新型热轧双相钢的力学性能

屈服强度/MPa	抗拉强度/MPa	屈强比	n 值	伸长率/%
420~450	610~645	0.65~0.75	0.14~0.17	25~35

为了进一步研究新开发的热轧双相钢的延伸凸缘性能，随机选取生产的 6.0mm 厚新型热轧双相钢及传统热轧双相钢，进行拉伸性能及延伸凸缘性能测试，结果见表 9-6。传统热轧双相钢的屈服强度、抗拉强度、n 值及断后延伸率分别为 338MPa、596MPa、0.195 和 29%。新型热轧双相钢的屈服强度和抗拉强度分别提高至 434MPa 和 626MPa，n 值和断后延伸率分别降低至 0.155 和 27.5%。

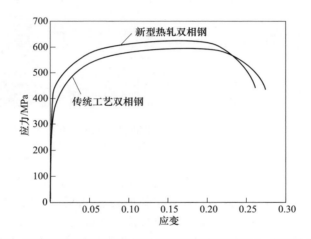

图 9-30 新型热轧双相钢与传统热轧双相钢的工程应力-应变曲线对比

表 9-6 传统热轧双相钢及新开发的热轧双相钢的力学性能对比

双相钢	抗强性能				拉伸凸缘性				
	屈服强度/MPa	抗拉强度/MPa	屈强比	加工硬化指数值	伸长率/%	λ_1	λ_2	λ_3	平均值
传统工艺双相钢	338	596	0.57	0.195	29	90	85	104	93
新型热轧双相钢	434	626	0.69	0.155	27.5	143	135	151	143

钢板的延伸凸缘性能通过扩孔实验测试，为方便测试，先将钢板加工成直径

为 100mm、厚度为 2.2mm 的圆形试样，并在试样中心加工出 ϕ10mm 的预制圆孔。扩孔后的试样如图 9-31 所示。由图可知，新开发的热轧双相钢扩孔后的圆孔直径明显大于传统热轧双相钢，表明新型的热轧双相钢具有更为优异的延伸凸缘性能。各个试样的极限扩孔率及平均值列于表 9-6。结果表明，传统热轧双相钢的平均极限扩孔率为 93%，而新开发的热轧双相钢平均极限扩孔率提高至143%，增加了 50%。

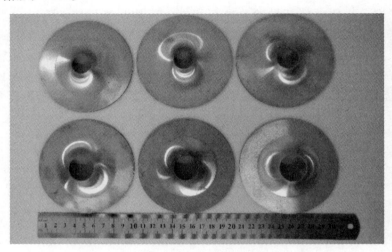

图 9-31　传统热轧双相钢及新开发的热轧双相钢扩孔试样对比
（上排：传统热轧双相钢；下排：新开发的热轧双相钢）

由以上的拉伸性能及延伸凸缘性能的测试结果可知，新开发的热轧双相钢的强度及扩孔性能均得到显著提高，实现了新型高延伸凸缘型热轧 F-M 双相钢的工业化开发。对于多数钢材而言，延伸凸缘性能一般随着强度的升高及延伸率的降低而降低[21, 22]。与传统热轧双相钢相比，开发的新型热轧双相钢虽然强度较高、延伸率较低（见表 9-6），但是其延伸凸缘性能却明显优于传统热轧双相钢。这表明，与强度和延伸率相比，组织均匀性、晶粒尺寸、马氏体尺寸和含量以及铁素体/马氏体强度差等因素对延伸凸缘性能的影响更为显著[22, 23]。由金相显微组织观察可知，新型热轧双相钢的组织较为均匀。双相钢的显微组织越均匀，变形过程中应力及应变的集中程度越低，所能承受的变形越大，因而延伸凸缘性能就越好[23]。在 F-M 双相钢中，铁素体晶粒及马氏体岛尺寸越细小、马氏体含量越少，则扩孔性能越好[22]。新型热轧双相钢中，Ti 元素的添加使得铁素体晶粒及马氏体岛变得更为细小；而且，由于 Mn 含量的降低，马氏体含量仅为 6%，远小于传统热轧双相钢。另外，一般认为，传统热轧双相钢的扩孔性能较低的最主要原因是铁素体/马氏体的强度差过大。新型热轧 F-M 双相钢铁素体基体中析出了大量纳米 TiC 粒子，对铁素体基体起了显著的强化作用，从而减小了铁素体/

马氏体两相硬度差。综上所述，新型的热轧 F-M 双相钢必然具有更为优异的延伸凸缘性能，即开发出了新型高延伸凸缘型热轧 F-M 双相钢。

9.4 细晶及析出强化型热轧双相钢调控及强韧化机理

在各种强化机制中，细晶强化是唯一既可提高强度又可提高韧性的强化方式。一般认为，热连轧生产线上的常规 TMCP 工艺对晶粒细化的能力极其有限，如普通 C-Mn 钢铁素体晶粒仅能细化至 5μm 左右[24, 25]。在常规热连轧生产线上，以前置超快速冷却技术为核心的新一代 TMCP 工艺突破了传统 TMCP 工艺的晶粒细化极限，可将普通 C-Mn 钢铁素体晶粒细化至 3μm 左右；对于低碳贝氏体钢，可将有效晶粒尺寸细化至约 2μm[26, 27]。通过对普通 C-Mn 钢进行双相处理，钢材抗拉强度提高了 150MPa 以上，在热轧双相钢中引入纳米 TiC 析出又进一步将抗拉强度提高了 150MPa 以上。因此，将细晶强化引入析出强化型热轧双相钢中，可进一步研究和开发低成本、高性能的热轧双相钢，充分发挥新一代 TMCP 工艺的潜力。

9.4.1 冷速对热轧双相钢晶粒尺寸及析出行为的影响

实验钢为 0.05Ti 低碳钢，化学成分按质量百分比为：0.063C-0.31Si-1.5Mn-0.48Cr-0.053Ti-0.03Al-0.003P-0.002S-0.004N。将坯料置于箱式加热炉中加热至 1200℃保温 2h，然后在配备有超快速冷却系统的二辊可逆 $\phi450mm$ 实验热轧机组上进行热轧。热轧过程采用奥氏体再结晶区+奥氏体未再结晶区的两阶段轧制工艺：在 I 阶段的再结晶区，轧制温度为 1150~1050℃，总压下率为 58.6%；在 II 阶段的未再结晶区，轧制温度为 930~850℃，终轧厚度为 5.5mm。热轧之后，钢板在传送辊道上采用不同的冷却路径控制冷却，工艺如图 9-32 所示。分别采用空冷（AC）、层流冷却（LC）系统和前置超快速冷却（UFC）系统将实

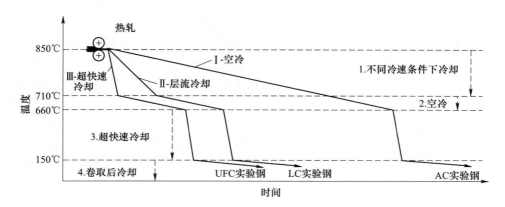

图 9-32 控制冷却工艺图

验钢冷却至710℃，然后空冷至660℃，最后采用后置超快速冷却系统将其冷却至150℃。冷却后的钢板放置在石棉保温箱中模拟卷取过程。前段冷却过程中，空冷、层流冷却和超快速冷却的平均冷速分别为1.8℃/s、40℃/s和240℃/s。为了便于描述，将三种实验钢分别简称为AC、LC和UFC实验钢。

　　图9-33~图9-35所示为分别采用空冷、层流冷却及超快速冷却工艺获得的三种实验钢的显微组织。由图9-33（a）、图9-34（a）和图9-35（a）可知，三种钢的组织均由多边形铁素体和马氏体构成。铁素体晶粒尺寸随着前段冷速的增加而明显减小。AC实验钢的铁素体平均晶粒尺寸为4.4μm。LC和UFC实验钢的铁素体平均晶粒尺寸分别减小至3.5μm和2.4μm。如图9-33（b）、图9-34（b）和图9-35（b）所示，三种实验钢中，马氏体的含量基本保持不变，为（9.3±0.7)%，这表明前段冷速对马氏体含量无显著影响。空冷完成后，实验钢由铁素

(a)　　　　　　　　　　　　　　　　(b)

图9-33　AC实验钢的显微组织

（a）4%硝酸酒精腐蚀；（b）Lapera试剂腐蚀

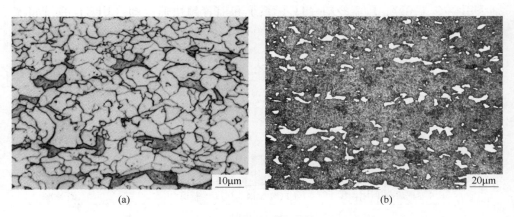

(a)　　　　　　　　　　　　　　　　(b)

图9-34　LC实验钢的显微组织

（a）4%硝酸酒精腐蚀；（b）Lapera试剂腐蚀

体和未转变的奥氏体构成，因此后置超快速冷却前未转变奥氏体含量决定了最终马氏体的含量，而这主要取决于 γ/α 相变温度与相变时间。三种实验钢在后置超快速冷却前均被空冷至 660℃，而且空冷时间均在 25s 以上，提供了足够的 γ/α 相变时间。因此，三种实验钢马氏体含量无显著的差别。

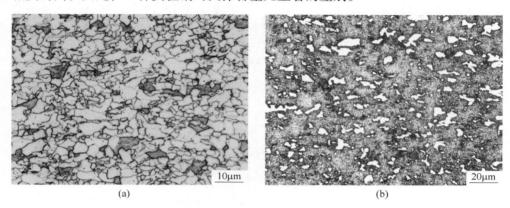

图 9-35 UFC 实验钢的显微组织
（a）4%硝酸酒精腐蚀；（b）Lapera 试剂腐蚀

如图 9-36～图 9-38 的 TEM 微观组织所示，在三种实验钢的铁素体基体中均观察到纳米析出相。考虑到 TiN 一般在液相或奥氏体中就已析出，且在 TEM 下观察一般呈矩形状。因此，这些球形的纳米析出相为 TiC 粒子。三种实验钢铁素体基体中的纳米 TiC 析出相的分布形态、数量密度以及粒子尺寸均存在显著差异。如图 9-36 所示，在 AC 实验钢中，粒子平均直径约为 10nm，而且存在两种分布形态：排列状分布的相间析出和弥散随机分布的过饱和弥散析出。其中，相间析出的行间距在 45～70nm 之间。

如图 9-37 所示，在 LC 实验钢的铁素体晶粒中，也可同时观察到相间析出和过饱和弥散析出。但是在 LC 实验钢中，析出粒子的数量密度明显高于 AC 实验钢，而且粒子平均直径减小，约为 4.5nm。值得注意的是，LC 实验钢相间析出的行间距分布范围比 AC 实验钢大，为 15～65nm（见图 9-37（a）和图9-37（b））。

在 UFC 实验钢的铁素体基体中，观察不到相间析出，仅存在弥散析出，如图 9-38 所示。而且，析出粒子平均直径与 LC 实验钢基本一致，约为 4.5nm。如图 9-38（b）和图 9-38（c）中的箭头所示，在 UFC 实验钢的铁素体晶粒中，析出粒子除了均匀分布外，还存在位于晶界和晶内的线状分布。其中，晶内的线状分布可能为位错线上的析出。

实验钢的显微组织（见图 9-33～图 9-35）及铁素体基体析出形态（见图 9-36～图 9-38）表明，热轧后的前段冷速直接影响含 Ti 热轧双相钢的显微组织和析出

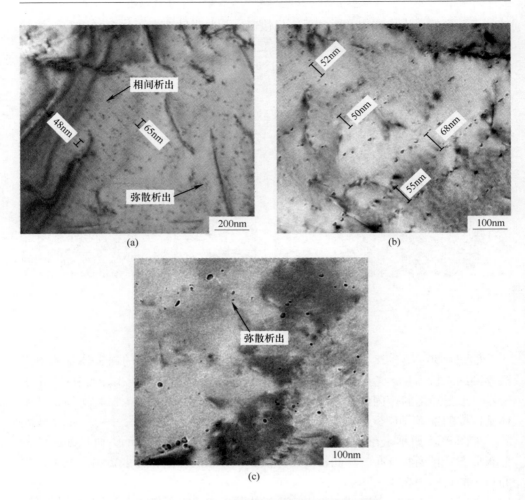

图 9-36　AC 实验钢铁素体基体中的析出形貌
(a),(b) 相间析出；(c) 弥散析出

相，尤其是晶粒尺寸和纳米 TiC 的分布形态。由图 9-33 和图 9-36 可知，热轧后采用空冷缓慢冷却时，铁素体晶粒相对粗大（平均晶粒尺寸为 4.4μm）而且在铁素体晶粒内同时出现相间析出和弥散析出。当前段冷却采用层流冷却提高冷速时，在铁素体晶粒内仍然可同时发生相间析出和弥散析出，而且铁素体晶粒得到细化（平均晶粒尺寸为 3.5μm）。继续提高前段冷速，采用超快速冷却时，晶粒得到高度细化，平均晶粒尺寸细化至 2.4μm，但是，铁素体晶粒内仅能发生弥散析出。基于此，可总结出如图 9-39 所示的含 Ti 热轧双相钢晶粒尺寸及析出相的控制机理图。

众所周知，热轧后的加速冷却可显著提高奥氏体/铁素体相变驱动力和形核

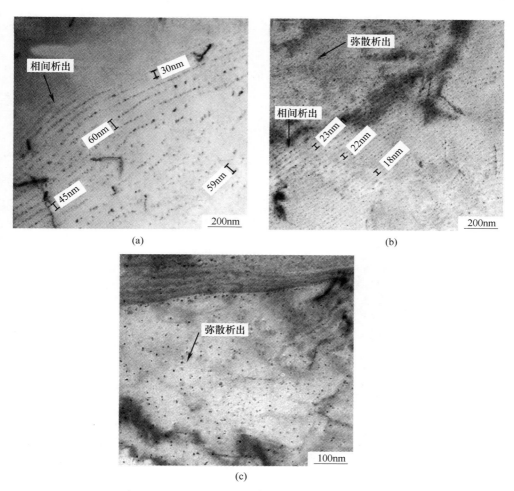

图 9-37　LC 实验钢铁素体基体中的析出形貌

（a），（b）相间析出；（c）弥散析出

率，细化铁素体晶粒尺寸[26, 28]。经研究发现，随着轧后冷速的提高及冷却终止温度的降低，C-Mn 钢将依次出现粗晶区、细晶区和极限细晶区。当冷速达到130℃/s 时，铁素体晶粒可细化至约 3.3μm（极限细晶区）[26]。在本研究中，晶粒尺寸也随着冷速的提高而降低，在 240℃/s 的超快速冷却下晶粒可细化至2.4μm，认为已经处于或接近极限细晶区，如图 9-39 所示。

　　纳米 TiC 的析出行为也明显受到轧后冷速的影响。当轧后冷速较小时，如在AC 和 LC 两实验钢中，纳米 TiC 粒子同时以相间析出和弥散析出的机制析出（见图 9-36 和图 9-37）。相间析出往往在较高的 γ/α 相变温度下形成，因为高的相变温度下，γ/α 界面移动速率和微合金原子的扩散速率相匹配，析出粒子可在界面

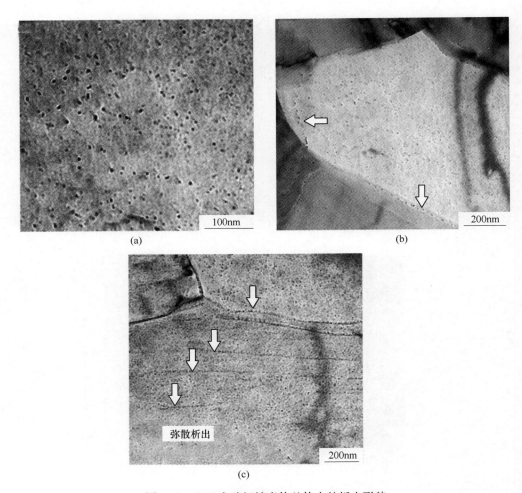

图 9-38　UFC 实验钢铁素体基体中的析出形貌
（a）弥散析出；（b），（c）弥散析出（存在不均匀的分布）

上形核[29,30]。低的冷速使 γ/α 相变温度升高，因而更适合相间析出的形成。虽然 AC 实验钢和 LC 实验钢均获得相间析出，但相间析出的形态因冷速的不同而发生变化。如图 9-36 和图 9-37 所示，冷速增加，相间析出的行间距减小且行间距的分布范围更广。成分一定的微合金钢，相间析出的行间距主要取决于析出温度，即为析出温度的函数，随着析出温度的降低而减小[30~32]。由此可推断，轧后冷速增大使 LC 实验钢的析出温度比 AC 实验钢的低且温度范围更宽，导致 LC 实验钢具有较小的行间距同时具有较宽的行间距分布。对于 AC 实验钢，因轧后冷速较低，相变和析出均发生在较高温度，因此相间析出行间距较大且分布较为集中。对于 LC 实验钢，行间距较宽（如 65nm）的相间析出主要发生在高温区

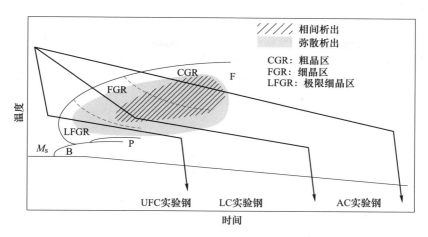

图 9-39 含 Ti 热轧双相钢的晶粒尺寸及析出控制机理

间（即层流冷却阶段），而小间距（如 20nm）的相间析出主要在相对低的温度下形成（如空冷阶段）。

铁素体的形核速率和长大速率随着冷速的增加而增大。当冷速增加到一定程度时（如 240℃/s），过快的铁素体长大速率将不再与微合金原子扩散速率相匹配，从而不再形成相间析出。因此，在 UFC 实验钢中，只能获得细小的过饱和弥散析出。另外，由图 9-36~图 9-38 可知，AC 实验钢的析出粒子数量密度明显低于另外两实验钢，这主要是因为空冷条件下析出的形核率较低且容易发生粗化；当冷速增大至一定程度时，冷速对析出尺寸及密度的影响较小，导致 LC 实验钢和 UFC 实验钢析出粒子尺寸及密度相当。

9.4.2 热轧双相钢中细晶和析出的综合强化机制

图 9-40 为不同冷却路径下实验钢拉伸过程中的工程应力-应变曲线，具体的各项拉伸性能见表 9-7。由图 9-40 可知，三种实验钢均表现出典型双相钢的连续屈服特征。当轧后直接采用空冷时，实验钢的强度和屈强比最低。当前段冷却用层流冷却或超快速冷却代替空冷时，实验钢的屈服强度和抗拉强度均升高，屈服强度的增幅更大，导致屈强比升高。需要指出的是，尽管 LC 实验钢和 UFC 实验钢的强度显著提高了，但是其延伸率并未出现明显的降低。例如，采用超快速冷却代替空冷后，实验钢的延伸率仅由 25% 稍微降低至 23.5%，但强度得到大幅提高，由 581MPa 提高至 722MPa。可见，提高前段冷速是改善热轧双相钢拉伸性能的有效手段。

图 9-41 绘制的曲线为实验钢应变硬化速率随着真应变变化的关系曲线。如图所示，在较小的真应变水平下，LC 实验钢和 UFC 实验钢的应变硬化速率随着

真应变的增加先急剧降低再缓慢下降；但对于 AC 实验钢，应变硬化速率急剧降低后出现一段上升的过程。而且，在较小的真应变条件下，UFC 钢的应变硬化速率最大，AC 实验钢最小。当真应变较大时，三种实验钢的应变硬化速率-真应变变化趋势一致，即应变硬化速率均随着真应变的增加而缓慢减小。尤其是在颈缩前的最后阶段，三种实验钢的应变硬化速率基本一致。

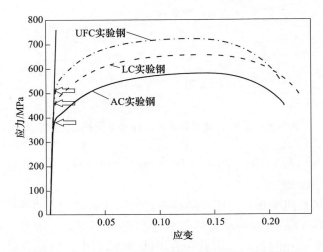

图 9-40　　实验钢拉伸过程中的工程应力-应变曲线

表 9-7　实验钢的力学性能

实验钢	屈服强度/MPa	抗拉强度/MPa	屈强比	*TEL*/%	*USE*/J	*DBTT*/℃
AC	379	581	0.65	25	60	−86
LC	451	657	0.69	24	56	−89
UFC	489	722	0.68	23.5	65	−107

图 9-40 和表 9-7 表明，轧后的前段冷速可显著影响含 Ti 热轧双相钢的强度。双相钢的强化机制主要有固溶强化、相变强化（马氏体相变）、细晶强化和析出强化等。因为三种实验钢的化学成分和马氏体含量基本一致，因此，可认为三种实验钢的固溶强化、马氏体相变强化增量基本一致，其强度的差异主要来源于细晶强化和析出强化的作用。

细晶强化和析出强化均可有效提高钢材的屈服强度。对于连续屈服的双相钢，屈服强度一般取发生 0.2% 塑性变形时对应的应力。实际上该屈服强度包含了弹性极限及初始塑性变形阶段的应变硬化。提高轧后前段冷速，实验钢的弹性极限提高（见图 9-40 箭头标记所示），这主要是因为铁素体的细化及纳米析出相强化了铁素体基体。另外，晶粒细化和析出强化也提高了双相钢初始应变硬化能力，如图 9-41 所示，UFC 实验钢具有更高的初始应变硬化速率。因此，UFC 实验钢的屈服强度最高。

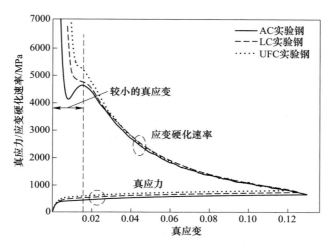

图 9-41 实验钢的真应力和应变硬化速率随真应变的变化

为了进一步估算细晶强化和析出强化对屈服强度的贡献，利用显微组织参数对两种强化机制的贡献量进行估算。细晶强化对屈服强度的贡献可用 Hall-Petch 公式进行估算。AC、LC 和 UFC 三种实验钢的晶粒尺寸（d）分别取值为 4.4×10^{-3}mm，3.5×10^{-3}mm 和 2.4×10^{-3}mm。析出强化对屈服强度的贡献可由 Ashby-Orowan 关系式估算。其中，AC、LC 和 UFC 三种实验钢有效粒子尺寸（X）分别为 10nm、4.5nm 和 4.5nm，析出相体积分数（f）可通过以下方法确定。

如上文所述，TiN 析出相在纳米 TiC 析出相析出前已经析出。因此，固溶在奥氏体中有效的 Ti 原子由下式计算：

$$Ti = Ti_{\mathrm{o}} - N_{\mathrm{o}} \frac{A_{\mathrm{Ti}}}{A_{\mathrm{N}}} \qquad (9\text{-}2)$$

式中，Ti_{o} 和 N_{o} 为初始元素含量，A_{Ti} 和 A_{N} 为原子量。

[Ti] 和 [C] 在铁素体中的固溶度积为

$$\lg \{[Ti][C]\}_{\alpha} = 4.40 - \frac{9575}{T} \qquad (9\text{-}3)$$

式中，T 为析出温度，取值 933K。TiC 析出相的析出还需满足化学配比：

$$\frac{Ti - [Ti]}{C - [C]} = \frac{A_{\mathrm{Ti}}}{A_{\mathrm{C}}} \qquad (9\text{-}4)$$

联立式（9-2）～式（9-4）便可求出固溶于铁素体基体中的 [Ti] 和 [C] 的量，由此可以计算出 TiC 析出相的体积分数 f：

$$f = (Ti - [Ti] + C - [C]) \frac{\rho_o}{\rho_{TiC}} \tag{9-5}$$

式中，ρ_o 和 ρ_{TiC} 分别为铁基体和 TiC 粒子的密度，分别取值 4.944g/cm^3 和 7.95g/cm^3。

表 9-8 列出了三种实验钢的细晶强化和析出强化对屈服强度贡献的增量。上文指出，在这三种实验钢中，除了细晶强化和析出强化外，其他强化方式产生的强化增量可认为是一致的。因此，LC 和 UFC 两实验钢与 AC 实验钢屈服强度的差值可反映出细晶强化和析出强化增量的差异。如表 9-8 所示，与 AC 实验钢相比，LC 实验钢的细晶强化增量增加了 32MPa，而析出强化增量增加了 59MPa，表明在 LC 实验钢强度提升方面，析出强化的贡献大于细晶强化。与 AC 实验钢相比，UFC 实验钢的细晶强化增量增加了 93MPa，而析出强化的增量增加了 59MPa，表明在 LC 实验钢强度提升方面，细晶强化的贡献更大。

表 9-8　细晶强化和析出强化对屈服强度的增量及其与屈服强度增量的关系

钢种	晶粒细化		析出强化		$\Delta\sigma_m$/MPa	$\Delta\sigma_{ra}$/MPa	$\Delta\sigma_{rms}$/MPa
	σ_g/MPa	$\Delta\sigma_g$/MPa	σ_p/MPa	$\Delta\sigma_p$/MPa			
AC 实验钢	262	—	92	—	—	—	—
LC 实验钢	294	32	151	59	72	91	67
UFC 实验钢	355	93	151	59	110	152	110

注：σ_g 和 σ_p 分别为细晶强化和析出强化的贡献；$\Delta\sigma_g$ 和 $\Delta\sigma_p$ 分别为细晶强化与析出强化贡献值相对于 AC 实验钢的差值；$\Delta\sigma_m$ 为实测屈服强度值相对于 AC 实验钢的增量；$\Delta\sigma_{ra}$ 为 $\Delta\sigma_g$ 和 $\Delta\sigma_p$ 的线性加和；$\Delta\sigma_{rms}$ 为 $\Delta\sigma_g$ 和 $\Delta\sigma_p$ 的均方根叠加。

值得注意的是，LC 和 UFC 两实验钢相对于 AC 实验钢的实测屈服强度增量 $\Delta\sigma_m$ 明显小于细晶强化和析出强化增量的线性叠加值 $\Delta\sigma_{ra}$（即 $\Delta\sigma_g + \Delta\sigma_p$），而与两者的均方根叠加值 $\Delta\sigma_{rms}$（即 $[(\Delta\sigma_g)^2 + (\Delta\sigma_p)^2]^{1/2}$）更为接近。由此可推断，在含 Ti 热轧双相钢中，屈服强度的增量与细晶强化和析出强化的关系不满足线性叠加关系（LA relation），而是更符合均方根叠加关系（RMS relation）。这可能是由于在本实验钢中，细晶强化及析出强化的效果均较大，从而导致二者的综合强化效果小于其线性叠加值。当某一强化效果远大于其他强化效果时，可以忽略同类其他强化方式的强化效果，而将非同类强化方式产生的效果直接线性相加[33]。然而，当涉及多种强化方式、且各强化方式的强化效果均较明显时，直接线性相加则高估了总的强化效果，而应采用均方根叠加的方法。

假设实验钢的屈服强度增量与细晶强化和析出强化满足 RMS 关系，则本实验钢的屈服强度可表示为

$$\sigma_y = \sqrt{\sigma_g^2 + \sigma_p^2} + \sigma_o = \sqrt{\frac{k^2}{d} + \frac{0.538^2 G^2 b^2 f}{X^2}\left(\ln\frac{X}{2b}\right)^2} + \sigma_o \tag{9-6}$$

式中，σ_{o}为细晶强化及析出强化以外的其他强化方式（如固溶强化、位错强化、相变强化等）总的等效强化贡献。在本部分的研究中，三种实验钢的晶粒尺寸及析出特征不同，但其他组织特征基本一致，即其他强化方式的强化效果被认为是一致的（三种实验钢具有相同的σ_{o}）。将 AC 实验钢的显微组织参数代入公式（9-6）可得到σ_{o}为 102MPa。因而，式（9-6）最终表达式为

$$\sigma_y = \sqrt{\frac{k^2}{d} + \frac{0.538^2 G^2 b^2 f}{X^2}\left(\ln\frac{X}{2b}\right)^2} + 102 \qquad (9\text{-}7)$$

将实验钢的显微组织参数代入公式（9-7），计算得出 AC、LC 和 UFC 实验钢的屈服强度分别为 379MPa、433MPa 和 488MPa，与实测的 379MPa、451MPa 和 489MPa 高度吻合。因此，在含 Ti 热轧双相钢中，细晶强化和析出强化对屈服强度的贡献满足 RMS 关系。由此可知，在热轧双相钢中，细晶强化和析出强化彼此相互影响、相互制约，二者综合强化效果小于各强化效果的线性叠加值。

采用式（9-7）可获得析出强化型双相钢的细晶强化增量随晶粒尺寸的变化关系，如图 9-42 所示，其中设计热轧双相钢的 C 含量为 0.07%、有效 Ti 含量为 0.02%~0.12%。为了排除 TiN、$Ti_4C_2S_2$ 等先于 TiC 析出的析出相对 Ti 元素的消耗的影响，在计算过程中采用"有效 Ti 含量"代入计算。所谓有效 Ti 含量，即 TiN、$Ti_4C_2S_2$ 等析出后、TiC 析出前固溶的 Ti 含量。如图所示，基于均方根叠加关系计算的细晶强化效果明显小于基于线性叠加关系计算的强化效果。而且，细晶强化对屈服强度的贡献也将随着析出强化贡献的增大而减小。如图 9-42（a）所示，晶粒尺寸为 5μm 时，由线性叠加关系计算的细晶强化对屈服强度的贡献约为 250MPa，添加 0.04% 的有效 Ti 并控制 TiC 粒子直径为 5nm 后，由均方根叠

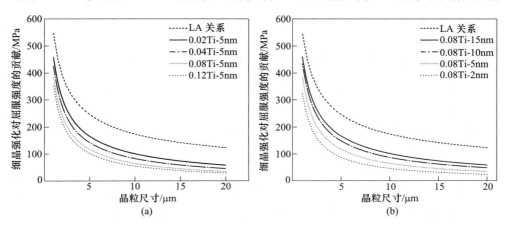

图 9-42　热轧双相钢中细晶强化贡献随晶粒尺寸的变化
（a）不同 Ti 含量；（b）不同析出相尺寸

加关系计算的细晶强化贡献降低至 140MPa 左右，将有效 Ti 含量提高至 0.12%
时，细晶强化贡献进一步降低至 100MPa 左右。同理，减小析出粒子尺寸，也可
降低细晶强化效果，如图 9-42（b）所示。

图 9-43 表示出在不同晶粒尺寸的热轧双相钢中，析出强化对屈服强度的贡
献。由图 9-43（a）可知，析出强化对屈服强度的贡献随着 Ti 含量的增加而增
加，但是增幅随着晶粒尺寸的减小（即细晶强化效果的增强）而减小。另外，
析出强化增量随着析出粒子尺寸的减小而大幅提高，但是，细晶强化会降低这种
趋势。如图 9-43（b）所示，0.08%Ti 含量下，析出粒子直径细化至 2nm 时，晶
粒尺寸为 20μm 的双相钢中析出强化的贡献约为 200MPa，而晶粒尺寸为 1μm 的
双相钢中的析出强化增量仅为 80MPa 左右。

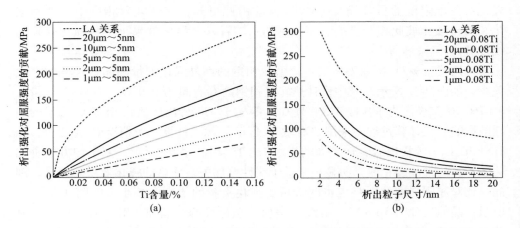

图 9-43　热轧双相钢中析出强化贡献随 Ti 含量及粒子尺寸的变化

（a）Ti 含量；（b）粒子尺寸

9.4.3　基于细晶及纳米析出强化热轧双相钢的应变硬化行为

与 F-P 钢相比，F-M 双相钢具有较高的应变硬化能力。图 9-44 为实验钢在拉
伸过程中的瞬时应变硬化指数（瞬时 n 值）相对于真应变的变化曲线。为了便于
分析细晶及纳米析出相对热轧双相钢应变硬化行为的影响，图 9-44 还给出传统
普通 C-Mn 系 I 类热轧双相钢的瞬时 n 值-真应变的曲线作为对比。该普通 C-Mn
系 I 类热轧双相钢的化学成分、生产工艺、显微组织及力学性能详见第 4 章。由
图 9-44 可知，所有实验钢的瞬时 n 值随着真应变的变化规律基本一致。随着真
应变的增加，瞬时 n 值先从 1 急剧降低至最小值 n_{min}，然后快速升高至最大值
n_{max}，再缓慢地降低，直至发生颈缩。表 9-9 列出了实验钢总体的 n 值，瞬时 n
值的最小值 n_{min}、最大值 n_{max} 以及两者对应的真应变 ε_1、ε_2。

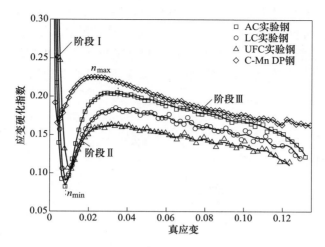

图 9-44　瞬时 n 值相对于真应变的变化

表 9-9　实验钢的总体 n 值和瞬时 n 值

钢种	总体 n 值	n_{min}		n_{max}	
		$\varepsilon_1/\%$	n 值	$\varepsilon_2/\%$	n 值
C-Mn DP 钢	0.220	0.35	0.165	2.29	0.226
AC 实验钢	0.174	0.80	0.082	3.48	0.205
LC 实验钢	0.158	0.82	0.093	3.40	0.185
UFC 实验钢	0.149	1.10	0.105	3.17	0.164

　　参考前期的研究并结合实验钢的应变硬化特征[34~36]，可将热轧双相钢的应变硬化行为可分为三个阶段，如图 9-44 所示。实验热轧双相钢各阶段应变硬化机制示意图如图 9-45 所示。第一阶段（stage I），一般发生在开始屈服至应变硬化指数突然上升的低应变阶段，也称为易滑移阶段[36,37]。第一阶段在单晶金属中最为常见，而在多晶体金属中往往不明显甚至无第一阶段。根据第一阶段的特征可以推断，本实验钢中开始屈服至 ε_1 阶段属于该阶段。由于真应变非常之小，在这一阶段铁素体并未发生明显的宏观变形。因此，能有效提高应变硬化能力的几何必需位错（GNDs）无法在晶界附近处形成。实际上，屈服的发生可以理解为铁素体中大量位错开始滑移。位错间的相互作用、柯氏气团以及纳米析出粒子等可阻碍位错的滑移，从而产生应变硬化现象[38~40]。对于 C-Mn 系热轧双相钢，较小的 ε_1（0.35%）表明第一阶段应变硬化很不明显，可以忽略。这主要是因为 C-Mn 系热轧双相钢铁素体晶粒内缺乏可有效阻碍位错运动的柯氏气团及纳米析出相。但是，当铁素体中存在大量的纳米析出粒子时，这些纳米粒子将通过拖拽和钉扎作用阻碍位错的滑移[40~43]，使 ε_1 增大，如图 9-45 所示。因此，具有纳米

析出相的热轧双相钢具有更为显著的应变硬化第一阶段。如表 9-9 所示，AC 实验钢和 LC 实验钢的 ε_1 增大至 0.80% 左右，尤其是 UFC 实验钢的 ε_1 则进一步增大至 1.10%。这可能是因为 UFC 实验钢晶粒尺寸的减小进一步抑制了铁素体变形。也正因如此，UFC 实验钢的 n_{min} 值大于 AC 实验钢和 LC 实验钢。

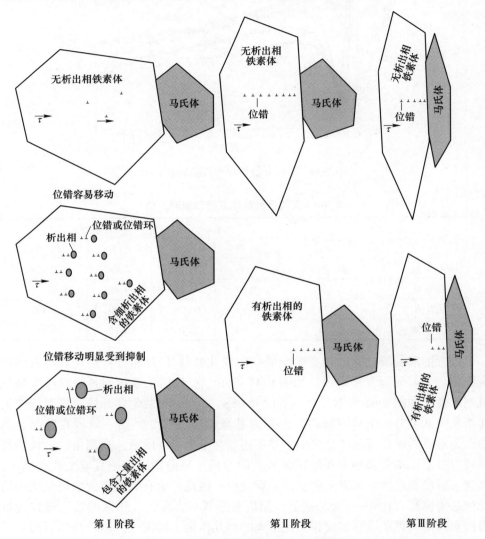

图 9-45　双相钢各阶段应变硬化机制示意图

　　图 9-44 和表 9-9 的数据显示，析出强化型热轧双相钢的 n_{min} 值均小于 C-Mn 系 I 类热轧双相钢。两种类型双相钢较大的 n_{min} 值差别主要是初始变形阶段应变硬化机制的差异所致。AC、LC 和 UFC 三种实验钢的 n_{min} 值主要是由析出粒子对

位错的拖拽和钉扎作用所控制。然而，C-Mn 系 I 类热轧双相钢因无纳米析出相，只能依靠位错间的相互作用抑制位错的滑移，因而只经过较为微小的应变硬化第一阶段就很快进入第二阶段——几何必需位错的累积阶段。随着应变的增加，铁素体晶粒开始发生明显的宏观塑性变形，但是马氏体仍然处于弹性变形。铁素体/马氏体两相变形的不协调诱导大量的几何必需位错在两相界面附近处形成，因此大幅提高应变硬化能力。与位错的拖拽和钉扎作用相比，由几何必需位错引起的应变硬化能力更强，因此 C-Mn 系 I 类热轧双相钢的 n_{min} 值明显大于析出强化型热轧双相钢。

如图 9-44 所示，达到最小值 n_{min} 后，瞬时 n 值快速增加至 n_{max}，该阶段即为第二阶段（stage II）。对于三种析出型的热轧双相钢，AC 实验钢第二阶段的 n 值增加速率最大，UFC 实验钢最小。因此，虽然 AC 实验钢的 n_{min} 值最小，但其 n_{max} 值最大，而 UFC 实验钢则相反。在这一阶段，应变硬化能力取决于几何必需位错的累积，它随着应变不相容性的增大而增加，因而瞬时 n 值随着应变的增加而快速上升。当双相钢中含有大量的纳米 TiC 析出相时，铁素体晶粒通过析出强化实现了硬化，具有较高的变形抗力，增加了铁素体/马氏体的变形协调性，从而降低瞬时 n 值。相反，随着析出粒子数量密度的降低及粒子尺寸的增大，铁素体析出强化效果减弱，瞬时 n 值增大。尤其是对于没有纳米析出相的双相钢（如 C-Mn 系 I 类热轧双相钢），铁素体和马氏体的硬度差较大，在第二阶段两相变形极不协调，导致产生大量的几何必需位错。因此，无纳米析出相的双相钢在本阶段具有更大的瞬时 n 值。另外，晶粒尺寸也会影响金属应变硬化能力，尤其在中间应变阶段[44,45]。大尺寸的晶粒可以累积更多的位错，因此晶粒尺寸越大，第二阶段的应变硬化能力越强[37,46]。由此可知，UFC 实验钢中细小的晶粒也是该实验钢第二阶段的瞬时 n 值小于其他实验钢的重要原因。

瞬时 n 值达到最大值后，将随着真应变的增加而降低，进入应变硬化的第三阶段（stage III）——位错湮灭阶段。在较大的应力作用下，位错穿过晶界或相界面而湮灭使得位错密度降低、应变硬化指数降低。根据 Kocks-Mecking（KM）模型[35~48]，该阶段的应变硬化速率（θ）可表示为

$$\theta = \theta_0 - \frac{\theta_0}{\sigma_V}(\sigma - \sigma_0) \tag{9-8}$$

式中，θ_0 为非热硬化速率；σ_0 为位错相互作用以外的其他强化机制的流变应力；σ_V 为显微组织比例因子，它是应变速率和温度的函数。式（9-8）可转变为

$$\frac{\theta_0}{\sigma_V} = -\frac{\theta - \theta_0}{\sigma - \sigma_0} \tag{9-9}$$

因此，θ_0/σ_V 可表征位错湮灭的程度，将其定义为位错湮灭因子。

在双相钢中很难确定 σ_0 准确的值，但在位错湮灭程度的定性研究中，可以

采用发生 0.2%塑性变形对应的流变应力进行对比研究[47]。将实验钢的应力-应变曲线数据代入公式（9-9）便得到如图 9-46 所示的位错湮灭因子-真应变曲线。由图可知，UFC 实验钢的位错湮灭因子大于 LC 实验钢，这表明细化晶粒尺寸促进位错的湮灭。这可能是因为在第三阶段，位错是在较大的切应力作用下穿过晶界或相界面使得晶粒内的位错密度降低，因而晶粒越小、晶界越多，位错湮灭得越快。由图 9-46 还可看出，AC 实验钢的位错湮灭因子小于 LC 和 UFC 实验钢，而且析出强化型热轧双相钢的位错湮灭因子均大于 C-Mn 系Ⅰ类热轧双相钢。由此推断，除了晶粒尺寸，纳米析出相也可影响位错的湮灭。对于无纳米析出相的双相钢，铁素体晶粒较软且与马氏体的硬度差较大，在应变的第三阶段，位错通过合并或穿过晶界而消失的同时，仍然继续通过不协调的变形产生几何必需位错，来减缓位错的湮灭。

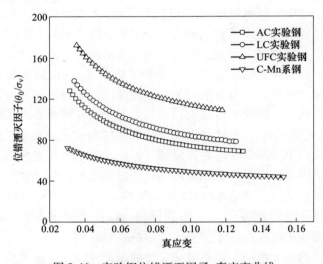

图 9-46   实验钢位错湮灭因子-真应变曲线

综上所述，析出强化型热轧双相钢中，虽然细化晶粒尺寸及纳米析出粒子尺寸可提高应变硬化第一阶段的硬化能力，但其第二、第三阶段的应变硬化能力降低，且第二、第三阶段占据主导，最终使得总体应变硬化能力降低。

9.4.4   细晶及纳米析出相对热轧双相钢韧性的影响机制

实验钢在 -120 ~ 20℃ 冲击温度下的冲击功（vE）如图 9-47 所示。另外，表 9-7 给出了三种实验钢的冲击上平台能（USE）以及韧脆转变温度（DBTT）。如图 9-47 所示，三种实验钢均具有明显的上平台，对应的冲击温度为-20~20℃。从表 9-7 可知，LC 实验钢的上平台能最低，为 56J；而 UFC 实验钢的最高，为 65J。当温度低于-20℃时，三种实验钢的冲击功均随着温度的降低而降低，但是其降低的幅度具有显著的差异。虽然 LC 实验钢的上平台能低于 AC 实验钢，但在−80～−20℃温度区间，LC 实验钢的冲击功随着温度降低而降低的程度比 AC 实验钢小。因此，−80℃时，LC 实验钢冲击功反而大于 AC 实验钢。然而，当冲击温度降低至−100℃时，LC 实验钢的冲击功急剧降低至 10J 左右，低于 AC 实验钢。

图 9-47 显示，在−20～20℃温度区间，相同冲击温度下，UFC 实验钢的冲击功均大于另外两实验钢。−20℃以下时，与 LC 实验钢相似，UFC 实验钢也存在随着冲击温度的降低而缓慢降低的温度区间，但其温度区间明显大于 LC 实验钢，为−100～−20℃。当冲击温度降低至−120℃时，冲击功由 44J 急剧降低至 11J。

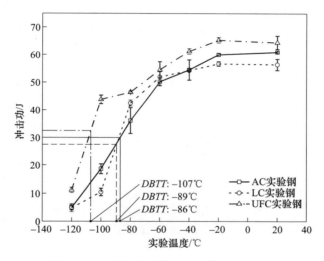

图 9-47　实验钢在不同温度下的冲击吸收功

若将冲击功降低至上平台能一半时对应的冲击温度为 *DBTT*，则 AC、LC 和 UFC 三种实验钢的 *DBTT* 分别为−86℃、−89℃和−107℃，如图 9-47 所示。因此，从冲击上平台能、温度对冲击功的影响以及 *DBTT* 三方面考察，UFC 实验钢具有最为优异的冲击韧性。

图 9-48 和图 9-49 分别为 AC 实验钢冲击试样宏观断口形貌以及典型试样放射区或心部（无放射区时）的高倍形貌。图 9-48（a）的宏观断口形貌和图 9-49（a）的微观断口形貌显示，AC 实验钢−20℃冲击的试样断口心部仍然为韧窝。但是，当冲击温度降低至−40℃时，在试样断口心部出现了放射区（见图 9-48（b）），且该放射区由准解理面构成。随着冲击温度的降低，放射区所占比例增大。如图 9-48（d）所示，−80℃时，放射区占断口面积的 50%左右，且由解理断裂面构成。一般也可将解理脆性面占试样断面 50%对应的冲击温度视为韧

脆转变温度，按此方法确定的韧脆转变温度为-80℃，这与按冲击功降低至上平台能一半时的取值相吻合。如图9-48（e）和图9-48（f）所示，当冲击温度降至-100℃ 以下时，冲击试样断口几乎全部由解理面构成。

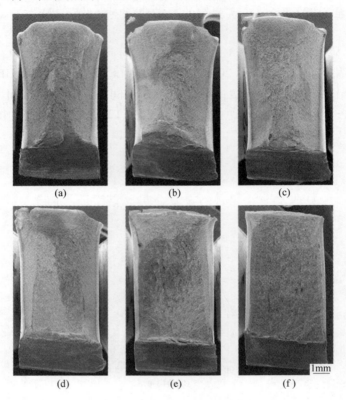

图 9-48　AC 实验钢冲击试样的宏观断口形貌
(a) -20℃；(b) -40℃；(c) -60℃；(d) -80℃；(e) -100℃；(f) -120℃

对于 LC 实验钢，冲击试样主断裂面断口形貌随冲击温度的变化规律与 AC 实验钢形似，如图9-50 和图9-51 所示。主断裂面在相对较高的冲击温度下由韧窝构成，温度较低时将出现由解理面构成的放射区，且放射区面积随着温度的降低而增加。当温度降低至一定程度时，主断裂面几乎由解理面构成。与 AC 实验钢不同的是，LC 实验钢-80～-40℃下的试样断口比较不平整，表明该温度范围内具有良好的韧性。如图9-50（c）及图9-51（a）所示，在-60℃下，LC 实验钢的冲击试样断口仍然未出现放射区。-80℃下出现放射区，但所占面积明显小于相同冲击温度下 AC 实验钢。但是，冲击温度-100℃时，解理面覆盖了绝大多数的断面。

图 9-52 和图 9-53 分别为 UFC 实验钢冲击试样宏观断口形貌以及典型试样放

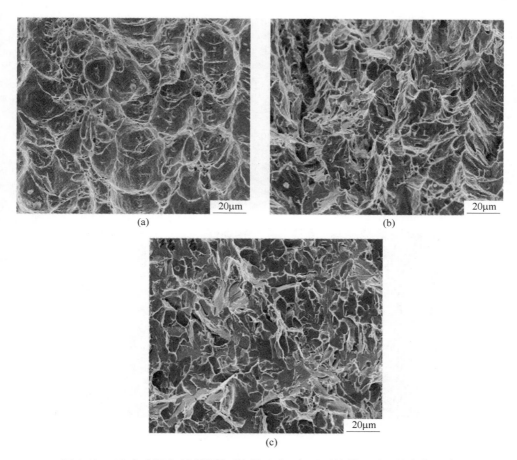

图 9-49 AC 实验钢典型试样断面放射区或心部（无放射区时）的高倍形貌

(a) -20℃；(b) -40℃；(c) -60℃

射区或心部（无放射区时）的高倍形貌。由图 9-53（a）可知，-80℃冲击时，试样的心部出现准解理面，但直到-100℃冲击时，主断裂面仍然以韧窝为主，断面心部才出现典型的解理面（见图 9-53（b））。由此可见，UFC 实验钢具有优异的冲击韧性，尤其是低温冲击韧性。

钢材的冲击韧性主要体现在冲击功及韧脆转变温度（DBTT）两个方面，其中影响冲击韧性的内在因素主要有化学成分、组织构成与形态、晶粒尺寸、析出相形貌及晶体学取向等[48,49]。本研究通过在热轧双相钢中引入细晶强化及析出强化提高综合力学性能获得Ⅲ类热轧双相钢，因此本节将进一步探讨细晶及纳米析出相对韧性的影响机制，并分析分支裂纹对冲击韧性的影响。

本研究的 LC 实验钢和 UFC 实验钢中，二者组织及微观形貌最大的区别在于晶粒尺寸上，即 UFC 实验钢的平均晶粒尺寸小于 LC 实验钢。当晶粒尺寸由

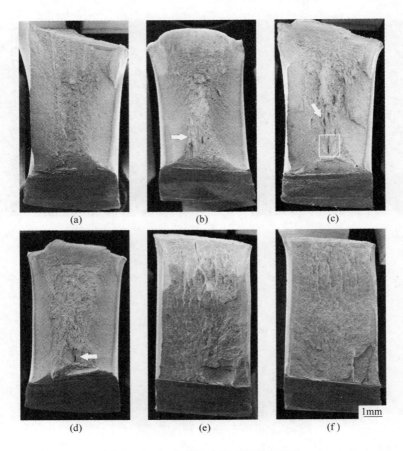

图 9-50　LC 实验钢冲击试样断口形貌

（a）－20℃；（b）－40℃；（c）－60℃；（d）－80℃；（e）－100℃；（f）－120℃

3.5μm 减小至 2.4μm 时，冲击上平台能由 56J 升高至 65J。在上平台温度区间冲击时，实验钢的断裂机制为完全韧性断裂。晶粒细化可增加阻碍裂纹扩展的晶界面积，同时也减少了晶界处位错塞积的数量而降低应力集中，因此可提高韧性断裂区间的韧性。另外，晶粒细化还可降低韧脆转变温度，当晶粒尺寸由 LC 实验钢的 3.5μm 降低至 UFC 实验钢的 2.4μm 时，$DBTT$ 由－89℃降低至－107℃。根据经典的 Yoffee 图理论，韧脆转变行为是塑性变形和脆性断裂相互竞争的结果[50~52]。材料受力过程中，当裂纹尖端的应力达到有效屈服应力或解理断裂应力时将会失效或断裂。裂纹尖端的有效屈服应力（σ_y），为发生明显塑性变形所需的临界应力，随着温度的降低而迅速升高；裂纹尖端的解理断裂应力（σ_{cl}），为裂纹优先通过脆性断裂机制扩展的临界应力，受温度的影响不显著或仅随着温度的降低而略有升高[53,54]。

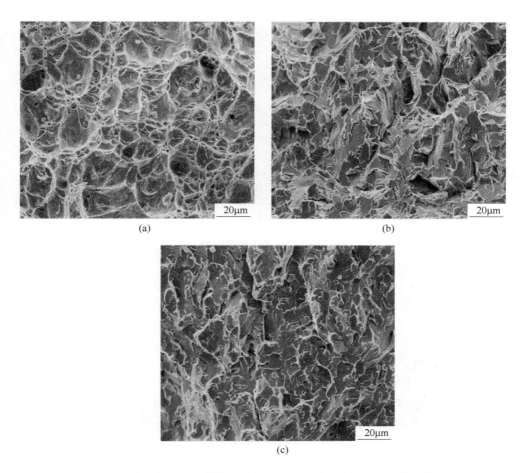

图 9-51 LC 实验钢典型试样断面放射区或心部（无放射区时）的高倍形貌
(a) -60℃；(b) -80℃；(c) -100℃

如图 9-54（a）所示，当冲击温度较高时，σ_y 小于 σ_{cl}，材料受到的应力达到 σ_y 时即可发生塑性变形，将以韧性断裂机制断裂；但当温度较低时，σ_y 大于 σ_{cl}，则在发生塑性变形前裂纹就可发生解理扩展，表现为脆性断裂。因此，σ_y 与 σ_{cl} 两曲线的交点即为韧脆转变点。细晶强化将会同时提高有效屈服应力和解理断裂应力[50]，且后者提高的幅度更为显著。由示波冲击实验获得的数据见表 9-10。表 9-10 中 P_y 为发生韧性断裂为主时开始屈服的载荷，可定性表征有效屈服应力的变化趋势；P_m 为发生脆性断裂为主时载荷的峰值（可认为解理裂纹开始形成与扩展所需的载荷），可定性表征有效解理应力的变化趋势。如表 9-10 所示，晶粒尺寸由 LC 实验钢的 3.5μm 细化至 UFC 实验钢的 2.4μm 后，P_y 提高了 0.2~0.4kN，而 P_m 可提高至 1.2kN，这定性验证晶粒细化对解理应力提高的幅度较大

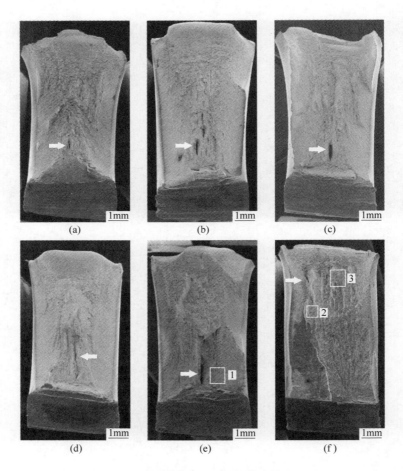

图 9-52　UFC 实验钢冲击试样断口形貌

（a）-20℃；（b）-40℃；（c）-60℃；（d）-80℃；（e）-100℃；（f）-120℃

的观点。因此，晶粒细化将导致两曲线的交点向左上方移动，推迟韧脆转变，即降低 DBTT，如图 9-54（a）所示。

表 9-10　实验钢的冲击屈服载荷 P_y 和解理载荷 P_m （kN）

测试温度/℃	AC 实验钢		LC 实验钢		UFC 实验钢		$P_{(LC)}-P_{(AC)}$		$P_{(UFC)}-P_{(LC)}$	
	P_y	P_m	P_y	P_m	P_y	P_m	ΔP_y	ΔP_m	ΔP_y	ΔP_m
-20	5.4	—	5.7	—	6.1	—	0.3	—	0.4	—
-80	6.8	—	7.2	—	7.4	—	0.4	—	0.2	—
-120	—	8.1	—	8.4	—	9.6	—	0.2	—	1.2

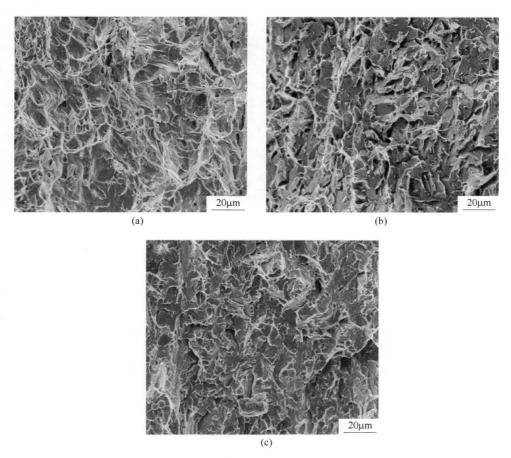

图 9-53　UFC 实验钢典型试样断面放射区或心部（无放射区时）的高倍形貌
(a) -80℃；(b) -100℃；(c) -120℃

　　与细晶强化不同，固溶强化、位错强化及析出强化在提高屈服强度的同时会使韧性降低。在韧脆转变温度方面，低碳钢通过微合金碳氮化物的析出强化，屈服强度每提高 1MPa，韧脆转变温度约降低 0.26℃[33]。这可能是由于析出强化对解理断裂应力提高的幅度小于有效屈服应力提高的幅度，导致两曲线交点向右上方移动，即 DBTT 升高，如图 9-54（b）所示。但是，在实际的生产或研究当中，加入微合金元素后常常伴随产生细晶强化效果，补偿了析出强化对韧性的恶化效应。相对于 AC 实验钢，LC 实验钢依靠析出强化及细晶强化的共同作用实现强化，韧脆转变温度的变化并不显著。另外，由表 9-10 可知，LC 实验钢的 P_y 与 P_m 相对于 AC 实验钢提高的幅度相当，分别为 0.3~0.4kN 和 0.3kN。在完全韧性断裂温度区间，晶粒细化对韧性的提高不能完全补偿纳米析出对韧性的降低。因此，LC 实验钢的冲击上平台能略低于 AC 实验钢。在以脆性断裂为主的低温度

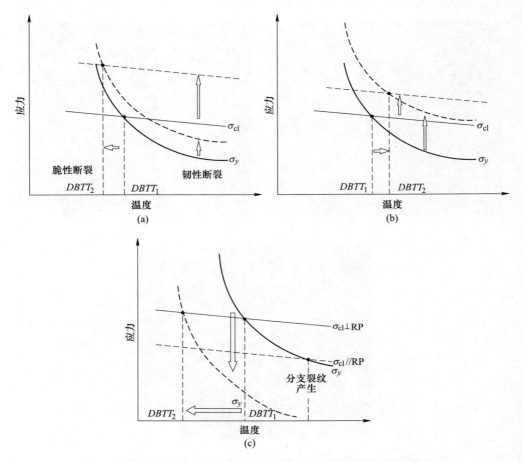

图 9-54　细晶强化、析出强化及分支裂纹对韧脆转变温度的影响机理
（a）细晶强化的影响；（b）析出强化的影响；（c）分支开裂的影响

区，当晶粒细化作用减弱时，纳米析出相对韧性的恶化效果将表现出来。如图 9-47 所示，-100℃时 LC 实验钢的冲击功低于 AC 实验钢。

　　分层或分支开裂（分支开裂认为是程度较轻的分层）也是改善钢材韧性的有效途径。很多研究指出，分层或分支开裂可有效提高钢材的低温冲击韧性，降低韧脆转变温度[50,51,53]。由断口形貌观察可知，LC 实验钢及 UFC 实验钢分别在-80~-40℃及-120~-20℃冲击时，出现分支开裂现象。前期研究发现，贝氏体钢的分支开裂将减缓低温区域冲击功随着冲击温度降低而降低的趋势[27]。同样，与 AC 实验钢相比，出现分支裂纹的 LC 实验钢和 UFC 实验钢分别在-80~-40℃和-100~-20℃范围内，冲击功随温度的降低而降低的程度较为缓慢，如图 9-47 所示。其主要原因在于分支开裂可抑制或推迟主断裂面的脆性断裂。分支开裂对钢材低温韧性的影响机制如图 9-54（c）所示。与轧制面平行的面因存在较多的

{100} 解理面，具有相对低的解理断裂应力（$\sigma_{cl/RP}$），冲击时，在相对高的冲击温度下也可发生解理开裂。发生解理开裂区域的应力状态由原来的三向应力变为平面应力，使得控制主断面断裂机制的有效屈服应力大幅降低[50, 51, 55]。如图 9-54（c）所示，有效屈服应力的降低导致其与解理断裂应力的交点向左移动，推迟脆性断裂，使得 $DBTT$ 降低。如图 9-53（f）所示，虽然在 -120℃ 下主断裂面以解理面为主，但是在分支开裂附近区域仍然可观察到韧窝，表明该处仍然为韧性断裂，从而提高了冲击功。虽然分支裂纹可有效提高低温冲击功，但在温度相对高的冲击韧性区，严重的分支开裂（分层）将会导致冲击功的降低，减小冲击上平台能[56, 57]。因为在严重分层开裂区域，塑性变形的程度较小，使得冲击吸收功降低。但是对于 LC 实验钢和 UFC 实验钢而言，由断口形貌观察可知（见图 9-48、图 9-50 及图 9-52），在上平台区冲击的试样，断口变形程度与无分支开裂的 AC 实验钢相当，可能是分支开裂程度相对较轻的缘故。因此，分支开裂对上平台能的影响较小，使得实验钢仍然具有相对较高的上平台能。

9.5　后置超快速冷却系统在热轧双相钢工业化生产中的应用

基于实验室的基础研究，东北大学与包钢合作，对原有的超快冷实验装置升级改造，并对热轧双相钢的工艺进行优化。如图 9-55 所示，该超快速冷却系统布置在层流冷却系统之后、卷取机之前，主要用于生产 6.0～11mm 厚 DP540/DP590 以及开发新一代高强、高韧的热轧双相钢产品。

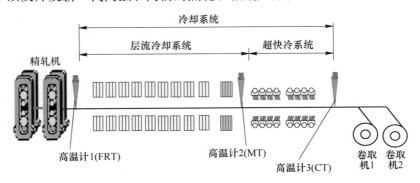

图 9-55　包钢集团 CSP 生产线超快速冷却系统布置示意图

超快速冷却系统具有超强的冷却能力，可将厚度 11mm 的带钢由 650～700℃ 快速冷却至 150℃ 以下，冷却后带钢板形良好，而且过程工艺参数控制精度高。在此工艺条件下，后置超快速冷却系统在热轧双相钢组织性能调控中的作用包括：

（1）后段冷却能力的提高可减轻对前段层冷系统的冷却要求，将 MT 温度提高至理想的铁素体相变区间（680~700℃），以便获得延展性优异的等轴铁素体基体，降低热轧双相钢屈服强度及屈强比。

（2）MT温度的提高可大幅减少冷却过程中层冷系统集管使用率，延长空冷段长度（空冷时间可延长至15s以上），使得铁素体充分相变、C元素充分扩散至未转变的部分奥氏体中，提高马氏体含量的稳定性，进而提高产品性能稳定性。

（3）铁素体具有较大的相变工艺窗口，无需采用严格的控轧工艺，也可获得足够含量的铁素体，降低热轧双相钢的生产难度。例如，轧制阶段，可将终轧温度由810℃提高至850~870℃，利于轧制过程稳定、顺利地进行。

基于后置超快速冷却工艺，包钢热轧双相钢采用简单的C-Mn系成分设计，成分控制为：C≤0.08%、Si≤0.50%，Mn≤1.6%、P≤0.015%，S≤0.002%。工艺过程主要为：钢水预处理→转炉顶底复合吹炼→LF精炼处理→薄板坯连铸→隧道炉均热→F1~F7七机架热连轧机组连轧→层流冷却系统冷却→超快速冷却系统冷却→卷取。

图9-56为包钢CSP生产线上某批次生产的DP540（6.0mm）及DP590（11.0mm）热轧双相钢的力学性能分布情况。由统计数据可知，基于后置超快速冷却工艺生产的热轧双相钢，具有良好的强塑性、低的屈强比以及批量化的产品性能稳定等优点。DP540带钢抗拉强度在560~590MPa之间，屈强比≤0.65，伸长率≥30%；DP590带钢抗拉强度在590~615MPa之间，屈强比≤0.65，伸长率≥30%。较低的屈强比及较高的强度得益于理想的组织形态及合理的两相配比。如图9-57所示，显微组织均由多边形铁素体和分布其间的岛状马氏体构成，马氏体含量为12%~15%。

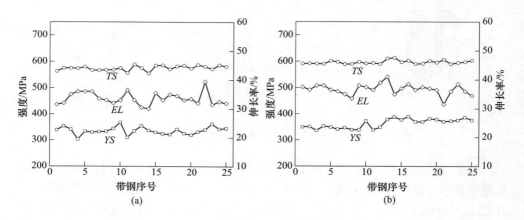

图9-56　工业化批量生产的热轧双相钢力学性能分布
(a) 6.0mm DP540；(b) 11.0mm DP590

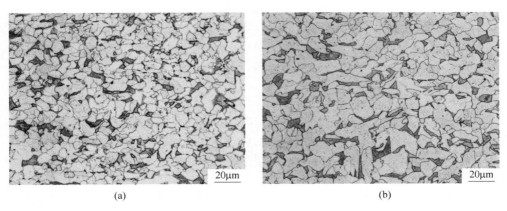

(a)   (b)

图 9-57　工业化批量生产的热轧双相钢显微组织

（a) 6.0mm DP540；（b) 11.0mm DP590

参 考 文 献

[1] 王国栋，吴迪，刘振宇，等. 中国轧钢技术的发展现状和展望 [J]. 中国冶金，2009，19（12）：1~14.

[2] 王国栋. 新一代控制轧制和控制冷却技术与创新的热轧过程 [J]. 东北大学学报（自然科学版），2009，30（7）：913~922.

[3] Hayat F, Sevim I. The effect of welding parameters on fracture toughness of resistance spot-welded galvanized DP600 automotive steel sheets [J]. International Journal of Advanced Manufacturing Technology, 2012, 58（9~12）: 1043~1050.

[4] 褚东宁，冯美斌，王勇. 未来汽车业的发展与材料技术 [J]. 汽车工艺与材料，2011（2）：39~44.

[5] 王利，陆匠心. 汽车轻量化及其材料的经济选用 [J]. 汽车工艺与材料，2013（1）：1~11.

[6] 史东杰，王连波，刘对宾，等. 汽车底盘轻量化材料和工艺 [J]. 热加工工艺，2016，45（3）：16~18.

[7] Djaic R A P, Jonas J J. Recrystallization of high carbon steel between intervals of high temperature deformation [J]. Metallurgical Transactions, 1973, 4（2）: 621~624.

[8] Sakai T, Ohashi M, Chiba K, et al. Recovery and recrystallization of polycrystalline nickel after hot working [J]. Acta Metallurgica, 1988, 36（7）: 1781~1790.

[9] Hodgson P D, Gibbs R K. A mathematical model to predict the mechanical properties of hot rolled C-Mn and microallayed steels [J]. ISIJ International, 1992, 32（12）: 1329~1338.

[10] Najafizadeh A, Jonas J J. Predicting the critical stress for initiation of dynamic recrystallization [J]. ISIJ International, 2006, 46（11）: 1679~1684.

[11] Beladi H, Cizek P, Hodgson P D. The mechanism of metadynamic softening in austenite after complete dynamic recrystallization [J]. Scripta Materialia, 2010, 64 (4): 191~194.

[12] 王有铭, 李曼云, 韦光. 钢材的控轧轧制和控制冷却 [M]. 2 版. 北京: 冶金工业出版社, 2010: 13~91.

[13] Beladi H, Cizek P, Hodgson P D. New insight into the mechanism of metadynamic softening in austenite [J]. Acta Materialia, 2011, 59 (4): 1482~1492.

[14] 陈俊. 控轧控冷中微合金钢组织性能调控基本规律研究 [D]. 沈阳: 东北大学, 2013.

[15] Huo X D, Li L J, Peng Z W, et al. Effects of TMCP schedule on precipitation, microstructure and properties of Ti-microalloyed high strength steel [J]. Journal of Iron and Steel Research International, 2016, 23 (6): 593~601.

[16] Waterschoot T, De Cooman B C, Vanderschueren D. Influence of run-out table cooling patterns on transformation and mechanical properties of high strength dual phase and ferrite-bainite steels [J]. Ironmaking and Steelmaking, 2001, 28 (2): 185~190.

[17] Tanaka T, Nishida M. Formation and properties of ferrite plus martensite dual-phase structures [C]//Structure and properties of dual-phase steels. New Orleans, La.: 1979: 221~241.

[18] Senuma T. Physical metallurgy of modern high strength steel sheets [J]. ISIJ International, 2001, 41 (6): 520~532.

[19] 村上俊夫, 杵渕雅男, 野村正裕, 等. Ti 添加 Dual Phase 鋼の疲労限に及ぼす熱間圧延条件の影響 [J]. 日本金属学会誌, 2008, 72 (10): 832~838.

[20] Hu J, Du L X, Wang J J, et al. Microstructures and mechanical properties of a new as-hot-rolled high-strength DP steel subjected to different cooling schedules [J]. Metallurgical and Materials Transactions A, 2013, 44: 4937~4947.

[21] Jha G, Das S, Lodh A, et al. Development of hot rolled steel sheet with 600MPa UTS for automotive wheel application [J]. Materials Science and Engineering: A, 2012, 552: 457~463.

[22] Lee J, Lee S, De Cooman B C. Effect of micro-alloying elements on the stretch-flangeability of dual phase steel [J]. Materials Science and Engineering: A, 2012, 536: 231~238.

[23] Kim J H, Lee M G, Kim D, et al. Hole-expansion formability of dual-phase steels using representative volume element approach with boundary-smoothing technique [J]. Materials Science and Engineering: A, 2010, 527 (27~28): 7353~7363.

[24] Beladi H, Kelly G L, Hodgson P D. Ultrafine grained structure formation in steels using dynamic strain induced transformation processing [J]. International Materials Reviews, 2013, 52 (1): 14~28.

[25] Choi J, Seo D, Lee C, et al. Formation of ultrafine ferrite by strain-induced dynamic transformation in plain low carbon steel [J]. ISIJ International, 2003, 43 (5): 746~754.

[26] Li C N, Yuan G, Ji F Q, et al. Mechanism of microstructural control and mechanical properties in hot rolled plain C-Mn steel during controlled cooling [J]. ISIJ International, 2015, 55 (8): 1721~1729.

[27] Kang J, Li C N, Yuan G, et al. Improvement of strength and toughness for hot rolled low-carbon bainitic steel via grain refinement and crystallographic texture [J]. Materials Letters, 2016,

175：157~160.

[28] Thompson M, Ferry M, Manohar P A. Simulation of hot-band microstructure of C-Mn steels during high speed cooling [J]. ISIJ International, 2001, 41 (8)：891~899.

[29] Chen C Y, Chen S F, Chen C C, et al. Control of precipitation morphology in the novel HSLA steel [J]. Materials Science and Engineering：A, 2015, 634：123~133.

[30] Hutchinson B. Microstructure development during cooling of hot rolled steels [J]. Ironmaking & Steelmaking, 2013, 28 (2)：145~151.

[31] Yen H, Chen P, Huang C, et al. Interphase precipitation of nanometer-sized carbides in a titanium-molybdenum-bearing low-carbon steel [J]. Acta Materialia, 2011, 59 (16)：6264~ 6274.

[32] Okamoto R, Borgenstam A, Agren J. Interphase precipitation in niobium-microalloyed steels [J]. Acta Materialia, 2010, 58 (14)：4783~4790.

[33] 雍岐龙. 钢铁材料中的第二相 [M]. 北京：冶金工业出版社, 2006：17~206.

[34] Ashby M F. Work hardening of dispersion-hardened crystals [J]. Philosophical Magazine, 1966, 14 (132)：1157~1178.

[35] Meckings H, Kocks U F. Kinetics of flow and strain-hardening [J]. Acta Metallurgica, 1981, 29 (11)：1865~1875.

[36] Kocks U F, Mecking H. Physics and phenomenology of strain hardening：the FCC case [J]. Progress in Materials Science, 2003, 48 (3)：171~273.

[37] Zhu M, Xuan F. Effect of microstructure on strain hardening and strength distributions along a Cr-Ni-Mo-V steel welded joint [J]. Materials & Design, 2015, 65：707~715.

[38] Calcagnotto M, Ponge D, Raabe D. Effect of grain refinement to 1μm on strength and toughness of dual-phase steels [J]. Materials Science and Engineering：A, 2010, 527 (29~30)：7832~7840.

[39] Calcagnotto M, Adachi Y, Ponge D, et al. Deformation and fracture mechanisms in fine and ultrafine-grained ferrite/martensite dual-phase steels and the effect of aging [J]. Acta Materialia, 2011, 59 (2)：658~670.

[40] Kosaka N, Funakawa Y. Work hardening in ferritic steel containing ultra-fine carbides [J]. ISIJ International, 2016, 56 (2)：311~318.

[41] Son Y I, Lee Y K, Park K, et al. Ultrafine grained ferrite-martensite dual phase steels fabricated via equal channel angular pressing：microstructure and tensile properties [J]. Acta Materialia, 2005, 53 (11)：3125~3134.

[42] Fribourg G, Bréchet Y, Deschamps A, et al. Microstructure-based modelling of isotropic and kinematic strain hardening in a precipitation-hardened aluminium alloy [J]. Acta Materialia, 2011, 59 (9)：3621~3635.

[43] Fisher J, Hart E, Pry R. The hardening of metal crystals by precipitate particles [J]. Acta Metallurgica, 1953, 1 (3)：336~339.

[44] Zhao M, Huang X, Atrens A. Role of second phase cementite and martensite particles on strength and strain hardening in a plain C-Mn steel [J]. Materials Science and Engineering：A,

2012, 549: 222~227.

[45] Kovács I, Chinh N Q, Kovács-Csetényi E. Grain size dependence of the work hardening process in Al99. 99 [J]. Physica Status Solidis (a), 2002, 194 (1): 3~18.

[46] Qiu H, Wang L N, Hanamura T, et al. Prediction of the work-hardening exponent for ultrafine-grained steels [J]. Materials Science and Engineering: A, 2012, 536: 269~272.

[47] Seyedrezai H, Pilkey A K, Boyd J D. Effect of pre-IC annealing treatments on the final micro-structure and work hardening behavior of a dual-phase steel [J]. Materials Science and Engi-neering: A, 2014, 594: 178~188.

[48] Bouquerel J, Verbeken K, Decooman B. Microstructure-based model for the static mechanical behaviour of multiphase steels [J]. Acta Materialia, 2006, 54 (6): 1443~1456.

[49] Ji F Q, Li C N, Tang S, et al. Microstructural characteristics with various finish rolling temper-ature and low temperature toughness in hot rolled Nb-Ti ferritic steel [J]. ISIJ International, 2016, 56 (4): 602~609.

[50] Inoue T, Yin F, Kimura Y, et al. Delamination effect on impact properties of ultrafine-grained low-carbon steel processed by warm caliber rolling [J]. Metallurgical and Materials Transactions A, 2010, 41 (2): 341~355.

[51] Bourell D L. Cleavage delamination in impact tested warm-rolled steel [J]. Metallurgical Trans-actions A, 1983, 14: 2487~2496.

[52] Morris Jr J W. Steel: for low temperature applications [M]. Oxford, England: Encyclopedia of Advanced Materials, H. D. Ed. , Pergamon Press, 1993: 1~11.

[53] Kimura Y, Inoue T, Yin F, et al. Inverse temperature dependence of toughness in an ultrafine grain-structure steel [J]. Science, 2008, 320 (30): 1057~1059.

[54] Bourell D L. Cleavage delamination in impact tested warm-rolled steel [J]. Metallurgical Trans-actions A, 1983, 14: 2487~2496.

[55] Morris Jr J W. Steel: for low temperature applications [M]. Oxford, England: Encyclopedia of Advanced Materials, H. D. Ed. , Pergamon Press, 1993: 1~11.

[56] Mintz B, Maina E M, Morrison W B. Influence of dislocation hardening, precipitation harden-ing, grain elongation and sulphides on fissure formation in HSLA steels having a ferrite/pearlite microstructure [J]. Materials Science and Technology, 2008, 24 (2): 177~188.

[57] Jafari M, Kimura Y, Tsuzaki K. Enhanced upper shelf energy by ultrafine elongated grain struc-tures in 1100MPa high strength steel [J]. Materials Science and Engineering: A, 2012, 532: 420~429.

⑩ 高强塑积热轧 Q&P 钢的 开发(TMCP-M)

10.1 开发背景

　　汽车轻量化的发展对汽车材料提出了更高的要求，先进高强度钢相较于铝、镁合金等，具有低成本、高性能等优势，因而成为了实现汽车轻量化的主力军。淬火-配分钢（Quenching and Partitioning, Q&P）是典型的第三代 AHSS，可以在较低成本控制下实现高强度与高塑性的结合，满足了汽车轻量化与安全性的双重要求，是汽车材料升级换代的理想选择。然而，目前 Q&P 钢的研究及工业化产品均采用冷轧、退火的方式，存在工艺复杂、合金成本高、强塑性不匹配以及碳配分机理不完善等问题，制约了 Q&P 钢进一步的大规模生产及应用。

　　随着以超快冷技术为核心的新一代 TMCP 技术的发展[1,2]，热轧板带钢轧后在线冷却能力显著增强，有利于获得贝氏体和马氏体等高强度组织，为热轧 Q&P 钢的制备奠定了可行性基础。截至目前，热轧板带钢新一代 TMCP 装备在我国多家钢厂相继上线投产，也为热轧 Q&P 钢提供了工业化生产平台。带钢板形、表面质量及控制温度精度也日渐提高，这些进步的取得给热轧高强钢的开发提供了良好的条件。基于此，科研团队创新性地提出了"TMCP+Q&P"的绿色化工艺，也称热轧 Q&P 工艺（Hot Rolling Quenching and Partitioning, HRQ&P），通过"以热代冷"省却了冷轧、退火等工序，缩短了工艺流程，旨在开发低成本、高品质的热轧 Q&P 钢。

　　传统冷轧-退火离线 Q&P 工艺如图 10-1（a）所示，工序繁杂，而新型"TMCP+Q&P"工艺在钢板热轧后在线控制冷却，实现相变的灵活调控，随后利用钢卷卷取余热完成碳配分过程，如图 10-1（b）所示。该工艺有以下几个优势：（1）引入轧制变形——控制轧制极大程度地细化了原始奥氏体晶粒，增加了奥氏体的机械稳定性，增加了缺陷密度，为后续配分过程提供更多的碳原子扩散通道。（2）实现组织的灵活控制——采用不同的冷却路径可获得以马氏体或者贝氏体为基体的不同复相组织，通过引入空冷弛豫的过程可引入软相铁素体，进一步提升塑性；通过淬火至贝氏体区间可获得铁素体、贝氏体和残余奥氏体或贝氏体加残余奥氏体的复相组织，称该工艺为 B&P 工艺。（3）卷取余热配分处理——通过把钢卷置于保温坑或者空气中缓慢冷却，实现在线配分过程，亦称为动态配分过程。该过程有效地利用了钢卷余热，达到节能减排的效果。（4）低合金成分的设计——采用以超快冷为核心的 TMCP 技术可以最大限度地利用位错强化和相变强化，减少合金元素的使用，实现低碳低合金的成分设计，既保证了原料的低成本，又保证了良好的焊接性能。

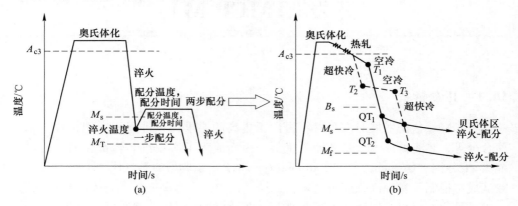

图 10-1　Q&P 工艺示意图
(a) 传统冷轧-退火离线 Q&P 工艺；(b) 新型 "TMCP+Q&P" 工艺

应该说 "TMCP+Q&P" 工艺是一种易于工业化，可灵活生产不同强度级别钢种的创新型工艺，可实现一钢多级的调控。团队已对该工艺进行了模拟和实验的相关研究，充分地证实了热轧 Q&P 工艺的优势，并且完成了热轧 Q&P 钢的工业试制实验。

10.2　奥氏体区压缩变形-直接淬火配分工艺模拟研究

传统 Q&P 钢采用一步等温或二步等温方式来完成碳配分过程，这对连退线要求较高，更难以在热连轧线上实现。一般而言，热轧钢卷卷取后可以置于空气中或者保温坑内，钢卷将会缓慢冷却至室温。在连续缓慢冷却过程中碳会自发地配分到奥氏体中，该配分方式称为动态配分[3]。动态配分具有工艺简化的优势，但是其原理极具复杂性，其过程也难以控制。采用该配分方式，淬火温度、卷取温度及配分初始动力均取决于同一个温度点，并且在连续冷却中，相变和配分耦合发生，对 RA 的稳定机制尚不明确。因此，揭示 RA 体积分数和淬火温度的关系，并获得热轧 Q&P 工艺可行的工艺窗口极为重要。

以 0.2C-1.6Si-1.6Mn（质量分数，%）的低碳硅锰钢为研究对象，对比分析了等温配分和动态配分 Q&P 工艺的影响，具体工艺如图 10-2 所示。图 10-2（a）研究了压缩变形温度和配分时间的影响，图 10-2（b）研究了弛豫处理（900℃冷却至800℃）的影响，其中卷取冷速 v 为 0.04℃/s，无弛豫试样命名为 QT，有弛豫试样命名为 RQT。

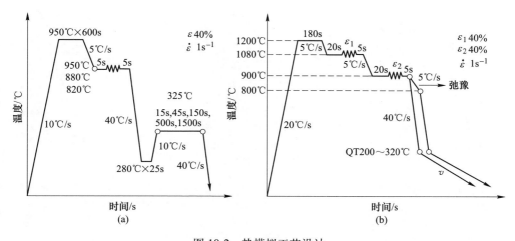

图 10-2　热模拟工艺设计

（a）等温配分 HRQ&P 工艺设计；（b）动态配分 HRQ&P 工艺设计

10.2.1　等温配分 HRQ&P 工艺模拟研究

10.2.1.1　变形温度对显微组织的影响

选择配分时间为 150s，变形温度分别为 820℃、880℃以及 950℃的试样进行 SEM 观察，结果如图 10-3 所示。经等温配分 HRQ&P 工艺处理后的组织由铁素体、马氏体和 RA 组成。由于 SEM 形貌无法呈现组织内部缺陷结构以及纳米 RA 的分布特点，因此选择 880℃变形、配分 150s 的典型试样进行 TEM 实验，结果如图 10-4 和图 10-5 所示。

铁素体为高温生成相，以多边形状分布于原奥氏体晶界，其体积分数和尺寸主要受变形温度的影响。在 820℃变形时，组织中含有大量均匀分布的铁素体，尺寸在 5~10μm 之间，如图 10-3（a）所示；在 880℃（略高于 Ac_3 温度）变形时，由于形变诱导相变机制（DIFT）[4,5]，组织中含有少量优先形核长大的铁素体，尺寸在 5μm 以下，如图 10-3（b）所示；而当变形温度为 950℃时，组织中几乎不含有铁素体，如图 10-3（c）所示。铁素体为软相组织，能有效地吸收淬火过程中马氏体相变导致的体积膨胀，从而在铁素体晶粒边缘产生较多的 GNDs，如图 10-5（c）所示。可以预测，这种含铁素体的典型 HRQ&P 组织一旦变形，大量自由位错可以开动，必然导致材料具有低的屈服强度。

HRQ&P 钢中的马氏体包含一次淬火过程中形成的板条马氏体和二次淬火过程中形成的新生马氏体，其中新生马氏体具有较高的碳含量，多为孪晶结构，如图 10-4（b）所示。一次淬火马氏体在配分过程中会发生回火，形成少量过渡碳化物，如图 10-4（b）所示。新生马氏体的形成原因为：一次淬火过程中未转变

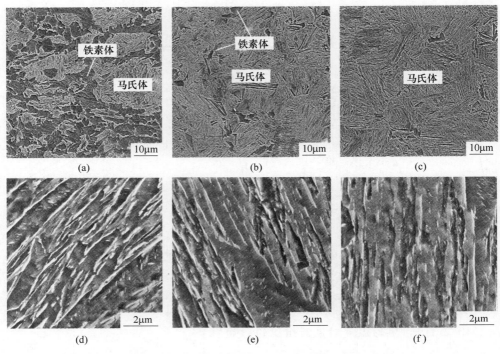

图 10-3　不同变形温度下铁素体和马氏体的 SEM 形貌
（a），（d）820℃变形；（b），（e）880℃变形；（c），（f）950℃变形

奥氏体的形态大小和碳含量有差异，导致其具有不同的稳定性。比如，马氏体板条内部的奥氏体呈现薄膜状，而铁素体晶界周围的奥氏体呈现块状。在后续配分过程中，薄膜状的奥氏体由于位于过饱和碳的马氏体板条内，碳原子能更容易从周围马氏体板条内向未转变奥氏体迁移。由于未转变奥氏体处于马氏体板条静水压力的作用下，一般能稳定保留至室温。而块状奥氏体尺寸更大，由于配分不足或者碳在其内部均匀化后，碳含量降低，导致其 M_s 点高于室温，因此在二次淬火过程中将形成新生马氏体。应该指出，由于配分时间的不同，如若碳在奥氏体内部分布不均匀，存在浓度梯度，在二次淬火过程中也会形成马奥岛（M/A）。此外，马氏体板条的宽度随着变形温度的降低有变细的趋势，如图 10-3（d）~图 10-3（f）所示。一般而言，马氏体板条宽度受到奥氏体状态、碳含量以及淬火温度等因素的影响[6,7]。本实验中低温变形马氏体板条更加细小，可归结为两点：一是低温大变形在奥氏体中保留了更多的变形带，并产生更高的位错密度，增加了马氏体的形核位置；二是低温变形产生较多的先共析铁素体，将原始奥氏体分割成更小的尺寸。图 10-4（a）为典型 HRQ&P 钢中板条马氏体结构的透射形貌，可以看到一个马氏体板条束群由许多尺寸大致相同的板条在空间位向大致平行排

列所组成，其平均尺寸约为 200nm。一次淬火马氏体和新生马氏体对 HRQ&P 钢强韧性具有显著的影响，细尺寸的板条马氏体以及新生马氏体都能显著提升 HRQ&P 钢的强度，但是过多的大尺寸孪晶马氏体将会损坏材料的塑性和韧性[8, 9]。

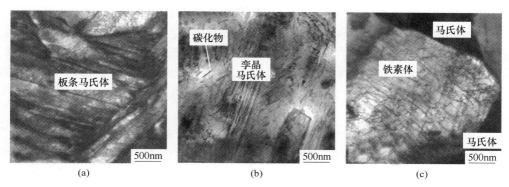

图 10-4 880℃变形试样中马氏体、铁素体及碳化物的 TEM 形貌（配分时间：150s）

（a）板条马氏；（b）孪晶马氏体和碳化物；（c）铁素体

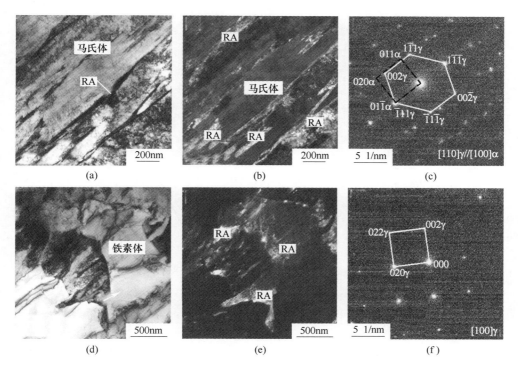

图 10-5 880℃变形试样中 RA 的 TEM 形貌（配分时间：150s）

（a）~（c）薄膜状 RA 的明暗场形貌；（d）~（f）块状 RA 的明暗场形貌

　　变形温度对 RA 类型、RA 体积分数以及 RA 中平均碳含量均有影响。图 10-5 为 880℃ 变形试样中 RA 的透射形貌，可以看到在含铁素体的 HRQ&P 组织中包含两种 RA，即纳米级薄膜 RA 和亚微米级块状 RA。这两种 RA 能稳定保留至室温取决于不同的碳配分机制。薄膜 RA 稳定保留的原因为：在一次淬火过程中，由于奥氏体转变的不完全性，在马氏体板条之间会存在未转变的 RA。在等温配分阶段，由于碳原子在 α/γ 界面两侧的化学势不相等，将会从临近的过饱和马氏体板条内向未转变奥氏体内迁移，其迁移的量受到平衡态碳浓度以及配分过程的影响，最终都有相对应的 RA 稳定保留至室温。稳定块状 RA 主要取决于铁素体的一次碳配分作用，而位于铁素体/马氏体界面处的块状 RA 还可能受到二次等温配分过程的影响。

　　RA 的体积分数和碳含量随变形温度的变化绘制于图 10-6 中。可以看到在 325℃配分 150s 下，变形温度为 820℃、880℃ 和 950℃ 时（对应图 10-3 组织），RA 体积分数分别为 8.8%、10.1%和 9.1%，RA 中平均碳质量分数在 1.18% ~

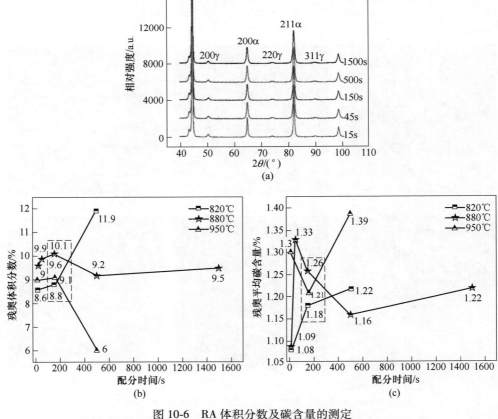

图 10-6　RA 体积分数及碳含量的测定

（a）880℃ 变形试样的 XRD 衍射峰；（b）RA 体积分数；（c）RA 平均碳含量

1.26%之间，并无明显差异。但是，当配分时间增加至500s后，低温变形的组织中RA体积分数更大，如变形温度820℃、配分500s试样获得了最大体积分数的RA，为11.9%。该结果表明在Q&P钢中引入适量的铁素体，并配合适合的配分工艺，将有助于提高RA的体积分数。

10.2.1.2 配分时间对显微组织的影响

选择了变形温度为880℃，配分15~1500s的试样进行扫描形貌观察，结果如图10-7所示。在不同配分时间下，显微组织均由铁素体、马氏体（回火马氏体+新生马氏体）和RA组成。马氏体基体在配分过程中会发生回火，随着配分时间的延长，马氏体变得模糊、不明锐，并且基体上有碳化物析出。当配分时间为500s和1500s时，碳化物明显增多，如图10-7（d）和图10-7（e）箭头所示。虽然实验钢中加入了一定含量的Si元素，在配分过程中能有效地抑制渗碳体的形成，但是在长时间较高温度保温过程中，马氏体将会发生分解，形成由α相和与之共格的ε亚稳碳化物组成的回火马氏体。马氏体回火产生的碳化物形态如图10-4（b）所示。这些碳化物取向保持一致，并呈长条状，宽为10~20nm，长为50~300nm，其析出方向与马氏体板条之间约为45°的关系。回火马氏体有利于提升HRQ&P钢的屈服强度和塑性，但是长时间配分导致过多的碳化物析出，不利

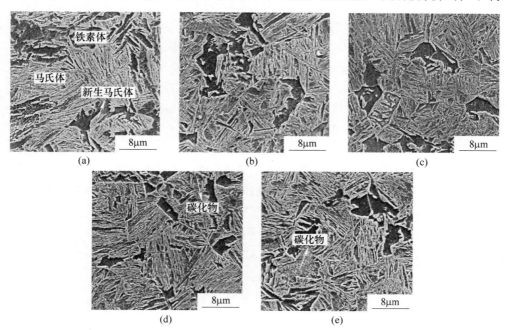

图10-7　不同配分时间试样的SEM形貌（变形温度：880℃）

（a）15s；（b）45s；（c）150s；（d）500s；（e）1500s

于获得 RA，反而会降低材料的塑性。

配分时间决定了碳扩散的动力学过程，对 RA 有较大影响。图 10-6（a）显示了 880℃变形下，不同配分时间的 XRD 衍射峰，可以看到配分 15~1500s 均存在明显的奥氏体衍射峰。图 10-6（b）所示为 RA 体积分数，在 880℃变形下，随着配分时间的增加，RA 体积分数先增加，而后略微下降并保持稳定，其最大体积分数在配分 150s 时获得，为 10.1%，表明配分过程的发生非常迅速。RA 体积分数的变化趋势可归结于：当配分时间过短时，碳原子没有足够的时间进行迁移，不利于获得更多的 RA。当配分时间过长时，马氏体回火发生分解，形成大量的 ε 碳化物，减少了用于配分的碳，并且改变了碳元素化学势的界面状态，使其在未转变奥氏体、马氏体以及碳化物之间重新分配，直到碳原子的化学势在三者之间相等[10]，从而导致 RA 体积分数基本稳定。880℃变形时，RA 中平均碳含量如图 10-6（c）所示，呈现增加→减小→稳定的趋势。在配分过程中，碳原子不断从过饱和马氏体内向未转变奥氏体内迁移，并在奥氏体内逐渐扩散均匀。当配分时间较短时，碳原子局部富集在 α/γ 界面处，这是造成配分 15s 时 RA 碳质量分数高达 1.33% 的原因。随着配分时间的增加，碳原子在奥氏体内会发生均匀化过程，导致奥氏体平均碳浓度下降，而配分时间足够长时，配分过程基本达到平衡，因此在配分 500s 和 1500s 时，RA 中碳质量分数保持稳定，在 1.2% 左右。

此外，在 820℃ 和 950℃ 变形时，RA 变化规律略有不同，这取决于基体组织类型和比例。820℃ 变形试样中铁素体体积分数较多，RA 为薄膜和块状的复合类型，因此需要更长的时间完成配分过程，其最佳配分时间为 500s。同时，RA 中平均碳质量分数持续增加，最高达到 1.22%。950℃ 变形试样为全马氏体基体组织，随着配分时间的增加，RA 体积分数先增加，后减小，并在 500s 时降低至 6%，此时 RA 内平均碳质量分数达到 1.39%。实验研究发现[11]，碳质量分数超过 1.4% 的 RA 在变形过程中可能不会发生 TRIP 效应。因此，针对 950℃ 变形试样，配分时间应控制在 150s 内。

从上述分析可以总结，当配分温度为 325℃ 时，三个变形温度下试样的最佳配分时间均在 10min 以内，表明配分过程的发生非常迅速。此时 RA 中碳质量分数小于 1.3%，具有合适的稳定性。该结果可为等温配分 HRQ&P 工艺参数的选择提供参考。

10.2.2　动态配分 HRQ&P 工艺模拟研究

10.2.2.1　淬火温度对组织性能的影响

动态配分 HRQ&P 工艺分为弛豫（空冷）和无弛豫工艺，参数变量为淬火温度，以下分析两种工艺下淬火温度对组织性能的影响。经动态配分 HRQ&P 工艺处理后的典型组织如图 10-8 所示，由马氏体（M）、贝氏体（B）和少量先共析铁素体（F）组成。没有经过弛豫处理的试样仍然含有少量的铁素体，主要是因为压缩变形促进了铁素体相变。此外，观察到少量的贝氏体，如图 10-8（a）所示，因为长时间的冷却过程为贝氏体的形成提供了条件。当淬火温度为 280℃时，马氏体基体内观察到白色相，如图 10-8（c）所示。该结构为新生马氏体（Fresh Martensite，FM），在缓冷过程中形成。当淬火温度进一步升高至320℃时，新生马氏体出现增多的趋势。与等温配分 HRQ&P 工艺一样，新生马氏体也具有较高的碳含量，能提高材料的强度[12]。

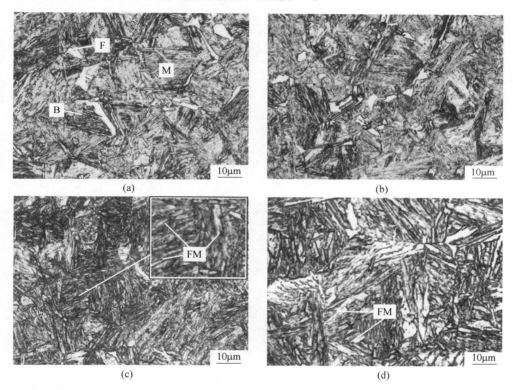

图 10-8　不同淬火温度下实验钢的金相组织（无弛豫处理）
（a）QT200；（b）QT240；（c）QT280；（d）QT320

　　图 10-9（a）和图 10-9（b）显示了弛豫处理对铁素体体积分数的影响，可以看到 RQT280 含有更多的铁素体，表明弛豫过程有利于获得更多的铁素体。但是，QT280 和 RQT280 的铁素体体积分数差异并不大，原因为 800℃以上处于铁素体相变缓慢区间，并且 20s 的相变时间过短。尽管在这 20s 弛豫过程中铁素体体积分数增加并不明显，但是材料必然发生了回复，会导致硬度的下降。此外，图 10-9（c）和图 10-9（d）对比了 RQT200 和 RQT320 组织的回火程度差异，在较高淬火温度下（320℃），组织呈现明显的回火状态，有较多碳化物分布于马氏

体基体上。图 10-9（d）还显示白色块状结构分布于 M/F 界面，该结构可能为 RA、马奥岛或者孪晶马氏体，主要取决于碳在该相内的浓度。该结构的形成机理和等温配分过程一致，碳原子主要来自于铁素体相变。

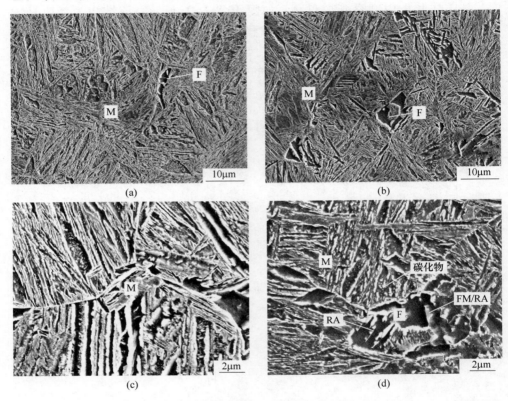

图 10-9　铁素体以及回火马氏体的 SEM 形貌
(a) QT280；(b) RQT280；(c) RQT200；(d) RQT320

　　动态配分 HRQ&P 钢中 RA 的类型及分布如图 10-10 所示，同样包含两种不同形态的 RA，一种 RA 以薄膜状的形态分布于马氏体板条间，宽度为 50～100nm，并且和马氏体板条基体呈现 K-S 关系。另一种 RA 以块状分布于铁素体内部和马氏体/铁素体界面处，宽度为 100～400nm。这两种 RA 的获得归结于不同的原因：获得薄膜 RA 归结于卷取缓慢冷却过程中的碳配分，这与等温配分 HRQ&P 工艺不同，表明动态配分过程能稳定马氏体间的 RA。块状 RA 的稳定机制和等温配分 HRQ&P 工艺相一致，均源于铁素体相变的大量排碳。因此，采用动态配分 HRQ&P 工艺时，铁素体相变和卷取缓慢冷却方式的耦合作用可以稳定多尺度的复合型 RA。
　　淬火温度和 RA 的关系如图 10-11 所示。在 200～320℃的淬火温度区间内，

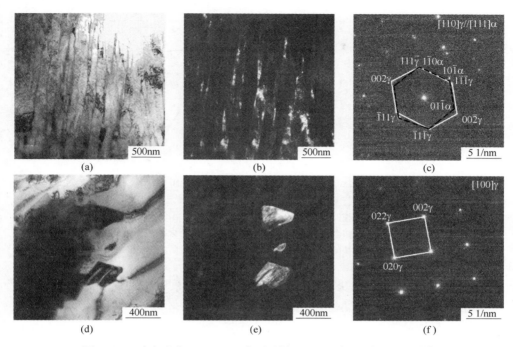

图 10-10 动态配分 HRQ&P 工艺下试样 RQT240 中 RA 的 TEM 形貌
(a) 薄膜状 RA 明场像;(b) 薄膜状 RA 暗场像;(c) 薄膜状 RA 选区衍射;
(d) 块状 RA 明场像;(e) 块状 RA 暗场像;(f) 块状 RA 选区衍射

经过两种工艺处理的 RA 体积分数较为接近,均保持在 7%~11% 之间。此外,随着淬火温度的升高,RA 体积分数呈现略微下降的趋势,主要由两个因素导致:(1)淬火温度越高,未转变奥氏体体积分数越大,完成配分过程后,该部分奥氏体仍然具有较高的 M_s 点,因此仅少量奥氏体能保留至室温;(2)淬火温度越高,组织经历更长时间的回火转变,部分碳化物的形成消耗了碳含量,如图 10-9(d)所示。图 10-11(b)显示了 RA 中的碳质量分数随淬火温度的变化,经过弛豫处理的试样含有更高的碳浓度,这是因为先共析铁素体促进了碳富集。经过 M_s 点公式计算,在该成分条件下,当 $w[C]$ 为 1.069% 时,奥氏体的 M_s 点为 20℃,而经过弛豫处理的试样中 RA 的 $w[C]$ 高于 1.069%,表明块状 RA 在高碳条件下才能稳定至室温。与之对比,未经弛豫处理试样中 RA 的 $w[C]$ 低于 1%。该差异可能由未转变奥氏体尺寸和一次淬火马氏体的静水压力所造成。

10.2.2.2 动态配分工艺下的碳扩散及淬火工艺窗口分析

针对普通低碳钢,在进行动态配分处理时,淬火温度区间和等温配分相似,需满足小于 M_s 温度,一般为 200~400℃ 之间。无论是等温配分还是动态配分方

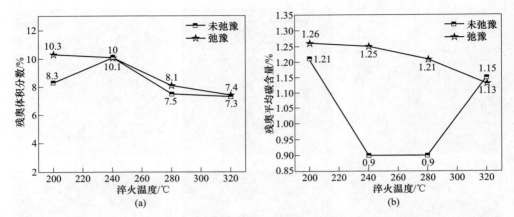

图 10-11　动态配分 HRQ&P 工艺下 RA 和淬火温度的关系
(a) RA 体积分数随淬火温度的变化；(b) RA 碳含量随淬火温度的变化

式，各种机制的发生均取决于碳扩散。在等温配分处理时，碳扩散程可以用以下公式近似计算[13]：

$$X_C \approx \sqrt{2Dt} \tag{10-1}$$

$$D = D_0 e^{\frac{-Q}{RT}} \tag{10-2}$$

式中，t 为时间，s；D 为碳元素在奥氏体或者马氏体中的扩散系数，m^2/s；D_0 为前频率因子；T 为温度，K；Q 为原子的激活能，J/mol；R 为气体常数，$8.314J/(mol \cdot K)$。

从上述公式可以看出，某元素的扩散程取决于 D 值和 t。当进行等温处理时，D 是固定值，然而动态配分方式下 D 值随着温度的变化而改变。为了简化处理，其平均值 D' 可用积分中值定理进行计算：

$$D' = \int_{T_0}^{QT} \frac{D}{QT - T_0} dT \tag{10-3}$$

式中，QT 为淬火温度，K；T_0 为室温。

扩散的时间由卷取冷却速率决定，可表达为：

$$t = \frac{QT - T_0}{v} \tag{10-4}$$

式中，t 为卷取冷却时间，s；v 为卷取冷却速率，℃/s。

结合式（10-1）~式（10-4），可以推导出动态配分方式下碳扩散程的表达式：

$$X_C \approx \sqrt{2 \int_{T_0}^{QT} D_0 e^{\frac{-Q}{RT}} dT / (QT - T_0) \frac{QT - T_0}{v}} \tag{10-5}$$

式中，D_0 为 C 原子在奥氏体中的扩散前频因子，$0.15cm^2/s$；T_0 为室温温度，取 20℃；Q 为 C 原子在奥氏体中的激活能，取 140kJ/mol。

由公式（10-5）可以看出动态配分方式下碳扩散程取决于淬火温度和卷取冷却速率。考虑到 C 在马氏体中的扩散速率比在奥氏体中的扩散速率高出几个数量级，因此仅对碳在奥氏体中的扩散程进行分析，用以初步研究动态配分 HRQ&P 工艺的处理窗口。

将不同淬火温度和卷取冷速下的碳扩散程计算结果绘制于图 10-12 中。从图 10-12（a）中可以看出，当 QT 大于 300℃且卷取冷速小于 1℃/s 时，碳在奥氏体中的扩散程能达到较高的数值。图 10-12（b）和图 10-12（c）显示了特定淬火温度区间和冷速区间下的碳扩散程。可以发现，碳扩散程受 QT 的显著影响。当 QT 低于 240℃时，在很小的冷速下，碳扩散程仍然小于 20nm，如图 10-12（b）中虚线所示。在当前的研究中，根据组织的观察，马氏体板条的尺寸在 200～

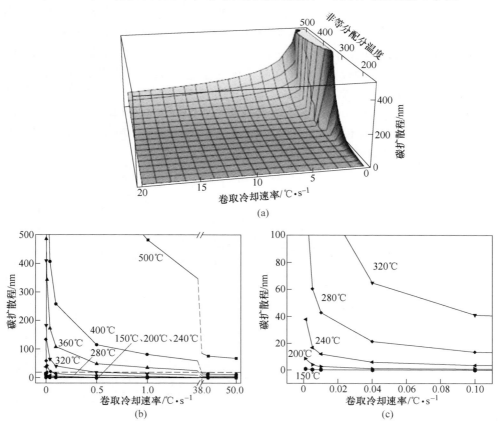

图 10-12　动态配分 HRQ&P 工艺下的碳扩散程计算

（a）碳扩散程与淬火温度、卷取冷速的三维关系图；（b）特定卷取温度下的碳扩散程；
（c）0.1℃/s 冷速以下的碳扩散程

400nm 之间，薄膜 RA 的尺寸在 50~100nm 之间。此外，块状 RA 的稳定保留主要是因为铁素体的排碳作用，而稳定板条间的薄膜 RA 则是由动态碳配分所决定。如果要稳定一个薄膜状的 RA，考虑半带宽的影响，碳在奥氏体中扩散程至少应该达到 20nm。

根据碳扩散程的计算结果，将 HRQ&P 工艺窗口示意图绘制于图 10-13 中，实线代表碳在奥氏体中扩散程为 20nm 的分界线，曲线上方区域代表碳扩散程大于 20nm，可视为动态配分 HRQ&P 工艺处理的窗口。反之，曲线下方区域则是不能进行动态配分 HRQ&P 工艺处理的区间。

基于动力学的考虑，当冷速小于 0.1℃/s 时，获得较宽的 HRQ&P 处理窗口，为 280~400℃。此外，考虑变形对碳扩散的加速作用，该窗口应当适当扩宽，如图 10-13 中虚线所示，这也是为何在 QT 为 200℃和 240℃时获得体积分数超过 8%RA 的原因。该曲线的位置仅为定性的位置，很难准确计算出具体位置。与之对比，当冷却速率在 0.1~16℃/s 之间时，可用于 HRQ&P 工艺处理的窗口急剧减小，此时的可处理窗口处于 300~400℃之间。根据 CCE 模型，当淬火温度超过 300℃时，计算的 RA 体积分数小于 3%。然而，当前研究中发现在较高淬火温度时，存在等温相变的现象，促进了奥氏体的稳定，最终在 QT 为 280℃和 320℃时，获得体积分数超过 7%RA。该结果表明在高淬火温度下（大于 300℃），较宽的冷速区间内均可以进行动态配分 HRQ&P 处理。此外，实际热轧钢卷的卷取冷却速率一般低于 0.1℃/s，可为碳扩散提供充足的动力，进一步表明利用卷取余热实现碳配分完全可行。

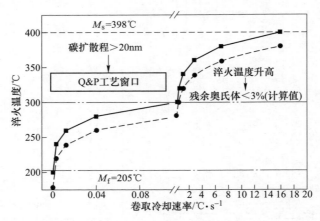

图 10-13　动态配分 HRQ&P 工艺的工艺窗口示意图

10.2.3　等温配分和动态配分工艺的比较

在配分过程中，奥氏体稳定的本质在于碳扩散。因此，C 原子在奥氏体内的扩散程度决定了配分的效果，进而影响保留至室温的 RA 体积分数。通常想要稳定 RA，C 原子在奥氏体内的扩散程临界值约为 20nm。图 10-14 给出了动态配分和等温配分方式下动力学参数对碳扩散程的影响，并以临界扩散程 20nm 对两种配分方式进行了比较。

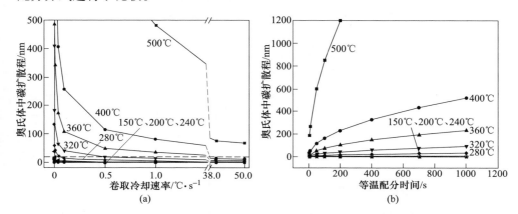

图 10-14　动态配分和等温配分 HRQ&P 工艺下碳扩散程的比较

（a）动态配分 HRQ&P 工艺下的碳扩散程；（b）等温配分 HRQ&P 工艺下的碳扩散程

　　以下分析中的温度参数对于动态配分工艺代表淬火温度，对于等温配分工艺代表配分温度。当温度为 360℃时，两种配分方式均易满足临界碳扩散条件。动态配分方式下，小于 5℃/s 的冷却速率下，碳扩散程可达到 20nm，而等温配分方式下，配分 10s 时，碳扩散程可达到 20nm。当温度升高至 400℃和 500℃时，两种配分方式下，碳扩散程极易达到数百纳米甚至微米，过低的卷取冷速（动态配分）和过长的等温时间（等温配分）均极易造成组织的严重回火，导致碳化物的形成，这就是配分温度不宜过高的原因。当温度降低至 320℃时，动态配分需要 0.5℃/s 以下的冷速完成碳配分过程，而等温配分需要近 50s 的等温来完成碳配分过程，因此 320℃是适宜的温度参数。当温度继续降低至 280℃以下时，对于两种配分方式，配分过程的完成均约束性较强。动态配分时，0.04℃/s 为临界卷取冷却速率，而等温配分时，400s 为临界配分时间，因此在 280℃尚可完成碳配分过程。与之对比，温度低于 240℃时，极低冷速 0.005℃/s（动态配分）和 1000s 的长时间（等温配分）才能保证碳扩散程达到 20nm，因此不适宜作为配分阶段的参数。从该部分的碳扩散数值计算可以看出，两种配分方式在特定参数下是等价的，均可完成 C 原子的迁移过程。实际过程中配分参数的选择需要综合考虑 RA 的稳定效果、组织回火、设备生产效率以及产线布置情况等因素。

　　表 10-1 给出了特定参数条件下通过两种配分方式获得的 RA 体积分数。等温配分可获得 9.2%~10.1%体积分数的 RA，而动态配分获得 7.3%~10.3%体积分数的 RA，二者数值相近，说明动态配分方式可有效地替代等温配分方式。此外，

两种配分方式下 HRQ&P 工艺获得的 RA 体积分数和传统冷轧 Q&P 工艺研究保持一个水平[14~19]，说明了多阶段的等温方式并不是稳定 RA 的必要条件，也凸显出了 HRQ&P 工艺的可行性和优势。

表 10-1　动态配分和等温配分方式下 RA 体积分数比较

等温配分工艺-880-280-325（℃）		动态配分工艺-有弛豫（0.04℃/s）	
配分时间/s	RA 体积分数/%	淬火温度/℃	RA 体积分数/%
15	9.6	200	10.3
45	9.9	240	10.0
150	10.1	280	7.5
500	9.2	320	7.3
1500	9.5	—	—

10.3　高强塑积热轧 Q&P 钢的组织性能调控

10.2 节的热模拟实验研究结果，充分证明了动态碳配分工艺与等温配分工艺的等价性，表明采用 HRQ&P 新型工艺可调控出典型 Q&P 钢组织。但是，该工艺还需要解决以下几个关键科学难题：（1）采用节约型合金设计如何通过控制高温、低温相变以及碳配分效应制备出高性能的实验原型钢；（2）针对低温淬火温度不易控制的共性难题，需要获得较宽的淬火工艺窗口；（3）多相组织调控工艺下软相铁素体的作用及其体积分数的稳定化控制需要阐明。

针对以上问题，该部分以 0.2C-1.6Si-1.6Mn（质量分数,%）为目标成分，采用"多相、多尺度、亚稳相"的组织调控思路，展开了以下几个方面的研究：（1）采用 HRQ&P 工艺调控出马氏体和 RA 的双相热轧 Q&P 钢，研究淬火温度和组织性能之间的关系，并讨论双相热轧 Q&P 钢的淬火工艺窗口；（2）通过控制多阶段冷却路径，引入软相铁素体，获得 F+M/B+RA 的组织类型，讨论多相热轧 Q&P 钢的强塑性机制和高性能工艺窗口；（3）研究铁素体体积分数对力学性能的影响，并基于铁素体的相变动力学特点讨论其体积分数的稳定化控制，提出工艺控制区间；（4）基于 HRQ/B&P 工艺路径的灵活控制，实现 F+M/B+RA 可变相分数的调控，研究低碳钢—钢多级处理的组织性能演变规律。

10.3.1　实验材料与方法

10.3.1.1　双相热轧 Q&P 钢的工艺设计

为了获得马氏体+RA 的双相热轧 Q&P 钢组织，实验钢经过两阶段轧制后直接在线淬火至 $M_s \sim M_f$ 区间。随后，将淬火后的钢板放置于事先预热好的电阻炉内进行随炉冷却，耗时大于 10h。由于淬火温度难以控制，因此和预设炉温有一定偏差，但是均能模拟卷取配分过程。在固定轧制规程下，淬火温度是双相 HRQ&P 工艺下唯一可调控的参数，因此进行了系列淬火温度实验的设计，具体的实验参数列于表 10-2 中。可以看到，淬火温度为 180~380℃，基本覆盖 M_s ~ M_f 温度区间。

表 10-2 双相热轧 Q&P 钢的热轧实验参数

编号	I 开轧温度/℃	I 终轧温度/℃	II 开轧温度/℃	II 终轧温度/℃	终冷温度/℃	冷却方式
QT180	1180	1125	920	880	180	炉冷
QT210	1190	1130	920	870	210	炉冷（预热 330℃）
QT280	1185	1120	920	880	280	炉冷
QT320	1190	1130	920	880	320	炉冷
QT350	1180	1125	920	875	350	炉冷
QT380	1185	1125	920	870	380	炉冷

10.3.1.2 多相热轧 Q&P 钢的工艺设计

该部分以调控多相组织（铁素体+马氏体+RA）为目标，并对比研究双相及多相热轧 Q&P 钢的组织性能差异，在二辊可逆 ϕ450mm 轧机上进行热轧实验。经过弛豫处理的试样命名为 RQT，未经弛豫处理的试样以淬火温度命名，即 QT。表 10-3 中列出了 3 组对照实验的实验参数。

表 10-3 多相热轧 Q&P 钢的热轧实验参数

编号	I 开轧温度/℃	I 终轧温度/℃	II 开轧温度/℃	II 终轧温度/℃	弛豫温度/℃	终冷温度/℃	冷却方式
QT280	1185	1120	920	880	无	280	炉冷
RQT20	1185	1160	920	880	760	室温	无
RQT280	1190	1150	920	880	760	280	炉冷

10.3.2 马氏体+残余奥氏体双相热轧 Q&P 钢的组织性能调控

10.3.2.1 不同淬火温度下实验钢的显微组织

采用双相调控 HRQ&P 工艺，试样经不同淬火温度处理后的扫描形貌如图 10-15 所示。组织为全马氏体基体，并呈现出不同程度的回火。QT180 淬火温度较低，未经回火，马氏体板条连续，基体无明显碳化物。QT210 虽然淬火温度较低，但是配分温度为 330℃，组织呈现出回火特征，马氏体基体上分布着碳化物，如图 10-15（b）箭头所示。随着淬火温度的升高，虽然一次淬火马氏体不断减少，但是在连续冷却过程中，相变和碳配分同时发生，新形成的马氏体继续在缓冷过程中发生回火，因此组织回火程度更为明显，如图 10-15（f）所示。尽管 Q&P 钢成分中加入了抑制渗碳体形成的 Si 元素，但是仍然不可避免的生成一些碳化物，如 η 碳化物[20]。

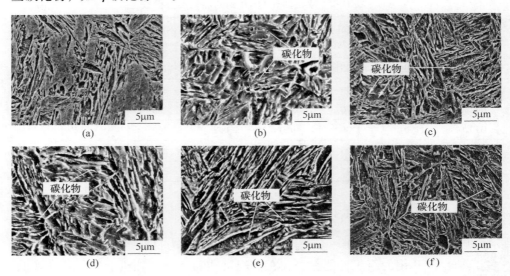

图 10-15　不同淬火温度下试样的 SEM 形貌
(a) QT180；(b) QT210；(c) QT280；(d) QT320；(e) QT350；(f) QT380

为了研究动态碳配分过程对元素分布的影响，选择 QT350 和 QT280 进行 EPMA实验，结果如图 10-16 所示。图 10-16（a）~ 图 10-16（d）为试样 QT350 的面扫结果，图 10-16（a）中的面扫区域包含板条马氏体和一条明显的原始奥氏体晶界。图 10-16（b）显示了该区域的 C 元素分布情况，如实线箭头所示，C 原子富集于马氏体板条间，同时也富集在原奥氏体晶界位置。马氏体板条间富碳是由 C原子从过饱和马氏体迁移至未转变奥氏体导致，而原奥氏体晶界为高密度缺陷位置，给 C 原子提供了扩散通道，有利于 C 原子的配分，因此也出现了碳富集的现象。该结果和文献中 RA 的观察结果一致[21]。由第 2 章中 C 元素扩散程计算可知，元素的扩散行为主要受到激活能、温度及时间的影响，因此实验钢中 Mn、Si 也会发生一定程度的扩散。Mn 易溶于奥氏体，Si 易溶于铁素体，因此 Mn 和Si 会自发的分别向奥氏体和铁素体内扩散。图 10-16（c）所示为 QT350 中 Si 元素分布，可以看出局部富碳的区域呈现出贫 Si 的现象。图 10-16（d）为 QT350中 Mn 元素分布，呈现均匀分布的特点，这是由于 Mn 在低温下不易扩散，而在两相区 Q&P 处理时才有 Mn 元素配分的效果[22~24]。由 M_s 经验公式可知，C、Mn

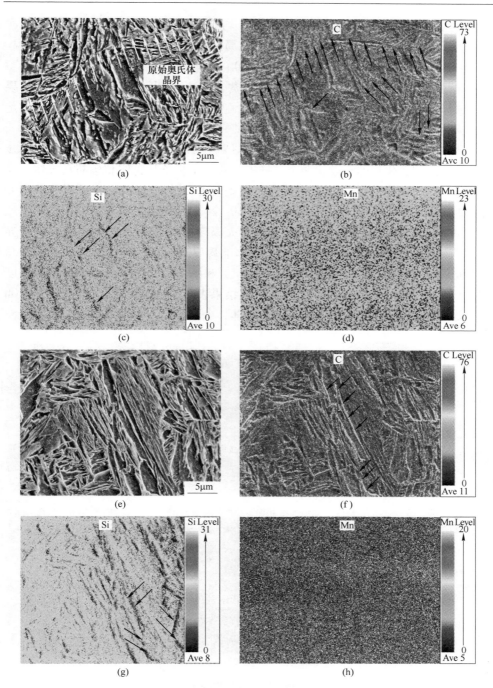

图 10-16 不同淬火温度下试样的元素分布

（a）~（d）QT350 试样中 C、Si 和 Mn 元素的分布；（e）~（h）QT280 试样中 C、Si 和 Mn 元素的分布

（扫书前二维码看彩图）

和 Si 元素均有利于降低 M_s 点，对稳定 RA 均有好处，但是三个元素的作用依次减弱，Si 元素影响甚微。因此，奥氏体内局部贫 Si 仍然不影响其保留至室温。图 10-16（e）~图 10-16（h）显示了 QT280 的元素分布结果，与 QT350 相似，C 元素在马氏体内富集，局部富碳区域出现贫 Si，Mn 元素分布相对均匀。该结果表明试样在淬火至 280℃ 和 350℃ 后的炉冷配分过程，均能为碳元素扩散提供足够的驱动力，从而起到稳定 RA 的作用。

　　试样 QT210 和 QT350 的 TEM 形貌如图 10-17 ~ 图 10-19 所示。图 10-17 中显示了马氏体和碳化物的形貌，两个试样中均获得了板条马氏体和孪晶马氏体。经 TEM 视场统计分析，QT350 中的马氏体板条较 QT210 略微粗大，平均板条尺寸约为 280nm，部分板条达到 400nm，如图 10-17（d）所示，而 QT210 平均板条尺寸约为 200nm。板条尺寸的差异主要由淬火温度以及回火过程中界面迁移所导致[25]。此外，QT210 和 QT350 马氏体基体上均发现有碳化物，呈现棒状，与马氏体板条形成约 45° 的角度，如图 10-17（c）和图 10-17（f）所示。碳化物长度为几十纳米到 400nm，宽度小于 20nm。该结果表明，虽然热轧试样经历长达 10h 的缓慢冷却过程，但是仍然没有形成渗碳体，确保了足够的碳用于稳定奥氏体。

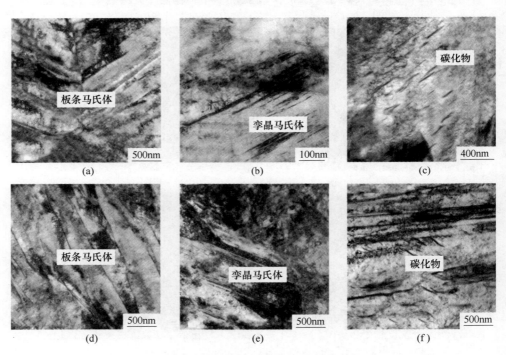

图 10-17　马氏体及碳化物的 TEM 表征
（a）QT210 试样中板条马氏体；（b）QT210 试样中孪晶马氏体；（c）QT210 试样中碳化物；
（d）QT350 试样中板条马氏体；（e）QT350 试样中孪晶马氏体；（f）QT350 试样中碳化物

经双相 HRQ&P 工艺处理后的 RA 主要呈现薄膜状，分布在马氏体板条间和原始奥氏体晶界处。图 10-18 显示了 QT210 和 QT350 马氏体板条间的薄膜状 RA。图 10-18（a）和图 10-18（d）为 RA 的明场像，呈现黑色，图 10-18（b）和图 10-18（e）为 RA[100]（002）γ 下的暗场像，为亮白色。QT210 中薄膜 RA 的宽度约为 130nm，QT350 中薄膜 RA 约为 105nm。当然也存在尺寸非常细小的薄膜 RA，约为 20nm，如图 10-18（d）中实线箭头所示。在暗场下由于曝光度及带轴的细微差异，只显示出了较宽的 RA。

图 10-19 所示为 QT210 和 QT350 原奥氏体晶界或马氏体束边界的 TEM 观察结果，两个试样均在界面处观察到了薄膜 RA，如图中实线箭头所示区域。界面处 RA 的宽度小于 80nm，且小于马氏体板条内 RA 的宽度。图 10-19（d）清楚地显示了马氏体束边界和马氏体板条内相间分布的 RA，分别如实线箭头和虚线箭头所示。这些 RA 的分布特点充分地证明了在缓慢炉冷过程中发生了动态碳配分效应，进而有效地稳定了 RA，同时也表明超低冷速下 RA 并不会发生分解。

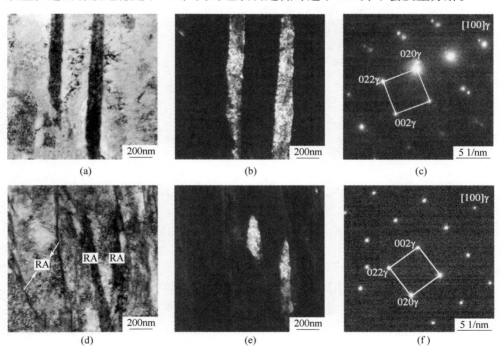

图 10-18　马氏体板条间 RA 的 TEM 观察

（a）~（c）QT210 中薄膜 RA 的明暗场像及衍射斑；（d）~（f）QT350 中薄膜 RA 的明暗场像及衍射斑

试样中 RA 的体积分数及 RA 中碳含量采用 XRD 实验进行定量分析。图 10-20 所示为拉伸变形前，淬火温度在 210~350℃ 内试样的物相衍射峰。经计算，RA 体积分数为 6.5%~10.8%，RA 中 $w[C]$ 为 0.9%~1.2%。从图 10-21 中可以看出，随

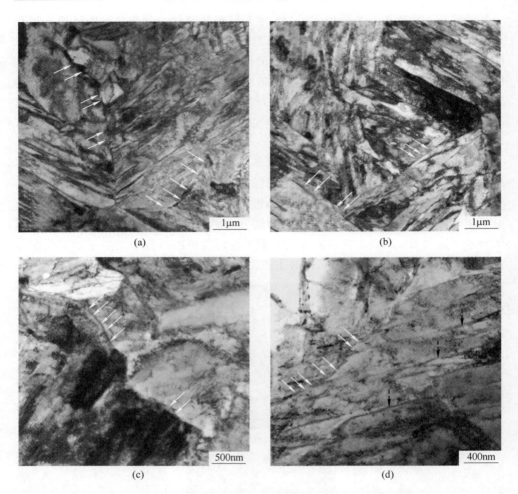

图 10-19　原奥氏体晶界及马氏体板条束界面 RA 的 TEM 观察
(a)~(b) QT210；(c)~(d) QT350

着淬火温度的增加，RA 体积分数以及 RA 中碳含量均有上升的趋势。该结果和
CCE 模型预测相悖，在较高淬火温度下（大于 280℃）仍然获得了大于 8.5% 的
RA，提供了较宽的淬火工艺窗口。图 10-21 (b) 中 QT280 试样中 RA 的 $w[C]$ 较
低，原因为低温缓慢冷却时，C 原子扩散不够充分。而 QT320 和 QT360 的配分时间
较长，RA 中 $w[C]$ 达到 1.2%。但是，在 210~350℃ 内，RA 中 $w[C]$ 在 0.9%~
1.2% 之间，保证了 RA 相似的稳定性。

10.3.2.2　不同淬火温度下实验钢的拉伸性能

不同淬火温度试样的拉伸曲线如图 10-22 所示。虽然组织呈现不同的回火差

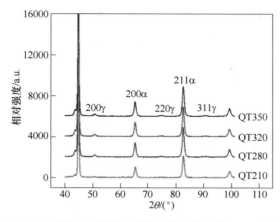

图 10-20 不同淬火温度下试样拉伸变形前的 XRD 衍射峰

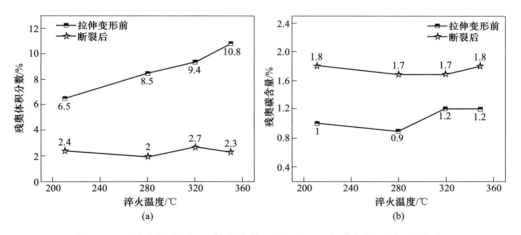

图 10-21 淬火温度对 RA 体积分数 (a) 和 RA 中碳含量 (b) 的影响

异，有部分过渡碳化物的析出，但是所有曲线仍然呈现连续屈服的行为，避免了屈服平台造成的再加工成型能力的下降。详细拉伸性能结果列于表 10-4 中。在 QT 为 180~380℃时，屈服强度（*YS*）为 905~1130MPa，抗拉强度（*UTS*）为 1210~1310MPa，屈强比大于 0.75，断后伸长率（*TE*）为 10%~16%，强塑积（*PSE*）为 13.65~19.39GPa·%。因此，可以总结，这种典型"马氏体+RA"双相热轧 Q&P 钢呈现出高屈服、高抗拉的特点，并且整体伸长率偏低，小于 16%，导致试样的强塑积较低。当然，由于 RA 的 TRIP 效应，该类型热轧 Q&P 钢强塑性显然优于 DP980 和 DP1180 的性能[26,27]。选择 QT 为 210~350℃的试样进行拉伸变形后的 RA 测试，结果如图 10-21 所示。断后试样的 RA 体积分数均低于 3%，表明大多 RA 在拉伸变形中发生了 TRIP 效应，剩余未转变 RA 中碳质量分数较高，超过 1.7%，具有足够高的稳定性。

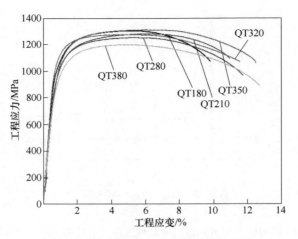

图 10-22　不同淬火温度试样的拉伸曲线

表 10-4　不同淬火温度下试样的力学性能

淬火温度/℃	屈服强度/MPa	抗拉强度/MPa	屈强比	断后伸长率/%	强塑积/GPa·%
180	1100	1300	0.85	10.5	13.65
210	1130	1280	0.88	11.5	14.72
280	985	1250	0.79	13.4	16.75
320	1120	1280	0.88	13.3	17.02
350	1040	1310	0.79	14.8	19.39
380	905	1210	0.75	15.2	18.39

10.3.2.3　双相热轧 Q&P 钢的淬火工艺窗口讨论

在马氏体+RA 的双相热轧 Q&P 钢调控中，淬火温度决定了组织性能的变化规律，进而决定了该工艺是否具备现场生产的可行性。图 10-23 给出了 RA 和拉伸性能随淬火温度的变化。图 10-23（a）显示强度和淬火温度并不是呈现单调变化的关系，抗拉强度较为稳定，出现略微下降然后上升的趋势，取决于 Q&P 钢中一次淬火马氏体和新生马氏体的协同作用。淬火温度越低时，一次淬火马氏体体积分数多且马氏体板条细小，因而呈现较高的强度，而淬火温度较高时新生马氏体体积分数增加，也有利于提高强度。因此本实验中 QT350 获得了最高的抗拉强度，为 1310MPa，但是新生马氏体在后续降温过程中也会发生回火软化，导致强度下降，如 QT380 强度下降至 1210MPa。最终，由于一次淬火马氏体和新生马氏体的相互制约作用，几个淬火温度下抗拉强度差异不大，提供了较宽的淬火温度窗口。屈服强度对淬火温度变化较为明显，位错密度、碳化物以及马氏体板条均对屈服强度有较大影响。低温淬火时屈服强度高，如 QT210 的屈服强度为 1130MPa。随着淬火温度的升高，屈服强度先下降而后又升高，在过高淬火温度时又下降，如 QT380 下降至 905MPa。图 10-23 （b）显示了一个有趣的变化趋势，RA、断后伸长率及强塑积均随淬火温度呈现单调上升的趋势。在 210～350℃ 的淬火温度区间内，RA 体积分数逐渐上升且均能有效地发生 TRIP 效应，这是导致塑性和强塑积增加的原因。同时，可以总结，280～380℃ 为双相 HRQ&P 处理的工艺窗口，此时组织中 RA 体积分数大于 8.5%，实验钢具有良好的塑性，强塑积大于 16GPa·%。

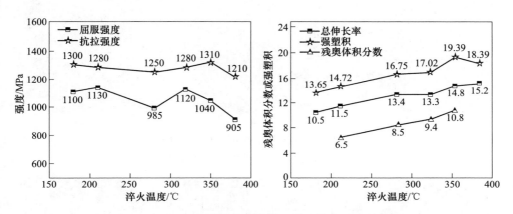

图 10-23 双相热轧 Q&P 钢拉伸性能和淬火温度的关系

总结以上结果，双相热轧 Q&P 钢在生产上具备可行性，但是整体表现出强塑性不匹配的问题，强度过高，塑性低于 20%，导致强塑积不能超过 20GPa·%，具有进一步优化的空间。

10.3.3　铁素体+马氏体+残余奥氏体多相热轧 Q&P 钢的组织性能调控

10.3.3.1　铁素体对碳配分行为及变形机制的影响

图 10-24 所示为 QT280、RQT20 及 RQT280 三个热轧试样的 SEM 形貌。QT280 为全马氏体基体，组织有轻微回火。RQT20 试样经弛豫处理后直接淬火至室温，组织由铁素体和马氏体组成，其中马氏体未经回火，板条结构不清晰。RQT280 试样结合了 QT280 和 RQT20 的工艺，因此包含铁素体和马氏体基体。同时，RQT280 因铁素体的引入，分割了马氏体区域，导致马氏体块有较小的尺寸。

由上文可知多相 HRQ&P 工艺处理后的试样含有较多的 RA，而碳浓度分布是决定 RA 的关键，因此图 10-25 对比分析了 QT280、RQT20 及 RQT280 三个试样的碳浓度分布情况。可以看出 QT280 碳主要富集在马氏体板条内部区域，如图

10-25（b）所示，RQT20 虽然未经配分处理，但是引入铁素体后碳富集在铁素体边界区域。该结果表明，虽然铁素体为高温相变，但是排出的碳仍然没有在奥氏体内均匀扩散，将该现象称为铁素体的一次碳配分行为[28]。最终，RQT280 碳富集在马氏体板条间和铁素体边界两个区域，结合 QT280 及 RQT20 的特点，如图 10-25（f）所示。这就是图 10-23 中试样经弛豫处理后获得更多 RA 的原因。

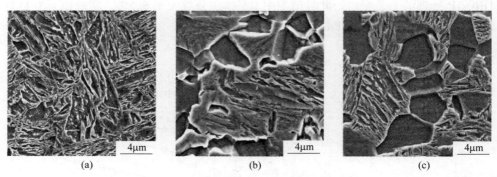

图 10-24　不同工艺处理下试样的 SEM 形貌
(a) QT280；(b) RQT20；(c) RQT280

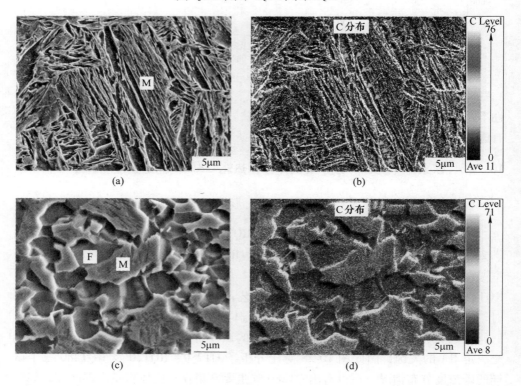

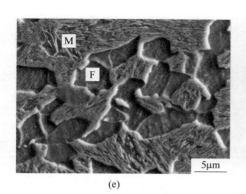

图 10-25 不同工艺处理下试样的碳元素分布

(a)~(b) QT280；(c)~(d) RQT20；(e)~(f) RQT280

（扫书前二维码看彩图）

图 10-26 采用 TEM 观察了 RQT280 中精细结构，包括铁素体、马氏体以及 RA 等相。图 10-26（a）为高密度位错马氏体，经测量该区域马氏体板条的宽度约为 150nm，低于双相处理中 QT210 和 QT350 中板条的宽度，表明铁素体对原奥氏体的分割有效地细化了板条宽度。图 10-26（b）显示了一个被铁素体分割后的 2μm 马氏体块，可以观察到马氏体板条极细，仅为 60nm。这些超细的纳米马氏体板条有利于提升材料的强度，从而在一定程度上弥补软相铁素体导致的强度下降。图 10-26（c）中显示了铁素体晶粒内部的位错分布，靠近马氏体界面的位置有较多 GNDs[29]。这些位错为可动位错，能在材料变形初期开动，有利于降低热轧 Q&P 钢的屈服强度。图 10-26（d）~图 10-26（f）显示了马氏体板条间的纳米级薄膜状 RA，形态分布和双相 HRQ&P 中相似，同时通过透射可以进一步明确 RA 和马氏体板条间满足 {111}γ//{110}α、<110>γ//<001>α 的关系。此外，除了薄膜状 RA，在 RQT280 中还观察到块状的 RA 分布于铁素体晶粒内和铁素体/马氏体界面处，尺寸覆盖纳米级到亚微米级，但平均宽度大于薄膜 RA。

图 10-27 对比了三个试样的 RA 体积分数和 RA 中碳含量。由于拉伸变形后基本观察不到奥氏体衍射峰，因此图 10-27（a）只给出了拉伸前三个试样的 XRD 衍射峰，其中 RQT280 的奥氏体衍射峰最为明显。经计算，QT280、RQT20 及 RQT280 三个试样中 RA 体积分数分别为 8.5%、4.5% 和 11.3%，表明铁素体一次碳配分和动态碳配分机制的结合能显著提高 RA 的体积分数。图 10-27（c）中给出了 RA 中碳质量分数，其中 RQT280 中 RA 碳质量分数较高，为 1.3%。

三个试样的拉伸曲线和加工硬化曲线绘制于图 10-28 中，其中加工硬化曲线采用 Hollomon 公式分析[30]。图 10-28（a）反映出三个试样均呈现连续屈服的特点，经多相 HRQ&P 处理后强度有一定程度地降低。如表 10-5 所示，RQT280 的

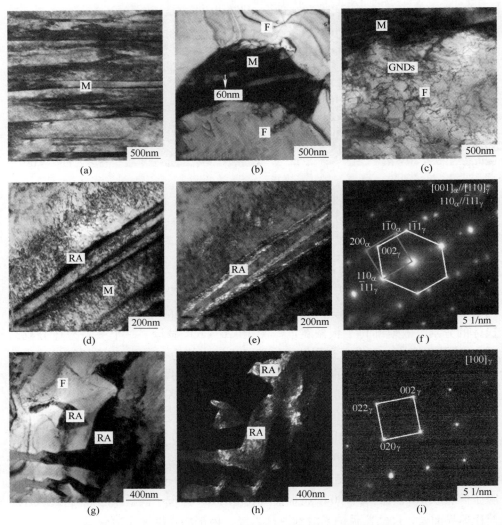

图 10-26　RQT280 中马氏体、铁素体及 RA 的 TEM 观察

（a）板条马氏体；（b）铁素体内小块马氏体岛；（c）铁素体内位错观察；

（d）~（f）薄膜 RA 的明场像、暗场像及选区衍射；

（g）~（i）块状 RA 的明场像、暗场像及选区衍射

屈服强度为 605MPa，抗拉强度为 1070MPa，相较于 QT280 屈服强度下降 380MPa，而抗拉强度仅降低 180MPa，这是因为 RQT280 中大量超细的马氏体板条，保证了实验钢的抗拉强度。最终 RQT280 试样的屈强比低至 0.57，有利于后续钢材的冷加工成型。此外，三个试样伸长率有显著的差异，RQT20 虽然引入铁素体，但是试样未经配分处理，同时马氏体为淬火态，伸长率仅为 8.8%，而

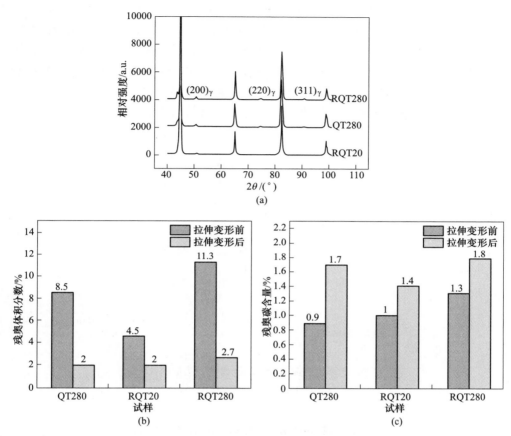

图 10-27 双相及多相热轧 Q&P 钢拉伸前后的 RA 对比

（a）拉伸变形前 XRD 衍射峰；（b）拉伸前后 RA 体积分数；（c）拉伸前后 RA 中碳含量

RQT280 的伸长率大幅度提升，达到 21.4%，强塑积达到 22.8GPa·%，相较于双相 QT280 试样提升了近 37%。图 10-28（b）反映了拉伸过程中三个试样的加工硬化行为，当真应变在 0.01 左右时，QT280 和 RQT20 具有较高的瞬时加工硬化指数（n_i），因为全马氏体基体和淬火态马氏体保留了较多的位错，位错间的交互作用使其具有较高的初始 n_i[31]。随着应变值的增大，RQT20 和 RQT280 始终保持较高的 n_i，而 QT280 的 n_i 逐渐下降，这是由不同的 TRIP 效应所导致。RQT280 试样中具有纳米和亚微米级别的复合型 RA，而 QT280 仅含有马氏体板条间的薄膜 RA，研究表明块状的 RA 稳定性较薄膜 RA 稳定性低，在变形初期会发生 TRIP 效应[9]。因此，可以看到在真应变为 0.01～0.04 时，RQT20 和 RQT280 试样均保持较高的 n_i，超过 0.2。薄膜 RA 因自身细小的尺寸和马氏体板条的静水压力而具有较高的稳定性，在变形中后期发生 TRIP 效应，因而可见

RQT280 在真应变 0.04~0.1 之间的 n_i 始终保持大于 0.14，有效地提升了均匀变形段的长度。三个试样中的 RA 在变形过程中均充分发生了 TRIP 效应，由图 10-28 可知变形后 RA 体积分数小于 3%，剩余的 RA 中碳含量较高，过于稳定。正是由于 RQT280 组织中软硬相的协调变形和复合型亚稳 RA 的共同作用才使得该试样在高抗拉强度下，伸长率大幅度提升，进而获得了优异的力学性能。该结果证明了采用多相 HRQ&P 调控工艺能更进一步地挖掘材料的潜能，实现低合金下高性能的调控。

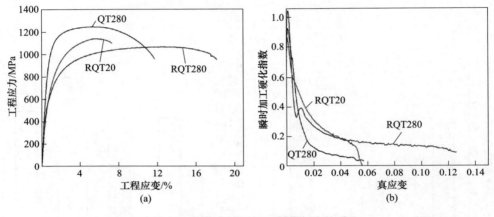

图 10-28　拉伸曲线及加工硬化行为的对比

（a）拉伸曲线；（b）加工硬化曲线

表 10-5　双相和多相热轧 Q&P 钢的力学性能对比

淬火温度/℃	屈服强度/MPa	抗拉强度/MPa	屈强比	断后伸长率/%	强塑积/GPa·%
QT280	985	1250	0.79	13.4	16.75
RQT20	648	1110	0.58	8.8	9.77
RQT280	605	1070	0.57	21.4	22.90

对 RQT280 拉伸断口试样进行 TEM 观察，发现大量的块状孪晶马氏体位于铁素体和马氏体界面，如图 10-29（a）和图 10-29（b）所示，同时也观察到分布于铁素体晶粒内部的孪晶马氏体，如图 10-29（c）所示，块状 RA 在拉伸变形中发生了 TRIP 效应。此外，观察了 RQT280 试样中薄膜 RA 的变形行为，如图 10-30（a）~图 10-30（c）所示，纳米级薄膜 RA 在拉伸变形过程中也转变成了孪晶马氏体。这种多尺度复合型的 RA 是多相热轧 Q&P 钢实现高性能的关键。

10.3.3.2　多相热轧 Q&P 钢的淬火工艺窗口讨论

该部分以相同弛豫过程为前提，即将试样空冷至 760~770℃，引入约 25% 体

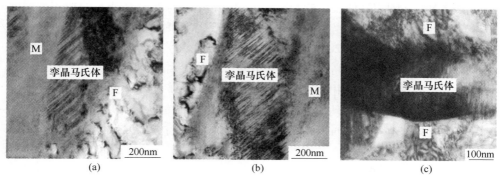

图 10-29 拉伸变形后 RQT280 中块状 RA 发生 TRIP 效应后的 TEM 观察

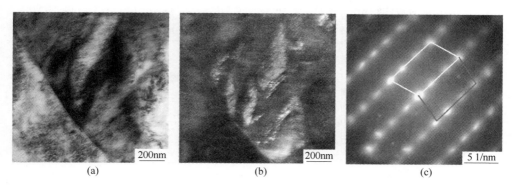

图 10-30 拉伸变形后 RQT280 中薄膜 RA 发生 TRIP 效应后的 TEM 观察

积分数的铁素体，对 20~400℃ 淬火温度区间的组织性能进行讨论，并与双相热轧 Q&P 钢进行对比。表 10-6 中列出了多相热轧 Q&P 钢在不同淬火温度下的力学性能及 RA 体积分数。可以看到，在 20~390℃ 内屈服强度为 542~740MPa，相比于双相热轧 Q&P 钢下降较多，而抗拉强度仍然保持较高，为 983~1190MPa。为了明确力学性能和淬火温度的关系，将力学性能随淬火温度的变化绘制于图 10-31 中。图 10-31（a）显示了强度随淬火温度的变化，在低温段淬火时（低于 280℃），抗拉强度基本超过 1100MPa，而 280~390℃ 之间抗拉强度略有下降，但是保持相对平稳，为 980~1070MPa。屈服强度随淬火温度变化规律略有不同，呈现先下降而后上升的趋势。当淬火温度大于 340℃ 时，多个试样屈服强度超过 650MPa，这是因为高温淬火后缓冷过程中组织回火严重，提高了材料的屈服强度。此外，在 280~390℃ 间，屈服强度保持在 600~700MPa 之间，相对稳定。从该变化规律可以总结出，在 280~M_s 温度区间内，强度保持相对稳定，并且该温度区间有利于碳配分过程的充分进行。图 10-31（b）所示为 RA、伸长率和强塑积随淬火温度的变化，三者均随着淬火温度的增加而上升。当强度较为均匀的时候，实验钢的强塑积受伸长率的影响较大，而伸长率主要受到 RA 的控制，因此三者表现出相似的变化趋势。在淬火温度低于 200℃ 时，RA 体积分数、伸长率和强塑积均较低，而大于 200℃ 后三者均显著增加，原因为高的淬火温度能提供充足的碳配分动力，可提高 RA 的体积分数。当淬火温度超过 280℃ 后，RA 体积分数均大于 11%，且保持相对稳定，在 11.3%~15.6% 之间。此时，实验钢的伸长率均大于 20%，强塑积均大于 22GPa·%，特别是淬火温度为 320℃ 和 390℃ 时，强塑积甚至超过 26GPa·%。因此，可进一步确定 280℃~M_s 温度区间为多相热轧 Q&P 钢的高性能工艺窗口。该工艺窗口大于 100℃，可为高性能热轧 Q&P 钢的工业化生产提供指导。

表 10-6　不同淬火温度下多相热轧 Q&P 钢的力学性能（弛豫温度：760℃）

淬火温度/℃	屈服强度/MPa	抗拉强度/MPa	断后伸长率/%	强塑积/GPa·%	RA 体积分数/%
20	648	1110	8.8	9.77	4.5
150	740	1140	8.25	9.4	3.5
168	680	1010	16	16.16	4.2
200	542	1123	15.8	17.74	—
215	605	1190	18.3	21.78	10.4
230	575	1170	15.5	18.14	—
280	605	1070	21.4	22.9	11.3
320	630	1030	26	26.78	14
340	695	985	23	22.66	12.3
365	680	993	24.3	24.13	12.5
380	615	995	23.8	23.68	12.4
390	675	983	27.1	26.61	15.6

　　图 10-31（c）和图 10-31（d）对比分析了双相热轧 Q&P 钢和多相热轧 Q&P 钢的组织性能差异。由图 10-31（c）可以看出，试样经过弛豫处理后，由于软相铁素体的引入，屈服强度显著降低，而抗拉强度和双相热轧 Q&P 钢的屈服强度保持一个水平。图 10-31（d）对比了两种工艺下的 RA 体积分数和强塑积，在任意淬火温度下多相热轧 Q&P 钢含有更大体积分数的 RA（一般大于 10%），并且强塑积远远超过双相热轧 Q&P 钢。此外，多相热轧 Q&P 钢的高性能工艺窗口大于 100℃，而双相热轧 Q&P 钢虽然也具有较宽的工艺窗口，但是其强塑性不匹配导致了较低的强塑积。

　　综上，从力学性能以及组织稳定性控制方面表明了 HRQ&P 工艺的可行性。通过对比研究，表明了多相热轧 Q&P 钢的优势，相较于双相热轧 Q&P 钢，其 RA 体积分数大幅度提升，并且获得了大于 100℃ 的高性能工艺窗口（$PSE >$

22GPa·%）。该新工艺路线解决了传统冷轧 Q&P 钢以及 DQ&P 钢中低温淬火温度不易控制的难题，为高性能热轧 Q&P 钢的生产提供了较为宽松的工艺条件。

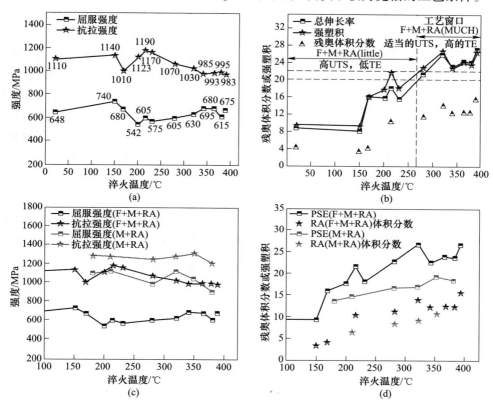

图 10-31　双相和多相热轧 Q&P 钢的淬火工艺窗口比较

（a）多相热轧 Q&P 钢强度和淬火温度的关系；（b）多相热轧 Q&P 钢伸长率、
RA 及强塑积和淬火温度的关系；（c）双相及多相热轧 Q&P 钢的强度的比较；
（d）双相及多相热轧 Q&P 钢的强塑积和 RA 比较

10.3.3.3　铁素体体积分数对力学性能的影响及稳定化控制

在多相 HRQ&P 工艺调控中，除了淬火温度是关键点之外，弛豫温度决定了铁素体的尺寸及体积分数等，对力学性能也有重要的影响。因此，探究铁素体最佳的引入量，并找到其相变不敏感的温度区间，进而实现铁素体体积分数的稳定控制也极其重要。

表 10-7 中列出了试样经不同弛豫温度处理后组织中的铁素体体积分数以及对应的力学性能。试样未经弛豫处理时，硬相马氏体基体表现出高屈服的特点，屈服强度大于 985MPa，伸长率较低，一般小于 15%。当空冷至 800~810℃时，

组织中包含体积分数为 20%~23% 的铁素体，试样屈服强度降低至 670~700MPa，抗拉强度超过 1000MPa，并且塑性大幅度提升，超过 20%，导致强塑积超过 21GPa·%。当弛豫温度继续降低至 770℃ 和 760℃ 时，铁素体体积分数增加，但不超过 30%。由图 10-31 可知 760~810℃ 温度区间避开了铁素体的快速相变区，因而体积分数变化幅度较小。同时，该区域内不同淬火温度下试样的屈服强度在 600~700MPa，较为稳定。在 760~770℃ 区间内，试样的强塑积进一步增加，超过 22.9GPa·%。随着弛豫温度继续降低至 740℃ 和 720℃ 时，由于该温度处于铁素体快速相变区间，因此铁素体体积分数急剧增加，大于 40%，并在 720℃ 时高达 46.5%。可以看到，此时实验钢的屈服强度较低，部分小于 500MPa，同时伸长率并没有明显地提升，强塑积略有降低，但仍然大于 20GPa·%。从以上结果可以看出，引入软相铁素体后能显著提升材料的塑性，但是铁素体体积分数并不是越多越好，当铁素体体积分数为 20%~30% 时，可以实现强塑性的最佳匹配，进而获得高的强塑积。同时，基于铁素体转变的动力学特性，该研究表明空冷弛豫下 760~810℃ 为铁素体体积分数稳定控制的工艺区间。

表 10-7　铁素体体积分数对力学性能的影响

淬火温度 /℃	弛豫温度 /℃	铁素体/%		屈服强度 /MPa	抗拉强度 /MPa	伸长率 /%	强塑积 /GPa·%
		测量值	计算值				
210	870	0	0	1130	1280	11.5	14.72
280	880	0	0	985	1250	13.4	16.75
350	875	0	0	1040	1310	14.8	19.39
330	810	19.5±2.6	34	670	1040	20.5	21.32
270	800	22.8±2.1	38	700	1140	19.5	22.23
340	800	20.5±3.4	38	675	1120	20.3	22.74
365	770	24.2±1.9	54	680	993	24.3	24.13
380	770	27.3±4.0	54	615	995	23.8	23.68
280	760	28.2±1.2	58	605	1070	21.4	22.90
310	740	40.0±2.0	65	480	1050	22.2	23.31
270	720	46.5±1.9	70	510	1110	18.8	20.87
290	720	45.0±1.4	70	470	1040	19.0	19.76

10.3.4　100HRQ/B&P 工艺的控制要点及一钢多级的制备

采用 HRQ&P 工艺后可以利用一种实验钢成分调控出双相和多相的热轧 Q&P 钢组织。这些组织由于不同配比的铁素体、马氏体和 RA 相，表现出了多样化的力学性能，实现了热轧 Q&P 钢性能的灵活调节，即达到了一钢多级的效果，这使得热轧 Q&P 钢可满足不同的应用需求。前述小节调控的组织中硬相基体以马氏体为主，获得的实验钢展现出高级别的强度，大于 980MPa，而采用 HRB&P 工艺还可以获得贝氏体为基体的多相组织，强塑性覆盖范围将更为广泛。

表 10-8 中列出了经 HRB&P 工艺处理试样的工艺参数及力学性能。本次 HRB&P 工艺处理采用的成分为 0.2C-1.54Si-1.68Mn（质量分数，%）。图 10-31 中显示了试样 BP1、BP2、BP3 及 BP5 的金相组织。随着弛豫温度的降低，铁素体体积分数逐渐增加。由于先共析铁素体体积分数只受到弛豫温度的影响，因此其变化规律和表 10-7 中类似。BP1、BP2 和 BP3 的基体组织均为粒状贝氏体，并且由于 BP3 的淬火温度高达 580℃，组织中出现了少量的珠光体，如图 10-32（c）中圆圈所示。由于 BP5 的淬火温度较低，为 430℃，因此贝氏体以板条状为主。

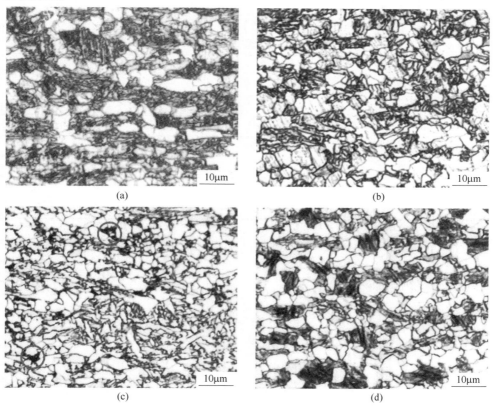

图 10-32　经 HRB&P 工艺处理试样的金相组织
（a）BP1；（b）BP2；（c）BP3；（d）BP5

图 10-33 为 RQT320 试样和部分 BP 试样的拉伸曲线，其中 RQT320 为表 10-6 中试样。HRB&P 处理工艺参数及力学性能见表 10-8。BP1 由于铁素体体积分数

较少，展现出最高的屈服强度 665MPa。BP2 铁素体体积分数较多且淬火后经炉冷，因此屈服强度和抗拉强度均较低。BP3 虽然具有较高的淬火温度，但是采用空冷配分方式，因此抗拉强度较高，为 985MPa，伸长率降低至 25%，强塑积仍然达到 24.63GPa·%。BP4、BP5 及 BP6 的淬火温度为 420~450℃之间，抗拉强度保持较高，但是其屈服强度较低，均小于 500MPa，伸长率小于 23%。总结 HRB&P 工艺，在较低强度级别时，如 BP1 和 BP2，其塑性相较于 RQT 试样有提高，尤其是均匀延伸率。从图 10-33 可以看出，RQT320 的均匀延伸率约为 15%，而 BP1 和 BP2 均匀延伸率接近 20%，断后伸长率也提升 3%~5%，导致 HRB&P 试样强塑积超过 25GPa·%。较高强度级别的 HRB&P 试样，如 BP3~BP6，强塑性与 RQT 试样相当，但是屈服强度下降较多。因此，可以看到采用 HRB&P 工艺可实现更低强度级别的覆盖，如 850MPa 及 900MPa，同时试样仍然具有良好的强塑性。

表 10-8　HRB&P 处理工艺参数及力学性能

编号	弛豫温度 /℃	淬火温度 /℃	冷却方式	屈服强度 /MPa	抗拉强度 /MPa	伸长率 /%	强塑积 /GPa·%
BP1	820	540	炉冷	665	900	28.5	25.65
BP2	780	530	炉冷	440	880	32.4	28.50
BP3	780	580	空冷	430	985	25.0	24.63
BP4	760	450	炉冷	475	1020	21	21.4
BP5	740	430	炉冷	480	1050	22.3	23.4
BP6	740	420	炉冷	495	1060	22.1	23.4

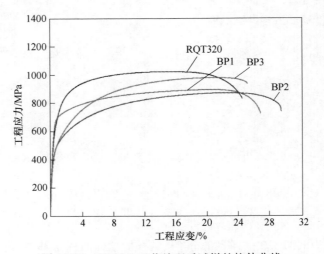

图 10-33　HRB&P 工艺处理后试样的拉伸曲线

采用 HRQ/B&P 工艺实现了以 0.2C-1.6Si-1.6Mn（质量分数,%）为核心成分的一钢多级调控，抗拉强度级别覆盖 850~1350MPa，屈服强度可灵活调节。图 10-34 将所有试样的力学性能与淬火温度、弛豫处理温度建立了二维关系图，帮助明确高性能工艺区间。图 10-34（a）和图 10-34（b）显示了屈服强度和抗拉强度的分布，二者相似度并不高。屈服强度在弛豫温度低于 740℃ 和淬火温度大于 400℃ 均出现了较低值（小于 500MPa），如图中深蓝色区域所示，而抗拉强度仅在淬火温度大于 500℃ 后才出现较低值（小于 950MPa），表明淬火温度是影响抗拉强度的主要因素。图 10-34（c）和图 10-34（d）显示了伸长率和强塑积的分布特点，二者呈现极其相似的分布，并且强塑积与抗拉强度之间并无明显对应关系。观察图 10-34（c）发现高塑性（大于 20%）受到淬火温度和弛豫温度的共同限制，出现在弛豫温度低于 800℃ 且淬火温度高于 280℃ 间的区域，但是当淬火温度增加至 400℃ 以上时，高塑性范围得到扩展，对弛豫温度的依赖逐渐

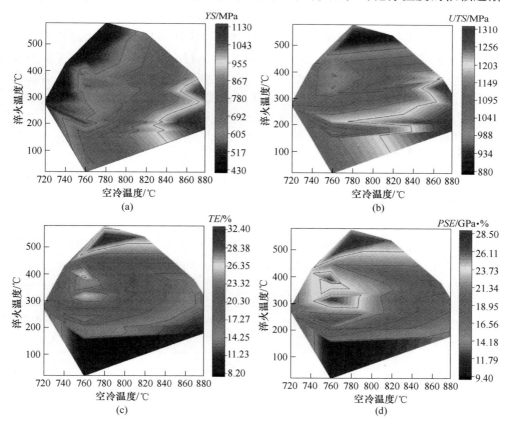

图 10-34　工艺参数和力学性能的关系

（a）屈服强度；（b）抗拉强度；（c）断后伸长率；（d）强塑积

（扫描书前二维码看彩图）

降低。该结果表明了在以马氏体为基体时，充分配分和引入软相铁素体是高塑性的先决条件，而以贝氏体为基体时，塑性对铁素体的依赖性并不强。塑性的分布进一步决定了强塑积的分布，如图 10-34（d）所示，可以明显观察到在淬火温度 280~400℃ 且弛豫温度 740~810℃ 间存在一个高强塑积区域，即为 HRQ&P 处理的工艺窗口。同时在淬火温度高于 400℃ 也存在一个高强塑积区域，并且不受弛豫温度的影响，该区域为 HRB&P 处理的工艺窗口。

10.4　碳配分热动力学行为及残余奥氏体稳定化机理研究

2003 年，Speer 提出了纯热力学的 CCE 模型，用于预测 RA 体积分数的变化，进而指导 Q&P 处理的工艺参数选择。而后有较多学者进一步考虑动力学及竞争机制的影响，也获得了较多宝贵的数据。但是，现有研究仅仅停留在等温配分方式下的元素扩散及界面迁移行为，关于 HRQ&P 工艺下的连续冷却过程中的配分机制尚未有相关研究报道。此外，现有配分模型主要聚焦于马氏体和奥氏体之间的关系，极少协同考虑铁素体、马氏体及奥氏体多相组织的全流程配分效应。因此，非常有必要研究多相热轧 Q&P 钢全流程的碳配分行为，这主要涵盖以下几个问题：（1）将铁素体相变的一次碳配分行为进行独立计算，耦合二次动态碳配分行为，进行 RA 体积分数的协同计算；（2）基于 CCE 模型，进一步考虑动态配分动力学，进而准确预测 RA 的体积分数。

10.4.1　实验材料与方法

实验用钢成分为 0.19C-1.6Si-1.6Mn（质量分数,%），采用 DIL805 设备精确控制实验参数以研究多相 Q&P 钢中淬火温度和卷取冷速对 RA 的影响。实验参数见表 10-9，实验分为两组：（1）第一组的弛豫温度为 760℃，卷取冷速为 0.05℃/s，研究淬火温度（240~360℃）的影响；（2）第二组的弛豫温度为 760℃，淬火温度为 320℃，研究卷取冷速（0.05~10℃/s）的影响。

表 10-9　DIL805 相变仪模拟实验的参数

编号	I 压缩变形温度/℃	I 压缩变形量/mm	II 压缩变形温度/℃	II 压缩变形量/mm	弛豫温度/℃	淬火温度（QT）/℃	冷却速率 $v/℃ \cdot s^{-1}$
QT240	1080	4	920	2.4	760	240	0.05
QT280	1080	4	920	2.4	760	280	0.05
QT320	1080	4	920	2.4	760	320	0.05
QT360	1080	4	920	2.4	760	360	0.05
CR0.05	1080	4	920	2.4	760	320	0.05
CR0.1	1080	4	920	2.4	760	320	0.1

编号	I 压缩变形温度/℃	I 压缩变形量/mm	II 压缩变形温度/℃	II 压缩变形量/mm	弛豫温度/℃	淬火温度（QT）/℃	冷却速率 v/℃·s^{-1}
CR0.5	1080	4	920	2.4	760	320	0.5
CR1	1080	4	920	2.4	760	320	1
CR5	1080	4	920	2.4	760	320	5
CR10	1080	4	920	2.4	760	320	10

10.4.2 动态碳配分行为的实验研究

10.4.2.1 动态碳配分过程的相变行为观察

不同冷速下试样在动态配分过程中的膨胀曲线如图 10-35 所示。该曲线不同于常规低碳钢的情况，出现多个转变点。从图 10-35（a）可以看出，当试样 CR0.05 以 0.05℃/s 的冷速从 320℃ 冷却到 150℃ 时，膨胀曲线出现 4 个转变点，在每个点膨胀量出现少许的上升，这是由 FCC 结构转变为 BCC 结构所造成。根据马氏体相变的机理，一旦有过冷度时，就应发生马氏体相变。因此，在连续冷却过程中应该发生连续的马氏体相变，而不是间断的多阶段相变。这一观察结果

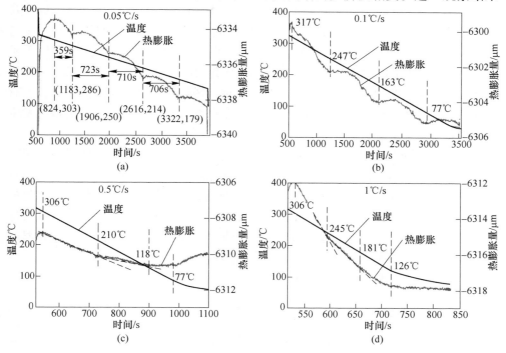

图 10-35 不同冷速下动态配分阶段的膨胀量曲线（QT＝320℃）

表明，一定存在一些新机制作用在其中。考虑到碳配分的进行，推测原因为连续冷却时碳配分改变了未转变奥氏体的 M_s。因此，观察到的新现象是相变和碳配分的综合效应。

随着卷取冷却过程的进行，未转变奥氏体迅速富碳，导致 M_s 减小到一特定值。当卷取冷却温度高于 M_s 点时，则不会发生马氏体转变。仅当卷取温度低于 M_s 时，才能观察到膨胀曲线的突然上升，即马氏体转变。另一种情况是碳配分较慢时，M_s 始终高于卷取冷却温度，碳配分和马氏体转变则会同时发生。以上两种情况取决于淬火温度（当前温度为 320℃）和卷取冷却速率。图 10-35（a）揭示的碳配分和相变行为属于第一种情况。膨胀曲线在 286℃ 时第一次突然上升，表明配分过程极快，使得未转变奥氏体的 M_s 点降低至 286℃ 左右。当且仅当卷取温度降低至 286℃ 后才发生马氏体相变。根据 M_s 经验公式[32]，未转变奥氏体的 M_s 为 286℃ 时，其平均 $w[C]$ 为 0.45%，把这一过程称为第一阶段碳配分。随后的第二阶段碳配分与第一阶段相似。最终，CR0.05 在卷取冷却过程中发生了多阶段的相变。从 320℃ 冷却到 179℃ 时，奥氏体中的平均 $w[C]$ 从 0.19% 逐渐增加到了 0.71%，这反映了动态配分期间未转变奥氏体中的碳富集过程。根据 XRD 测量，RA 中的最终 $w[C]$ 高于 1%。当卷取冷却速率增加时，碳配分和相变将同时发生。由于较高的冷却速率，马氏体转变在达到配分平衡状态之前发生。随着马氏体转变的进行，奥氏体体积分数逐渐减少，因此马氏体、奥氏体和碳化物中等效碳化学势在不断发生改变，又会促进新的配分过程。当卷取冷却速率为 0.1℃/s 时，也观察到膨胀曲线的突然上升，但是在 247~317℃ 之间的曲线不平直。与图 10-35（a）相比，在 247℃ 之前，碳配分和马氏体转变同时发生。当卷取冷却速率进一步提高到 0.5℃/s 和 1℃/s 时，膨胀曲线出现显著的差异，没有多阶段相变行为，但是膨胀曲线不平直，表明碳配分和相变的竞争行为持续发生到室温。

上述两种膨胀曲线揭示了碳配分和马氏体转变的耦合效应。当碳扩散的驱动力足够大时，出现多阶段相变行为，否则发生连续转变。此外，卷取冷却速率对碳化物和贝氏体也有较大的影响。低冷却速率有利于碳配分，但也促进碳化物的形成，从而消耗用于稳定奥氏体的碳。但是，实验钢含有 1.5% Si，可以有效抑制碳化物的形成，因此不会造成 RA 体积分数的明显变化。当 M_s 低于卷取温度时，试样在贝氏体相变区域缓慢冷却，可能发生贝氏体转变，因此膨胀曲线也并不平直，如图 10-35（a）和图 10-35（b）所示。

10.4.2.2　卷取冷却速率对碳配分行为的影响

图 10-36 所示为不同冷速下试样的扫描形貌，4 个试样的组织类型相同，均由铁素体、马氏体/贝氏体、马奥岛及 RA 组成。同时，观察到贝氏体依附马氏

体生长的情况，如图 10-36（a）和图 10-36（d）所示。经低倍 SEM 形貌统计，铁素体的体积分数约为 23%。

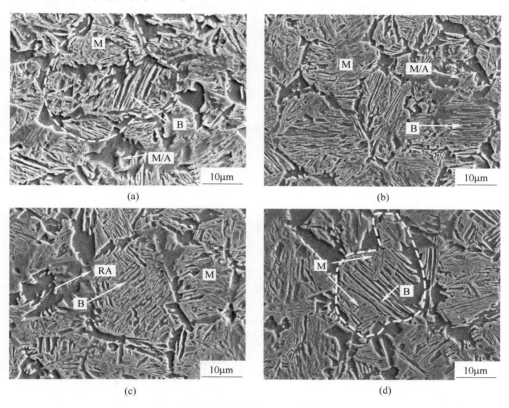

图 10-36 不同冷速下试样的 SEM 形貌（QT=320℃）

(a) 0.05℃/s；(b) 0.1℃/s；(c) 0.5℃/s；(d) 1℃/s

冷却速率作为动态配分关键的动力学参数，影响了碳扩散行为，从而决定了 RA 的状态。图 10-37 通过 EPMA 研究了不同冷速下碳浓度的分布。如图 10-37（a）所示，当冷速为 0.05℃/s 时，可以明显观察到两种不同的富碳区，即马氏体板条间的薄膜富碳区（白色箭头）和 M/F 界面或铁素体中的块状富碳区（虚线箭头）。当冷却速率增加时，碳浓度的分布发生改变，薄膜状富碳区的碳浓度逐渐降低。在 5℃/s 和 10℃/s 时，没有明显的薄膜状富碳区，如图 10-37（e）和图 10-37（f）所示，表明高冷却速率下碳配分不充分。尽管如此，在 10℃/s 冷却的样品中，贝氏体区域内出现少量薄膜富碳区，如图 10-37（f）箭头所示，这是因为 40℃/s 的快冷过程中形成了少量高温贝氏体，促进了碳的配分。此外，在 5℃/s 和 10℃/s 的高冷速下，界面处的块状富碳区仍然存在，表明铁素体相变造成的碳富集行为几乎不受动态配分的影响。这些块状富碳区在淬

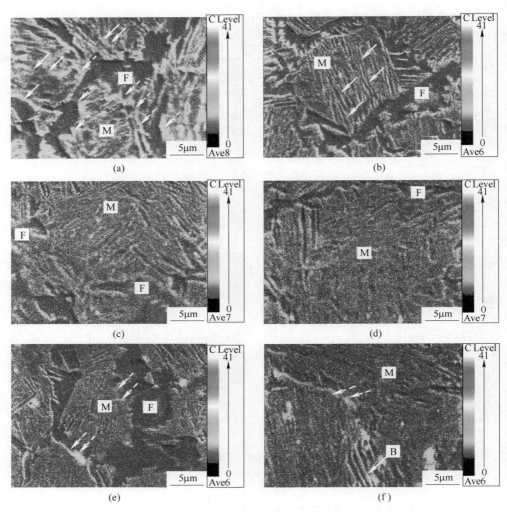

图 10-37　不同冷速下试样中碳浓度分布（QT=320℃）

(a) 0.05℃/s；(b) 0.1℃/s；(c) 0.5℃/s；(d) 1℃/s；(e) 5℃/s；(f) 10℃/s

（扫书前二维码看彩图）

火后大多保留为块状 RA。

　　图 10-38 采用 EBSD 进一步观察了不同冷速下 RA 的形态及分布，其中红色相为 RA。考虑到 0.05℃/s 和 0.1℃/s 的样品碳配分充分，因此选择 0.5~10℃/s 的样品进行实验。在 0.5℃/s 和 1℃/s 的低冷却速率下，RA 分布在马氏体板条内和 M/F 界面，分别呈现膜状和块状，如图 10-38（a）和图 10-38（b）所示。随着冷却速率的增加，薄膜状 RA 逐渐消失，特别是 10℃/s 冷却的样品中马氏体板条内几乎没有 RA。该结果与 EPMA 检测结果一致，表明马氏体间的薄膜状 RA

受冷却速率的影响较大，低冷却速率 0.05~1℃/s 才能保证充分的碳配分。相比之下，块状 RA 的稳定主要依赖铁素体的一次碳配分行为，因此在 0.05~10℃/s 冷速区间内，块状 RA 均能稳定保留至室温。

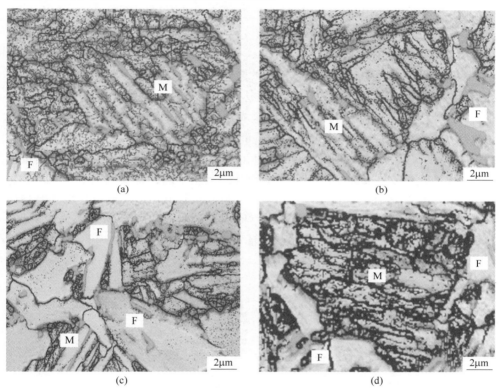

图 10-38　不同冷速下试样中 RA 的 EBSD 分析（QT = 320℃）
(a) 0.5℃/s；(b) 1℃/s；(c) 5℃/s；(d) 10℃/s
（扫书前二维码看彩图）

采用 XRD 实验测定 RA 的体积分数和 RA 中碳含量，结果如图 10-39 所示。在 0.05~10℃/s 的冷速区间，RA 体积分数为 10%~14%。当冷却速率为 5℃/s 和 10℃/s 时，尽管 EPMA 结果表明碳配分不充分，但仍然获得了 10.2% 和 10% 的 RA。这是因为在高冷却速率下薄膜区域可能局部富碳，保留下非常细小的 RA。由于 EPMA 和 EBSD 分辨率的限制，无法识别该富碳区域。此外，高冷速下也保留了较多的块状 RA，而低冷速下部分块状 RA 可能由于长时间缓冷而分解。最终在 0.05~10℃/s 的冷速区间内，RA 体积分数差异不大。如图 10-39（c）所示，在 0.05℃/s 时，RA 的体积分数为 11.1%，而在 5℃/s 和 10℃/s 时，RA 体积分数小于 11%，说明了冷速无论太高还是太低，都不利于获得最大体积分数的 RA。整体而言，0.05~1℃/s 的冷却速率可以保证充分的碳配分，导致 RA 体积分数大于 11%，可避免热轧卷冷却不均匀造成的通卷组织差异。此外，CR1 以 1℃/s 的高冷却速率从 320℃冷却至 20℃时，需要 300s，此时奥氏体中的碳扩散距离仅为 13nm[33]，这不足以稳定奥氏体。但是，在 1℃/s 时，RA 体积分数达到了 13.0%，这是因为大变形造成的大量缺陷促进了碳配分。因此，热轧 Q&P 钢的轧制变形可促进碳配分，进而拓宽冷却速率窗口，这也是避免组织不均匀的关键。

冷却速率对 RA 中碳浓度也有重要的影响。在动态配分过程中，低冷却速率导致足够的碳配分，使得 RA 中碳浓度达到较高水平。但是，图 10-39（b）显示（200）$_\gamma$ 衍射峰对应的 2θ 值与冷却速率并不是单调关系。经计算，随着冷速从 0.05℃/s 增加至 1℃/s，RA 中的碳质量分数从 1.3%降至 1.1%，但是在 5℃/s 和 10℃/s 时又增加至 1.3%，如图 10-39（d）所示。产生该变化趋势的原因在于两种 RA 的比例及其形成机制。由于碳配分的机制不同，薄膜状 RA 中的碳浓度随冷却速率变化显著，并在高冷却速率时下降，而块状 RA 中碳浓度始终保持较高，与冷却速率无明显关系。因此，两种类型的 RA 共同决定了平均碳浓度。图 10-39（d）中RA 碳浓度首先下降是因为膜状 RA 中的碳质量分数降低了平均

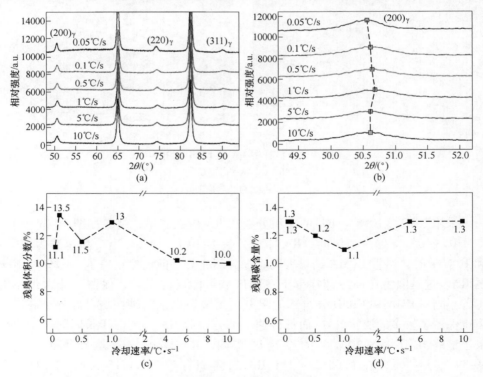

图 10-39　RA 体积分数及碳质量分数随冷却速率的变化（QT=320℃）
（a）XRD 衍射峰；（b）（200）γ 衍射峰；（c）RA 体积分数；（d）RA 中碳质量分数

值，而在 5℃/s 和 10℃/s 的高冷却速率下，高碳块状 RA 又提升了 RA 中平均碳浓度。此外，高冷速下 RA 体积分数也较高，说明组织中仍然包含一定量的薄膜 RA。

图 10-40 和图 10-41 对比了 CR0.05 和 CR10 中 RA 的类型。CR0.05 由于配分充分，获得了薄膜状和块状的混合 RA，其中薄膜 RA 宽度为 50～100nm，块状 RA 为亚微米级。CR10 中马氏体板条内仅局部分布着一些尺寸较为细小（小于 40nm）的薄膜 RA，如图 10-41（a）所示。这表明高冷速下存在不充分的配分行为。图 10-41（b）显示了 CR10 中的块状 RA，该类型 RA 不受冷却速率的影响，均能保留至室温。

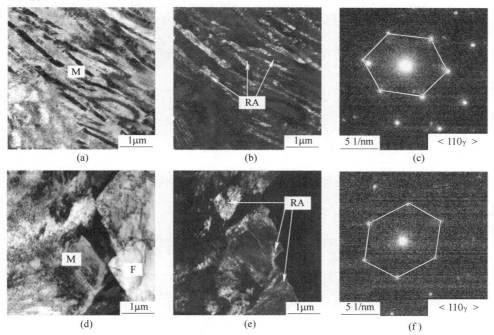

图 10-40　CR0.05 试样中 RA 的 TEM 形貌

（a）~（c）纳米级薄膜 RA 的明暗场像及选区衍射；（d）~（f）亚微米级块状 RA 的明暗场像及选区衍射

10.4.3　铁素体和马氏体的协同配分机制研究

多相 HRQ&P 工艺中铁素体的一次碳配分对 RA 有重要的影响，也影响后续未转变奥氏体中的碳浓度分布，进而决定了动态碳配分过程的初始成分设定，因此有必要对该相变过程进行分析。由于铁素体的分布并非像板条马氏体和薄膜奥氏体呈现相间分布的特点，因此铁素体的一次碳配分作用和马氏体动态碳配分应当进行独立计算。

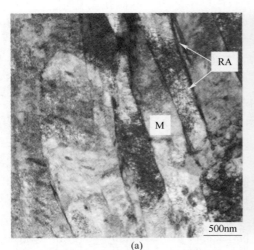 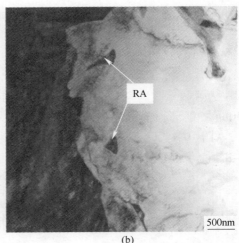

（a）　　　　　　　　　　　　　　　　　　　　（b）

图 10-41　CR10 试样 TEM 观察

（a）板条马氏体；（b）块状 RA

采用 LE 扩散控制模型对 920℃以 2℃/s 降温至 760℃过程中的铁素体相变行为进行模拟计算，初始条件设定如图 10-42 所示。原奥氏体晶粒由高温共聚焦观察确定，尺寸为 20μm，半宽为 10μm。假定铁素体在奥氏体左侧界面形核并且长大，模拟的结果如图 10-43 所示。

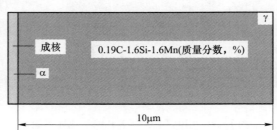

图 10-42　铁素体相变模拟的初始条件

图 10-43（a）~图 10-43（c）分别为 C、Si 和 Mn 随时间的变化，可以看到 30s 之后才开始发生铁素体相变，这是因为平衡相图计算的 A_3 温度为 853℃，只有当温度降至 853℃以下时才能发生铁素体相变。随着温度的继续降低，界面移动速度逐渐增大，C、Mn 元素逐渐富集在界面处的奥氏体侧，而 Si 富集在界面处铁素体一侧。最终在 760℃时，即 80s 时，奥氏体界面处 $w[\mathrm{C}]$ 达到 0.28%，$w[\mathrm{Mn}]$ 达到 3.5%，而 $w[\mathrm{Si}]$ 低至 1.38%，此时界面迁移总宽度约为 1μm，表明在 LE 计算模型下 760℃时铁素体晶粒尺寸仅为 2μm，而实际热模拟和热轧实

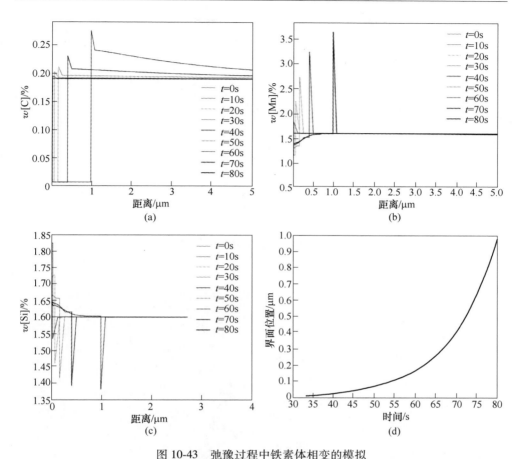

图 10-43　弛豫过程中铁素体相变的模拟

（a）C 质量分数分布；（b）Mn 质量分数分布；（c）Si 质量分数分布；（d）α/γ 界面移动距离

（扫书前二维码看彩图）

验表明铁素体晶粒为 4~5μm，说明后续冷却中存在外延铁素体的长大过程[34,35]。相比而言，PE 模型不考虑 Si、Mn 元素配分，铁素体具有更快的相变速率。图 10-44 绘制了正平衡和 PE 热力学平衡条件下各相的碳浓度变化。可以看到在 760℃时，正平衡和 PE 模型下热力学平衡态 $w[C]$ 分别为 0.442% 和 0.425%。因此，从热力学条件上限制了铁素体临近奥氏体的富碳质量分数不可能超过 0.442%。然而，本书 XRD 实验以及文献中同步辐射 XRD 实验结果均证明了块状 RA 中碳质量分数高于 1%[9]。图 10-45 所示为铁素体界面处的典型物相分布，可以看到存在独立的亚微米级块状 RA（180nm），也存在从 100nm 块状 RA→270nm 孪晶马氏体→板条马氏体连续变化的组织结构，表明铁素体界面处的 $w[C]$ 应大于 0.6%，且达到 1%。

综合考虑图 10-43~图 10-45 中的结果，可以推断在后续冷却中铁素体一定发

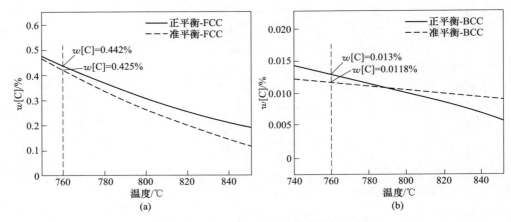

图 10-44   PE 和正平衡模型下各相的碳含量

（a）FCC 相中碳质量分数；（b）BCC 相中碳质量分数

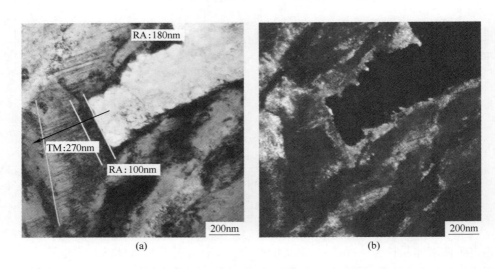

图 10-45   试样 CR0.05 铁素体边界 RA 的 TEM 形貌

（a）铁素体边界明场像；（b）RA 暗场像

生了界面移动以及碳配分行为。观察图 10-44（b），采用正平衡和 PE 模型，760℃平衡态 BCC 相中 $w[C]$ 分别为 0.013%和 0.0118%，而当试样淬火至 320℃时，平衡态 BCC 中 $w[C]$ 均低于 10^{-5}，可计为 0，表明在后续快速冷却过程中铁素体还能持续排碳。因此，有必要将高温弛豫缓冷过程和后续 40℃/s 冷却的过程结合，以研究铁素体的界面迁移和碳扩散行为。为了避免贝氏体以及马氏体等组织的干扰，终冷温度设置为 520℃。模拟条件和图 10-42 一致，模拟工艺为：在 920℃以 2℃/s 冷却至 760℃，随后以 40℃/s 冷却至 520℃，结果如图 10-46 所示。当试样弛豫至760℃时（80s），先共析铁素体形核并长大至2μm，而在后续40℃/s的快冷过程中，先共析铁素体继续长大，界面继续迁移1.5μm，并且界面处 $w[C]$ 由0.28%增加至2.3%。此时铁素体晶粒尺寸约为5μm，和实际观察尺寸一致。该模拟结果解释了淬火态试样获得4.5%体积分数RA的原因。此外，界面奥氏体一侧 $w[C]$ 高于0.3%的区域约为700nm，$w[C]$ 高于1%的区域约为100nm，$w[C]$ 在0.6%~1%的区域约为220nm，和图10-45中的组织过渡类型相一致。远离富碳区的奥氏体浓度仍然为母相成分。虽然该模拟结果解释了图10-45的过渡组织类型，但是实际观察也发现较多独立的亚微米级块状RA位于铁素体晶粒内或者界面，并无孪晶马氏体，表明铁素体排出的大部分碳均用于稳定块状RA。如果考虑铁素体的一次碳配分完全用于稳定RA，那么23%体积分数的铁素体可以稳定约4%体积分数的RA，利用该算法可简化多相HRQ&P工艺的配分计算过程。

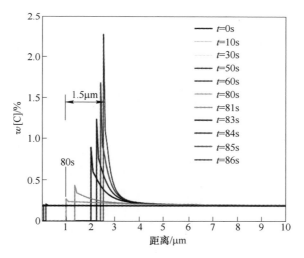

图10-46 弛豫-快冷过程中铁素体相变的模拟

（扫书前二维码看彩图）

铁素体相变动力学的计算表明，稳定块状RA不仅依赖弛豫过程中铁素体的一次碳配分，还取决于快冷过程中外延铁素体生长的持续排碳行为。此外，也从计算和实验相结合的角度证明了铁素体相变的富碳区域在临近亚微米范围。为了简化后续动态碳配分的模拟计算，假定铁素体中碳完全配分且均匀富集在临近区域，用于计算保留的块状RA体积分数。远离界面处区域均视为母相成分，并采用典型马氏体板条和奥氏体薄膜相间分布的配分模型来计算薄膜RA。最终的RA体积分数为计算所得块状RA体积分数和薄膜状RA体积分数的总和。

10.4.4　动态碳配分行为的热/动力学模拟计算

10.4.4.1　固定 α/γ 界面下 RA 的定量计算

碳配分是一个动力学过程，本节在 CCE 模型的基础上进一步考虑元素扩散动力学，研究了动态配分的两个决定性参数，即淬火温度和卷取冷却速率，并对 RA 进行了定量计算。利用 DIL805 相变仪获得不同工艺下的 M_s 温度，图 10-47 所示为不同淬火温度试样的 M_s 点。除了 D360 试样外，其余试样的 M_s 点均在 345~350℃ 间，因此可以利用 K-M 公式计算出一次淬火马氏体的体积分数，而 D360 试样组织中虽然也含有大量马氏体，但是其淬火温度和 M_s 点相近，无法使用 K-M 公式，故不分析 D360 试样。

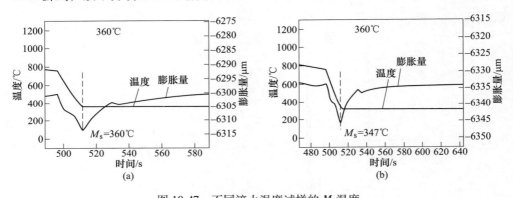

图 10-47　不同淬火温度试样的 M_s 温度

（a）360℃淬火时的膨胀量曲线；（b）320℃淬火时的膨胀量曲线

表 10-10 中列出了不同淬火温度试样的一次淬火马氏体体积分数，用以确定配分前未转变奥氏体的宽度。根据 TEM 观察，0.2C 碳钢中马氏体尺寸多为 200nm 左右，而不同淬火温度板条尺寸变化幅度较小。因此，对于不同 QT，模拟初始条件中马氏体宽度均为 200nm。采用马氏体和奥氏体均匀分布的模型，奥氏体板条的宽度可由相比例进行计算。配分模拟均采用半宽尺寸，如图 10-48 所示，右侧马氏体板条宽度为 100nm，左侧奥氏体宽度为 Xnm，其值为表 10-10 中奥氏体宽度的一半。马氏体和奥氏体成分均为实验钢原始成分，在固定 α/γ 界面下进行碳配分动力学模拟计算。实际卷取冷却过程中，相变会持续发生，为了简化处理，在模拟结束后再利用 K-M 公式计算奥氏体区域的相变体积分数，从而得到 RA 的体积分数。

图 10-49 所示为不同 QT 下奥氏体中碳扩散行为及局部 RA 保留分数。不同 QT 下，随着时间的增加，C 原子先在界面奥氏体侧富集，随后逐步向远离界面处扩散。最终当温度降低到一定程度后，碳扩散终止。由于界面处网格划分和计

算的原因，界面处碳浓度有一定的波动，但波动幅度较小，不影响最终结果。

表 10-10   不同淬火温度模拟初始板条宽度

试　　样	淬火温度 320℃	淬火温度 280℃	淬火温度 240℃
K-M 转变 α 分数/%	26	52	70
马氏体板条宽度/nm	200	200	200
奥氏体宽度/nm	578	187	85

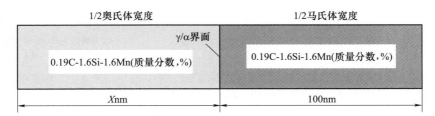

图 10-48   动态配分模拟初始条件

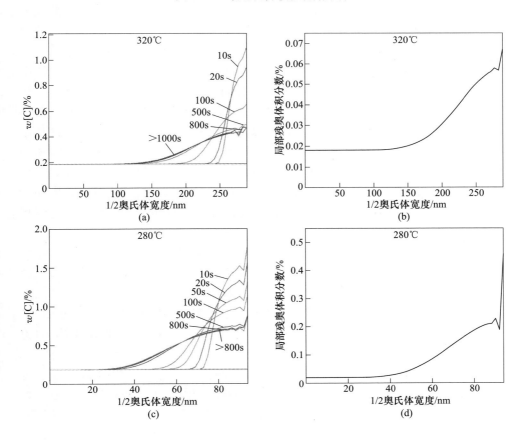

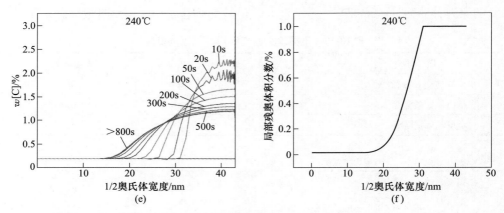

图 10-49　不同淬火温度下奥氏体中碳扩散行为的 Dictra 模拟结果（$v = 0.05℃/s$）

(a)~(b) D320 试样碳浓度分布和局部 RA 体积分数；(c)~(d) D280 试样碳浓度分布和局部 RA 体积分数；
(e)~(f) D240 试样碳浓度分布和局部 RA 体积分数

　　D320 试样在 1000s 后扩散较为缓慢，由于奥氏体半宽为 289nm，因此配分结束后整个奥氏体区域的 $w[C]$ 均在 0.5% 以下。D280 试样的奥氏体半宽为 94nm，马氏体分数达到 52%，能提供更多的 C 原子，在配分 800s 后碳质量分数分布基本保持不变，峰值达到 0.75%，高于 D320。D240 试样虽然淬火温度较低，但是 C 原子仍然能扩散至距离界面处 20nm 之外，并且由于一次马氏体中有足够的碳含量，界面处 $w[C]$ 达到了 1.2%。对比几个试样，D320 具有足够的配分动力，C 原子扩散程达 100nm 以上，但是奥氏体半宽度过大导致 C 原子不能均匀分布，而 D280 和 D240 则是碳扩散动力不足，最终奥氏体出现局部碳富集的现象。这些局部碳富集区域决定了最终保留的 RA 体积分数。图 10-49（b）、图 10-49（d）和图 10-49（f）为局部 RA 保留情况，D320 中局部 RA 分数较低，而 D280 和 D240 较高，对该区域积分即可获得最终 RA 的体积分数。

　　图 10-50 对比了 D320 和 D240 马氏体板条内碳浓度的变化，D320 在配分 0.5s 后，马氏体中碳几乎全部扩散至奥氏体中，后续则是奥氏体中碳均匀化的过程，而 D240 在配分 5s 后马氏体中碳也基本全部扩散出来，表明碳在马氏体中的扩散速率极为迅速。最终，碳扩散终止时 D320 和 D240 马氏体中的 $w[C]$ 分别为 $3.6×10^{-6}$ 和 $1.2×10^{-6}$，几乎接近于 0。因此，在进行 CCE 模型热/动力学计算时采用完全碳配分的假设是合理的。

　　此外，选择 D320 试样进行了 Mn、Si 元素的分析，结果如图 10-51 所示。可以看到，Mn 元素仅在界面处奥氏体一侧几纳米范围内富集，并且最高质量分数为 2.2% 左右，其余区域保持 1.6%。Si 元素的分布情况和 Mn 元素类似。该结果说明试样在低温下进行动态配分处理时，由于 Mn、Si 扩散能力弱，因此可以忽

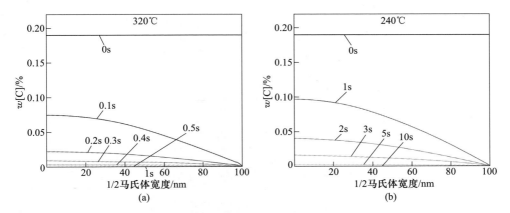

图 10-50　不同淬火温度下马氏体中碳扩散行为的 Dictra 模拟结果（v = 0.05℃/s）
（a）QT 为 320℃的试样中马氏体区域碳浓度分布；（b）QT 为 240℃的试样中马氏体区域碳浓度分布

略其浓度的变化。在计算局部 RA 保留时，Si 和 Mn 的成分采用母相成分即可，而碳浓度的成分采用图 10-49（a）、图 10-49（c）和图 10-49（e）的结果，从而可获得图 10-49（b）、图 10-49（d）和图 10-49（f）的结果。由 10.4.3 节分析可知，铁素体相变排出的大部分碳可用于稳定块状 RA。因此，此处假设所有碳均用于稳定块状 RA，并且 w[C] = 1.1%能刚好稳定 RA，那么 23%的铁素体则可以稳定 4%的块状 RA。按照相比例计算出最终 RA 的体积分数，结果列于图 10-52 中。可以看到，考虑多相组织协同配分和动态配分动力学后，RA 体积分数的预测误差小于 CCE 模型的计算误差。但是，在较高淬火温度下，RA 体积分数的预测值和实验值仍然有较大差异，如 D320 和 D280 试样，RA 体积分数的预测值仅为 7.1%和 5.7%，而实测值为 12.5%和 11.1%。

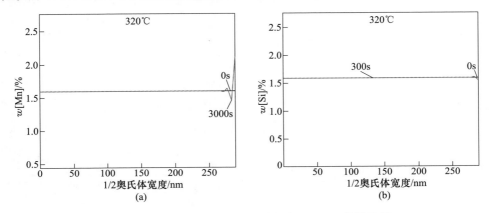

图 10-51　奥氏体中 Mn、Si 扩散行为的 Dictra 模拟结果
（a）奥氏体区域内 Mn 浓度分布；（b）奥氏体区域内 Si 浓度分布

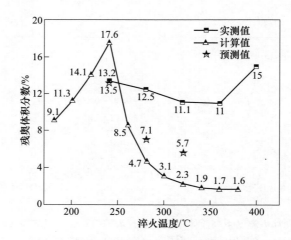

图 10-52　不同淬火温度下 RA 的定量分析

　　采用相同的方法，在界面固定的情况下，选定 320℃淬火温度，计算了不同冷却速率下的碳扩散行为。图 10-53（a）中为不同冷速下配分结束的碳浓度分布情况。由于奥氏体宽度过大，即使 0.05℃/s 仍然不能实现碳在奥氏体内的均匀化。冷速越高时，C 原子越容易富集在界面处，并且碳浓度也相对较高。因此，当冷速大于 0.5℃/s 时，界面处 RA 的局部分数较高，如图 10-53（b）所示。图 10-54 为不同冷速下 RA 的模拟和实测结果，该结果已经考虑了铁素体一次碳配分的影响，计算方法同上。从图 10-54（a）中可以看出，当卷取冷速小于0.5℃/s 时，RA 体积分数的模拟值和实测值偏差较大，这是因为界面不移动时，充足的配分动力使得 C 原子更分散、更容易均匀化，导致局部保留的 RA 分数减小。而在 5℃/s 和 10℃/s 时，局部碳富集达到 1%，尽管碳配分不充分，反而获

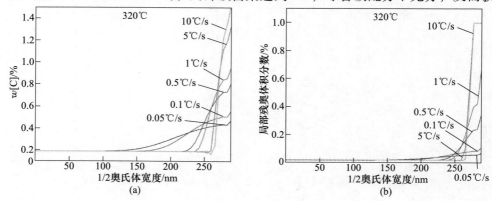

图 10-53　不同冷却速率下奥氏体中碳扩散行为的 Dictra 模拟结果
（a）不同冷速下奥氏体区域内碳浓度分布；（b）不同冷速下奥氏体局部保留分数

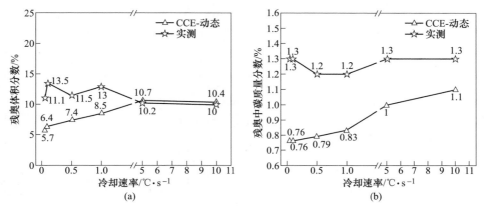

图 10-54　不同冷却速率下 RA 的定量分析
（a）RA 体积分数；（b）RA 中碳质量分数

得了较多的 RA。图 10-54（b）为 RA 中碳含量的分布，模拟计算值仅在高冷速下和实测值相近，但是界面局部富碳的行为解释了高冷速下 RA 中碳含量较高的现象，如图 10-39（d）所示。

以上结果表明，在 CCE 模型的基础上进一步考虑碳配分动力学可以提高模型预测的准确性，进而可以定量计算动态配分后的 RA，但是模拟计算值和实测值仍然存在较大差异。这说明固定界面条件下，模拟预测存在局限，尤其是高淬火温度下无论考虑动力学因素与否，RA 体积分数计算值总是低于实测值，因此需要进一步改变模拟假设条件。现有较多研究观察到了等温配分中的界面移动行为[36]，因此在动态配分条件下也应该考虑界面移动的影响，或者对界面移动进行简化处理。

10.4.4.2　考虑配分初始相变的 RA 定量计算

图 10-55 所示为 CR0.05 的相变仪曲线，当试样淬火至320℃时，形成26%的一次淬火马氏体，随后试样便在 0.05℃/s 的冷速下进行碳配分。然而，观察相变曲线可知在配分初期数十秒内发生了急剧的体积膨胀，此时的温降仅为 1～2℃，如图 10-55（a）所示，因此该相变产物不是由过冷度导致的热马氏体，而是等温马氏体或者贝氏体，称该过程为等温相变。由于温降低，可以忽略温降导致的膨胀量改变，采用膨胀量比例可计算出等温相变产物的体积分数，如图 10-55（b）所示。在 15s 时，68% 的奥氏体发生转变，在 50s 时，82% 的奥氏体发生转变。该过程消耗了大量奥氏体，使得参与后续配分的奥氏体体积分数急剧减小，从而改变了马氏体和未转变奥氏体的比例。因此，在较高淬火温度下，配分模型中奥氏体的板条宽度应小于表 10-10 中的数值。以下计算将等温相变的影

响考虑在内，对动态配分的动力学过程进行了分析。

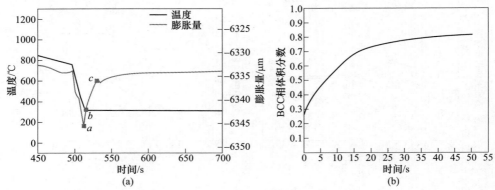

图 10-55　初始配分阶段的相变分数计算

（a）膨胀量曲线；（b）动态配分初始阶段相变分数

表 10-11 中给出了考虑等温相变后 CR0.05 的模拟初始条件。依据 K-M 公式计算的一次淬火马氏体（f_M）和等温相变分数（f_{ISO}）的总和为 59.9%，实际参与配分的奥氏体分数（f_γ）为 13.1%，从而可计算出配分模型中马氏体和奥氏体宽度分别为 200nm 和 44nm。可以看到，考虑等温相变后，奥氏体宽度远远小于固定界面下的奥氏体宽度（578nm）。实际上，该等温相变也是配分过程中主要的界面迁移行为，从 10.4.2 节中可以看出在后续卷取冷却中虽然也存在相变行为，但是其膨胀量波动幅度远远小于等温相变，因此当考虑等温相变分数后，将模拟条件设定为固定 α/γ 界面是合理的。

表 10-11　CR0.05 的模拟条件

相类型	铁素体	块状 RA	f_M+f_{ISO}	f_γ	马氏体宽度	奥氏体宽度
相体积分数或相宽度	23%	4%	59.9%	13.1%	200nm	44nm

表 10-12 为考虑等温相变后各试样参与配分的奥氏体分数和宽度。由于宽度较为接近，因此均采用半宽度 22nm 进行模拟条件设置，最终按照相比例计算出 RA 的体积分数。在新初始条件下继续考虑配分动力学因素，进行 Dictra 模拟计算。

表 10-12　不同冷速下参与配分的奥氏体体积分数和宽度

冷速/℃·s^{-1}	0.05	0.1	0.5	1	5	10
奥氏体体积分数/%	13.1	13.9	13.1	12.7	12.0	13.1
奥氏体宽度/nm	44	47	44	42	39	44

Dictra 模拟计算的碳浓度分布如图 10-56（a）所示，显著区别于图 10-53 中

的结果。当冷却速率小于0.5℃/s时，碳扩散充分，均匀分布在奥氏体区域，平均$w[C]$为1.05%，当冷却速率增加到1℃/s时，除了奥氏体界面2nm区域富碳超过1.05%，其余区域碳分布均匀。然而，在5℃/s和10℃/s的冷却速率下，碳分布非常不均匀，在奥氏体界面处$w[C]$超过1.2%的区域约为10nm。这些富碳区域解释了在高冷却速率下RA中碳浓度更高的原因。图10-56（b）显示了RA的局部体积分数，表明在5℃/s和10℃/s的高冷却速率下，更细小的奥氏体区域可以稳定保留至室温，和图10-41中的实验结果一致。

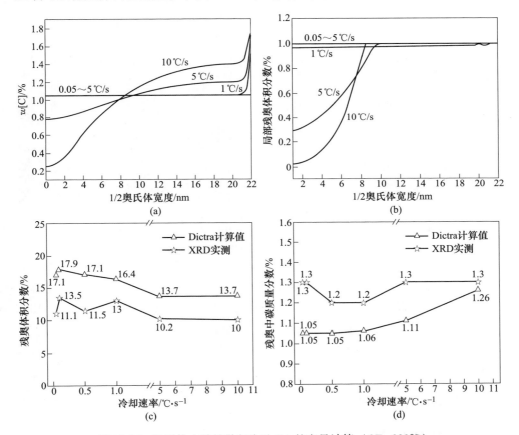

图10-56　奥氏体中碳扩散行为及RA的定量计算（QT=320℃）

（a）奥氏体内碳浓度分布；（b）奥氏体局部保留分数；（c）RA体积分数；（d）RA中碳质量分数

图10-56（c）比较RA体积分数的测量值和计算值，可以看到二者遵循相同的变化趋势，而计算值稍高于实测值，原因是计算模型忽略了缓慢冷却过程中的竞争机制以及后续的相变。如图10-57所示，CR0.05试样中一些富碳的薄膜奥氏体也会在冷却过程中转变成孪晶马氏体，因此计算的RA体积分数应该减少。无论如何，该计算和实验表明，在0.05～10℃/s的宽冷却速率范围内，RA体积

分数均大于 10%，可以避免不均匀冷却造成的组织差异。图 10-56（d）对比了 RA 中碳含量的计算值和实测值。在 5℃/s 和 10℃/s 的高冷速下，$w[C]$ 计算值超过 1.1%，与测量值基本一致，而在低冷却速率 0.05~1℃/s 时，由于配分充分，碳均匀分布在奥氏体内，因此计算值相对较低，为 1.05%。然而，在低冷却速率 0.05~1℃/s 下，等温相变后的缓冷过程中仍然发生少量持续相变，并且碳有足够的驱动力从新生马氏体中进一步扩散到奥氏体中。因此，在越低的冷却速率下配分越充分，RA 中应当获得较高的碳含量。如图 10-56（d）所示，在 0.05℃/s 和 0.1℃/s 下，RA 中 $w[C]$ 约为 1.3%，而在 0.5℃/s 和 1℃/s 下，RA 中 $w[C]$ 约为 1.2%。

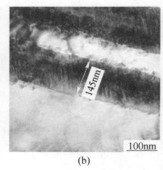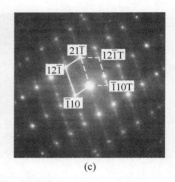

图 10-57　CR0.05 试样在动态配分过程中形成的板条型孪晶马氏体
（a）孪晶马氏体明场像；（b）孪晶马氏体暗场像；（c）孪晶马氏体选区衍射

　　从以上分析可以看出，当考虑铁素体相变、配分初始快速相变以及配分动力学后的模拟计算表明，在高温淬火，如 320℃，仍然可以获得体积分数大于 10% 的 RA，和实测值较为接近，大幅度优化了传统热力学 CCE 模型。此外，从动力学计算结果可知，在进行 HRQ&P 工艺处理时，当 QT 大于 300℃ 时，小于 1℃/s 的冷速下碳配分充分，有利于获得稳定性适中、体积分数较高的 RA。

10.5　低碳热轧 Q&P 钢的工业试制

10.5.1　试制钢板显微组织

　　采用 0.13C-1.2Si-1.5Mn-0.25Cr（质量分数,%）成分在首钢迁安钢铁公司进行热轧 Q&P 钢的工业试制。由于碳含量较低，为保证实验钢的强度，本次试制以调控马氏体+RA 的两相组织为目标。钢卷终轧温度约为 870℃，厚度为 3.2mm，目标淬火温度为 310℃。为了容易实现卷取，采取干头控制，前 50m 钢卷不冷却，卷取温度为 750℃，整个钢卷长度约为 500m。卷取后，将钢卷置于空气中冷却，并记录冷却过程。

图 10-58 所示为试制的热轧 Q&P 钢卷，相关实验参数记录于表 10-13 中。整个钢卷 QT 温度基本为（310±20）℃范围内。此外，由于钢卷表面是整个钢卷冷却速率最快的位置，因此记录了钢卷表面的冷却过程。温降记录结果表明，外表面钢卷冷却速率小于 0.05℃/s，根据模拟计算可知整个钢卷应具备充分的碳配分条件。对获得的钢板进行了拉伸（A_{25} 试样）、冲击（2.5mm×10mm×55mm）以及横向冷弯实验。冲击实验在 60~20℃（间隔 20℃）温度区间进行。横向冷弯试验采用 ASTM A370 标准，试样尺寸为 300mm×40mm×3.2mm，采用 180°弯曲，压头半径 R 为板厚的 4 倍或 6 倍。

图 10-58　热轧 Q&P 钢的工业卷照片

表 10-13　实验工艺参数

淬火温度/℃		钢卷表面冷却过程		
		时间/min	温度/℃	冷却速率/℃·s⁻¹
目标	310	10	290	0.033
测量值	310±20	25	250	0.044
		180	<200	—

图 10-59 所示为试制钢卷不同位置的扫描形貌，组织由少量铁素体和马氏体组成，其中铁素体体积分数不超过 5%。从 10~400m，组织没有明显回火，而450m 处组织回火严重，这是由于 450m 紧靠干头位置。几个试样中 10m 处试样冷却速率最高，因此对其进行 EPMA 分析，结果如图 10-60 所示。图 10-60（a）中矩形的板条马氏体区域为扫描范围，图 10-60（b）显示马氏体板条之间有明显富碳的薄膜长条，表明碳从过饱和马氏体中迁移到了薄膜状奥氏体。此外，可以合理推断，钢卷的其他位置具有更充分的碳配分效应，因为低冷却速率下碳扩散的时间更长。采用 XRD 实验测得 10m 处两个样品分别含有 8.7% 和 8.9% 的

RA，表明余热配分后部分未转变奥氏体稳定保留至室温。

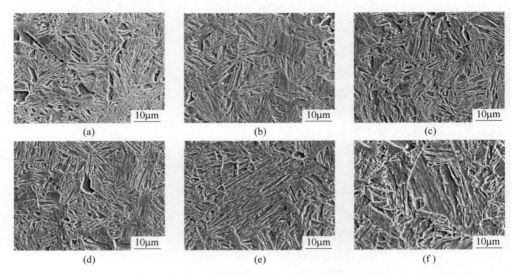

图 10-59　距离钢卷尾部不同位置的 SEM 形貌

（a）10m 处；（b）100m 处；（c）200m 处；（d）300m 处；（e）400m 处；（f）450m 处

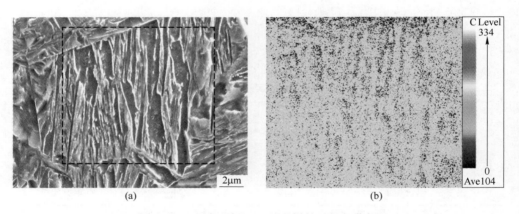

图 10-60　距离边部 10m 处试样的 EPMA 分析

（a）面扫区域；（b）碳浓度分布

（扫书前二维码看彩图）

10.5.2　试制钢板冲击、拉伸及弯曲性能评价

由于整个钢卷传热条件不同，钢卷的冷却速率从表面到心部呈现降低的趋势，容易导致组织不同程度的回火，从而造成不均匀的力学性能。因此，评估整个钢卷性能的均匀性很重要。表 10-14 中列出了距外表面 150m、250m 及 350m

处试样的冲击和弯曲试验结果。除了 250m 处，其余试样在-40℃冲击功大于 20J，所有试样在-60℃的冲击功大于 15J。由于试样厚度仅为 2.5mm，因此该试制热轧 Q&P 钢具有良好的低温冲击韧性，和实验室研究结果一致。此外，系列弯曲实验表明各个位置在压头半径为板厚 4 倍或 6 倍时均未出现开裂的情况。

图 10-61 显示了整个钢卷的拉伸性能，每隔 25m 测试三个拉伸试样，并求其平均值。图 10-61（a）为所选位置的拉伸曲线，除了 450m 处，曲线表现出相近的拉伸强度及伸长率。在 10~400m 范围内获得 5.5%~7.5%的均匀延伸率，而在 450m 处均匀延伸率降低至 4%。强度和总伸长率的分布分别绘制在图 10-61（b）和图 10-61（c）中。可以看到，除了 450m 之外，通卷拉伸强度在 1263~1319MPa 之间，表现出良好的均匀性。通卷屈服强度变化略有波动，保持在 970~1130MPa，这是由不同位置少量铁素体体积分数差异及组织回火差异所造成。试样的总伸长率在 13.7%~16%之间，波动幅度较小。均匀的力学性能不仅有利于材料的冷冲压过程，还保证了产品的质量。

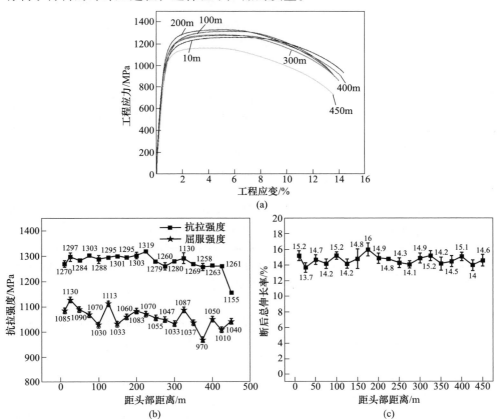

图 10-61　热轧 Q&P 钢通卷的力学性能
（a）拉伸曲线；（b）抗拉强度和屈服强度；（c）断后伸长率

表 10-14　冲击性能和冷弯性能

距外表面距离/m	室温/J	0℃/J	20℃/J	40℃/J	60℃/J	180°冷弯（R=6a）	180°冷弯（R=4a）
150	30.5±2	29.2±7.6	31.1±1.2	27.7±2.0	25.5±1.5	合格	合格
250	26.7±1	27.4±1.4	31.4±0	13.6±3	15.8±8.4	合格	合格
350	25.8±2.3	30±1.6	27.3±0.2	20.8±3.2	15.3±6.1	合格	合格

热轧 Q&P 钢的成功试制证明了空冷配分是稳定 RA 的有效方式，解决了热轧生产线难以实现等温配分的难题，也充分验证了 Q&P 理念在常规热连轧产线上的可行性，有利于推动热轧高强度汽车用钢的发展。随着先进短流程技术的发展，如 ESP（无头轧制技术）、铸轧工艺等，其稳恒的轧制工艺条件为高品质热轧 Q&P 钢的生产提供了更有利条件。因此，将 Q&P 理念应用在短流程产线上，优势更加明显，有望替代部分高成本的冷轧产品，具有广阔的应用前景。

参 考 文 献

[1] 王国栋. 新一代 TMCP 的实践和工业应用举例 [J]. 上海金属，2008，30：1~4.
[2] 王国栋，王毅，李俊峰，等. 热轧板带钢新一代 TMCP 技术及应用 [J]. 中国科技成果，2013，74~75.
[3] Thomas G A, Speer J G, Matlock D K. Quenched and partitioned microstructures produced via gleeble simulations of hot-strip mill cooling practices [J]. Metallurgical and Materials Transactions A, 2011, 42：3652~3659.
[4] Lee Y, Kim J N, Kim G, et al. Improved cold-rollability of duplex lightweight steels utilizing deformation-induced ferritic transformation [J]. Materials Science and Engineering A, 2018.
[5] Shen X J, Tang S, Chen J, et al. Grain refinement in surface layers through deformation-induced ferrite transformation in microalloyed steel plate [J]. Materials & Design, 2017, 113：137~141.
[6] 刘宗昌，袁长军，计云萍，等. 钢中马氏体形貌的变化规律 [J]. 热处理，2011，26：20~25.
[7] Diego-Calderón I d, Rodriguez-Calvillo P, Lara A, et al. Effect of microstructure on fatigue behavior of advanced high strength steels produced by quenching and partitioning and the role of retained austenite [J]. Materials Science and Engineering A, 2015, 641：215~224.
[8] 李小琳，王昭东. 一步 Q&P 工艺对双马氏体钢微观组织与力学性能的影响 [J]. 金属学报，2015，51：537~544.
[9] Xiong X C, Chen B, Huang M X, et al. The effect of morphology on the stability of retained austenite in a quenched and partitioned steel [J]. Scripta Materialia, 2013, 68：321~324.
[10] 张永锟，张超，吴润，等. 薄板坯连铸连轧工艺生产 Q&P 钢的可行性分析 [J]. 武钢技

术，2017，55：7~12.

[11] Zhao J, Jiang Z. Thermomechanical processing of advanced high strength steels [J]. Progress in Materials Science, 2018, 94：174~242.

[12] 王存宇，时捷，曹文全，等. Q&P 工艺处理低碳 CrNi3Si2MoV 钢中马氏体的研究 [J]. 金属学报，2011，6：720~726.

[13] Thomas G A, Speer J G, Matlock D K. Considerations in the application of the quenching and partitioning concept to hot rolled AHSS production [J]. AIST Transaction, 2008, 5：209~217.

[14] Santofimia M J, Zhao L, Sietsma J. Microstructural evolution of a low-carbon steel during application of quenching and partitioning heat treatments after partial austenitization [J]. Metallurgical and Materials Transactions A, 2008, 40：46~57.

[15] 袁大勇，尹垒，马善坤. Si 含量及配分处理对 Q&P 钢残留奥氏体量及性能的影响 [J]. 金属热处理，2019，44：96~99.

[16] 李辉，米振莉，张华，等. 配分时间对 Q&P 钢力学性能及显微组织的影响 [J]. 材料导报，2017，31：83~86.

[17] Huyghe P, Caruso M, Collet J L, et al. Into the quenching & partitioning of a 0. 2C steel：An in-situ synchrotron study [J]. Materials Science and Engineering A, 2019, 743：175~184.

[18] Arlazarov A, Ollat M, Masse J P, et al. Influence of partitioning on mechanical behavior of Q&P steels [J]. Materials Science and Engineering A, 2016, 661：79~86.

[19] Huyghe P, Malet L, Caruso M, et al. On the relationship between the multiphase microstructure and the mechanical properties of a 0. 2C quenched and partitioned steel [J]. Materials Science and Engineering A, 2017, 701：254~263.

[20] Pierce D T, Coughlin D R, Williamson D L, et al. Quantitative investigation into the influence of temperature on carbide and austenite evolution during partitioning of a quenched and partitioned steel [J]. Scripta Materialia, 2016, 121：5~9.

[21] Findley K O, Hidalgo J, Huizenga R M, et al. Controlling the work hardening of martensite to increase the strength/ductility balance in quenched and partitioned steels [J]. Materials & Design, 2017, 117：248~256.

[22] 田亚强，张宏军，陈连生，等. 低碳硅锰钢 I&Q&P 处理中 C，Mn 元素配分综合作用 [J]. 材料工程，2016，44：32~38.

[23] 田亚强，李然，宋进英，等. Mn 配分时间对低碳硅锰钢 I&Q&P 处理后组织与性能影响 [J]. 热加工工艺，2016，45：161~164.

[24] 宋进英，张宏军，田亚强，等. 低碳硅锰钢 I&P&Q 工艺中 Mn 配分行为及对组织性能的影响 [J]. 金属热处理，2016，41：110~114.

[25] Samuels E L. Tempering of Martensite [J]. Metallography Microstructure & Analysis, 2014, 3：70~90.

[26] 唐帆. DP1180 和 QP1180 钢组织与力学性能的比较 [J]. 船舶职业教育，2018，1：40~42.

[27] 毛博，储双杰，张理扬，等. 两相区退火温度对高强冷轧 DP980 显微组织力学性能和断裂行为的影响 [J]. 热加工工艺，2014，20：157~160.

[28] Liu Z Q, Miyamoto G, Yang Z G, et al. Direct measurement of carbon enrichment during aus-tenite to ferrite transformation in hypoeutectoid Fe-2Mn-C alloys [J]. Acta Materialia, 2013, 61: 3120~3129.

[29] Ramazani A, Mukherjee K, Schwedt A, et al. Quantification of the effect of transformation-in-duced geometrically necessary dislocations on the flow-curve modelling of dual-phase steels [J]. International Journal of Plasticity, 2013, 43: 128~152.

[30] Li Y J, Kang J, Zhang W N, et al. A novel phase transition behavior during dynamic partitio-ning and analysis of retained austenite in quenched and partitioned steels [J]. Materials Science and Engineering A, 2018, 710: 181~191.

[31] Tan X, Xu Y, Yang X, et al. Microstructure-properties relationship in a one-step quenched and partitioned steel [J]. Materials Science and Engineering A, 2014, 589: 101~111.

[32] Li Y J, Li X L, Yuan G, et al. Microstructure and partitioning behavior characteristics in low carbon steels treated by hot-rolling direct quenching and dynamical partitioning processes [J]. Materials Characterization, 2016, 121: 157~165.

[33] Li Y J, Chen D, Li X L, et al. Microstructural evolution and dynamic partitioning behavior in quenched and partitioned steels [J]. Steel Research International, 2018, 89: 1700326.

[34] Peng F, Xu Y, Han D, et al. Significance of epitaxial ferrite formation on phase transformation kinetics in quenching and partitioning steels: modeling and experiment [J]. Journal of Materials science, 2019, 54: 12116~12130.

[35] Santofimia M J, Zhao L, Sietsma J. Microstructural evolution of a low-carbon steel during appli-cation of quenching and partitioning heat treatments after partial austenitization [J]. Metallurgical and Materials Transactions A, 2009, 40a: 46~57.

[36] Zhong N, Wang X D, Rong Y H, et al. Interface migration between martensite and austenite during quenching and partitioning (Q&P) process [J]. Journal of Materials Science & Technol-ogy, 2006, 22: 751~754.

索　引